《植物界异花和自花受精的效果》堪称经典中之经典，不仅成为现代植物繁殖生物学的奠基石，而且为演化生态学中的协同进化研究提供了许多启示和范例。

——苗德岁（美国堪萨斯大学自然历史博物馆暨生物多样性研究所研究员）

达尔文这一著作出版以后，不仅在生物科学上，使人们对于植物界异花受精现象及其本质有了正确而合理的认识，而且在农业实践上对选种工作起了巨大的指导作用。

——季道藩（作物遗传育种学家，浙江农业大学教授）

如果说孟德尔的遗传学研究超前了几十年的话，那么达尔文的植物学研究至少超前了100年！达尔文的三部植物繁殖生物学著作，启发了后来很多博士论文选题以及新的研究项目，成为演化生态学或植物生态学领域的经典文献。

——苗德岁（美国堪萨斯大学自然历史博物馆暨生物多样性研究所研究员）

达尔文在本书中所详细记述的实验材料、实验方法和分析项目，都充分显示出他在科学工作中的细致和周密。

——季道藩（作物遗传育种学家，浙江农业大学教授）

本书列入“十四五”国家重点图书出版规划

# 科学元典丛书

*The Series of the Great Classics in Science*

主　　编　任定成

执行主编　周雁翎

策　　划　周雁翎

丛书主持　陈　静

科学元典是科学史和人类文明史上划时代的丰碑，是人类文化的优秀遗产，是历经时间考验的不朽之作。它们不仅是伟大的科学创造的结晶，而且是科学精神、科学思想和科学方法的载体，具有永恒的意义和价值。

科学元典丛书

# 植物界异花和自花受精的效果

The Effects of Cross and Self-Fertilisation in the Vegetable Kingdom

[英] 达尔文 著 萧 辅 季道藩 刘祖洞 译
季道藩 一校 陈心启 二校

**图书在版编目(CIP)数据**

植物界异花和自花受精的效果/（英）达尔文著；萧辅，季道藩，刘祖洞译. —北京：北京大学出版社，2022. 9

（科学元典丛书）

ISBN 978-7-301-33122-4

Ⅰ. ①植… Ⅱ. ①达… ②萧… ③季… ④刘… Ⅲ. ①植物 – 自花授粉②植物 – 异花授粉 Ⅳ. ①Q944.44

中国版本图书馆 CIP 数据核字（2022）第 105722 号

THE EFFECTS OF CROSS AND SELF-FERTILISATION

IN THE VEGETABLE KINGDOM

(Second Edition)

By Charles Darwin

London: John Murray, 1878

| | |
|---|---|
| **书　　名** | 植物界异花和自花受精的效果<br>ZHIWUJIE YIHUA HE ZIHUA SHOUJING DE XIAOGUO |
| **著作责任者** | 〔英〕达尔文（Charles Darwin） 著　萧 辅　季道藩　刘祖洞　译<br>季道藩一校　陈心启二校 |
| **丛书策划** | 周雁翎 |
| **丛书主持** | 陈　静 |
| **责任编辑** | 陈　静 |
| **标准书号** | ISBN 978-7-301-33122-4 |
| **出版发行** | 北京大学出版社 |
| **地　　址** | 北京市海淀区成府路 205 号　100871 |
| **网　　址** | http://www.pup.cn　新浪微博：@ 北京大学出版社 |
| **微信公众号** | 科学元典（微信号：kexueyuandian） |
| **电子信箱** | zyl@pup. pku. edu. cn |
| **电　　话** | 邮购部 010-62752015　发行部 010-62750672　编辑部 010-62707542 |
| **印 刷 者** | 北京中科印刷有限公司 |
| **经 销 者** | 新华书店 |
| | 787 毫米 × 1092 毫米　16 开本　23 印张　8 彩插　500 千字<br>2022 年 9 月第 1 版　2022 年 9 月第 1 次印刷 |
| **定　　价** | 98. 00 元 |

---

# 弁　言

· *Preface to the Series of the Great Classics in Science* ·

这套丛书中收入的著作，是自古希腊以来，主要是自文艺复兴时期现代科学诞生以来，经过足够长的历史检验的科学经典。为了区别于时下被广泛使用的“经典”一词，我们称之为“科学元典”。

我们这里所说的“经典”，不同于歌迷们所说的“经典”，也不同于表演艺术家们朗诵的“科学经典名篇”。受歌迷欢迎的流行歌曲属于“当代经典”，实际上是时尚的东西，其含义与我们所说的代表传统的经典恰恰相反。表演艺术家们朗诵的“科学经典名篇”多是表现科学家们的情感和生活态度的散文，甚至反映科学家生活的话剧台词，它们可能脍炙人口，是否属于人文领域里的经典姑且不论，但基本上没有科学内容。并非著名科学大师的一切言论或者是广为流传的作品都是科学经典。

这里所谓的科学元典，是指科学经典中最基本、最重要的著作，是在人类智识史和人类文明史上划时代的丰碑，是理性精神的载体，具有永恒的价值。

# 一

科学元典或者是一场深刻的科学革命的丰碑，或者是一个严密的科学体系的构架，或者是一个生机勃勃的科学领域的基石，或者是一座传播科学文明的灯塔。它们既是昔日科学成就的创造性总结，又是未来科学探索的理性依托。

哥白尼的《天体运行论》是人类历史上最具革命性的震撼心灵的著作，它向统治西方思想千余年的地心说发出了挑战，动摇了“正统宗教”学说的天文学基础。伽利略《关于托勒密与哥白尼两大世界体系的对话》以确凿的证据进一步论证了哥白尼学说，更直接地动摇了教会所庇护的托勒密学说。哈维的《心血运动论》以对人类躯体和心灵的双重关怀，满怀真挚的宗教情感，阐述了血液循环理论，推翻了同样统治西方思想千余年、被“正统宗教”所庇护的盖伦学说。笛卡儿的《几何》不仅创立了为后来诞生的微积分提供了工具的解析几何，而且折射出影响万世的思想方法论。牛顿的《自然哲学之数学原理》标志着17世纪科学革命的顶点，为后来的工业革命奠定了科学基础。分别以惠更斯的《光论》与牛顿的《光学》为代表的波动说与微粒说之间展开了长达200余年的论战。拉瓦锡在《化学基础论》中详尽论述了氧化理论，推翻了统治化学百余年之久的燃素理论，这一智识壮举被公认为历史上最自觉的科学革命。道尔顿的《化学哲学新体系》奠定了物质结构理论的基础，开创了科学中的新时代，使19世纪的化学家们有计划地向未知领域前进。傅立叶的《热的解析理论》以其对热传导问题的精湛处理，突破了牛顿的《自然哲学之数学原理》所规定的理论力学范围，开创了数学物理学的崭新领域。达尔文《物种起源》中的进化论思想不仅在生物学发展到分子水平的今天仍然是科学家们阐释的对象，而且100多年来几乎在科学、社会和人文的所有领域都在施展它有形和无形的影响。《基因论》揭示了孟德尔式遗传性状传递机理的物质基础，把生命科学推进到基因水平。爱因斯坦的《狭义与广义相对论浅说》和薛定谔的《关于波动力学的四次演讲》分别阐述了物质世界在高速和微观领域的运动规律，完全改变了自牛顿以来的世界观。魏格纳的《海陆的起源》提出了大陆漂移的猜想，为当代地球科学提供了新的发展基点。维纳的《控制论》揭示了控制系统的反馈过程，普里戈金的《从存在到演化》发现了系统可能从原来无序向新的有序态转化的机制，二者的思想在今天的影响已经远远超越了自然科学领域，影响到经济学、社会学、政治学等领域。

科学元典的永恒魅力令后人特别是后来的思想家为之倾倒。欧几里得的《几何原本》以手抄本形式流传了1800余年，又以印刷本用各种文字出了1000版以上。阿基米德写了大量的科学著作，达·芬奇把他当作偶像崇拜，热切搜求他的手稿。伽利略以他的继承人自居。莱布尼兹则说，了解他的人对后代杰出人物的成就就不会那么赞赏了。为捍卫《天体运行论》中的学说，布鲁诺被教会处以火刑。伽利略因为其《关于托勒密与哥白尼两大世界体系的对话》一书，遭教会的终身监禁，备受折磨。伽利略说吉尔伯特的《论磁》一书伟大得令人嫉妒。拉普拉斯说，牛顿的《自然哲学之数学原理》揭示了宇宙的最伟大定律，它将永远成为深邃智慧的纪念碑。拉瓦锡在他的《化学基础论》出版后5年被法国革命法庭处死，传说拉格朗日悲愤地说，砍掉这颗头颅只要一瞬间，再长出这样的头颅100年也不够。《化学哲学新体系》的作者道尔顿应邀访法，当他走进法国科学院会议厅时，院长和全体院士起立致敬，得到拿破仑未曾享有的殊荣。傅立叶在《热的解析理论》中阐述的强有力的数学工具深深影响了整个现代物理学，推动数学分析的发展达一个多世纪，麦克斯韦称赞该书是"一首美妙的诗"。当人们咒骂《物种起源》是"魔鬼的经典""禽兽的哲学"的时候，赫胥黎甘做"达尔文的斗犬"，挺身捍卫进化论，撰写了《进化论与伦理学》和《人类在自然界的位置》，阐发达尔文的学说。经过严复的译述，赫胥黎的著作成为维新领袖、辛亥精英、"五四"斗士改造中国的思想武器。爱因斯坦说法拉第在《电学实验研究》中论证的磁场和电场的思想是自牛顿以来物理学基础所经历的最深刻变化。

在科学元典里，有讲述不完的传奇故事，有颠覆思想的心智波涛，有激动人心的理性思考，有万世不竭的精神甘泉。

## 二

按照科学计量学先驱普赖斯等人的研究，现代科学文献在多数时间里呈指数增长趋势。现代科学界，相当多的科学文献发表之后，并没有任何人引用。就是一时被引用过的科学文献，很多没过多久就被新的文献所淹没了。科学注重的是创造出新的实在知识。从这个意义上说，科学是向前看的。但是，我们也可以看到，这么多文献被淹没，也表明划时代的科学文献数量是很少的。大多数科学元典不被现代科学文献所引用，那是因为其中的知识早已成为科学中无须证明的常识了。即使这样，科学经典也会因为其中思想的恒久意义，而像人文领域里的经典一样，具有永恒的阅读价值。于是，科学经典就被一编再编、一印再印。

早期诺贝尔奖得主奥斯特瓦尔德编的物理学和化学经典丛书"精密自然科学经典"从1889年开始出版，后来以"奥斯特瓦尔德经典著作"为名一直在编辑出版，有资料说目前已经出版了250余卷。祖德霍夫编辑的"医学经典"丛书从1910年就开始陆续出版了。也是这一年，蒸馏器俱乐部编辑出版了20卷"蒸馏器俱乐部再版本"丛书，丛书中全是化学经典，这个版本甚至被化学家在20世纪的科学刊物上发表的论文所引用。一般把1789年拉瓦锡的化学革命当作现代化学诞生的标志，把1914年爆发的第一次世界大战称为化学家之战。奈特把反映这个时期化学的重大进展的文章编成一卷，把这个时期的其他9部总结性化学著作各编为一卷，辑为10卷“1789—1914年的化学发展”丛书，于1998年出版。像这样的某一科学领域的经典丛书还有很多很多。

科学领域里的经典，与人文领域里的经典一样，是经得起反复咀嚼的。两个领域里的经典一起，就可以勾勒出人类智识的发展轨迹。正因为如此，在发达国家出版的很多经典丛书中，就包含了这两个领域的重要著作。1924年起，沃尔科特开始主编一套包括人文与科学两个领域的原始文献丛书。这个计划先后得到了美国哲学协会、美国科学促进会、科学史学会、美国人类学协会、美国数学协会、美国数学学会以及美国天文学学会的支持。1925年，这套丛书中的《天文学原始文献》和《数学原始文献》出版，这两本书出版后的25年内市场情况一直很好。1950年，沃尔科特把这套丛书中的科学经典部分发展成为“科学史原始文献”丛书出版。其中有《希腊科学原始文献》《中世纪科学原始文献》和《20世纪(1900—1950年)科学原始文献》，文艺复兴至19世纪则按科学学科(天文学、数学、物理学、地质学、动物生物学以及化学诸卷)编辑出版。约翰逊、米利肯和威瑟斯庞三人主编的“大师杰作丛书”中，包括了小尼德勒编的3卷“科学大师杰作”，后者于1947年初版，后来多次重印。

在综合性的经典丛书中，影响最为广泛的当推哈钦斯和艾德勒1943年开始主持编译的“西方世界伟大著作丛书”。这套书耗资200万美元，于1952年完成。丛书根据独创性、文献价值、历史地位和现存意义等标准，选择出74位西方历史文化巨人的443部作品，加上丛书导言和综合索引，辑为54卷，篇幅2 500万单词，共32 000页。丛书中收入不少科学著作。购买丛书的不仅有“大款”和学者，而且还有屠夫、面包师和烛台匠。迄1965年，丛书已重印30次左右，此后还多次重印，任何国家稍微像样的大学图书馆都将其列入必藏图书之列。这套丛书是20世纪上半叶在美国大学兴起而后扩展到全社会的经典著作研读运动的产物。这个时期，美国一些大学的寓所、校园和酒吧里都能听到学生讨论古典佳作的声音。有的大学要求学生必须深研100多部名著，甚至在教学中不得使用最新的实验设备，而是借助历史上的科学大师所使用的方法和仪器复制品去再现划时代的著名实验。至20世纪40年代末，美国举办古典名著学习班的城市达300个，学员50 000余众。

相比之下，国人眼中的经典，往往多指人文而少有科学。一部公元前300年左右古希腊人写就的《几何原本》，从1592年到1605年的13年间先后3次汉译而未果，经17世纪初和19世纪50年代的两次努力才分别译刊出全书来。近几百年来移译的西学典籍中，成系统者甚多，但皆系人文领域。汉译科学著作，多为应景之需，所见典籍寥若晨星。借20世纪70年代末举国欢庆“科学春天”到来之良机，有好尚者发出组译出版“自然科学世界名著丛书”的呼声，但最终结果却是好尚者抱憾而终。20 世纪 90 年代初出版的“科学名著文库”，虽使科学元典的汉译初见系统，但以 10 卷之小的容量投放于偌大的中国读书界，与具有悠久文化传统的泱泱大国实不相称。

我们不得不问：一个民族只重视人文经典而忽视科学经典，何以自立于当代世界民族之林呢？

## 三

科学元典是科学进一步发展的灯塔和坐标。它们标识的重大突破，往往导致的是常规科学的快速发展。在常规科学时期，人们发现的多数现象和提出的多数理论，都要用科学元典中的思想来解释。而在常规科学中发现的旧范型中看似不能得到解释的现象，其重要性往往也要通过与科学元典中的思想的比较显示出来。

在常规科学时期，不仅有专注于狭窄领域常规研究的科学家，也有一些从事着常规研究但又关注着科学基础、科学思想以及科学划时代变化的科学家。随着科学发展中发现的新现象，这些科学家的头脑里自然而然地就会浮现历史上相应的划时代成就。他们会对科学元典中的相应思想，重新加以诠释，以期从中得出对新现象的说明，并有可能产生新的理念。百余年来，达尔文在《物种起源》中提出的思想，被不同的人解读出不同的信息。古脊椎动物学、古人类学、进化生物学、遗传学、动物行为学、社会生物学等领域的几乎所有重大发现，都要拿出来与《物种起源》中的思想进行比较和说明。玻尔在揭示氢光谱的结构时，提出的原子结构就类似于哥白尼等人的太阳系模型。现代量子力学揭示的微观物质的波粒二象性，就是对光的波粒二象性的拓展，而爱因斯坦揭示的光的波粒二象性就是在光的波动说和粒子说的基础上，针对光电效应，提出的全新理论。而正是与光的波动说和粒子说二者的困难的比较，我们才可以看出光的波粒二象性学说的意义。可以说，科学元典是时读时新的。

除了具体的科学思想之外，科学元典还以其方法学上的创造性而彪炳史册。这些方法学思想，永远值得后人学习和研究。当代诸多研究人的创造性的前沿领域，如认知心理学、科学哲学、人工智能、认知科学等，都涉及对科学大师的研究方法的研究。一些科学史学家以科学元典为基点，把触角延伸到科学家的信件、实验室记录、所属机构的档案等原始材料中去，揭示出许多新的历史现象。近二十多年兴起的机器发现，首先就是对科学史学家提供的材料，编制程序，在机器中重新做出历史上的伟大发现。借助于人工智能手段，人们已经在机器上重新发现了波义耳定律、开普勒行星运动第三定律，提出了燃素理论。萨伽德甚至用机器研究科学理论的竞争与接受，系统研究了拉瓦锡氧化理论、达尔文进化学说、魏格纳大陆漂移说、哥白尼日心说、牛顿力学、爱因斯坦相对论、量子论以及心理学中的行为主义和认知主义形成的革命过程和接受过程。

除了这些对于科学元典标识的重大科学成就中的创造力的研究之外，人们还曾经大规模地把这些成就的创造过程运用于基础教育之中。美国几十年前兴起的发现法教学，就是在这方面的尝试。近二十多年来，兴起了基础教育改革的全球浪潮，其目标就是提高学生的科学素养，改变片面灌输科学知识的状况。其中的一个重要举措，就是在教学中加强科学探究过程的理解和训练。因为，单就科学本身而言，它不仅外化为工艺、流程、技术及其产物等器物形态，直接表现为概念、定律和理论等知识形态，更深蕴于其特有的思想、观念和方法等精神形态之中。没有人怀疑，我们通过阅读今天的教科书就可以方便地学到科学元典著作中的科学知识，而且由于科学的进步，我们从现代教科书上所学的知识甚至比经典著作中的更完善。但是，教科书所提供的只是结晶状态的凝固知识，而科学本是历史的、创造的、流动的，在这历史、创造和流动过程之中，一些东西蒸发了，另一些东西积淀了，只有科学思想、科学观念和科学方法保持着永恒的活力。

然而，遗憾的是，我们的基础教育课本和科普读物中讲的许多科学史故事不少都是误讹相传的东西。比如，把血液循环的发现归于哈维，指责道尔顿提出二元化合物的元素原子数最简比是当时的错误，讲伽利略在比萨斜塔上做过落体实验，宣称牛顿提出了牛顿定律的诸数学表达式，等等。好像科学史就像网络上传播的八卦那样简单和耸人听闻。为避免这样的误讹，我们不妨读一读科学元典，看看历史上的伟人当时到底是如何思考的。

现在，我们的大学正处在席卷全球的通识教育浪潮之中。就我的理解，通识教育固然要对理工农医专业的学生开设一些人文社会科学的导论性课程，要对人文社会科学专业的学生开设一些理工农医的导论性课程，但是，我们也可以考虑适当跳出专与博、文与理的关系的思考路数，对所有专业的学生开设一些真正通而识之的综合性课程，或者倡导这样的阅读活动、讨论活动、交流活动甚至跨学科的研究活动，发掘文化遗产、分享古典智慧、继承高雅传统，把经典与前沿、传统与现代、创造与继承、现实与永恒等事关全民素质、民族命运和世界使命的问题联合起来进行思索。

我们面对不朽的理性群碑，也就是面对永恒的科学灵魂。在这些灵魂面前，我们不是要顶礼膜拜，而是要认真研习解读，读出历史的价值，读出时代的精神，把握科学的灵魂。我们要不断吸取深蕴其中的科学精神、科学思想和科学方法，并使之成为推动我们前进的伟大精神力量。

任定成
2005 年 8 月 6 日
北京大学承泽园迪吉轩

达尔文（C. R. Darwin，1809—1882）从 8 岁开始就读于什鲁斯伯里学校（Shrewsbury School），即现在的什鲁斯伯里图书馆。图为该图书馆楼前的达尔文雕像。

霍普（T. C. Hope，1766—1844）

格兰特（R. E. Grant，1793—1874）

在什鲁斯伯里学校快毕业时，达尔文受哥哥影响迷上了化学。他们在自家花园里做化学实验，同学们还给达尔文取了个“瓦斯”的绰号。在爱丁堡大学求学时，达尔文不喜欢这里的医学课程，但对霍普教授的化学课非常感兴趣。

在爱丁堡大学的两年里，达尔文看待世界的新视角得益于格兰特的影响。格兰特曾师从于拉马克（J-B. Lamarck，1744—1829），在进化论方面做了许多工作，是一位思想先进的青年科学家。达尔文经常和这位比自己大 16 岁的格兰特博士在一起，学会了观察、解剖、记录等研究方法，并得以进入格兰特的标本室去学习。

现位于伦敦大学内的格兰特博物馆（The Grant Museum of Zoology），是由格兰特早年创办的标本室发展壮大而成。

达尔文与亨斯洛（J. S. Henslow，1796—1861）

◘ 达尔文在剑桥大学读书时，最喜欢植物学家亨斯洛教授。在亨斯洛教授的植物学课程里，达尔文不仅学习了植物的分类与解剖知识，而且有机会熟悉亨斯洛教授收藏的众多植物压制标本。

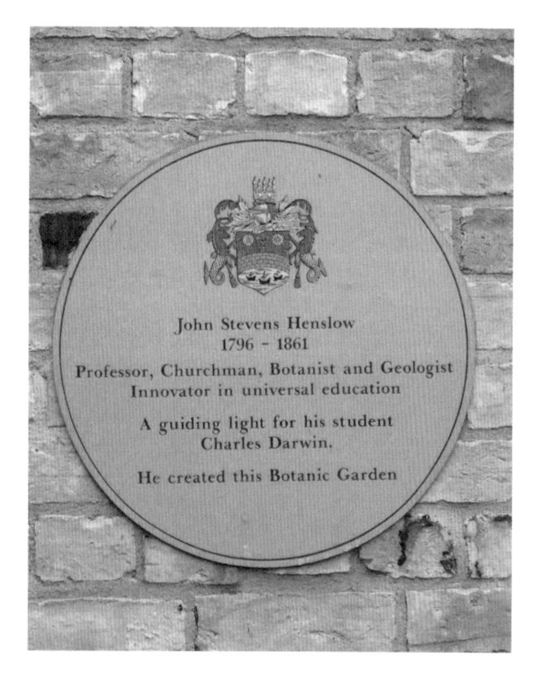


◘ 在剑桥大学植物园徽章上，铭刻着一句话：亨斯洛是达尔文的指路明灯。

◘ 《自然》杂志 2005 年刊登的文章，综述了亨斯洛对达尔文的影响。

Vol 436|4 August 2005 **nature**

FEATURE

## What Henslow taught Darwin

**How a herbarium helped to lay the foundations of evolutionary thinking.**

**David Kohn, Gina Murrell, John Parker and Mark Whitehorn**

The kindly Professor John S. Henslow of Cambridge, well known for arranging Charles Darwin's berth on HMS *Beagle*, was also a rigorous researcher who recorded patterns of variation within and between plant populations and was motivated to understand the nature of species: the big question of natural history as he saw it. The focus of Henslow's research is evident in his herbarium at Cambridge, which holds 3,654 sheets of British plants that he began assembling in 1821. These sheets repre-

from the Lancashire solicitor William Wilson. His network included the leading botanists W. J. Hooker of Glasgow and J. H. Balfour of Edinburgh, about 60 collectors strategically deployed to capture floral diversity, and eventually about 30 of his own Cambridge students. One such student was Darwin. On his geological excursion to North Wales with Professor Adam Sedgwick in the summer of 1831 — just before he received the invitation to join the *Beagle* voyage — Darwin collected *Matthiola sinuata* for Henslow. This is the oldest known herbarium specimen collected by Darwin (Fig. 1).

The distinctive feature of Henslow's herbarium was his practice of comparing specimens, which he called 'collation'[1]. A collated Henslow sheet carries several plants of a single species from one or more locations, each typically numbered directly on the sheet, with a label recording location, date of collection and collector's name. Collated sheets usually carry two or three plants, but there may be as many as 32. Two-thirds of the sheets are collated and 90% of these show variation in height, leaf shape, branching pattern or flower colour. Collated sheets that show height variation have several distinctive display patterns, such as bell curves

达尔文的朋友圈中，有一些植物学家、育种家、地质学家、动植物收藏家。除了剑桥大学的良师益友亨斯洛教授之外，还有英国皇家植物园（邱园）园长胡克（J. D. Hooke，1817—1911）、英国地质学家莱伊尔（C. Lyell，1797—1875）、美国哈佛大学植物学家格雷（Asa Gray，1810—1888），英国博物学家赫胥黎（T. H. Huxley，1825—1895），等等。

达尔文和胡克（左一）、莱伊尔（左二）正在研究《物种起源》论文手稿。

赫胥黎被认为是“达尔文的斗犬”。

胡克（左）为达尔文提供了很多植物标本。达尔文在回忆录里曾写道：“在伦敦居住的后期，我同胡克很接近，他后来成为我一生的挚友之一。他是我非常喜爱的知己，对人极其慈爱，从头到脚都是高尚优雅的。是我从未见过的最不知疲累的科学工作者。”

格雷（右）被称为是美国植物学之父，也是植物地理学的奠基者之一。达尔文一生与格雷保持着密切通信交流。

达尔文的植物学著作主要从生物进化的角度审视植物在自然选择压力下，如何演化出适应环境的各种机制（具体体现在植物结构和器官上）。达尔文陆续出版了《兰科植物的受精》《动物和植物在家养下的变异》《攀援植物的运动和习性》《食虫植物》《植物界异花和自花受精的效果》《同种植物的不同花型》《植物的运动本领》七种植物学著作。

英国出版商默里（John Murray）总共出版了11种达尔文的著作。默里和达尔文是一种特殊的伙伴关系，尽管默里连续出版了达尔文关于进化论的系列图书，但他对自己在宣扬一种不信神的自然观方面所扮演的角色却心存疑虑，甚至为达尔文的反对者提供机会来贬低达尔文的《物种起源》和《人类的由来及性选择》。比如，他曾邀请牛津主教威尔伯福斯（Samuel Wilberforce，1805—1873）在自己公司旗下的《季度评论》撰写文章批判达尔文的理论。

1876年12月，达尔文在伦敦出版了《植物界异花和自花受精的效果》(*The Effects of Cross and Self-Fertilisation in the Vegetable Kingdom*)。该书分别于1878年6月、1887年12月、1891年6月及1900年9月重印四次，1916年8月又再版一次，而且同时在美国重印了几版，并先后译成德、法、俄等国文字。从该书的出版情况也侧面说明了其科学价值。

在《物种起源》中，达尔文就曾论述到个体杂交的问题："靠自体受精，生物不可能世代永存，与其他个体偶然或每隔一定时期进行杂交是必不可少的。如果把这一观点当作自然法则，我们就能理解下述几大类事实，否则用其他任何观点都是解释不通的。"(《物种起源》，舒德干等译，第63页。) 由此可知，《植物界异花与自花受精的效果》正是达尔文关于进化规律的进一步深入研讨，不仅成为现代植物繁殖生物学的奠基石，而且为演化生态学中的协同进化研究提供了许多启示和范例。

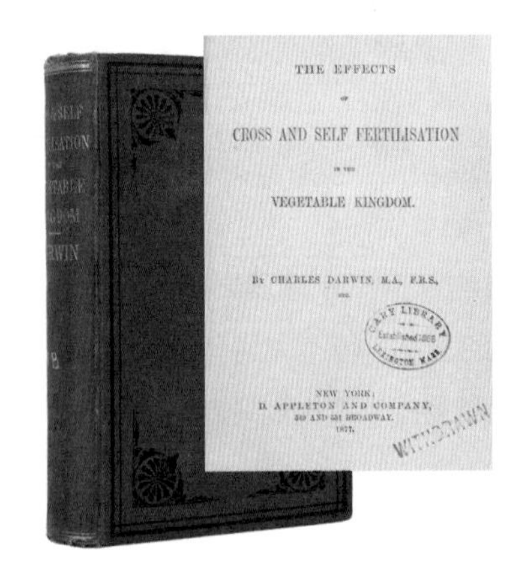


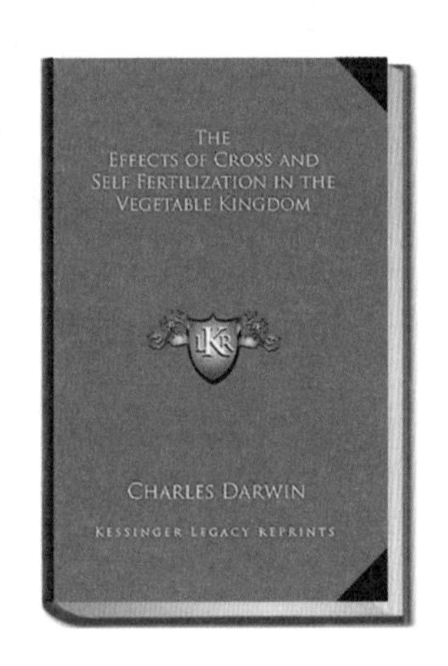


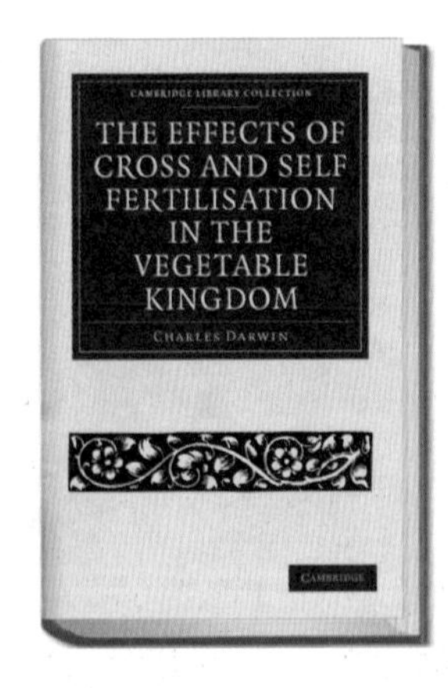

《植物界异花和自花受精的效果》不同的版本示例。达尔文在本书中不仅肯定了异花受精有利性是自然界普遍规律之一，而且阐述了性别的发生和杂交有利性的物质基础。这些论点在之后生物科学发展上，尤其是关于杂种优势的理论解释，起了巨大的推动作用。

在本书中，达尔文用人工授粉的办法，观察和比较众多植物的异花受精与自花受精所产出的不同后代在生命力和性状等方面的差异，指出自花受精所带来的近亲繁殖会对后代产生诸多不利影响。

达尔文用实验结果证明自花受精是有害的，而异花受精则是有益的。一方面，达尔文肯定了自花受精在交配成本上相对低廉，在交配对象相对短缺的情况下具有一定的适应意义。另一方面，他也明确指出，从长远来看，异花受精却有增加个体杂合度的优势，使其更容易适应多变的自然环境，降低死亡和灭绝的概率，而且杂交后代的生命力也比自交后代的生命力更为强盛。不过，由于达尔文缺乏遗传学方面的知识，他无法真正从理论上解释这些现象的深层原因。

达尔文的花房

中国“杂交水稻之父”袁隆平继承并发扬了达尔文关于生物进化的理论，即“杂种优势是生物界中的一种普遍现象”。袁隆平不仅坚信达尔文的这一正确观点，而且将其贯彻在杂交水稻研究的全部过程中。

达尔文在本书中引用了大量的资料，如林德利（John Lindley, 1799—1865）的《植物界》（*Vegetable Kingdom*）和《园艺理论》（*Theory of Hotriculture*），斯普伦介尔（C. K. Sprengel，1750—1816）的《揭露自然的秘密》（*Das Entdeckte Geheimnifs der Natur*），以及弗里茨·米勒（Fritz Müller，1822—1897）和赫尔曼·米勒（Hermann Müller，1829—1883）等植物学家的理论。

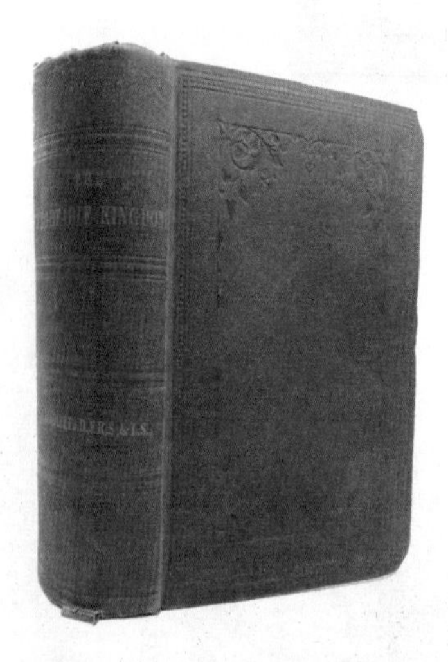

《植物界》（*Vegetable Kingdom*）

Das
entdeckte Geheimniſs
der
NATUR
im Bau und in der Befruchtung
der
Blumen
von
CHRISTIAN KONRAD SPRENGEL;
Mit 25 Kupfertafeln.
Berlin, 1793.
bei Friedrich Vieweg dem ælteren.

《揭露自然的秘密》（*Das Entdeckte Geheimnifs der Natur*）

林德利

斯普伦介尔

弗里茨·米勒

# 目　录

# 导　读

苗德岁

（美国堪萨斯大学自然历史博物馆暨生物多样性研究所　研究员）

· *Introduction to Chinese Version* ·

与其说是达尔文的植物学研究被他的生物演化论盛誉遮蔽了的话，毋宁说是他的植物学研究太超前了。如果说孟德尔的遗传学研究超前了几十年的话，那么达尔文的植物学研究至少超前了100年！

# FUNERAL OF MR. DARWIN,

## WESTMINSTER ABBEY.

APRIL 26TH, 1882,

---

## ORDER OF PROCESSION.

---

The Choir,

The Minor Canons.

The Canon's Verger.

The Canons.

The Dean's Verger.

The Chapter Clerk] The Senior Canon. [The Receiver.

| 5 Pall Bearers. | | 5 Pall Bearers. |
|---|---|---|
| Sir J Lubbock | THE BODY. | Canon Farrar |
| T.H. Huxley | | Sir J Hooker |
| J. R. Lowell | | Wm Spottiswoode |
| D. of Devonshire | | Ld Derby |
| *A. R. Wallace | | D. of Argyll |

*ARW ought to have been at other end

The Chief Mourner.

The Mourners in Succession.

The Servants.

The Scientific Bodies from the Chapter House.

## 一

达尔文是全能型的博物学家，他在博物学的各个领域都卓有建树。然而，人们对他在植物学方面的重要贡献，一般而言知之甚少，尽管他在《物种起源》中引述了许多植物学方面的证据，而且在余生岁月中主要从事植物学研究，并出版了六部植物学著作。其中三部是关于花的植物学或繁殖生物学的，影响尤为深远：《兰科植物的受精》(1862)、《植物界异花和自花受精的效果》(1876)以及《同种植物的不同花型》(1877)。一如围绕着达尔文的许多佯谬与悖论一样，深究这些怪象，对理解达尔文对演化植物学与植物生态学的重大贡献，既是有益的也是有趣的。

不少人可能一直存在一种错觉：青年达尔文乘小猎犬号战舰环球科考，途经加拉帕戈斯群岛，在相距很近的不同小岛上，见到了喙部形状各异的地雀；他受到了这一观察的启发，遂产生了物种可变的想法，回到英国后，便写出了震惊世界的不朽经典《物种起源》。事实远非如此简单！达尔文对物种固定论产生怀疑，始于他在南美发现类似于现生大树懒的贫齿类哺乳动物化石。而在加拉帕戈斯群岛上，他对各个小岛上植物本土化的印象，远比对地雀本土化的印象更为深刻。正如科恩等人[①] 2005年在《自然》杂志上撰文指出的那样，达尔文在剑桥大学读书时，受其良师益友、植物学教授亨斯洛(J. S. Henslow，1796—1861)先生的影响最大，在植物学方面打下了良好基础。当他在加拉帕戈斯群岛的各个小岛上看到了形态相似但又不完全相同的植物种类时，他立刻意识到这很可能就是亨斯洛教授当年在课堂上所说的同种植物的不同"变种"(达尔文后来在《物种起源》中称之为"雏形种")。因此，达尔文仔细采集了这些植物标本，并把它们的确切产地以及采集日期都详细地记载了下来。十多年后，这些植物标本经他的好朋友、著名植物学家胡克(J. D. Hooker，1817—1911)

**◀1882年4月26日在威斯敏斯特大教堂举行的达尔文葬礼现场导示图。**

① Kohn, D., et al., 2005. What Henslow taught Darwin. *Nature*: 436: 643-645.

先生研究，证实了达尔文最初的猜想。相形之下，达尔文采集各个小岛上的地雀标本时，就没有做同样详细的标记，以至于后来鸟类学家古尔德(J. Gould，1804—1881)先生研究时，曾为缺乏确切的产地信息而大伤脑筋。因此，科恩等人写道："委实，当达尔文最初登上加拉帕戈斯群岛时，他显然认为植物比鸟类更有趣，因此他就没有同样仔细地标记鸟类的确切产地。"

回过头来谈谈下述悖论：为什么达尔文会在植物学研究上费时多年？为什么他对植物学贡献颇多、影响深远，生前却未曾以卓越的植物学家而名世呢？

从某种意义上说，达尔文对植物学的兴趣是与生俱来的，其祖父伊拉兹马斯(E. Darwin，1731—1802)就是英国知名植物学家并翻译过林奈(C. von Linne，1707—1778)的著作。达尔文自小就喜欢植物花草，他八九岁时跟姐姐凯瑟琳的一张合影，手里就捧着一盆花；十来岁时他就帮助父亲打理后花园里的牡丹。他 15 岁在爱丁堡大学医学院学医时，虽然不感兴趣且中途退学，但他对"药用植物"课，还是颇感兴趣的。在剑桥大学，他最喜欢的教授是植物学教授亨斯洛先生，并成了跟他"形影不离的人"。在亨斯洛教授的植物学课程里，他不仅学习了植物的分类与解剖知识，而且有机会熟悉了亨斯洛教授植物标本室的众多植物压制标本。值得指出的是，他不仅在环球科考中为自己和亨斯洛教授采集了大量的植物标本，而且早在跟随剑桥大学地质学教授塞奇威克(A. Sedgwick，1785—1873)去北威尔士进行地质考察时，就曾为亨斯洛教授采集过那里的沙地紫罗兰标本——这也是记载中达尔文最早为植物标本室采集的标本。除了他的上述经历之外，至少有以下三大因素使达尔文对植物学研究情有独钟。

首先，跟达尔文的所有研究一样，他的植物学研究，旨在为他的伟大理论——物种可变性以及自然选择机制提供证据。达尔文研究了从藤壶、蚯蚓到蜜蜂、甲虫等非常不起眼的无脊椎动物，也研究了家鸽、家犬、马、牛、羊等人们熟视无睹的家养动物，还研究了许许多多珍奇有趣的植物，但所有这些研究，原本都是为他计划中要撰写的那本有关物种的"大书"服务的。由于众所周知的原因，半路杀出了个华莱士(A. R. Wallace，1823—1913)，致使他的原计划中途"流产"。达尔文在《物种起源》中无数次地向读者道歉，限于篇幅，他无法详细陈述支持他物种理论的大量证据，并期望读者对他"论述的准确性给予一定的信任"。从某种意义上可以说，《物种起源》之后达尔文的所有著作，都是为了"补偿"读者的信任而写的。比如，《人类的由来及性选择》是对其《物种起源》书末"犹抱琵琶半遮面"的那句名言("人类的起源及其历史，也将从中得到启迪")以及第四章里"性选择"一节的补充；而《植物界异花和自花受精的效果》的主旨，在《物种起源》里只是轻描淡写地一笔带过："然而我怀疑，没有任何一种生物可以永久地自行繁殖。"更有甚者，达尔文的最后一本书《腐殖土的形成与蚯蚓的作用》，在《物种起源》全书结尾处仅以9个字闪亮登场："蠕虫爬过湿润的土地"。因此，我一向有个私见：若想真正读懂《物种起源》，真得通读达尔文的全部著述方可。

其次，达尔文是天生的博物学家，从小就有收集的癖好，终生乐此不疲，如醉如痴。从矿物、化石到甲虫、水母、藤壶等，无所不收，自然不会放过美丽可人的花草植物。事实上，他的私宅党豪思(Downe House)，除了拥有著名的英式花园之外，还有温室花房；真可谓"谈笑有鸿儒"，放眼皆花蔬。达尔文与妻子爱玛(Emma Darwin，1808—1896)都是爱花之人，经常相伴去观赏"唐庄"(Downe)南郊的兰花坞(Orchid Bank)；也正是在那里，达尔文首次邂逅食虫植物茅膏菜。此外，"物以类聚，人以群分"；达尔文的朋友圈中，很多人是植物学家、园艺师、育种家、植物采集者和收藏家，包括剑桥大学的良师益友亨斯洛教授、英国皇家植物园(邱园)园长胡克、美国哈佛大学植物学家格雷(Asa Gray，1810—1888)，等等。博物学研究属于兴趣驱动型研究，而达尔文又是典型的有闲阶级绅士科学家，他在这一植物学"票圈"里找到了知音，并在与他们的交往和切磋中不断增长知识、扩展兴趣，得以在植物学研究方面越钻越深、越走越远。因此，达尔文对植物学研究是出自真爱，他曾不止一次地坦陈："在我一生中，兰科植物给了我无与伦比的乐趣""在我整个科学生涯中，没有任何发现带给我的满足，堪比对异形花柱结构的认识"……

最后(或许也是最重要的)，植物学研究不仅为达尔文生物演化论提供了大量证据，而且与其他生物类群的研究相比起来，更适合他的工作习惯、研究方式和实验手段。除了讨论本能的一章与讨论地质学的两章以外，《物种起源》中所提及的植物学证据俯拾皆是。达尔文见微知著的观察能力，历来为人称道，他总是能见人之所未见，人们熟视无睹的许多东西，他会反复仔细观察，并能迅速捕捉到它们的重要性。他还是一位极为聪明、极具创造精神的实验者，在实验设备简陋的19世纪(光学显微镜刚刚问世)，他即开始设计了许多看似十分简单却非常有效的实验，获得了相当可靠的实验结果。达尔文在环球科考途中染上一种怪病，这种怪病在他归国后折磨其余生，严重时往往生不如死，大大限制了他野外工作的可能性，其后几十年的研究与写作基本上都是在党豪思完成的。植物相对比较容易培育，且固着不动，因而非常适合达尔文基本上足不出户的工作习惯。由于上述种种原因，他的研究兴趣越来越多地转向植物。

因而，了解达尔文的植物学研究，不仅有助于加深理解他的生物演化论，也有助于进一步认识他敏锐的观察力和机巧的实验技能。可是，为什么长期以来生物学家与科学史家们并未把达尔文视为植物学家呢？与其说是达尔文的植物学研究被他的生物演化论盛誉遮蔽了的话，毋宁说是他的植物学研究太超前了。如果说孟德尔(G. J. Mendel，1822—1884)的遗传学研究超前了几十年的话，那么达尔文的植物学研究至少超前了100年！

达尔文时代及其后的几十年间，植物学研究主要集中在分类、解剖方面，处于生物分类系统学的所谓"阿尔法阶段"①；他的朋友胡克与格雷都是当时享有盛名的植物分类学家。而达尔文的植物学著作，主要是从生物演化的角度，审视植物在自然选择压力下，如何演化出适应环境的各种机制(具体体现于植物结构和器官上)，比如《攀援植物的运动和习性》《植物的运动本领》《食虫植物》。抑或是探究物种形成的过程与机理，从变种(或雏形种)到新物种的衍变，即种化(speciation)，以支持他的物种可变、万物共祖的理论，比如《动物和植物在家养下的变异》等。

这些研究直到20世纪30年代至40年代，生物学中现代综合系统学派的兴起，才获得植物学家们的充分理解和普遍重视。1950年美国植物遗传学家斯特宾斯(G. L. Stebbins，1906—2000)的名著《植物的变异与演化》问世，使得困扰达尔文的很多问题，在新达尔文主义框架中迎刃而解。随后的20世纪下半叶，新学科演化植物学诞生，给100年前达尔文的植物学研究，带来新的生机。然而，他的三本植物繁殖生物学著作，还要等待一些时日，直到植物生态学的建立，方能得以复兴。换言之，达尔文如此地先知先觉，他的植物学家桂冠，要等到他的贡献被人们充分理解时方有可能。近几十年来，达尔文的植物学著作是除《物种起源》外，最广为阅读的。尤其是他的三本植物繁殖生物学著作，启发了很多博士论文选题以及新的研究项目，成为演化生态学或植物生态学领域的经典文献。这些既说明了达尔文研究工作的坚实透彻、经得住时间考验，也显示了他学术思想的前瞻性。《植物界异花和自花受精的效果》堪称经典中之经典，不仅成为现代植物繁殖生物学的奠基石，而且为演化生态学中的协同进化研究提供了许多启示和范例。

---

① 生物系统分类学的阿尔法阶段，是指生物系统分类学研究的初级阶段，通常只是属种的形态描述和普通性状对比、一般的归类，以利鉴定与检索，缺乏演化系统的深入研究和探讨。

## 二

达尔文自称,《植物界异花和自花受精的效果》是他"近 37 年来极感兴趣的课题",为此他收集过大量的观察材料,并设计了很多简单但巧妙的实验。在长达 11 年的实验过程中,曾起用他好几个孩子做他的"助研",所用实验植物多达 60 余种。他使用人工控制的授粉方法,在众多植物物种之间,观察和比较异花受精与自花受精所产出的不同后代在生长以及性状等方面的差异,指出了自花受精所带来的近亲繁殖,会对后代产生诸多不利影响[即现在所谓的"近交衰退"(inbreeding depression)现象]。该书于 1876 年由他的出版商默里(J. Murray,1808—1892)出版,被达尔文视为他 1862 年《论不列颠与外国兰花植物借助昆虫受精之技巧》(又译为《兰科植物的受精》)的姊妹篇。

植物中从杂交到自交的过渡,是最为常见的演化现象之一。尽管如此,在被子植物中只有大约 10%～15%的种类是以自交为主的。达尔文在《植物界异花和自花受精的效果》中,早已注意到这一现象,并用实验结果证明自花受精是有害的,而异花受精则是有益的。后者在植株大小、生命力、种子发芽率以及植株结实力等方面,均比前者具有强大优势。此外,他还注意到许多物种都有阻止自花受精的各种机制,最简单的办法是雌雄异株,让它们"两地分居"。即便雌雄同株,有些植株上的单性雄花与雌花的成熟期是错开的,以至于"牛郎织女"不能相遇。现在我们知道,植物还有其他一些窍门来阻挡自交的成功,比如,同一植株上的花粉含有化学阻挡层,致使不能为其胚珠受精。达尔文书中称为"自交不孕的原因",即现在所谓的"自交不亲和性"。

一方面,达尔文明白自花受精在交配成本上相对低廉,"近水楼台先得月"与"肥水不流外人田"的自交策略,在交配对象相对短缺的情况下具有一定的适应意义。它比较容易确保交配成功,使物种迅速占领适宜生境,实现群体扩张。在短期内,自花受精有着显而易见的优越性。另一方面,他也明确指出,从长远来看,异花受精却有增加个体杂合度的优势,使其更容易适应多变的自然环境,降低死亡和灭绝的概率,而且杂交后代的生命力也比自交后代的生命力更为强盛。不过,由于达尔文缺乏遗传学方面的知识,他无法真正从理论上解释这些现象的深层原因。

那么,为什么植物界依然存在相当多的自花受精类型呢?首先,自花受精植物在授粉率上比异花受精植物有 50%的优势,它们不仅能给自己授粉,也可以给异花受精植物授粉。其次，自花授粉无须像异花授粉那样依赖传媒。从种群遗传学家的角度来看，在基因传递上，自花受精比异花受精有 3/2 的优势：自花受精植物在其种子里传递两份基因，而异花受精植物只传递了一份。这是最简单不过的算术问题。

另一方面，达尔文有关异花受精植物有着长远优势的结论，也得到了现代系统学派的代表人物之一、著名美国植物遗传学家斯特宾斯教授的支持。记得 20 世纪 80 年代初我在伯克利加州大学学习时，有幸听过斯特宾斯教授的课，他有一次课，曾专门讲解“杂交是否必要？”他老人家指出，杂交虽然对传宗接代并非必要，然而它对生物多样性来说，却无比美妙！他指出，从生物演化上说，自交是“死胡同”。在植物界，杂交向自交的过渡是不可逆的，自交类群对环境变化的适应性很差，因而遭受灭绝的概率极高。因此，尽管自交类群在植物演化史上曾多次重复出现，然而每每总是“短命”的（盖因其灭绝率很高），这也是为什么杂交类群支系在自然界中占有绝对的优势。

当然，聆听这些大家讲课的最为愉悦之处，是有机会听到一些有趣的八卦和“戏说”。斯特宾斯教授在课上特别指出，达尔文对植物繁殖生物学的痴迷，尤其是对杂交的兴趣，很可能缘于其一生的切肤之痛。达尔文深受“近交衰退”之苦：他与舅舅的女儿（表姐）爱玛结婚后，共生育了 10 个子女，其中 3 人夭折，3 人终身不育。在他研究了植物的自交不孕机制之后，曾不无感慨地说，这是最令人叹为观止的生物学现象之一，植物真聪明啊……

# 第一章　绪论

· *Introductory Remarks.* ·

有利于或断定植物异花受精的各种方式——由于异花受精所获得的利益——自花受精有利于物种的繁衍——这一课题的简史——试验的目的及试验开展的方式——度量的统计数值——连续若干世代进行的试验——以后世代中植株亲缘关系的性质——对处理植株各种条件的一致性——误差上几个明显而真实的原因——施用花粉的数量——工作的布置——结论的重要性

# THE EFFECTS

OF

# CROSS AND SELF FERTILISATION

IN THE

# VEGETABLE KINGDOM.

BY CHARLES DARWIN, M.A., F.R.S.,

ETC.



NEW YORK:
D. APPLETON AND COMPANY,
549 AND 551 BROADWAY.
1877.

我们拥有丰富而有力的证据，可以证明大多数植物的花朵是这样构成的：它们是随时地或惯常地借助于另一花朵的花粉进行异花受精，授粉花朵或着生于同一植株上，或者如我们将在以后看到的，授粉花朵一般着生于不同植株上。

异花受精往往是由于两性的隔离才得以保证，在大多数情况下是由于同一花朵上的花粉和柱头在不同的时间成熟。这样的植物被称为雌雄异熟植物(dichogamous plant)，且可分成两个亚群：雄蕊先熟种(proterandrous species)，这些物种的花粉先于柱头而成熟；雌蕊先熟种(proterogynotls species)，在这里恰成相反的情况；后一种雌雄异熟类型远不如前一种来得普遍。在很多情况下，异花受精也是由于阻止用本身花粉来受精的、非常精巧的机械装置，才得以保证。

还有一小部分的植物，我称之为二型花的(dimorphic)和三型花的(trimorphic)植物，但希尔德布兰德(Hildebrand)曾给予更恰当的名字，把它叫做异长花柱植物(heterostyled)；这一群植物包含有两三种适应于相互受精的不同型式，因此它们像两性隔离的植物一样，在每一世代里几乎全部是杂交的。有些植物的雄性器官和雌性器官是易于感受刺激的，当昆虫触及花朵时即粘染上花粉，再把花粉传递到其他的花朵里去。还有一类植物，它的胚珠完全拒绝由同一植株的花粉来受精，但是能由同一物种的其他个体的花粉来受精。也有许多物种对自己的花粉是部分不孕的。最后，有一大类植物它们的花朵对于自花受精没有任何明显的阻碍，但是这些植物仍是经常杂交的，这是由于另一植株或另一品种的花粉优越于本株花粉的缘故。

因为植物以如此多样的和有效的方式来适应异花受精，所以单就这一事实大致可以推论植物从这一过程中所获得的巨大利益。本书的目的就是在于说明如此所得到的利益的性质及其重要性。虽然，对于植物长得适合于或者有利于杂交的规律还有一些例外，这是因为某些少数植物似乎不可避免地要自花受精，但是这些植物也保留有以往曾经适应于异花受精的痕迹。这些例外并不足以使我们怀疑上述规律的真实性，也正像存在有许多植物，它们形成花朵却一直不结种子，但并不会使我们因此怀疑花朵不是适应于种子的产生和物种的繁衍。

我们必须牢记这一明显的事实，即受精作用的主要目的就是产生种子；而且雌雄同花植物(hermaphrodite plant)通过自花受精达到这一目的，远比通过两个不同的花

◀本书 1877 年英文版扉页。

朵或植株的性结合产生种子具有更大的可靠性。显然，无数的花朵是适应于异花受精的，正像食肉兽的爪牙适应于捕捉食饵一样，也正像种子上的茸毛、翅翼及钩子是适应于种子的传播一样。因此，花朵长成为在某种程度上是处于对立状态的两种东西，这就说明了花朵构造上许多显著的变形。许多植物的花药和柱头紧密的靠近，有利于并且常常引起自花受精；如果花朵能够完全闭合，那么这一目的将可能安全地达到，因为这样花粉将不像时常所发生的，会被雨水所损伤或被昆虫所吞噬。进一步说，在这种情况下极少量的花粉就足以进行受精，而用不着产生千百万粒的花粉。但是，花朵的开放和显然是浪费的大量花粉的产生，乃是异花受精所必要的。这许多论点可以用所谓闭花受精(cleistogene)的植物为例就能充分地说明，这种植物在同一植株上着生有两种花朵。一种花朵是很小而且是完全闭合的，所以它们不可能异交，但是它们却大量地结实，尽管所产生的花粉是极其微量的。另一种花朵产生了大量的花粉而且是开放的，因而它们可能而且往往是异交的。赫尔曼·米勒(Hermann Müller)也曾有过很不平凡的发现，即某些植物存在有两种类型，也就是说在不同的植株上产生有两种雌雄同花的花朵。一种类型着生有许多构造上适于自花受精的小花，而另一种类型着生有许多较大而且比较鲜艳的花朵，显然有利于吸引昆虫的帮助而进行异花受精；但如没有昆虫的帮助，这种花朵是不能产生种子的。

* * *

花朵对于异花受精的适应性是我近37年来感兴趣的课题，同时我也收集过大量的观察材料，但是由于最近发表的许多优秀著作使我的这些观察材料变成多余的了。1857年我曾写了[①]一篇关于菜豆(kidney bean)受精的短文，并且在1862年发表了我的论著《论不列颠和外国兰科植物借助于昆虫受精的装置》(*On the Contrivances by which British and Foreign Orchids are Fertilised by Insects*)。[②] 我认为尽我可能地来仔细地研究一群植物，要比发表许多零星而不完整的观察更有意义。我的这本著作就是关于兰花论著的补充，在该论著中指出了这些植物多么巧妙地构造成允许、或利于、或迫使异花受精。异花受精的适应性在兰科(Orchideae)植物中或许比其他任何植物群更明显些，但如果像有些作者认为这是一种例外情况，那就错了。鼠尾草属(*Salvia*)雄蕊的杠杆作用(level-like action)[希尔德布兰德、W.奥格尔博士(Dr. W. Ogle)及其他学者都曾描述过]，由于花药受到蜂背的压迫和摩擦，显示出其构造的完

① *Gardeners "Chronicle"*，1857年。725页以及1858年828页。*Annals and Mag. of Nat. Hist.*，第3集，第2卷。1858年，462页。

② 中译本又译为《兰科植物的受精》。——编辑注

善,也正像任何兰科植物中所见到的一样。许多作者们都曾描述过蝶形花,例如T. H. 法勒先生(Mr. T. H. Farrer)就提出对异花受精无数奇妙的适应性。*Pasoqueria fragrans*[茜草科(Rubiaceae)的一种]的情况就是奇异得像最奇异的兰花一样。根据弗里茨·米勒(Fritz Müller)[①]的记录,它的雄蕊是易于感受刺激的,因而当蛾子来访问花朵的时候,花药立刻爆裂,而使昆虫满身蒙上花粉;其中一根花丝比其他花丝略宽,于是移动而闭合了花朵,约12小时后花丝恢复到原来的位置。因此,柱头不可能由同一花朵的花粉受精,而只能由蛾子携带其他许多花朵的花粉而受精。为了达到这一同样的目的,有无数其他美妙的装置可以被逐一地列举出来。

远在我注意花朵受精问题以前,1793年就曾出版过一本著名的德文著作,即斯普伦介尔(C. K. Sprengel)所著《揭露自然的秘密》(*Das Entdeckte Geheimnis der Natur*),在这本书里他用无数的观察,充分证明了某些昆虫在很多植物受精过程中占有非常重要的地位。可惜他的见解超过了他的时代,因而他的发现长时期被世人所忽视。自从我关于兰科植物的著作出版以后,许多关于花朵受精的论著,例如希尔德布兰德、德尔皮诺(Delpino)、阿赛尔(Axell)和赫尔曼·米勒[②],以及许多短文陆续发表出来了。列举这些文献将会占据很多的篇幅,而且这里也不是提出论文题目的适当场合,因为我们在这本书里不是讨论异花受精的方法,而是讨论异花受精的结果。凡对自然界达成其目的机制感兴趣的人,阅读这些书籍和记录没有不会赋予最热烈情绪的。

根据我自己在植物方面的观察和在某种程度上由于动物育种家们经验的引导,很多年以前我就已经相信这是自然界的一般规律,花朵适应于来自不同植株的花粉的杂交,这至少是时常如此的。斯普伦介尔当时预见了这个规律,但这只是部分的,因为没有显示出他能够领悟到同株花粉和异株花粉在活力上有任何不同之处。在他所著书籍的绪论中,他曾提到因为有如此多的花朵呈现两性分离的状态,且有如此多的花朵雌雄异熟,"这正说明了大自然不愿意任何花朵被自己花粉所受精"。但是他远不能把这个结论经常地记在心里,或者是他不能见到这个结论的全部重要性,而这

---

① *Botanische Zeitung*,1866年,129页。

② J. 勒鲍克爵士(Sir John Lubbock)曾将赫尔曼·米勒 *British Wild FIowers Considered in Relation to Insects*(1875)的全文做了一个摘要。赫尔曼·米勒的著作(*Die Befruchtung der Blumen durch Insekten*)(1873)中包含有无数原始的观察和法则。而且,这一篇著作对于在这一问题上已发表的论文都是极有价值的索引。他的论著与其他所有学者的论著不同,他根据所知的,专门研究了每一种植物的花朵由何种昆虫采访的问题。并且,他开辟了一个新的领域,不仅说明了花朵为了本身的利益,适应于某些昆虫的采访,而且说明了昆虫本身为了从某些花朵中获得蜜腺和花粉也有很精巧的适应。赫尔曼·米勒著作的价值可能并非过高的评价,把它翻译成英文,乃是极其必要的。萨维林·阿赛尔(Severin Axell)的著作是用瑞典文写的,因而我还不能够读它。

是每一个细读其著作的人都能体会到的；并且他因此而错解了各种不同构造的意义。然而，他的发现是如此的丰富，他的工作是如此的细致，因而他完全能够承担起这一点点的过错。一位最能干的评论家赫尔曼·米勒同样说道[①]："这是值得注意的，在很多的情况下，斯普伦介尔已正确地注意到，借助于昆虫的来访，而把同种其他植株上的花粉转运到柱头上来，乃是必要的；但是他并没有想象到这种转运对植物本身有一些什么作用"。

安东尼·奈特(Andrew Knight)对这一真理看得更加清楚，因为他指出了[②]："大自然企图在同一物种的相邻植株间发生有性的交配"。他在暗示了当时还不完全了解的由一朵花到另一朵花转运花粉的各种方式以后，进一步说道："自然比每一朵花非要用其本身的雄性因素来受精更有远见"。科鲁特尔(Kölreuter)[③]在1811年也正像后来另一著名的植物杂交家赫伯特(Herbert)[④]一样，明显地暗示了同样的规律。但是，这些杰出的研究者没有一个对这一规律的真实性和普遍性有足够深刻的印象，以致能坚持这一规律而使之成为别人的信念。

1862年我总结了我在兰科植物上的观察，而指出"自然厌弃永恒的自花受精"。假使把"永恒的"三个字删去，那么这句名言将成为错误的了。事实是如此，我相信虽然这可能是夸张了一些，但这是真理；并且我应该补充一下这显而易见的原则，就是说不论自花受精、异花受精、无性的芽、匍匐茎和其他等繁殖方式，物种的繁衍总是极其重要的。赫尔曼·米勒在反复地坚持后一论点上曾做出了杰出的贡献。

这件事时常萦绕在我脑海里，考察异花受精的幼苗是否在某种程度上优越于自花受精的幼苗，这一定是很有意义的。但因为在动物界就没有一个人所知晓的例证，即近亲交配(即兄弟与姊妹的交配)所产生的后代中表现出了有害的影响，我想这一规律在植物界也是正确的；同时，为了获得一定的成果，在许多连续世代中进行自花受精和异花受精必然要花费太多的时间。我应该想到，我们在无数的植物里所见到的许多有利于异花受精奇异的适应性，它们一定不可能是为了获得长远的和微小的

① *Die Befruchtung der Blumen*，1873年，4页。他这样写道："Es ist merkwürdig，in wie zahlreichen Fällen Sprengel richtig erkannte，dass durch die Birthenstaubmit Nothwendigkeit，auf die Narben anderer Blüthen derselben Art übertragen wird，ohne auf die Vermu thung zu kommen，dass in dieser Wirkung der Nutzen des Insektenbesuches für die Pflanzen selbst gesucht werden mnsse"。

② *Philosophical Transactions*，1799年，202页。

③ 科鲁特尔 *Mém. de l'Acad. de St. Pétersbourg*，第3卷，1809年(1811年出版)，197页。在阐述锦葵科(Malvaceae)如何完全地适应于异花受精以后，他问道："An id aliquid in recessu habeat，quod hujuscemodi flores nunquam proprio suo pulvere，sed semper eo aliarum suae speciei impregnentur，merito quaeritur? Certe natura nil facit frustra。"

④ 赫伯特，"石蒜科(Amaryllidaceae)，关于蔬菜杂交育种的一篇论文"，1837年。

利益，或为了避免长远的和微小的损害而产生的。此外，一个花朵受精于自己的花粉，比一般雌雄同体动物(bi-sexual animal)可能的交配有着更为接近的形式，所以可以较早地预期到其结果。

终于由于以下所述的情况，促使我进行了本书所记录的许多试验。只是为了弄清楚有关遗传方面的某些问题，并没有任何意识想到近亲的相互交配的效果，我把来自柳穿鱼(*Linaria vulgaris*)同一株上的自花受精和异花受精的幼苗培育在两个相邻的苗床上。使我惊异的是，当它们充分长成的时候，异花受精植株显然比自花受精的植株更高大、更健壮。蜂类川流不息地访问柳穿鱼的花朵，把花粉相互传递；但是如果昆虫被隔绝，花朵就只能生产极少的种子；因而可以判断我用来产生幼苗的野生植株，在其先前所有的世代必然都是杂交的。所以说两个苗床上植株的差异只是由于一次自花受精的行为，这似乎是很难确信的；同时，我把这种结果归于自花受精的种子没有完全成熟，但未必所有的情况都是如此，或者这是由于其他偶然的和不易了解的原因。第二年我为了同一目的，曾在两个相邻的大苗床上培育了自花受精和异花受精的香石竹(*Dianthus caryophyllus*)的幼苗。香石竹也像柳穿鱼属一样，如果昆虫被隔绝开来，它几乎不孕；同时我们也可以获得与上述相同的推论，就是我所用的母本，必然是或者几乎是，在每一先前世代中都是杂交的。然而，自花受精的幼苗在高度和生长势上显然要比异花受精的幼苗差。

我的注意力是被完全提起来了，因为我不能再怀疑两个苗床上的差别是由于其中之一是异花受精(异交)的后代，而另一个是自花受精的后代。因此，我几乎是随意地选择了其他两种植物，即沟酸浆(*Mimulus luteus*)和牵牛花(*Ipomoea purpurea*)，它们当时正在温室内开花，它们与柳穿鱼属(*Linaria*)和石竹属(*Dianthus*)不同，当把昆虫隔绝时，它们仍能高度自花受孕。这两个物种的单一植株上有些花朵以自己花粉受精，而另一些花朵则以另一植株的花粉异交；并且这两种植物都是用网罩来保护以隔绝昆虫的。这样异交和自花受精产生的种子被播种在同一花盆的两对边，各方面处理都相同；在植株完全长成时进行度量和比较。也正如柳穿鱼属和石竹属一样，在这两个物种里异花受精的幼苗在高度上及其他方面都显著较自花受精者占优势。所以我决定开始长期进行一系列的多种植物的试验，这些试验曾在之后的 11 年中连续进行；我们将可见到，在绝大多数情况下，异花受精植株是胜过自花受精植株的；并且其中异花受精植株不能战胜后者的一些例外情况，也是可以解释的。

应该注意的是，为了简捷起见，我曾经称呼以后也将继续这样称呼，异交的和自花受精的种子、幼苗或植株；这些名词的含意，就是指它们是异花受精或自花受精花朵的产物。异花受精总是指用种子繁殖出来的，而不是用扦插或芽接繁殖出来的不同植株间的杂交。自花受精总是指这些花朵是用自己的花粉而受精的。

我的试验是在下列情况下进行的。如能生产足量的花朵，用一个单株或两三个植株，放在有支架撑着的网罩下面，那么这个网罩一定要大到足够覆盖着植株（当植株盆栽时，应连盆罩住）且不致使植株接触到它。这一点很重要，因为假使花朵和网罩相接触，正如我所发现的，花朵会因蜂类而被杂交；并且当网罩潮湿时，花粉会受到损害。开始我曾使用网眼极细的“白棉布网”，但后来我使用一种网眼直径 1/10 英寸的网子。这种网子，除了蓟马(Thrip)以外，可以有效地隔绝所有的昆虫，但没有一种网子能隔绝蓟马。在这样的保护下，我标记出许多植株上的用其自己的花粉进行受精的花朵；同时在同一植株上以等数的花朵用另一植株的花粉进行杂交并另做出不同的标记。杂交的花朵从来不进行去雄，这样可以使得试验材料尽量与植株在自然条件下借助于昆虫而受精发生的情况相似。所以有些被这样进行杂交的花朵可能没有受精成功，而后来进行了自花受精。但是这种以及其他某些错误的根源将会及时地予以讨论。在一些少数的情况下，天然自花受精的物种，花朵在网内任它们自己受精；而在更少数的情况下，没有用网覆罩的植株任其由不断来访的昆虫进行自由受精。我偶然会改变试验方法，这些方法有某些很大的有利方面，也有某些不利之处；但在处理方法有所不同时，会在讨论各物种的标题下予以说明。

注意，收获前所采收的种子都应完全成熟。以后在大多数情况下都把异花受精和自花受精的种子放在一只装着湿沙的玻璃杯内，杯内的湿沙分为两组，两组间隔开，两类种子各放一边，杯上盖以玻片；并且把杯子放在温暖房间的炉边。这样我能够看到种子的发芽。有时一边的少数种子比另一边的任何种子都更早发芽，那么那些种子便被舍掉。但每当两边有一对种子同时发芽时，便把它们移植到一个花盆表面隔开的两对边。这样我继续进行移植，直到在许多花盆内的两对边各移植上年龄完全相同的幼苗半打甚至 20 个或更多时为止。如两株幼苗中有一株有病，或者受到任何方面的损害，这些幼苗即被拔起并抛弃，同时同一盆内对边的幼苗也就被拔掉。

因为有大量的种子放在湿沙上发芽，所以在成对植株被选出以后，还有许多种子被留下来；这些留下的种子，有些已经在发芽状态，而另一些还没有；这些种子便稠密地播种在一个或两个比较大的花盆的两对边，或者有时播种在田间的两个长行里。在这种情况下，在盆中一边的异花受精植株间和在盆中另一边的自花受精植株间，以及同一盆内生长在竞争下的两组植株之间，进行着最严酷的生存竞争。大量的植株迅即死亡，在盆中两边的生存者中最高的植株生长完成时，我测量其高度。经这种方式处理的植株，都拥有几乎和生长在自然情况下相同的条件，它们必须在一群竞争者之中进行竞争直至成熟。

由于时间不足，在另一些时候，种子不放在湿沙上发芽，而把它们直接分别播种在花盆的两对边，至完成生长时，测量植株高度。但是这种方法的准确性较差，因为有些时候一边的种子比另一边的种子发芽较快。然而对某些少数物种就必须要采用这种方法，因为某些种子在露光下就不能很好地发芽；虽然把放置种子的杯子放在室内靠炉边的一面，且与面向东北的两个窗户有相当的距离。[①]

移植幼苗用和播种种子用的花盆的土壤曾经全面拌和过，因而土壤的组成很均匀。两边的植株经常同时灌水，灌水量亦尽量相等；即使未能这样做到，水分也会非常均匀分布到盆的两对边的，因为这些盆都是不大的。异花受精和自花受精植株用一个上表面隔板隔开，隔板的方向总是对着主要光线照射的方向，这样两边的植株都可获得相等的光照。我不相信能有比我所用上述方法栽植异花受精和自花受精幼苗还能使两组植株获得更为相似的条件。

在比较两组植株时，单凭肉眼总是不可信的。在一般情况下，两对边植株的高度总是要进行细致测量，时常不止一次，而是在幼苗期，有时再在稍大的时候，以及最后在完成生长或几乎完成生长的时候。但是在有些情况下，由于时间不够，只有每对最高的一两植株进行度量，这些情况总是会加以注明的。这种方法是不好的，不能常用(在成对植株栽植后，用剩余下来的种子直播所产生的稠密植株，可采用这种方法)。除非每边最高的植株似乎可以公正地代表两边植株的平均差异，否则是根本不用的。然而这种方法也有其很大的优点，因为那些有病的、受到损害的或者不成熟的种子所产生的植株，就可以淘汰了。在仅度量每边最高植株的时候，它们的平均高度当然要超过同一边全部植株的平均高度。但是在由剩余种子培育出极其稠密植株的情况下，其最高植株的平均高度要比成对种植的植株更低，因为它们受到密植的影响，生长在不良的条件之下。但是，我们的目的是比较异花受精和自花受精植株，所以它们的绝对高度是没有意义的。

因为植株的测量是用常规的英国度量标准，以英寸为单位，而英寸分为 8 等分，我认为在这里并不值得把分数改算为小数。平均高度用一般简单的方法计算，将所有的记录相加再用植株数除总和；这里所得的结果用英寸及小数表示之。因为不同

---

① 这种情况在罂粟花(*Papaver vagum*)和飞燕草(*Delphinium consolida*)中最为明显，在一点红(*Adonis aestivalis*)和芒柄花(*Ononis minutissima*)中稍不明显。这 4 个物种的种子在沙土面上，虽然经过了几个星期，也很少有超过一两粒种子发芽的；但是同样这些种子放在盆里的土面上，并盖上一层薄沙，它们便迅速地大量发芽了。

物种生长高度不同，为了便于比较，我还经常用该物种异花受精植株的高度作为100，以此作标准来计算自花受精植株的平均高度。至于由成对栽植以后剩余种子种植出来的稠密植株，其中只测量每边一些最高的植株，因此我认为把这些植株的平均数和成对植株的平均数分别列出，而使结果复杂化，是没有意义的。但是我把它们全部的高度记录累加，从而求得一个简单的平均数。

我很久之前就怀疑列出个别植株的高度记录是否有意义，但最后我还是决定这样做了，因为这样可以看出异花受精植株的优越性通常不是由于某一边两三株特别优良的植株，或者另一边少数生长不良的植株。虽然有些观察家用笼统的词句肯定个体间杂交的品种(intercrossed variety)的后代优越于任何一个亲本，但是没有提出精确测量的数字；[①]而我没有见到任何关于同一品种内植株异花受精及自花受精效果的观察资料。再者，这样的试验需要很长的时间——我的试验已经继续了 11 年——而它们也似乎不会马上被重复。

因为只对少数的异花受精和自花受精植株进行测量，所以对我来说，了解平均数的可靠程度是极其重要的。因而我请教了在统计研究上很有经验的高尔顿先生(Mr. Galton)，请他检查我的一些测量记录表。该记录表总共含有 7 种不同属的植物，分属于牵牛花属(*Ipomoea*)、毛地黄属(*Digitalis*)、黄木樨草(*Reseda lutea*)、堇菜属(*Viola*)、莕菜属(*Limnanthes*)、矮牵牛属(*Petunia*)及玉米属(*Zea*)。可以想象，如果我们随机调动一打或 20 个属于两个国家的人来测量其身高，仅从这样少数个体来对他们的平均高度做出任何的论断，我认为那都是非常轻率的。但是这种情况和我的异花受精及自花受精植株是有些不同的，因为这些植株的年龄是完全相同的，它们从头到尾受到相同的条件，且是相同亲本的后代。当只有 2～6 对的植株参与测量时，其所得的结果显然只有很小的价值或没有价值，除非这些结果证实了或被其他物种在更大规模的试验中所证实。下面我将提出高尔顿先生盛意为我所列出的七种测量表的报告。[②]

我细心地检查了植株的测量记录，并且用许多统计的方法找出代表几组植株的平均常数的可靠性的程度。所谓可靠数字就是在一般生长条件保持不变的情况下必然产生相同的结果。我所应用的主要方法，若选择一个较短序列的植株是很容易说

---

① 这些报告的总结以及参考资料可以见我的《动物和植物在家养下的变异》书中第 17 章，第二版，1815 年第 2 卷。

② 为了便于读者区分，高尔顿先生的报告内容特别换一种字体显示。——中文版编辑注

明的，例如就玉米（*Zea mays*）而言。

玉米（幼小植株）测量记录　　（单位：英寸）

| 按达尔文先生所记录的资料 | | | 按植株大小依次排列 | | | | |
|---|---|---|---|---|---|---|---|
| | | | 单盆 | | 序列 | | |
| 直行Ⅰ | Ⅱ | Ⅲ | Ⅳ | Ⅴ | Ⅵ | Ⅶ | Ⅷ |
| | 异花受精 | 自花受精 | 异花受精 | 自花受精 | 异花受精 | 自花受精 | 差数 |
| 第Ⅰ盆 | $23\frac{4}{8}$ | $17\frac{3}{8}$ | $23\frac{4}{8}$ | $20\frac{3}{8}$ | $23\frac{4}{8}$ | $20\frac{3}{8}$ | $-3\frac{1}{8}$ |
| | 12 | $20\frac{3}{8}$ | 21 | 20 | $23\frac{2}{8}$ | 20 | $-3\frac{2}{8}$ |
| | 21 | 20 | 12 | $17\frac{3}{8}$ | 23 | 20 | $-3$ |
| 第Ⅱ盆 | | | | | $22\frac{1}{8}$ | $18\frac{5}{8}$ | $-3\frac{4}{8}$ |
| | 22 | 20 | 22 | 20 | $22\frac{1}{8}$ | $18\frac{5}{8}$ | $-3\frac{4}{8}$ |
| | $19\frac{1}{8}$ | $18\frac{3}{8}$ | $21\frac{4}{8}$ | $18\frac{5}{8}$ | 22 | $18\frac{3}{8}$ | $-3\frac{5}{8}$ |
| | $21\frac{4}{8}$ | $18\frac{5}{8}$ | $19\frac{1}{8}$ | $18\frac{3}{8}$ | $21\frac{5}{8}$ | 18 | $-3\frac{5}{8}$ |
| | | | | | $21\frac{4}{8}$ | 18 | $-3\frac{4}{8}$ |
| 第Ⅲ盆 | $22\frac{1}{8}$ | $18\frac{5}{8}$ | $23\frac{2}{8}$ | $18\frac{5}{8}$ | 21 | 18 | $-3$ |
| | $20\frac{3}{8}$ | $15\frac{2}{8}$ | $22\frac{1}{8}$ | 18 | 21 | $17\frac{3}{8}$ | $-3\frac{5}{8}$ |
| | $18\frac{2}{8}$ | $16\frac{4}{8}$ | $21\frac{5}{8}$ | $16\frac{4}{8}$ | $20\frac{3}{8}$ | $16\frac{4}{8}$ | $-3\frac{7}{8}$ |
| | $21\frac{5}{8}$ | 18 | $20\frac{3}{8}$ | $16\frac{2}{8}$ | $19\frac{1}{8}$ | $16\frac{2}{8}$ | $-2\frac{7}{8}$ |
| | $23\frac{2}{8}$ | $16\frac{2}{8}$ | $18\frac{2}{8}$ | $15\frac{2}{8}$ | $18\frac{2}{8}$ | $15\frac{4}{8}$ | $-2\frac{6}{8}$ |
| | | | | | 12 | $15\frac{2}{8}$ | $+3\frac{2}{8}$ |
| 第Ⅳ盆 | 21 | 18 | 23 | 18 | 12 | $12\frac{6}{8}$ | $+0\frac{6}{8}$ |
| | $22\frac{1}{8}$ | $12\frac{6}{8}$ | $22\frac{1}{8}$ | 18 | | | |
| | 23 | $15\frac{4}{8}$ | 21 | $15\frac{4}{8}$ | | | |
| | 12 | 18 | 12 | $12\frac{6}{8}$ | | | |

我所得到的观察记录列于直行Ⅱ和Ⅲ。骤然看来，它们是没有规律性的。但是一旦经过了根据数字大小顺序加以排列，例如直行Ⅳ和Ⅴ，情况便显著地改变了。我们现在可以看到，除了少数情况，在盆里异花受精这边最大的植株高于自花受精那边最大的植株，这边第二高的高于那边第二高的，这边第三高的高于那边第三高的，等等。表里15个事件中只有2个对这个规律是例外。所以我们可以很有信心地断言：在本试验进行的条件范围以内，异花受精植株组将经常地超过于自花受精植株组。

**各组的平均数**

| 盆号 | 异花受精 | 自花受精 | 差数 |
|---|---|---|---|
| Ⅰ | $18\frac{7}{8}$ | $19\frac{2}{8}$ | $+0\frac{3}{8}$ |
| Ⅱ | $20\frac{7}{8}$ | 19 | $-1\frac{7}{8}$ |
| Ⅲ | $21\frac{1}{8}$ | $16\frac{7}{8}$ | $-4\frac{2}{8}$ |
| Ⅳ | $19\frac{6}{8}$ | 16 | $-3\frac{6}{8}$ |

其次考虑到这个超过数值的估计。正如上表所列各组平均数间是如此不相协调，要从这里获得相当精确的估计数值似乎是不可能。但是，盆与盆之间的差异，是否像其他条件影响植株生长那样同等重要？如果答案是否定的，也只有在下面情况下才可以得出这个结论，即当所有异花受精植株或自花受精植株的资料都归并为单一序列时，那么这组资料将显示出统计学上的规律性。对列置在第Ⅶ和Ⅶ直行中的试验进行讨论，在那里规律是很明显的，使我们有信心认为平均数是完全可靠的。我曾经用比例尺来测绘度量记录，用一般方法加以修整，根据这些资料随手绘出一条曲线，但是这种修整对从原始记录所得出的平均数几乎没有改变。在本资料中以及几乎在其他所有的情况下，原始材料和修整资料平均数间的差异是在它们平均数值的2%以下。在这里存在有非常显著的一致性，在我检查的7种植株的测量记录中，异花受精植株对自花受精植株高度的比率在5种材料中的变异幅度是很狭小的。玉米中两者之比是100∶84，而在其他植物之比介于100∶76和100∶86之间。

变异量的测定[用术语所称的“或差”(probable error)来度量]是比平均数的测定更为细致的课题。经过几次尝试以后，我怀疑从这样少量的观察中能否导出有用的结论。为了能够做出公正的结论，我们应该在每种情况下至少有50株的测量记录。但事实是，在大多数情况下变异量的表现都是很显著的，虽然在玉米中不是这样，那就是当异花受精植株中都普遍地完成生长时，而在较多数的自花受精植株里却包含非常少量的样本。

对行里栽植的少数最高植株进行测量，而其每行包括有很多的植株，这些组群的资料很显然表现出异花受精植株在高度上超过于自花受精植株，但是从这些数字不能推论出它们各自的平均数值。事实是这样的，如果某一数列已经知道是服从于误差定律(the law of error)或其他任何规律，并且知道了数列里包含的个体数，那么我们从已知的片段资料就可以重建其整个的数列。但是在现有的材料里我未找出这样一个适用的方法。由于每行株数所引起的疑难是次要的；真实的困难是在于我们不了解这一数列所遵循的真正规律。在盆里栽植的试验材料不能帮助我们断定其规律，因为观察的数目太少了，不能够使我们得出比该数列中项(middle term)更多的知识，使它们还保持任何程度的正确性，而我们眼下所考虑到的是关于数列上的一种极端数字。这里还有其他的特殊困难问题，那些不须再讨论了，因为上面所述的困难是主要的障碍。

高尔顿先生同时为我送来他从这些记录中所做出的图示，这些图示显然形成十分整匀的曲线。他对玉米属和荇菜属注上“很好”的字样。他又应用了比我所用的更正确的方法计算异花受精和自花受精植株的平均高度，并列于7个表中，他的方法就是把少数测量高度时已经死亡的植株根据统计规律估计其高度，而把它们包括在计算平均数里；而我的方法只是把生存植株的高度相加而除以总株数。我们之间计算结果的差异，从这方面看是极其令人满意的，因为高尔顿先生推算出来的自花受精植株的平均高度，除了一个平均数是相等的，其他都比我所得的平均高度为低。这个事实表明，在任何情况下，我都没有夸大异花受精植株对自花受精植株的优越性。

在记录了异花受精和自花受精植株的高度以后，有时把它们在靠近地面处予以收割，并取二者等数的植株称其质量。这种比较的方法能得出非常明显的结果，我为我以往比较经常地应用这种方法而感到幸运。最后还时常记录异花受精和自花受精的种子在发芽速度上显著的差异、那些从种子所长成的植株的开花相对时期以及它们生产力(productiveness)方面的差异。生产力就是指它们所结的蒴果数以及每个蒴果所含的种子平均数。

*　　*　　*

当我开始试验时，我并没有打算把异花受精和自花受精植株种植更多的世代；但是当第一代植株开花时，我立刻想到我将再种植一代，并按下列方式处置之。在一株或几株自花受精植株上的一些花朵曾再给予自花受精；同时在一株或几株异花受精植株上的一些花朵用同一组里其他植株的花粉进行受精。这样一旦开始以后，同样的方法在某些物种里被应用到连续 10 个世代之多。种子和幼苗始终用与上述方法完全相同的方式进行处理。自花受精植物不论最初是否起源于一株或两株母本，以后每个世代里都尽可能地进行近亲的相互杂交。但是我应该在每世代里把自花受精植物用没有亲缘关系的植株花粉进行杂交——就是用同种和同品种内不同的家族或品系的植株——以代替同组内一株异花受精植株和另一株异花受精植株进行杂交。在有些情况下，我曾以此作为附加的试验而得到极其显明的结果。我经常应用的方案是，把这些几乎总是多多少少有些亲密亲缘关系的植株个体间杂交的后代与每一连续世代的自花受精植株放在竞争的条件下并进行比较——所有植株都是培植在极其相似的条件之下。我一开始用这种方法是由于失察，随后只好继续做下去，但是我利用这种方法进行比较，如果我在每个连续世代里的自花受精植株总是用新品系花粉进行杂交，可以了解到更多的东西。

我曾经提到过，各连续世代异花受精的植株，几乎总是互有亲缘关系的。当一株雌雄同花植物的花朵用其他一株花粉进行杂交时，从这些种子培育出来的幼苗可以认为是雌雄同花植物的兄弟或姊妹；从同一蒴果上的种子所培育出来的幼苗有如孪生或同一胎的多只牲畜间一样亲近。但是在某种意义上同一植株的许多花朵乃是不同的个体，因为同一母本植株上的几个花朵用一个父本植株几个花朵的花粉进行杂交，这样的幼苗在某种意义上将是同母或同父的兄弟姊妹，但是它们相互的关系比普通动物的同母或同父的“兄弟姐妹”更为亲近。然而同一母本植株的花朵一般都是用两株或两株以上的花粉进行杂交；所以在这些情况下可以更正确地称这些幼苗是同母的“兄弟姐妹”。正如经常发生的那样，当两或三株母本植株用两或三株父本植株的花粉杂交时（种子相互混杂起来），第一代中有些幼苗将是没有任何亲缘关系的，而其他许多幼苗将是同父母的“兄弟姐妹”和同父或同母的“兄弟姐妹”。在第二代里大多数的幼苗将是所谓“堂兄弟”或隔房的“堂兄弟”（half first-cousin），混合着同胞的和同母或同父的“兄弟姐妹”以及一些相互间没有任何亲缘关系的幼苗。所以在以后连续的世代里存在着许多隔房的或更远的堂兄弟。因此，在以后的世代里幼苗间的亲缘关系将变得越来越难以分辨；大多数植株间只有少许亲缘关系，而其中也有许多植株有着亲密的亲缘关系。

我还要提到另外一点，但这点是极其重要的；就是异花受精和自花受精的植株在同一世代里尽可能地把它们置于接近相似的和一致的条件下。在连续的世代中它们遭遇到的条件略有不同，因为季节变化，并且它们生长在不同的时期。但是在其他方面对它们的处理全是相似的，它们都是栽培在人工制备土壤的花盆里，在同一时间灌水并且紧密相邻地放置在同一温室或暖房里。所以它们在连续几年来并没有像露天栽培植物遭遇到那么大的气候变化。

* * *

**关于在我试验中的误差的一些明显和真实的原因**

有人反对我的试验方法——把植株用网罩盖起来。他们认为，虽然只在很短暂的开花时间里才这样做，但仍可能影响植株的健康和结实力（fertility）。我却没有发现这样的影响，除了在勿忘草属（*Myosotis*）里发现一次以外。所以我认为用网罩覆盖可能不是造成损害的真实原因。但是即使网罩对于植株稍有影响，而我从植株外形以及从植株的结实力和邻近未盖网罩植株的比较来判断，也可肯定不会影响到怎样大的程度，它也不会损坏我的试验；因为在我所有重要的试验里杂交的花朵和自花受精的花朵是在同一网罩里，所以在这方面对它们的处理是完全相同的。

要完全隔绝像蓟马那些细小而传带花粉的昆虫，是不可能的，我原来打算将某些花朵用自己的花粉受精，但后来也可能由这些昆虫带来同株上他花的花粉而进行杂交；然而我们以后可以看到这种杂交并未起到任何作用，或者充其量也只是起到很微弱的作用。当两株或更多的植株彼此靠近栽植在同一网罩内，正如我常做的，这里存在着某些真实的虽然不大的危害，相信这些花朵是自花受精的而后来却与蓟马带来的另一株的花粉进行了杂交。我认为这种危害不大，因为我曾经常发现那些自花不孕的植物，当同一物种的一些植株与它们放在同一网罩下的时候，除非得到昆虫的帮助，否则它们还是不孕的。但是，如果那些我意图使之进行自花受精的花朵，后来在任何情况下是被蓟马传带的另一植株的花粉所杂交了，那么异花受精的幼苗将仍被列入自花受精中去。这里应该特别注意，这件事情的发生将使异花受精植株对自花受精植株在平均高度、结实力等方面的优越性趋于降低，而不是趋于增加。

因为进行杂交的花朵根本没有去雄，所以我可能甚至几乎有时候一定不能使它们有效地进行异花受精，而后来那些花朵自然地自花受精了。雌雄蕊异熟的物种应该很容易发生这种情况，因为在不大留意的情况下，当花药爆裂时很难判断它们的柱头是否能够受精。但是在所有的情况下，因为花朵已免除了风、雨及昆虫的侵入，任何由我放置在还未成熟的柱头表面上的花粉，一般地都会留存在那里，直到柱头成熟；于是花朵将正如我所愿望地进行了杂交。但是这也是非常可能的，由于这种情况在异花受精幼苗中有时包含有自花受精幼苗。它的作用将如上述的情况一样，不是夸大异花受精植株对自花受精植株的任何平均优越性，而是减低它们。

由于上述两种原因，以及其他原因所引起的误差——例如有些种子没有充分成熟，虽然我曾很留心避免这种误差——任何植株的染病或不能察觉的损害——在对许多异花受精和自花受精植株进行测量而求出其平均数的情况下，将会大大地消除。此类引起误差的某些原因也可以由于让种子在潮湿的纯沙上发芽并成对地种植而消除掉；因为不完全成熟的和成熟的、有病的和健康的种子似乎不会在完全相同的时间发芽。在有些试验里，仅仅测量盆里两边最高的、最优良的和最健康的植株，也将会获得相同的结果。

科鲁特尔和卡特纳[①](Gärtner)曾经证明，有些植物为了子房内所有胚珠(ovule)的受精，几粒甚至多到50～60粒花粉是必需的。诺丁(Naudin)在紫茉莉属(*Mirabilis*)里也发现，如果只有一粒或者两粒大的花粉放置在柱头之上，那么由这样种子所长成的植株是矮生的。所以我细心地给它提供充分而足够的花粉，并且一般是完全覆盖了柱头；但是我没有采用特殊的操作来在自花受精和异花受精花朵的柱头上放置完全相同数量的花粉。在我用这种方法做了两个季节以后，我想起了卡特纳曾经提出过，虽没有直接的例证，过量的花粉或许是有害的；并且这已经被斯帕兰扎尼(Spallauzani)、夸特里凡其斯(Quatrefages)和纽波特[②](Newport)证明过，在各种动物

---

① *Kenntniss der Befruchtung*，1844年，348页。诺丁，*Nouvelles Archives du Muséum* 第1卷，27页。

② *Transactions Philosophical Soc.*，1853年，253—258页。

里过量的精液会完全阻止受精。所以这就需要论断花朵的结实力是否会受到柱头上施用较少的或非常大量的花粉的影响。因此把很少量的花粉放置于 64 朵牵牛花的大柱头的一面，同时在另外 64 朵花的柱头整个的表面上敷以大量的花粉。为了比较试验结果，半数的花朵取在自花受精种子所产生的植株上，半数取在异花受精种子所产生的植株上。用过量花粉的 64 朵花结成了 61 个蒴果；并且除去 4 个蒴果每个只有 1 粒种子以外，其余蒴果平均每个蒴果种子数是 5.07 粒。用少量花粉放置于柱头面的 64 朵花朵，产生 63 个蒴果，除去如上述同样情况的一个蒴果外，其余的平均种子数是 5.129 粒。所以用少量花粉授粉的花朵比施用过量授粉的结成稍多的蒴果和种子；但是其差异就任何意义而言是太小了。另一方面，用过量花粉授粉花朵所产生的种子是二者之中比较重的一种；170 粒种子质量是 79.67 格令[①](grain)，而用极少花粉授粉的花朵 170 粒种子质量是 79.20 格令。两种种子放在湿沙上发芽，在发芽速度上没有显示出差异。所以我们可以得出结论：我的试验不受花粉数量上微小的差异而影响；而在所有试验里都是施用足够花粉量的。

* * *

本书里我们将要讨论的问题依次如下。先在第二至第七章提出一长列的试验材料。把表示各物种的异花受精和自花受精的后代的相对高度、质量和结实力的简要表格附列在后面。另一种表列出受精植株的显明结果，这些受精植株在有些世代里既不是进行自花受精，也不是用同它们长期生长在相似条件下的植株进行异花受精，而是用生长在不同条件下的另一品系的花粉进行异花受精。在第八至第十二章里，讨论各种有关的论点和有一般意义的问题。

对这个问题不是具有特殊兴趣的任何读者，不需要试读全书的详细内容；虽然我想它们是具有一些价值而不能全部总结起来。但是我愿意建议读者阅读第二章关于牵牛花属的试验；还可以读关于毛地黄属、牛至属(*Origanum*)、堇菜属或者普通甘蓝(Common cabbage)的试验。在这些材料里，异花受精植株显著优于自花受精植株，但是它们的结果却不是完全相同。作为自花受精植株等于或优于异花受精植株的实例，应该阅读巴通尼属(*Bartonia*)、美人蕉属(*Canna*)以及普通豌豆(common pea)的试验；但是在最后一种试验里，同时可能也在美人蕉属的试验里，异花受精的植株没有优越性是可以解释的。

我挑选那些在亲缘关系上相距较远的不同科(family)的、原产自各个国家的物种

① 格令(grain)，是英国的衡量单位，1 格令＝1/7000 磅＝0.064 克。——译者注

作为试验的材料。少数情况下，我用同一科的几个属(genus)的植物进行试验，因而就把它们归并在一起；但是各科的排列不是依照自然分类的顺序，而是根据最有利于实现我的目的顺序排列的。有些试验结果我把它们全部列出，因为我认为这些结果在详细论述上有其足够的价值。着生雌雄同花的植物比高等动物可能更容易发生近缘相互交配，所以它们更合适于表明杂交良好效果的性质和程度，以及近亲繁殖或自花受精有害的方面。我所得到最重要的结论是杂交本身这一行为并不产生好处。它的好处是随着用来杂交的植株生命力(constitution)上稍有差异的情况而不同，而这些差异是由于它们的祖先在几个世代里遭受到稍有不同的外界条件的影响，或者由于目前我们还不了解的自发的变异(spontaneotls variation)所使然。正如我们以后将会看到的，这个结论是与各种重要的生理问题密切相关的，例如有利性是由于生存条件微细的改变所引起，而这与生命本身最紧密地联系着。这说明了两性的起源和同一个体中它们的分离和结合以及最后混杂交配(hybridism)的全部问题，而杂交问题是对于广泛接受和推进伟大的进化理论的最大障碍之一。

为了避免误解，我愿意再次说明，在本书里，异花受精的植株、幼苗或种子，意指其亲本是进行杂交的，也就是说，一个花朵用同一物种另一植株的花粉受精而产生的个体。同时，自花受精的植株、幼苗或种子，意指其亲本是自花受精而产生的个体，也就是说用一朵花的花粉给该花朵本身进行受精，或者有时特别注明，是用同一植株上不同花朵的花粉进行受精。

1878 年的达尔文照片

# 第二章　旋花科

· *Convolvulaceae* ·

牵牛花(*Ipomoea purpurea*),连续10代中异花受精和自花受精植株间在高度和结实力上的比较——异花受精植株具有较强的生命力——同株异花间杂交相对于异株间杂交对后代的效果——一个新品系杂交的效果——命名为“英雄”的自花受精植株的后裔——连续异花受精和自花受精各世代生长、生命力及结实力的总结——自花受精植株以后世代的花药具有少量的花粉,以及它们第一批形成的花朵的不孕性——由自花受精植株形成的花朵一致的色泽——异株间杂交的有利性有赖于它们生命力上的差异

栽培在我温室里的一株牵牛花，就是英国人通称的大旋花（*Convolvulus major*），是原产于南美洲的植物。在这一植株上10朵花用同花朵的花粉受精；而同株上另10朵花用异株的花粉进行杂交。人为地用同花朵自己的花粉进行授粉是多余的，因为这种旋花自花结实力很高；但是我这样做了，为的是使试验材料在各方面相互印证。当花朵在幼龄时，柱头伸出于花药之上；可想而知，如果没有土蜂的经常来访，这种花朵就不能受精；但是当花朵长大以后，雄蕊变长，于是它们的花药就触碰到柱头，因而柱头接受了许多花粉。由异花受精和自花受精花朵所结的种子数相差是很微小的。

由上述方法所获得的异花受精和自花受精的种子，被放在湿沙上发芽，当发现有1对种子同时发芽时，就用绪论里所述的方法，把它们种在两个花盆相对的两边。前5对的植株这样种植了。剩余的种子不论其是否已经发芽，都种在第Ⅲ盆相对的两边，所以该盆里两边的幼苗是很稠密的，它们遭受到极其严酷的生长竞争。用相同直径的铁棒或木棒使所有植株得以攀缘上升；当一对里有一株生长至棒顶时立即测量这对植株的高度。在生长稠密植株的第Ⅲ盆的每边只插一根棒，同时只测量每边最高植株的高度。

6株异花受精植株的平均高度是86英寸，而6株自花受精植株的平均高度仅是65.66英寸，所以异花受精植株对自花受精植株高度的比率是100∶78。应该注意到，这种差异既不是由于少数异花受精植株特别高，也不是由于少数自花受精植株特别矮，而是由于所有异花受精植株都比其对手达到更大的高度。第Ⅰ盆里的三对植株在生长早期进行两次度量，成对植株间的差异与最后测量之比，有时较大而有时较小。但是这里有一个很有意义的事实，我在其他一些场合也看到过，就是自花受精植株中有一株在接近1英尺高时，它比杂交植株高出半英寸；当2英尺高时它还是高出1⅜英寸，但是在以后的10天中杂交植株开始追上其对手，甚至后来表现出它的优势，直到最后异花受精植株超出自花受精植株16英寸（表1）。

---

**◀达尔文用来做实验的牵牛花（*Convolvulus major*）。**

---

表 1 异花受精与自花受精植株的植株高度比较(第一代)

| 盆号 | 异花受精植株(英寸) | 自花受精植株(英寸) |
| --- | --- | --- |
| Ⅰ | $87\frac{4}{8}$ | 69 |
| | $87\frac{4}{8}$ | 66 |
| | 89 | 73 |
| Ⅱ | 88 | $68\frac{4}{8}$ |
| | 87 | $60\frac{4}{8}$ |
| Ⅲ<br>植株稠密地生长,测量每边最高植株 | 77 | 57 |
| 总英寸数 | 516 | 394 |

第Ⅰ、Ⅱ盆内的 5 株异花受精植株被罩在一个纱网里,结出 121 个蒴果;5 株自花受精植株结出 84 个蒴果,因而蒴果数的比率是 100∶69[①]。在异花受精植株上 121 个蒴果中 65 个是由异株花粉杂交的产物,它们平均每个蒴果含有种子 5.23 粒,其余的 56 个蒴果是天然自花受精的。自花受精植株的 84 个蒴果是再度自花受精的产物,55 个蒴果(仅仅检查了这些)平均每个蒴果种子数是 4.85 粒。所以就异花受精的蒴果与自花受精蒴果种子数的比较,二者的比例是 100∶93。异花受精所产生的种子相对比自花受精的种子重。把上面资料(就是蒴果数和每个蒴果平均种子数)合并起来看,异花受精植株与自花受精植株所产种子的比率为 100∶64。

如上所述,这些异花受精植株产生 56 个天然自花受精的蒴果,同时自花受精植株也由这样的方式产生了 29 个蒴果。前者与后者的种子平均数的比例为 100∶99。

在第Ⅲ盆相对的两边播种了大量异花受精和自花受精的种子,并让幼苗在一起竞争,最初异花受精植株并没有大的优势。有一个时期最高的异花受精植株是 $25\frac{1}{8}$ 英寸,而最高的自花受精植株是 $21\frac{3}{8}$ 英寸。但是此后其差异变得很大。由于它们是如此的稠密,导致两边的植株都是很差的样本。植株的花朵在网罩内任其自然地受精;异花受精植株产生 37 个蒴果,自花受精植株只产生 18 个,即 100∶47。前者每个蒴果平均包含种子 3.62 粒,而后者含 3.38 粒,即 100∶93。把这些资料(就是蒴果数和平均种子数)合并起来,稠密的异花受精植株与自花受精植株产生种子的比例为 100∶45。但是后者的种子肯定比异花受精植株所产蒴果的种子为重;自花受精植株所产种子的百粒重是 41.64 格令,而异花受精植株所产的百粒重是 36.79 格令;这种情况可能是由于自花受精植株所结的蒴果数较少,因而这些蒴果所得的营养较好。

① 见绪论 P10 作者对于这种记录的说明,本书中经常使用该物种异花受精植株的高度作为 100。——中文版编辑注

所以我们看到,不论种在良好的条件下还是在稠密的条件下,在这第一代里,异花受精植株比自花受精植株在高度和产生的蒴果数上都明显占有优势,而在每个蒴果的种子数上则略有优势。

**异花受精和自花受精的第二代植株**

上一代异花受精植株上的花朵(表1)用其同代异株的花粉进行杂交;而自花受精植株上的花朵用同花朵的花粉受精。以这种方式获得的种子,再用与上述完全相同的方法进行处理,我们将得到的结果列于表2。

**表2 异花受精与自花受精植株的植株高度比较**(第二代)

| 盆号 | 异花受精植株(英寸) | 自花受精植株(英寸) |
|---|---|---|
| Ⅰ | 87 | $67\frac{4}{8}$ |
| | 83 | $68\frac{4}{8}$ |
| | 83 | $80\frac{4}{8}$ |
| Ⅱ | $85\frac{4}{8}$ | $61\frac{4}{8}$ |
| | 89 | 79 |
| | $77\frac{4}{8}$ | 41 |
| 总英寸数 | 505 | 398 |

这里再一次表现出每一株异花受精植株比其对手较高。第Ⅰ盆里的自花受精植株最后达到异乎寻常的高度 $80\frac{4}{8}$ 英寸,它在很长一段时间内超过其相对异花受精植株,但是最后还是被异花受精植株击败了。6株异花受精植株的平均高度是84.16英寸,但是5株自花受精植株的平均高度是66.33英寸,即100∶79。

**异花受精和自花受精的第三代植株**

由上一代异花受精植株(表2)再进行杂交产生的种子,以及由自花受精植株再进行自花受精所产生的种子,各方面完全按前述方法加以处理,结果如表3。

**表3 异花受精与自花受精植株的植株高度比较**(第三代)

| 盆号 | 异花受精植株(英寸) | 自花受精植株(英寸) |
|---|---|---|
| Ⅰ | 74 | $56\frac{4}{8}$ |
| | 72 | $51\frac{4}{8}$ |
| | $73\frac{4}{8}$ | 54 |
| Ⅱ | 82 | 59 |
| | 81 | 30 |
| | 82 | 66 |
| 总英寸数 | 464.5 | 317.0 |

从表3可见，所有异花受精植株又都比其对手高；异花受精植株的平均高度是77.42英寸，而自花受精植株平均高度是52.83英寸，即100∶68。

我密切注意这第三代植株的结实力。异花受精植株上30朵花用同一代其他异花受精植株的花粉杂交，这样获得的26个蒴果平均含种子4.73粒；当自花受精植株上30朵花用同花的花粉受精时，产生了23个蒴果，每个蒴果含有种子4.43粒。所以异花受精蒴果对自花受精蒴果的平均种子数的比例是100∶94。异花受精种子的百粒重是43.27格令，而自花受精百粒重仅是37.63格令。许多较轻的自花受精的种子放在湿沙上比异花受精种子先发芽。例如，当前者有36粒种子发芽时，后者或异花受精种子只有13粒发芽。在第I盆里3棵异花受精植株在网罩里自然受精下产生37个自花受精的蒴果(除去26个人工异花受精蒴果)，平均含种子4.41粒；而3棵自花受精植株自然受精(除去23个人工自花受精蒴果)产生29个自花受精的蒴果，平均含种子4.14粒。所以两组自然自花受精蒴果的种子平均数的比率是100∶94。把蒴果数和种子平均数合并起来考虑，异花受精植株(天然异花受精的)产生种子数比自花受精植株(天然自花受精的)的比例是100∶35。不论用什么方法来比较这些植株的结实力，异花受精植株比自花受精植株总有较大的优势。

我尝试了几种方法来比较这第三代的异花受精和自花受精植株相对的生长能力。例如将4粒刚发芽的自花受精种子种在盆的一边，在间隔48小时以后，将4粒发芽程度相同的异花受精种子播种在盆的对边；盆放置在温室里。我猜想这样给自花受精幼苗如此大的优势，那么它们就不会被异花受精植株击败了。直到它们全部生长到18英寸高时，它们还没有被击败；而它们最后被击败的程度列入表4。这里我们看到4株异花受精植株的平均高度是76.62英寸，而4株自花受精植株是65.87英寸，即100∶86；可见两者的差异是比双方同时开始的要小些。

**表4　异花受精与自花受精植株的植株高度比较**(第三代，自花受精植株早开始48小时)

| 盆号 | 异花受精植株(英寸) | 自花受精植株(英寸) |
|---|---|---|
| Ⅱ | 78 4/8 | 73 4/8 |
|  | 77 4/8 | 53 |
|  | 73 | 61 4/8 |
|  | 77 4/8 | 75 4/8 |
| 总英寸数 | 306.5 | 263.5 |

异花受精和自花受精的第三代种子也在夏末播种于露天地里，所以它们都是处在不良的条件下，每组植株插上一根棒以便攀缘向上。两组间有足够的距离使它们

不致相互干扰生长，而且地上除净了杂草。当它们被初霜伤害的时候（它们的抗寒性是没有差异的），两株最高的异花受精植株的高度是 24.5 英寸和 22.5 英寸，而两株最高的自花受精植株的高度只有 15 英寸和 12.5 英寸，即 100∶59。

同时我也把相同的两组种子播种在遮阴而长有杂草的一块园地上。异花受精植株开始看来是极其健康的，但是它们攀缘棒上只达 $7\frac{1}{4}$ 英寸的高度；而自花受精的植株根本不能攀缘棒上；而其最高植株的高度只有 $3\frac{1}{2}$ 英寸。

最后，我把相同的两组种子播种在一畦蜂室花属（*Iberis*）生长旺盛的地中央。它们的幼苗都长出来了，但是自花受精所长出的植株，除了一株以外都迅即死亡了，这一株也根本不攀缘上升，且只生长到 4 英寸的高度。在另一方面，许多异花受精植株能生存下来，有些植株在攀缘蜂室花的茎上高达 11 英寸。这些事例证明了不论单独生长于不良条件下，或者生长在相互竞争以及如在自然界必然发生与别种植物竞争的条件下，异花受精幼苗比自花受精植株总有巨大的优势。

**异花受精和自花受精的第四代植株**

由表 3 异花受精和自花受精第三代植株所产生的种子，用以往方法所培育出来的幼苗，其所获得的结果如表 5。

**表 5　异花受精与自花受精植株的植株高度比较（第四代）**

| 盆号 | 异花受精植株（英寸） | 自花受精植株（英寸） |
|---|---|---|
| Ⅰ | 84 | 80 |
| | 47 | $44\frac{1}{2}$ |
| Ⅱ | 83 | $73\frac{1}{2}$ |
| | 59 | $51\frac{1}{2}$ |
| Ⅲ | 82 | $56\frac{1}{2}$ |
| | $65\frac{1}{2}$ | 63 |
| | 68 | 52 |
| 总英寸数 | 488.5 | 421.0 |

这里 7 株异花受精植株的平均高度是 60.78 英寸，而 7 株自花受精的平均高度是 60.14 英寸，即 100∶86。这种比以前几代相对较小的差异，可能是由于这些植株是在深冬时培育起来的，以致它们不能有力地生长，正像它们的一般的外表所表现的，其中有几株根本没有能伸展到支撑棒的顶端。在第Ⅰ盆里，其中有一株自花受精植株在一个长时间内比其对手高出 2 英寸，但最终还是被击败了，因而所有的异花受精植株在高度上都超过其对手。异花受精植株上由异株花粉受精产生的 28 个蒴果，

每个蒴果平均含种子4.75粒；自花受精植株上由自花受精产生的27个蒴果，每个蒴果平均含种子4.47粒；所以异花受精蒴果和自花受精蒴果的种子比例是100∶94。

一些和在表5所培育出来的植株一样的种子，经湿沙上发芽后曾被移栽在方木盆里，有一株很大的曼陀罗木属(*Brugmansia*)植物曾经长期生长在这个木盆里。盆里的土壤是极其贫瘠的，并且充满了根群；6粒异花受精种子种于木盆的一角，6粒自花受精种子种于其对角。后者产生的全部植株除一株以外都迅即死亡，这一株的高度只达1¼英寸。在异花受精植株中生存了3株，它们的高度达2½英寸，但不能攀缘支撑棒；然而我很惊奇的，它们却产生了几朵小得可怜的花。所以异花受精植株在这种极其恶劣的条件下比自花受精植株有着决定性的优势。

**异花受精和自花受精的第五代植株**

这些植株是用以上相同的方法培育成的，测量所得结果如表6。

**表6 异花受精与自花受精植株的植株高度比较**(第五代)

| 盆号 | 异花受精植株(英寸) | 自花受精植株(英寸) |
|---|---|---|
| Ⅰ | 96 | 73 |
| | 86 | 78 |
| | 69 | 29 |
| Ⅱ | 84 | 51 |
| | 84 | 84 |
| | 76¼ | 59 |
| 总英寸数 | 495.25 | 374.00 |

6株异花受精植株的平均高度是82.54英寸，而6株自花受精植株的平均高度是62.33英寸，即100∶75。每株异花受精植株都比它的对手高。在第Ⅰ盆里异花受精植株一边中间的一株，当其幼龄时曾因风灾而略受损伤，并且有一个时期被其对手所击败，但是最终恢复其常有的优势。异花受精植株在自然状况下受精，比自花受精植株产生有更多量的蒴果；同时前者每个蒴果的种子平均数是3.37粒，而后者每个蒴果平均只有种子3.0粒，即100∶89。但是只统计人工受精的蒴果，那么异花受精植株上再行杂交所得的蒴果平均含种子数4.46粒，而自花受精植株上再行自花受精所得蒴果含有种子4.77粒；所以这种自花受精的蒴果是二者中具有更大的结实力者，而我对这种非常事件不能做出解释。

**异花受精和自花受精的第六代植株**

这些植株是用一般方法培育的，获得表7所示的结果。我应该说明原先每边有8株；但是由于有两株自花受精植株生长极不健康，并且根本没有达到完全长成的高度，所以那两株以及它们的对照组都从表7里删去了。假使它们被保留在里面，它们必然使异花受精植株的平均高度不公正地大于自花受精植株了。在少数的其他事例中，当一对中的一株显然变得很不健康时，我就用这种相同的方法处理之。

这里6株异花受精植株的平均高度是87.5英寸，而6株自花受精植株是63.16英寸，即100∶72。这么大的差异主要是由于大多数植株，特别是自花受精植株，在生长趋向于结束时已变得不健康了，并且它们严重地受到蚜虫的危害。关于植株相对的结实力由于这个原因也没有什么能够推论的了。在这个世代里我第一次获得在第Ⅱ盆里有一株自花受精植株超过(虽然只有半英寸)它异花受精对手的例证。这个胜利是经过长期的斗争而公正地获得的。最初自花受精植株是比它的对手高出几英寸，但当后者高达4½英尺时，它的高度便长得相等；后来它长到略略地高于自花受精植株，但是终于它是以1/2英寸之差被击败了，有如表7中所示。因为我对这一事件感到惊奇，所以我把这一植株的自花受精的种子保存下来，并且我将称这株植株为"英雄"(Hero)，并以它的后代进行试验，试验结果以后将加以阐述。

**表7　异花受精与自花受精植株的植株高度比较**(第六代)

| 盆号 | 异花受精植株(英寸) | 自花受精植株(英寸) |
|---|---|---|
| Ⅰ | 93 | 50½ |
| | 91 | 65 |
| Ⅱ | 79 | 50 |
| | 86½ | 87 |
| | 88 | 62 |
| Ⅲ | 87½ | 64½ |
| 总英寸数 | 525 | 379 |

除了列在表7的植株以外，9株异花受精植株和9株同组的自花受精植株种植在第Ⅳ及第Ⅴ另外两只盆里。这两个盆曾经放置在暖房(hothouse)里，但是由于空间缺乏，当植株幼小时在极寒冷的天气下突然地移到温室(greenhouse)的最寒冷的部位。它们全部受到严重灾害，并且一直未能够完全恢复。14天以后9株自花受精植株中只有2株存活，而异花受精植株9株中有7株存活。后者最高植株的高度是47英寸，而2株存活的自花受精植株中最高的一株的高度是32英寸。这里我们再一次看到，异花受精植株比自花受精植株更加有活力。

**异花受精和自花受精的第七代植株**

这些植株是用以前所用方法培育的，其结果如表8。

**表 8　异花受精与自花受精植株的植株高度比较(第七代)**

| 盆号 | 异花受精植株(英寸) | 自花受精植株(英寸) |
|---|---|---|
| Ⅰ | $84\frac{4}{8}$ | $74\frac{2}{8}$ |
| | $84\frac{6}{8}$ | 84 |
| | $76\frac{2}{8}$ | $55\frac{4}{8}$ |
| Ⅱ | $84\frac{4}{8}$ | 65 |
| | 90 | $51\frac{2}{8}$ |
| | $82\frac{2}{8}$ | $80\frac{4}{8}$ |
| Ⅲ | 83 | $67\frac{6}{8}$ |
| | 86 | $60\frac{2}{8}$ |
| Ⅳ | $84\frac{2}{8}$ | $75\frac{2}{8}$ |
| 总英寸数 | 755.50 | 614.25 |

9 株异花受精植株的每一植株都较其对手为高，虽在一个例子里只高出四分之三英寸。它们的平均高度是 83.24 英寸，而自花受精植株是 68.25 英寸，或即 100∶81。这些植株在完成营养生长之后，变得极不健康，并且正当要结种子的时候受到了蚜虫的危害，所以许多蒴果没有结成，以致对于它们相对的结实力没有什么值得谈的。

**异花受精和自花受精的第八代植株**

正如刚才所述，产生本代植株的上一世代植株是很不健康的，它们的种子异乎寻常地小；通过不正常的早熟生长，这一点或许可以解释为什么产生这两组的状态不同于以前及以后任何世代。许多自花受精的种子比异花受精种子先发芽，当然这些材料被我删去了。当表 9 中异花受精植株高度生长到 1～2 英尺之间的时候，它们全部或者几乎全部都比自花受精植株矮小，但是当时没有进行测量。当它们的平均高度到 32.28 英寸时，自花受精植株的高度是 40.68 英寸，即 100∶122。而且除了一株以外，每株自花受精植株都比它的对手高。但是当异花受精植株平均高度长到 77.56 英寸时，它们刚刚超过(就是超过 0.7 英寸)自花受精植株的平均高度；但是后者中有两株还是比其异花受精的对手高。因为我对这些资料感到非常惊异，所以我用细绳把它们缚在支棒顶端；这样使植株能继续攀缘。当不再继续长高时，把它们从支棒上解下来，拉直后测量它们的高度。现在可以从表 9 看到异花受精植株几乎重新获得它们惯有的优越性。

**表 9　异花受精与自花受精植株的植株高度比较**(第八代)

| 盆号 | 异花受精植株(英寸) | 自花受精植株(英寸) |
|---|---|---|
| Ⅰ | $111\frac{6}{8}$ | 96 |
| | 127 | 54 |
| | $130\frac{6}{8}$ | $93\frac{4}{8}$ |
| Ⅱ | $97\frac{2}{8}$ | 94 |
| | $89\frac{4}{8}$ | $125\frac{6}{8}$ |
| Ⅲ | $103\frac{6}{8}$ | $115\frac{4}{8}$ |
| | $100\frac{6}{8}$ | $84\frac{6}{8}$ |
| | $147\frac{4}{8}$ | $109\frac{6}{8}$ |
| 总英寸数 | 908.25 | 773.25 |

这里 8 株异花受精植株的平均高度是 113.25 英寸，而自花受精植株是 96.65 英寸，即 100∶85。但是有两株自花受精植株从表 9 里可以看到比其异花受精的对手还高。后者显然有更粗大的茎和更多的分枝，总的看来是比自花受精植株更有活力，并且一般开花较早。这些自花受精植株所产生的早期花朵没有结成蒴果，并且它们的花药只含有少量的花粉；关于这个问题我以后将继续讨论。不过没有包括在表 9 里的同组的另外两株自花受精植株，由于它们培植在独立的盆里，更有利于生长，所以它们结出的蒴果中，大粒种子的含有量平均是 5.1 粒。

**异花受精和自花受精的第九代植株**

这一代的植株是用以前相同的方法培植的，其结果列入表 10。

**表 10　异花受精与自花受精植株的植株高度比较**(第九代)

| 盆号 | 异花受精植株(英寸) | 自花受精植株(英寸) |
|---|---|---|
| Ⅰ | $83\frac{4}{8}$ | 57 |
| | $85\frac{4}{8}$ | 71 |
| | $83\frac{4}{8}$ | $48\frac{3}{8}$ |
| Ⅱ | $83\frac{2}{8}$ | 45 |
| | $64\frac{2}{8}$ | $43\frac{6}{8}$ |
| | $64\frac{2}{8}$ | $38\frac{2}{8}$ |
| Ⅲ | 79 | 63 |
| | $88\frac{1}{8}$ | 71 |
| | 61 | $89\frac{4}{8}$ |
| Ⅳ | $82\frac{4}{8}$ | $82\frac{4}{8}$ |
| | 90 | $76\frac{1}{8}$ |
| Ⅴ<br>密植的植株 | $89\frac{4}{8}$ | 67 |
| | $92\frac{4}{8}$ | $74\frac{2}{8}$ |
| | $92\frac{4}{8}$ | 70 |
| 总英寸数 | 1139.5 | 897.0 |

14株异花受精植株的平均高度是81.39英寸，而14株自花受精植株是64.07英寸，即100∶79。第Ⅲ盆有一株自花受精植株的高度超过其对照株，第Ⅳ盆有一株与其对手相等。自花受精植株没有表现出遗传了它们亲代早熟生长的征状；这是由于它们亲代的不健康所产生的种子不正常的状态所引起。14株自花受精植株在自然受精下只产生40个自花受精蒴果，此外应加上由10朵人工自花受精花朵所产生的7个蒴果。另一方面，14株异花受精植株产生152个自然自花受精的蒴果；但是在这些植株上有36朵花曾进行杂交（产生33个蒴果），这些花朵大概会产生30个自然自花受精的蒴果。所以等数的异花受精和自花受精植株的蒴果的比例约为182∶47，即100∶26。另一种现象在这一世代里是很明显的，但我相信这曾经在以前世代里也小概率地出现过；也就是说，在自花受精植株上大多数的花朵是有些畸形的。畸形性(monstrosity)表现花冠分裂不整齐，因而不能正常地展开，有一根或两根雄蕊略呈叶状、有颜色且与花冠紧密地黏合着。在众多异花受精植株上，我只观察到一朵花表现出这种畸形性。自花受精植株，假使营养良好的话，在少数世代以后几乎肯定地会变成重瓣花，因为它们已经变成多少有些不孕了。[①]

**异花受精和自花受精的第十代植株**

从上代异花受精植株再行个体间杂交以及从自花受精植株再行自花受精的种子，用通常方法培育出6株（表11）。因为第Ⅰ盆里有一株异花受精植株染病甚重，叶子皱缩且几乎没有结出蒴果，它和它的对照株都从表里删除了。

**表11　异花受精与自花受精植株的植株高度比较**（第十代）

| 盆号 | 异花受精植株（英寸） | 自花受精植株（英寸） |
|---|---|---|
| Ⅰ | $92\frac{3}{8}$ | $47\frac{2}{8}$ |
| | $94\frac{4}{8}$ | $34\frac{6}{8}$ |
| Ⅱ | 87 | $54\frac{4}{8}$ |
| | $89\frac{5}{8}$ | $49\frac{2}{8}$ |
| | 105 | $65\frac{2}{8}$ |
| 总英寸数 | 468.5 | 252.0 |

5株异花受精植株平均高度为93.7英寸，而5株自花受精植株只有50.4英寸，即100∶54。但是，因为这差数是如此大，所以应该视为偶然的事情。6株异花受精植株（这里包括一株有病植株）产生自然受精蒴果101个，而6株自花受精植株产生88个，后者主要是由一株所产生的。但是一株有病植株几乎没有产生任何种子而却

① 见《动物和植物在家养下的变异》第二版第18章中关于本题的讨论。

包括在这里面，所以 100∶88 的比率不能公允地表示这两组的相对结实力。这 6 株异花受精植株的茎秆看来如此显著优于那 6 株自花受精的植株，所以在蒴果已经收获和大多数叶子已经脱落以后，称其茎重。异花受精植株重 2693 格令，而自花受精植株仅重 1173 格令，即 100∶44；但是因为有病而矮生的异花受精植株包括在这里，所以实际上异花受精植株在质量上的优越性要更大一些。

**同株异花间杂交与异株间杂交对于后代的效果**

在上述所有的试验里，由异株花粉杂交的花朵所培育出来的幼苗（虽然在较近的世代里植株间有着或多或少亲缘关系）放置在与自花受精植株相竞争的条件下，并且在高度上几乎一律显著地超过自花受精花朵所培育的植株。所以我希望确定同一植株上两朵花之间杂交的后代是否会有某方面的优越性。我得到了一些新鲜种子并培植出两株，并用一个纱网把它们罩起；它们的花朵中有一些用同株异花的花粉受精。如此产生 29 个蒴果，平均每个蒴果含有种子 4.86 粒；种子百粒重是 36.77 格令。其他一些花朵用自己的花粉受精，所产生的 26 个蒴果平均每个蒴果含有种子 4.42 粒；百粒种子重是 42.61 格令。所以这种杂交似乎在每个蒴果内的种子数目上略有提高，其比率是 100∶91；但是这些种子比自花受精的种子轻，其比率是 86∶100。然而，其他的观察让我怀疑这些结果的可靠性。这两组种子在沙上发芽后，种植在 9 个盆里的两对边，在各方面都用同以前试验植株一样的方式处理。剩余的种子，有些已经在发芽状态，有些还没有发芽，都被播种在一只大盆（第 X 盆）的两对边；该盆每边上取 4 株最高的植株进行测量。所得结果如表 12 所列。

**表 12　异花受精与自花受精植株的植株高度比较**

| 盆号 | 异花受精植株（英寸） | 自花受精植株（英寸） |
|---|---|---|
| Ⅰ | 82 | $77\frac{4}{8}$ |
| | 75 | 87 |
| | 65 | 64 |
| | 76 | $87\frac{2}{8}$ |
| Ⅱ | $78\frac{4}{8}$ | 84 |
| | 43 | $86\frac{4}{8}$ |
| | $65\frac{4}{8}$ | $90\frac{4}{8}$ |
| Ⅲ | $61\frac{2}{8}$ | 86 |
| | 85 | $69\frac{4}{8}$ |
| | 89 | $87\frac{4}{8}$ |
| Ⅳ | 83 | $80\frac{4}{8}$ |
| | $73\frac{4}{8}$ | $88\frac{4}{8}$ |
| | 67 | $84\frac{4}{8}$ |

续表

| 盆号 | 异花受精植株(英寸) | 自花受精植株(英寸) |
|---|---|---|
| Ⅴ | 78 | $66\frac{4}{8}$ |
| | $76\frac{6}{8}$ | $77\frac{4}{8}$ |
| | 57 | $81\frac{4}{8}$ |
| Ⅵ | $70\frac{4}{8}$ | 80 |
| | 79 | $82\frac{4}{8}$ |
| | $79\frac{6}{8}$ | $55\frac{4}{8}$ |
| Ⅶ | 76 | 77 |
| | $84\frac{4}{8}$ | $83\frac{4}{8}$ |
| | 79 | $73\frac{4}{8}$ |
| Ⅷ | 73 | $76\frac{4}{8}$ |
| | 67 | 82 |
| | 83 | $80\frac{4}{8}$ |
| Ⅸ | $73\frac{2}{8}$ | $78\frac{4}{8}$ |
| | 78 | $67\frac{4}{8}$ |
| Ⅹ 密植的植株 | 34 | $82\frac{4}{8}$ |
| | 82 | $36\frac{6}{8}$ |
| | $84\frac{6}{8}$ | $69\frac{4}{8}$ |
| | 71 | $75\frac{2}{8}$ |
| 总英寸数 | 2270.25 | 2399.75 |

31 株异花受精植株的平均高度是 73.23 英寸，而 31 株自花受精植株是 77.41 英寸，即 100∶106。从每对植株上看，可以看到异花受精植株中只有 13 株，而自花受精植株却有 18 株超过其对照株。关于每一盆里哪一植株最先开花曾经做了记录；只有 2 株异花受精植株比在同一盆里的一株自花受精植株先开；而有 8 株自花受精植株先开。这表示异花受精植株在高度上以及开花的早期性上比自花受精植株略有逊色；但在高度上的劣势是如此的微小，只是 100∶106。假使我没有把那些植株全部(除第Ⅹ盆里密植的植株以外)从齐地处割下并加以称量，对于这个结论我将会感到很大的怀疑。27 株异花受精植株重 $16\frac{1}{2}$ 盎司，而 27 株自花受精植株重 $20\frac{1}{2}$ 盎司；得出的比率是 100∶124。

为了另一种目的，我曾把与表 12 中同一亲系的一株自花受精植株种植在单独的一个盆里；而它被证明是部分不孕的，其花药含有极少量的花粉。这棵植株上的一些花朵曾用同株上其他的花朵所能得到的少量花粉进行杂交;而同株的其他花朵则自花受精。这样产生的种子用平常的方法在两个盆的两对边种植了4株自花受精和4株异花受精植株。所有4株异花受精植株在高度上都比它的对照株处于劣势;它们的平均高度是78.18英寸,而自花受精植株平均数是84.8英寸;即100∶108[①]。所以这个事例证实了前一个事例。把所有的证据收集起来,我们必然能得出结论:这些严格自花受精的植株长得比较高一些和重一些,而且一般比同一株内花朵间杂交所产生的植株开花要早些。所以后者那些植株与那些由不同植株间杂交所产生的植株表现出一种惊人的对应性。

**同品种不同品系或新品系杂交对于后代的效果**

从上述一系列的试验,我们了解到:第一,异株间杂交在许多连续的世代中具有良好的作用,即使这些亲本植株是彼此有些亲缘关系,并又曾种植在几乎相同的条件下;第二,在同株异花间杂交完全没有如此良好的效果;而这两种情况的比较是用它们自己花粉所受精的后代来进行的。上述试验结果显示了经过许多代连续个体间杂交而长期培养在相同的条件下的植株是如何健壮而有益。它们受到了同一品种但曾生长在不同条件下的不同家族或不同品系的其他植株杂交的影响。

表10里异花受精第九代的植株上的一些花朵曾用同组另一植株的花粉进行杂交。这样培育出来的植株形成个体间杂交的第十代,因而我将它们称为“个体间杂交的植株”。在相同的异花受精第九代的植株上,一些其他的花朵曾用同一品种、但属于不同家族的植株花粉进行受精(不曾去雄),而这些植株是培育在距离较远的科尔契斯特(Colchester)的园地里,因而它们生长在稍许不同的条件下。我很惊奇由这样异花受精所产生的蒴果却比个体间杂交的蒴果含有更少更轻的种子;但是我想这种情况一定是出于偶然。由它们所培植出来的幼苗我将称之为“科尔契斯特杂交种”。这两组种子在沙上发芽以后,用普通方法播种在5个盆的两对边,剩余的种子不论其是否已在发芽状态,均稠密地播在一个很大的盆的两对边,即表13的第Ⅵ盆。在6盆中有3盆,当幼龄植株生长到略为攀绕支撑棒上升以后,有一株科尔契斯特杂交种植株显著高于其同盆对边的任何一株个体间杂交的植株;而在其他3盆里略高于个体间杂交的植株。我应该说明,在第Ⅳ盆里有两株科尔契斯特杂交种植株,大约长到三分之二时染上了严重的病,因此它们和它们个体间杂交的对照组一起被我淘汰了。其余19株植株,当完成生长时曾进行测量,所得结果列于表13。

---

① 从一棵天然自花受精的自花受精植株上,我收集了24个蒴果,它们平均只含有种子3.2粒;所以这棵植株明显地部分遗传了它亲代的不孕性。

**表 13　科尔契斯特杂交与个体间杂交植株的比较**

| 盆号 | 科尔契斯特杂交的植株(英寸) | 个体间杂交的第十代植株(英寸) |
| --- | --- | --- |
| Ⅰ | 87 | 78 |
| | $87\frac{4}{8}$ | $68\frac{4}{8}$ |
| | $85\frac{1}{8}$ | $94\frac{4}{8}$ |
| Ⅱ | $93\frac{6}{8}$ | 60 |
| | $85\frac{4}{8}$ | $87\frac{2}{8}$ |
| | $90\frac{5}{8}$ | $45\frac{4}{8}$ |
| Ⅲ | $84\frac{2}{8}$ | $70\frac{1}{8}$ |
| | $92\frac{4}{8}$ | $81\frac{6}{8}$ |
| | 85 | $86\frac{2}{8}$ |
| Ⅳ | $95\frac{6}{8}$ | $65\frac{1}{8}$ |
| Ⅴ | $90\frac{4}{8}$ | $85\frac{6}{8}$ |
| | $86\frac{6}{8}$ | 63 |
| | 84 | $62\frac{6}{8}$ |
| Ⅵ<br>在很大盆中<br>密植的植株 | $90\frac{4}{8}$ | $43\frac{4}{8}$ |
| | 75 | $39\frac{6}{8}$ |
| | 71 | $30\frac{2}{3}$ |
| | $83\frac{6}{8}$ | 86 |
| | 63 | 53 |
| | 65 | $48\frac{6}{8}$ |
| 总英寸数 | 1596.50 | 1249.75 |

在 19 对科尔契斯特杂交种植株中有 16 对在高度上超过其个体间杂交的对照株。科尔契斯特杂交的植株的平均高度是 84.03 英寸，而个体间杂交的植株的平均高度是 65.78 英寸，即 100∶78。关于这两组结实力的研究，若要将全部植株上的蒴果收集起来进行计数，实在太麻烦，所以我选择了最优良的两盆：第Ⅴ盆和第Ⅵ盆；在这些盆里科尔契斯特杂交种植株产生 269 个成熟和半成熟的蒴果，而等数的个体间杂交的植株只产生 154 个蒴果，即 100∶57。在质量上，科尔契斯特杂交种植株产生的蒴果对个体间杂交的植株产生的蒴果的比例是 100∶51；所以前者可能含有略多的种子数。

从这个重要的试验我们认识到，经过了 9 代连续个体间杂交而有某些程度上有亲缘关系的植株，当它们用一个新品系花粉进行受精时，它们所产生的幼苗胜过个体间杂交第十代的幼苗，也正像后者胜过相对应的世代自花受精植株的幼苗。因为如果我们注意表 10 里的第九代植株（这些植株在很多方面提供了最公允的比较标准），那么我们将发现个体间杂交的植株对比自花受精植株，在高度上是 100∶79，在结实力上是 100∶26；而科尔契斯特杂交种植株对比个体间杂交的植株，在高度上是 100∶78,在结实力上是 100∶51。

**在自花受精第六代里所发现的被称为“英雄”的自花受精植株的后代**

在第六代以前的 5 个世代中,每对里的异花受精植株都比其自花受精的对手高;但是到第六代(表 7 里第Ⅱ盆),“英雄”出现了,它经过长期不断地竞争,终于战胜它的对手,虽然只有半英寸之差。由于我非常惊异于这件事,所以我决意要证明这个植株是否会把它的生长能力传递给它的幼苗。所以“英雄”上有些花朵是用它自己的花粉受精的,这样产生的幼苗被放置在和其相对应世代的自花受精及个体间杂交的植株相竞争的条件下。这三组幼苗全都属于第七代。它们的相对高度列于表 14 和表 15。

6 株“英雄”自花受精的子代的平均高度是 74.54 英寸,而其相对应世代的普通自花受精植株只有 62.58 英寸,即 100∶84。

这里 3 株“英雄”自花受精的子代的平均高度是 88.91 英寸,而个体间杂交植株是 84.16 英寸,即 100∶95。所以我们可以确定:“英雄”的自花受精后代肯定地遗传了它们亲代的生长能力;因为它们在高度上大大超过了其他自花受精植株所产生的自花受精的后代,甚至它们还略略超过个体间杂交植株——它们全部是属于相对应的世代。

**表 14 “英雄”的子代与自花受精第七代植株的比较**

| 盆号 | “英雄”的子代(英寸) | 自花受精第七代的植株(英寸) |
| --- | --- | --- |
| Ⅰ | 74 | 89 4/8 |
| | 60 | 61 |
| | 55 2/8 | 49 |
| Ⅱ | 92 | 82 |
| | 91 6/8 | 56 |
| | 72 2/8 | 38 |
| 总英寸数 | 447.25 | 375.50 |

**表 15 “英雄”的子代与个体间杂交第七代植株的比较**

| 盆号 | “英雄”的子代(英寸) | 个体间杂交第七代的植株(英寸) |
| --- | --- | --- |
| Ⅲ | 92 | 76 6/8 |
| Ⅳ | 87 | 89 |
| | 87 6/8 | 86 6/8 |
| 总英寸数 | 266.75 | 252.50 |

**表 16　自花受精与个体杂交的“英雄”的孙代的比较**

| 盆号 | 由自花受精子代产生的“英雄”自花受精的孙代、第八代(英寸) | 由“英雄”自花受精子代间杂交产生的孙代、第八代(英寸) |
|---|---|---|
| Ⅰ | 86 6/8 | 95 6/8 |
| | 90 3/8 | 95 3/8 |
| Ⅱ | 96 | 85 |
| | 77 2/8 | 93 |
| Ⅲ | 73 | 86 2/8 |
| | 66 | 82 2/8 |
| | 84 4/8 | 70 6/8 |
| Ⅳ | 88 1/8 | 66 3/8 |
| | 84 | 15 4/8 |
| | 36 2/8 | 38 |
| | 74 | 78 3/8 |
| Ⅴ | 90 1/8 | 82 6/8 |
| | 90 5/8 | 83 6/8 |
| 总英寸数 | 1037.00 | 973.13 |

表 14 里“英雄”自花受精的子代的若干花朵用同花的花粉进行受精；从这些种子培育出自花受精第八代的植株(“英雄”的孙代)。同株的其他一些花朵以“英雄”的其他后代的花粉进行杂交。从这种杂交所产生的幼苗可认为是“兄弟姐妹”相结合的后代。这两组幼苗间比较的结果(就是自花受精以及“兄弟姐妹”结合的后代)列于表 16。

13 株“英雄”自花受精的孙代的平均高度是 79.76 英寸，而由自花受精子代间杂交产生的孙代的平均高度是 74.85 英寸，即 100∶94。但在第Ⅳ盆里有一株异花受精植株，其高度只达 15½英寸；如果把这株和其对照株从全部资料中删去，这样做应该认为是最公平的处理，那么异花受精植株的平均高度会超过自花受精植株的高度，但是差值只有一英寸的几分之几。所以，显然是“英雄”自花受精子代间的杂交不会产生任何值得注意的、有利的效果；同时非常可疑的是这种否定的结果可能单纯由于“兄弟姐妹”结合的事实，因为普通的连续几个世代个体间杂交的植株一定常常是由于“兄弟姐妹”结合而产生的(如第一章所述)，而它们在高度上全部都是大大地超过自花受精植株。所以我们认为，马上就能证明：“英雄”遗传给其后代的这种特殊的能力是适应于自花受精的。

我们将看到“英雄”的自花受精后代不仅从“英雄”遗传下来等于一般个体间杂交植株的生长能力，而且在自花受精时它一般比与本种植株受精具有更大的结实力。表 16 里“英雄”自花受精的孙代(自花受精植株的第八代)的花朵与其自己的花粉受精产生了许多蒴果。10个蒴果中(虽然为了获得可靠的平均数,这个数目是太少些)平均含种子数为5.2粒——这是一个比任何自花受精植株所观察到的更大的平均数。这些自花受精孙代所产生的花药和相对应世代个体间杂交植株所产生的花药发育得一样的健全,且包含一样多的花粉;但是一般自花受精植株在后来的世代中就不一定是这样的情况了。然而"英雄"的孙代所产生的少数花朵是略呈畸形的,正像一般自花受精植株后来世代的花朵。为了不再纠结于结实力的问题,我可以附带说一下,由"英雄"曾孙代(由自花受精第九代植株形成的)自然受精产生的21个自花受精的蒴果平均含种子4.47粒;这个平均数和任何世代自花受精花朵通常产生的种子平均数一样高。

表16里"英雄"自花受精孙代的一些花朵曾用同花的花粉受精;从它们所产生的幼苗形成了自花受精第九代的植株("英雄"的曾孙代)。其他一些花朵用另一株孙代的花粉进行杂交,所以它们可以被认为是"兄弟姐妹"结合的后代,同时这样培育出来的幼苗可以称为个体间杂交的曾孙代。最后其他花朵用一个不同品系的花粉进行受精,这样培育的幼苗可以称为科尔契斯特杂交种的曾孙代。不幸的是,由于急于要确定其结果,我栽植了这三组种子(在湿沙上发芽之后),在冬季中期播种在温室里,因此幼苗(每种有20株)变得极不健康,有些植株只长到几英寸高,极少能达到它们应有的高度。所以这些结果不是完全可信的,因而不必要详细列出测量记录。为了尽可能求得最公允的平均数,首先我剔除了全部高度在50英寸以下的植株,这样便丢弃了全部极不健康的植株。这样余留下来的6株自花受精植株的平均高度是66.68英寸;8株个体间杂交植株是63.2英寸高;7株科尔契斯特杂交种植株是65.37英寸高;可见这三组间没有很大的差异,自花受精的植株略占优势而已。当只把36英寸以下的植株剔出时,也就不存在任何大的差异。所有的植株,不论其高矮或健康与否相互间也没有大的差异。在这后一种情况下,科尔契斯特杂交的植株在三者中表现出最低的平均数;并且如果这些植株在任何显而易见的方面都胜过其他的两组,根据我以往的经验也完全可以预期它们将会这样。即使大多数植株处在极不健康的情况下,我也有理由相信一些优越性的迹象将会显示出来。在我们所能判断的范围内,两个"英雄"孙代的个体间杂交比两个子代植株间杂交没有产生任何更大的有利性。所以显然"英雄"和它的后代是从普通的类型改变来的,它不仅在自花受精下获得了更大的生长能力和提高了结实力,而且它没有由于不同品系的杂交而得到利益;假使后一种事实是可靠的,在我的全部试验中就我所观察到的,它是唯一的。

**牵牛花异花受精和自花受精植株连续许多世代的生长、生活力和结实力以及一些杂录的总结。**

在表 17 里我们可以看到，培植在与其他植株相互竞争情况下的个体间杂交和自花受精植株 10 个连续世代的植株平均高度；在最右侧一列里我们列出相互间的比例，以个体间杂交植株的高度作为 100。在最下方一行里列出了 73 株个体间杂交植株的平均高度是 85.84 英寸，而 73 株自花受精植株是 66.02 英寸，即 100∶77。

表 17　牵牛花 10 个世代植株高度的总结

| 代数 | 异花受精植株数 | 异花受精植株平均高度(英寸) | 自花受精植株数 | 自花受精植株平均高度(英寸) | 异花受精和自花受精植株平均高度的比例 |
|---|---|---|---|---|---|
| 第一代　表Ⅰ | 6 | 86.00 | 6 | 65.66 | 100∶76 |
| 第二代　表Ⅱ | 6 | 84.16 | 6 | 66.33 | 100∶79 |
| 第三代　表Ⅲ | 6 | 77.41 | 6 | 52.83 | 100∶68 |
| 第四代　表Ⅳ | 7 | 69.78 | 7 | 60.14 | 100∶86 |
| 第五代　表Ⅴ | 6 | 82.54 | 6 | 62.33 | 100∶75 |
| 第六代　表Ⅵ | 6 | 87.50 | 6 | 63.16 | 100∶72 |
| 第七代　表Ⅶ | 9 | 83.94 | 9 | 68.25 | 100∶81 |
| 第八代　表Ⅶ | 8 | 13.25 | 8 | 96.65 | 100∶85 |
| 第九代　表Ⅸ | 14 | 81.39 | 14 | 64.07 | 100∶79 |
| 第十代　表Ⅹ | 5 | 93.70 | 5 | 50.40 | 100∶54 |
| 10 个世代的总和 | 73 | 85.84 | 73 | 66.02 | 100∶77 |

自花受精植株 10 个世代中每一代的平均高度也显示于附图中，这里把个体间杂交植株的平均高度作为 100；在图的右边我们看到 73 株个体间杂交植株和 73 株自花受精植株的相对高度。异花受精和自花受精植株高度的差异用一个图示或许更容易理解些。假如一个国家里所有的人的平均高度是 6 英尺，而有些家族里曾经长期严格执行近亲婚配，这个家族成员将几乎都是矮人，他们的平均高度在第十代时将只有 4 英尺 8¼英寸。

必须特别注意，异花受精植株和自花受精植株平均高度的差数不是由于前者的少数植株长得特别的高，或是由于后者的少数植株极其矮小，而是由于异花受精的全部植株除了下列少数例外，都超过了它们自花受精的对照植株。第一株出现于第六代，在该代里出现了称为“英雄”的植株；在第八代里出现了两株，但是在这一世代里自花受精植株是处在反常的情况下，因为最初它们以不正常的速度生长，并且在一个时期内战胜了对照的异花受精植株；在第九世代里有两株例外，虽然其中一株仅仅相等于它的异花受精的对照株。所以，在 73 株异花受精植株中有 68 株比生长在对边的自花受精植株长得较高。

在图 2-1 的右边直行里可以看到异花受精植株和自花受精植株的高度在连续世代中的差异变动得很大，其实这是可以预期的，因为每个世代里只测量少数的植株是不足以获得令人信服的平均数的。应该记住，植株的绝对高度是没有什么意义的，因为在一对植株中有一株攀缘上升到支棒顶端时便测量其高度。在第十代中出现巨大的差数，即 100：54，这无疑是个偶然，虽然把这些植株进行称重时，其差数甚至更大，即 100：44。在第四代和第八代发生最小的差异，显然这是由于异花受精和自花受精植株二者都变得不健康，阻碍了前者获得它们正常的优越性。这是一种不幸的情况，但是我的试验并未因此而失效，因为不论是有利的或不利的条件，两组植株都处于相同的条件下。

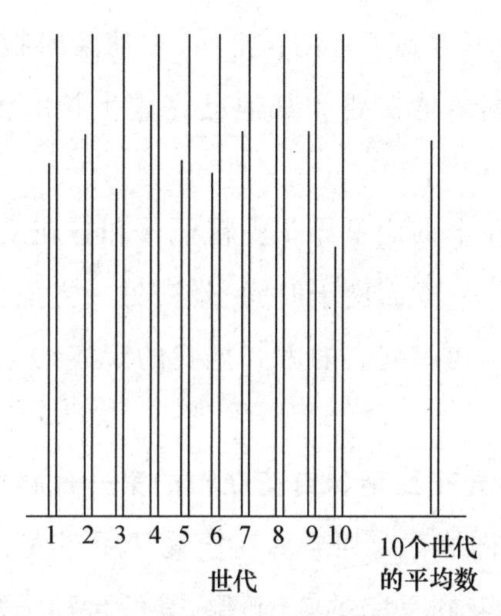


**图 2-1 牵牛花(*Ipomoea purpurea*)10 个世代的异花受精和自花受精植株的平均高度；异花受精植株的高度作为 100。在右边图示 10 个世代的异花受精和自花受精植株总和的平均高度。**

我们有理由相信这一牵牛花属植物在室外培植时，其花朵惯常是由昆虫进行传粉而杂交的，因此，用我买来的种子，培植的第一批幼苗或许就已经是杂交的后代。我推断事情是这样的：第一，由于土蜂时常来访，会遗留下大量的花粉在这些花朵的柱头上；第二，由于从同一组种子培植得来的植株，在花朵的颜色上变异很大，这也意味着个体间杂交是非常多的。[①] 所以这是值得注意的，我种植的植株大概是由许多世代里异花受精以后第一次进行自花受精的花朵而产生的，这些植株在高度上应该显著地逊色于个体间杂交的植株，正如它们所显示的是 76：100。当植株在连续每个世代里进行自花受精，它们在后来的世代必然会变得比以前世代更为近亲交配，这已可

① Verlot 说(*Sur la production des veriétés*，1865 年，66 页)，某些亲缘很近的植物品种，例如三色旋花(*Convolvulus tricolor*)，就不能保存其纯度，除非把它种在远离其他品种的地方。

以预期到它们和异花受精植株间在株高上的差异将继续增加。但是，目前事实却是这样，在第七、第八、第九代两组植株间的差异合并到一起，要比第一、第二代两组植株间差异合并到一起，还更少些。然而，当我们记起自花受精植株和异花受精植株都是同一母本的后代的时候，在每个世代里的许多异花受精植株都有亲缘关系，且常是亲密的亲缘关系，同时它们全部是培植在相同的条件下，（我们以后会发现，相同的条件乃是非常重要的）那么，它们之间的差异在后来世代里将略有降低，这就毫不奇怪了。相反，值得惊异的是，异花受精植株应该胜于后来世代的自花受精植株，即使其程度是微弱的。

异花受精植株比自花受精植株具有更强大的生命力（constitutional vigour），这曾用各种方法在 5 种场合下得到了证明：比如，在幼龄时把它们暴露在低温中、或在急变的温度中，或者把它们培植在要和其他已完成生长的植株进行竞争的这样极其不利的条件下。

遗憾的是，对在连续几个世代里异花受精植株和自花受精植株的生产力，我在观察时没能做出统一的计划，一方面由于时间不够，另一方面由于我在最初没有试图观察多个世代的植株。这里，我用列表的方式把我的观察结果进行总结，以异花受精植株的结实力作为 100。

**生长在相互竞争下的异花受精和自花受精的第一代植株**

5 株异花受精植株的花朵用异株花粉受精所产生的 65 个蒴果与 5 株自花受精植株的花朵用自己花粉受精的 55 蒴果，其所含种子数的比例是 …… 100：93

上述 5 株异花受精植株上 56 个天然自花受精蒴果与上述 5 株自花受精植株上天然自花受精的 25 个蒴果，其所产种子数的比例是 ……………… 100：99

合并这些植株产生的蒴果总数以及每个蒴果的种子平均数，上述异花受精植株与自花受精植株生产种子数的比例是 ……………………………… 100：64

其他生长在不利条件下的第一代植株和天然自花受精植株产生种子数的比例是 …………………………………………………………………… 100：45

**异花受精和自花受精的第三代植株**

异花受精的蒴果对自花受精蒴果所含种子数的比例是 …………… 100：94

等数的异花受精和自花受精植株，二者都进行自然自花受精，其产生蒴果数的比例是 ……………………………………………………………… 100：38

这些蒴果所含种子数的比例是 …………………………………… 100：94

合并这些资料，异花受精植株和自花受精植株二者在天然自花受精下，其生

产力的比例是 …………………………………………………………………… 100∶35

**异花受精和自花受精的第四代植株**

异花受精植株的花朵用异株花粉受精产生的蒴果和自花受精植株的花朵用它们自己花粉受精产生的蒴果,其含种子数的比例是 ………………… 100∶94

**异花受精和自花受精的第五代植株**

异花受精植株在自然受精下比自花受精植株产生更多的大量的蒴果(未实际统计),这些蒴果含种子数的比例是 ……………………………………… 100∶89

**异花受精和自花受精的第九代植株**

14 株异花受精植株进行自然受精和 14 株自花受精植株进行自然受精,其所产蒴果数(每个蒴果的种子的平均数未曾测定)的比例是 ……………… 100∶26

**由一个新品系杂交产生的植株与个体间杂交植株的比较**

个体间杂交第九代的后代用一个新品系杂交,其所产生的植株和同品系个体间杂交第十代的植株相比较,两组植株都没有网罩并让其天然受精,其所产生蒴果质量的比例是 ……………………………………………………………… 100∶51

在这个表里我们看到,不论用什么标准对它们进行比较,异花受精植株在某些程度上总是比自花受精植株具有较大的生产力。程度上差异很大;但是这主要依赖于单独取用种子平均数,或者单独取用蒴果平均数,或者是二者合并在一起。异花受精植株的相对优势主要是由于他们生产了更多数量的蒴果,而不是由于每个蒴果含有更多数量的种子。例如,在第三代中异花受精植株和自花受精植株产生蒴果数的比例是 100∶38,而异花受精植株蒴果里的种子数对自花受精植株蒴果里的种子数的比例只是 100∶94。在第八代里有两株自花受精植株(未包括在上表里)分别培植在不同的盆里而没有受到任何的竞争,它们的蒴果产生的种子平均数很大(5.1 粒)。自花受精植株产生的蒴果数量较少,可能一部分而不是全部,是由于它们的大小或高度变小了;这主要是因为它们生命力变弱了,所以它们不能和生长在同一盆里的异花受精植株相竞争。异花受精植株上由杂交花朵产生的种子,并不经常比自花受精植株上自花受精所产生的种子重。不论是从自花受精或异花受精产生的种子,较轻的种子一般比较重的种子先发芽。我可以再加一句,异花受精植株,除极少数的例外,都比自花受精的对照株先开花,这可以从其拥有更高的植株和结实力预料到的。

自花受精植株结实力的削弱,还表现在它们的花药比异花受精植株花朵的花药小。这一现象在第七代里第一次观察到,它也可能发生在更早的世代里。从第八世代的异花受精和自花受精植株的花朵上,取一些花药放在显微镜下,比较发现:异花受精的花药比自花受精植株的花药普遍较长和显著较宽。自花受精的一个花药所含的花粉量，就肉眼判断，大概只有异花受精植株花药的一半。另一种方面，第八代自花受精植株结实力的削弱也表现在第一批形成的花朵是不孕的，这种情况在杂交体上时常被观察到。例如在后来世代里，一株自花受精植株第一批 15 朵花进行自花受精，其中有 8 朵凋落了；同时，在同一盆里的一株异花受精植株的第一批 15 朵花进行自花受精，其中只有一朵凋落。在同一世代其他两株异花受精植株上，观察到许多最早开花的花朵被自己的花粉受精、且结成了蒴果。在第九代的植株，并且我相信在前一些世代里的植株，如已经谈到的，有许多花朵都略呈畸形，而这或许和它们结实力的降低有关。

全部第七代的自花受精植株，并且我相信一二代以前的植株，它们所产生的花朵有完全相同的色泽，都是浓郁的深紫色。在自花受精植株连续的 3 个世代里，没有任何的例外，全部植株都是如此。我培育出的很多植株，因为正在进行其他的试验，所以这里就不再记述了。我注意到这个事实，是由我的园丁告诉我的，对于自花受精植株不需要标记，因为时常可以从它们的色泽来辨认它们。花朵的色泽和野生物种生长在自然环境下的花朵是一样的；至于同样色泽的花朵是否在较早的世代里曾经发现过（大概是会发生的），我的园丁和我自己都记不起来了。观察购买来的种子第一次种植出来的植株以及最初几个世代的植株，其花朵在紫色的深度上差异很大；许多花朵在某些程度上呈粉红色，偶尔还会出现白色的品种。异花受精植株能持续到第十世代仍具有和以往同样情况的变异，但是在程度上大为减弱，大概是由于它们或多或少地变成相互间有密切的亲缘关系了。第七代以及以后连续世代里，自花受精植株花朵色泽的异常统一，我们应把它归功于遗传性在以往几个世代里没有受到杂交的干扰，而这和它们非常一致的生活条件是相关联的。

在自花受精的第六代里发现一个植株，我们称之为“英雄”，它的高度略略超出它的异花受精的对照株，并且把它的生长能力和提高的自交结实力传递给它的子代及孙代。“英雄”子代植株间的杂交，并没有给予孙代超过自花受精子代所培育成的自花受精的孙代以任何利益。这些观察是在不健康的植株上进行的，由孙代个体间杂交所产生的曾孙也不超过于继续自花受精孙代所产生的幼苗。更值得注意的是：以一个新的品系和孙代杂交所产生的曾孙，既不超过个体间杂交，也不超过自花受精的曾孙，因而，“英雄”及其后代在生命力上与现有物种的一般植株显得极其不同。

虽然在 10 个连续世代里，从相互有亲缘关系的异株间杂交所产生的植株，其在高度、生命力及结实力上几乎是一律超出它们自花受精的植株。事实证明，同一植株上花朵间杂交的幼苗并不占优势，相反，在高度和质量上，它们比用自己花粉受精的花朵所产生的幼苗还稍许差些。这是一件值得注意的事实，似乎指示出自花受精在某些情况下要比异花受精更为有利，除非异花受精会带来一些像它在一般情况下所具有的决定性的和压倒的益处；对于这个问题我将在后文专用一章来再谈。

由两个植株间杂交而产生如此普遍的有利性，显然是有赖于两个植株间生命力上或性状上的一些差异。这在第九世代个体间杂交的幼苗身上显示出来了。当取用新品系进行杂交时，其植株对再度个体间杂交植株的优越性，在高度上和个体间杂交植株对其相对应世代自花受精植株的优越性相同，结实力的优势也几乎相同。因此我们了解到这样一个重要的事实，在两株某些程度上有亲缘关系的、曾长期培植在相同条件下的植株间进行单纯的杂交，和不属于同一品系或同一家族、而曾培植在约略不同条件下的植株间杂交相比较，前者是很少有好处的。我们可以把个体间杂交 10 个连续世代的好处归之于它们相互间在生命力上或性状上还存在有一些差异。正如已经证实了的，它们的花朵在色泽上还有稍许的不同。从牵牛花属试验材料中所推论出来的几个结论，在我提出全部其他观察结果以后，将在最后几章里详细地讨论到。

圆叶牵牛(*Ipomoea purpurea*)

# 第三章　玄参科、苦苣苔科、唇形科等

· *Scrophulariaceae, Gesneriaceae, Labiatae, Etc.* ·

沟酸浆(*Mimulus luteus*);最初4代异花受精和自花受精植株的高度、生活力及结实力——一个新的、高的和自花能孕力强的品种的出现——自花受精植株间杂交产生的后代——和新品系杂交的效果——同一植株花朵间杂交的效果——关于沟酸浆的总结——毛地黄(*Digitalis purpurea*),异花受精植株的优越性——同一植株花朵间杂交的效果——荷包花属(*Calceolaria*)——柳穿鱼(*Linaria vulgaris*)——毛蕊花(*Verbascum thapsus*)——*Vandellia nummularifolia*——闭花受精的花朵——苦苣苔(*Gesneria pendulina*)——红花鼠尾草(*Salvia coccinea*)——牛至(*Origanum vulgare*),异花受精植株由于匍匐茎而大量增加——山牵牛(*Thunbergia alata*)

VARIÉTÉS de MIMULUS.

在玄参科里，我用下列6个属的物种进行了试验：沟酸浆属、毛地黄属、荷包花属、柳穿鱼属、毛蕊花属（*Verbascum*）和母草属（*Vandellia*）

## 玄参科（Scrophulariaceae）——沟酸浆（*Mimulus luteus*）

用我买来的种子所种植出来的植株，它们在花朵色泽上变异很大，几乎没有两株是一样的；它们的花冠都有不同浓度的黄色，并带有极其多样性的紫色、淡红色、橙色及古铜色的斑点。但是这些植株在其他方面并没有不同。[①] 这些花朵显然是很适于虫媒受精的。在和它很接近的物种 *Mimulus roseus* 中，我曾经注意到蜜蜂进入花朵，因而使它们背上粘满了花粉；当它们进入另一花朵时，花粉即被具有两个唇片的柱头从蜂背上舐下来，柱头上的唇片是很容易感受到刺激的，当受到花粉粒的刺激时，就像镊子一样地闭合起来。如果在两唇片之间没有包闭到花粉，那么稍过一些时间两唇片便又张开。基钦纳先生[②]（Mr. Kitchener）曾经天才地解说了这种动作的功用，那就是阻止花朵的自花受精。假若一只背上没有花粉的蜂进入了花朵，它一触到柱头，柱头迅即闭合。当蜂背粘上花粉从花朵里退出来的时候，它却不会把一粒同花朵的花粉遗留在柱头上；但当它进入另一花朵的时候，立刻就有大量的花粉被遗留在柱头上，这样花朵得以进行了异花受精。然而，如果昆虫被隔离了，花朵却能完全自己进行受精，并产生大量的种子；但是我没有能断定这是由于年龄的增加而使花丝增长还是由于雌蕊下垂。我在这个物种的试验中最有意义的事，是在自花受精第四代里发现了一个变种，它具有大而特殊色泽的花朵，并且比其他变种长得更高；它也变成更能自花受精。这个品种与牵牛花属自花受精第六代所发现的“英雄”植株相似。

◀**沟酸浆（*Mimulus luteus*）**

① 我把不同花色的几个样本送给邱园（Kew），而胡克博士（Dr. Hooker）告诉我，它们都属于沟酸浆。深红色花朵的植株已被园艺家定名为 var. *youngiana*。

② *A Year's Botany*，1874年，118页。

用我买来的种子所培植出来的植株中，其中一株上，有些花朵以其自己的花粉受精，同株上其他一些花朵则以异株花粉进行杂交。用这种方法产生的12个蒴果的种子分别被放置在表面皿里进行比较；根据目测从杂交产生的6个蒴果的种子数并不多于自花受精蒴果的种子数。但是当在称记质量时，异花受精蒴果的种子重是1.02格令；而自花受精蒴果的种子重只有0.81格令；所以前者和后者比，不是较重便是较多，其比例为100：79。

**异花受精和自花受精的第一代植株**

把异花受精和自花受精种子放在湿沙上，在肯定它们是同时发芽之后，把两种种子密播在宽而较浅的木盆里的两对边；以致这两组的幼苗遭受到同样的不良条件。这是我用于试验的第一批物种之一。当异花受精幼苗平均高度达半英寸时，自花受精的幼苗的高度还只有四分之一英寸。在上述不良条件下植株生长到最大高度时，4株最高的异花受精植株平均高度是7.62英寸，而4株最高的自花受精植株的平均高度是5.87英寸，两者之间比例为100：77。在自花受精植株第一朵花开放时，异花受精植株已经有10朵花全部开放。两组中的少数植株被移植到具有足量优良土壤的大盆里，自花受精植株在这里不再有严酷的竞争，次年它们生长得和杂交植株一样的高；但是只有这么一次，所以我们自然要怀疑它们是否能长期保持相等的状况。异花受精植株上的一些花朵用异株花粉进行杂交，这样产生的蒴果比自花受精植株再一次自花受精的蒴果包含有更重的种子。

**异花受精和自花受精的第二代植株**

以上植株用上述方法受精产生的种子播种在第一个小盆的两对边，且生长得非常稠密。4株最高的异花受精植株在开花时，其平均高度是8英寸，而4株最高的自花受精植株平均高度只有4英寸。异花受精种子单独播种在第二个小盆里，自花受精种子又单独播种在第三个小盆里；所以在两组植株之间不存在任何的竞争。但是异花受精植株的平均高度比自花受精植株高出1～2英寸。两组的植株看上去是同样的健壮，但是异花受精植株比自花受精植株开花更早且更丰产。在第一盆里，两组植株相互进行竞争，异花受精植株先开花并结出了大量的蒴果，而自花受精植株只结了19个蒴果。将异花受精植株上12个杂交蒴果的种子和自花受精植株上12个自花受精蒴果的种子分别放在表面皿里进行比较；杂交种子的数目似乎要比自花受精种子的数目多出一半。

第一盆里两对边的植株，在结种子以后，把上部切去并移植到有足量优良土壤的大盆里，到第二年春季当它们生长到5～6英寸高时，这两组植株高度相等。正如上一代类似的试验里所发生的一样。但是过了几星期以后，异花受精植株超过了同一盆中对面的自花受精植株，只是超过的程度没有像前述在相互严酷竞争下的那样大而已。

**异花受精和自花受精的第三代植株**

前一代异花受精植株所产生的杂交种子和前一代自花受精植株所产生的自花受精的种子密播在第一个盆的两对边。在每边两株最高植株开花以后进行测量，两株异花受精植株的高度是 12 英寸和 7½英寸，两株自花受精植株是 8 英寸和 5½英寸；两者比例为 100∶69。异花受精植株上的 20 朵花再行杂交产生 20 个蒴果；10 个蒴果所含种子重是 1.33 格令。自花受精植株的 30 朵花再行自花受精，只产生 26 个蒴果；10 个最优良蒴果（许多蒴果发育极其不良）所含种子重只有 0.87 格令；就是说其质量比例为 100∶65。

异花受精植株的优越性在多方面获得了证明。将自花受精的种子先播种在第二个盆的一边，两天以后再在其对边播种异花受精种子。在高达半英寸时两组幼苗高度相等；但当完成生长时，两株最高异花受精植株的高度分别达到 12½英寸和 8¾英寸，而两株最高自花受精植株的高度只达到 8 英寸与 5½英寸。

在第三盆里，异花受精种子在自花受精种子播种后 4 天播种，正如我们所预料的那样，最初，后者的幼苗较为优越；当两组植株高度长至 5～6 英寸时，两组幼苗高度相等；最后，异花受精植株中 3 株最高植株的高度分别是 11 英寸、10 英寸和 8 英寸，而 3 株最高的自花受精植株的高度分别是 12 英寸、8½英寸及 7½英寸。所以它们之间并没有很大的差异，异花受精植株只平均超越三分之一英寸。把植株上部切去，在没有受到损伤的情况下把它们移栽在大盆里。这样，两组植株在第二年春季就具有公平的出发点。现在，异花受精植株表现了它们遗传下来的优势，因为它们最高的两株的高度都是 13 英寸，而自花受精植株中最高的两株的高度只有 11 英寸和 8½英寸，即 100∶75。两组植株任其自然地自己受精，异花受精植株结出大量的蒴果，而自花受精植株只结了极少数不良的蒴果。异花受精植株上 8 个蒴果所含的种子重是 0.65 格令，而自花受精植株上 8 个蒴果的种子重只有 0.22 格令，即 100∶34。

在上述 3 盆里的异花受精植株，几乎全部与以前试验相同，都比自花受精植株先开花。这种现象甚至在第三盆里异花受精种子比自花受精种子晚 4 天播种时也会发生。

最后又把两组种子播种在一个大盆的两对边；在这个盆里曾经有吊金钟属（*Fuchsia*）长期生长，因而盆里的土壤布满了吊金钟属植物的根系。两组植株都生长得很萎弱，但相比之下，异花受精的幼苗始终表现优势，并且最后达到3½英寸的高度，而自花受精的幼苗根本没有超过1英寸。上述的许多试验都肯定地证明了：异花受精植株在生命力上要比自花受精植株具有优势。

把到现在为止所叙述的3个世代合并起来，最高的10株异花受精植株的平均高度是8.19英寸，而最高的10株自花受精植株的高度是5.29英寸(植株是培植在小盆里)，即100∶65。

在自花受精的下一世代里，就是在第四世代里，出现了几株新的、高的变种的植株，它的数目在以后自花受精世代里增加，这是由于它的强大的自花结实力，完全排除了原种的类型。在异花受精植株中也出现有同样的变种，但是由于最初对这种植株没有予以特殊的注意，以致我现在不知道这一变种在由个体间杂交植株产生时已被利用多久；而在杂交的以后世代里它是很少出现的。由于这个高变种的出现，使其第五代以及以后连续的世代里异花受精植株和自花受精植株的比较变得不公允，因为所有的自花受精植株只有少数的杂交植株包含有这种高变种。但是，以后的试验结果在某些方面上还是值得提出来的。

**异花受精和自花受精的第四代植株**

从两组第三代植株上用一般方法产生的两种种子，被播种在两盆(Ⅰ和Ⅱ)的两对边；但是幼苗没有适当的间苗，所以生长得不好。许多自花受精植株，特别是在包含有上述新的、高的品种的一个盆里，它们开着大而几乎白色的、并带有深红斑点的花朵。我将称之为白花变种。我相信这个变种第一次是在前一代杂交植株中和自花受精植株中出现的；但是我和我的园丁都记不清是否从购来的种子所培植的幼苗中就出现有这样的变种了。所以这个变种或者由于一般的变异而产生，或者从这个变种出现于异花受精植株和自花受精植株中的事实来判断，它更可能是由于返祖现象(reversion)而回复到以往存在的那个变种。

第Ⅰ盆里最高的异花受精植株是8½英寸，而最高的自花受精植株的高度是5英寸。第Ⅱ盆里最高的异花受精植株是6½英寸，而包括白花变种在内的最高的自花受精植株是7英寸；在我的沟酸浆属(*Mimulus*)的试验中，这是第一个表现出最高自花受精植株超过最高的杂交植株的事例。但是把最高的两株异花受精植株合并起来考虑，它们在高度上对自花受精植株的比却是100∶80。然而在结实力方面，异花受精植株优于自花受精植株；异花受精植株的12朵花朵进行杂交，产生10个蒴果，其种子重为1.71格令。自花受精植株的20朵花朵进行自花受精，产生15个蒴果，表现都不好；它们10个蒴果的种子重是0.68格令，所以在相等蒴果数目的比较下，异花受精种子对自花受精种子的质量比是100∶40。

**异花受精和自花受精的第五代植株**

第四代两组植株用一般方式受精所产生的种子，播种于3个盆里的两对边。当植株开花时，发现大多数自花受精植株都是由高的白花变种所组成。在第Ⅰ盆里的几株异花受精植株也属于这个变种，而在第Ⅱ第Ⅲ盆里数目就很少了。在第Ⅰ盆里最高的异花受精植株的高度是7英寸，而在其对边最高的自花受精植株是8英寸；在第Ⅱ和第Ⅲ盆里，最高的异花受精植株是4½英寸和5½英寸，而最高的自花受精植株是7英寸和6½英寸。所以，这两组最高植株的平均高度，若异花受精植株是100，则自花受精植株是126。这样我们得到完全相反于以往4个世代所发生的事实。然而，在所有的3盆里，异花受精植株都保持着比自花受精植株早开花的习性。由于植株的稠密以及天气的酷热，植株生长得很不健康，因而或多或少地表现不孕；但是异花受精植株的不孕性略较自花受精植株为低。

**异花受精和自花受精的第六代植株**

从第五代植株用一般方式杂交和自花受精所产生的种子播种在几个盆里的两对边。在自花受精的一边所有的植株都属于高的白花变种。在异花受精植株的一边，有些植株属于高的白花变种，但是更多的植株在性状上接近于老的较矮的变种，其中有较小的黄色的并带有古铜色斑点的花朵。当两边的植株高度达2～3英寸时，它们是相等的，但到它们停止生长时，自花受精植株肯定是最高的和最优良的植株，但是由于时间不够，对它们没有进行实际的测量。在半数的花盆里最先开花的是自花受精植株，在另一半盆里异花受精植株占先。现在另一种显明的改变可以清楚地看到，那就是自花受精植株比异花受精植株变得更能自花受孕了。所有的盆都放置在网罩下，借以隔绝昆虫，异花受精植株在自然受精下只产生55个蒴果，而自花受精植株产生81个蒴果，即100∶147。两组各9个蒴果的种子分别放在表面皿上进行比较，自花受精的蒴果反而具有更多的种子。除了这些天然自花受精的蒴果以外，异花受精植株上有20朵花再进行杂交，产生16个蒴果；自花受精植株上有25朵花再行自花受精，产生17个蒴果，这里所结蒴果的比例数比较前一代自花受精植株上由自花受精花朵所结的蒴果为多。这两组各以10个蒴果的种子分别放在表面皿里进行比较，自花受精植株的种子数肯定多于异花受精植株的种子数。

**异花受精和自花受精的第七代植株**

从第六代异花受精和自花受精植株所获得的杂交种子和自花受精种子，按一般的方式播种于3个盆里的两对边，幼苗进行完善的和相同的间苗。每株自花受精植株(培植了许多植株)在这一世代里以及在第八和第九世代里都同属于高的白花变种。它们在性状上的一致性,和从购来的种子最初培育出来的幼苗相比较是十分值得注意的。另一方面,异花受精植株在花色上差异很大,但是根据我的想象,其差异的程度没有像最初培植的植株那样大。这一次我决定细致地测量两边植株的高度。自花受精幼苗比异花受精幼苗出土早一些,但两组幼苗在一个时期内高度是相等的。在第一次测量时,6 株最高的异花受精植株的平均高度是 7.02 英寸,而 6 株最高的自花受精植株的平均高度是 8.97 英寸,即 100∶128。当生长完成时再对同一植株进行测量。其结果列入表 18。

**表 18　第七代之间的比较**

| 盆号 | 异花受精植株(英寸) | 自花受精植株(英寸) |
|---|---|---|
| Ⅰ | $11\frac{2}{8}$ | $19\frac{1}{8}$ |
| | $11\frac{7}{8}$ | 18 |
| Ⅱ | $12\frac{6}{8}$ | $18\frac{2}{8}$ |
| | $11\frac{2}{8}$ | $14\frac{6}{8}$ |
| Ⅲ | $9\frac{6}{8}$ | $12\frac{6}{8}$ |
| | $11\frac{6}{8}$ | 11 |
| 总英寸数 | 68.63 | 93.88 |

这里 6 株异花受精植株的平均高度是 11.43 英寸,而 6 株自花受精植株平均高度是 15.64 英寸,即 100∶137。

因为现在已很明显地了解到这个高的白花变种真实地传递了它的性状,同时因为自花受精植株全部是属于这个变种,而异花受精植株大部分是属于较矮的原种,因而可以很显然地了解到,自花受精植株的高度之所以经常地超过异花受精植株的原因。因此关于这方面的试验未再继续下去了,同时我还想测定不同盆里第六代的自花受精植株,进行个体间杂交所产生的后代是否会比同株上的花朵用它们自己的花粉受精而产生的后代更为有利些。后一种幼苗组成为第七代的自花受精植株,正和表 18 的右面一行相似;异花受精植株是经 6 个世代自花受精,而在最后一代进行个体间杂交而产生的产品。种子先在沙土上进行发芽,然后再成对地种在 4 个盆里的两对边,而所有剩余的种子都密播在第Ⅴ盆里,有如表 19 所列;在第Ⅴ盆每边上只选最高的 3 株进行测量。所有植株进行两次测量——第一次在幼小时期,异花受精植株的平均高度在那时对自花受精植株的比是 100∶122。当生长完成时再行测量,结果列入表 19。

这里 16 株个体间杂交植株的平均高度是 9.96 英寸,而 16 株自花受精植株的平均高度是 10.96 英寸，即 100∶110；个体间杂交植株的亲本曾经在前 6 个世代中进行自花受精，而且在整个生长期中生长在非常一致的条件之下，因而它们在高度上比第七代的自花受精植株稍有逊色。但是，正如我们即将看到的材料，由于再经两代自花受精以及所设置的相似的试验得出有不同的结果，因而我不了解本试验的可靠的程度究竟有多大。表 19 的 5 盆中，有 3 盆里自花受精植株先开花，而另外两盆里异花受精植株先开花。这些自花受精植株显然是能孕的，因为被自己花粉受精的 20 朵花朵竟结出了不少于 19 个极其优良的蒴果！

**表 19　第六代和第七代的比较**

| 盆号 | 从第六代自花受精产生的个体间杂交植株(英寸) | 第七代自花受精植株(英寸) |
| --- | --- | --- |
| Ⅰ | $12\frac{6}{8}$ | $15\frac{2}{8}$ |
| | $10\frac{2}{8}$ | $11\frac{5}{8}$ |
| | 10 | 11 |
| | $14\frac{5}{8}$ | 11 |
| Ⅱ | $10\frac{2}{8}$ | $11\frac{3}{8}$ |
| | $7\frac{6}{8}$ | $11\frac{4}{8}$ |
| | $12\frac{1}{8}$ | $8\frac{5}{8}$ |
| | 7 | $14\frac{3}{8}$ |
| Ⅲ | $13\frac{5}{8}$ | $10\frac{3}{8}$ |
| | $12\frac{2}{8}$ | $11\frac{6}{8}$ |
| Ⅳ | $7\frac{1}{8}$ | $14\frac{6}{8}$ |
| | $8\frac{2}{8}$ | 7 |
| | $7\frac{2}{8}$ | 8 |
| Ⅴ<br>密植的 | $8\frac{5}{8}$ | $10\frac{3}{8}$ |
| | 9 | $9\frac{2}{8}$ |
| | $8\frac{2}{8}$ | $9\frac{2}{8}$ |
| 总英寸数 | 1159.38 | 175.50 |

### 与不同品系杂交的效果

表 19 第Ⅳ盆里的自花受精植株上的一些花朵曾以它们自己的花粉受精，这样培育出第八代自花受精的植株，此仅作为下一试验的亲本之用。在这些植株上的另一些花朵让其自然受精(当然昆虫是被隔绝的)，从这些种子所培育出来的植株形成自花受精的第九代；它们全部是属于带有深红斑点的、高的白花变种。自花受精第八代同株上的另一些花朵用同组内异株的花粉进行杂交；所以这样培育出来的幼苗将是以往经过 8 代自花受精而在最后一代进行个体间杂交的幼苗；我将那些植株称为个体间杂交植株。最后，在自花受精第八代同株的另一些花朵中用别种植株的花粉受精，这些植株是由切尔西(Chelsea)的一个花园里拿来种子培育出来的。这些切尔西

植株着生黄色而有红斑的花朵，但在其他方面并没有什么不同。它们是生长在露地里，而我的植株是在以前 8 个世代培植在温室中的盆里，并且培植在不同的土壤上。与这一种完全不同的品系杂交所产生的幼苗可以称之为“切尔西杂交种”(Chelsea-crossed)。这样获得的 3 组种子先在沙上发芽，每当 3 组里同时各有一粒种子发芽或两组内各有种子发芽时，就把它们种植到表面划分为 2 格或 3 格的盆里。剩余的种子不论是否发芽均密播在第Ⅹ盆的 3 分格里，列如表 20。当植株生长到它最大高度时，进行测量，结果列入表 20；但在第Ⅹ盆的 3 分格里，只对各格 3 株最高的植株进行测量。

**表 20　三种植株高度比较**

| 盆号 | 和切尔西杂交的第八代自花受精所产生的植株(英寸) | 由第八世代自花受精植株间相互杂交所产生的植株(英寸) | 由第八世代自花受精植株所产生的第九代的自花受精植株(英寸) |
|---|---|---|---|
| Ⅰ | $30\frac{7}{8}$ | 14 | 9% |
| | $28\frac{3}{8}$ | $13\frac{6}{8}$ | $10\frac{5}{8}$ |
| | | $13\frac{7}{8}$ | 10 |
| Ⅱ | $20\frac{6}{8}$ | $11\frac{4}{8}$ | $11\frac{6}{8}$ |
| | $22\frac{2}{8}$ | 12 | $12\frac{3}{8}$ |
| | | $9\frac{1}{8}$ | |
| Ⅲ | $23\frac{6}{8}$ | $12\frac{2}{8}$ | $8\frac{5}{8}$ |
| | $24\frac{1}{8}$ | | $11\frac{4}{8}$ |
| | $25\frac{6}{8}$ | | $6\frac{7}{8}$ |
| Ⅳ | $22\frac{5}{8}$ | $9\frac{2}{8}$ | 4 |
| | 22 | $8\frac{1}{8}$ | $13\frac{3}{8}$ |
| | 17 | | 11 |
| Ⅴ | $22\frac{3}{8}$ | 9 | $4\frac{4}{8}$ |
| | $19\frac{5}{8}$ | 11 | 13 |
| | $23\frac{4}{8}$ | | $13\frac{4}{8}$ |
| Ⅵ | $28\frac{2}{8}$ | $18\frac{6}{8}$ | 12 |
| | 22 | 7 | $16\frac{1}{8}$ |
| | | $12\frac{4}{8}$ | |
| Ⅶ | $12\frac{4}{8}$ | 15 | |
| | $24\frac{3}{8}$ | $12\frac{3}{8}$ | |
| | $20\frac{4}{8}$ | $11\frac{2}{8}$ | |
| | $26\frac{4}{8}$ | $15\frac{2}{8}$ | |
| Ⅷ | $17\frac{2}{8}$ | $13\frac{3}{8}$ | |
| | $22\frac{6}{8}$ | $14\frac{5}{8}$ | |
| | 27 | $14\frac{3}{8}$ | |

续表

| 盆号 | 和切尔西杂交的第八代自花受精所产生的植株(英寸) | 由第八世代自花受精植株间相互杂交所产生的植株(英寸) | 由第八世代自花受精植株所产生的第九代的自花受精植株(英寸) |
|---|---|---|---|
| Ⅸ | $22\frac{6}{8}$ | $11\frac{6}{8}$ | |
| | 6 | 17 | |
| | $20\frac{2}{8}$ | $14\frac{7}{8}$ | |
| Ⅹ 密植的植株 | $18\frac{1}{8}$ | $9\frac{2}{8}$ | $10\frac{3}{8}$ |
| | $16\frac{6}{8}$ | $8\frac{2}{8}$ | $8\frac{1}{8}$ |
| | $17\frac{4}{8}$ | 10 | $11\frac{2}{8}$ |
| 总英寸数 | 605.38 | 329.50 | 198.50 |

在表 20 里,20 株切尔西杂交系植株的平均高度是 21.62 英寸;27 株个体间杂交植株是 12.2 英寸;19 株自花受精植株是 10.44 英寸。但是对于后者作为最公平的比较,应该除去两株矮生植株(高度只有 4 英寸),这样才不会夸大了自花受精的劣势;同时这样就提高其余 17 株自花受精植株平均高度为 11.2 英寸。所以在植株高度上切尔西杂交植株对个体间杂交植株的比是 100∶56;切尔西杂交植株对自花受精植株是 100∶52;而个体间杂交植株对自花受精植株是 100∶92。这样我们可以看到在高度方面,切尔西杂交比个体间杂交和自花受精是有多么大的优越性。当它们刚一英寸高时,就已表现了它们的优越性。当生长完成时它们也表现比其他两组植株有更多的分枝,有更大的叶子和有稍微大些的花朵,所以如果进行称记质量,它们的比率一定会比 100∶56 和 100∶52 更大些。

在这里个体间杂交植株对自花受精植株的高度比是 100∶92;并且这正像表 19 所列的相似的试验。从自花受精第六代植株所产生的个体间杂交植株在高度上是低于自花受精植株的,其比为 100∶110。我怀疑两个试验的结果不一致是否能用下列事实解释:或者因为现在这个试验里自花受精植株是由天然自花受精种子培育出来的,而在前一个试验里它们是由人工自花受精种子培育出来的;或者因为现在试验的植株是又经过了两代自花受精的缘故,然而这是一个比较可信的解释。

至于结实力,20 株切尔西杂交植株结出 272 个蒴果;27 株个体间杂交植株结出 24 个蒴果,17 株自花受精植株结出 17 个蒴果。全部植株都未加罩网,所以它们都是自然受精,而且空的蒴果全部剔除。

| | |
|---|---|
| 所以 20 株切尔西杂交植株应结蒴果数 | 194.29 |
| 所以 20 株个体间杂交植株应结蒴果数 | 17.77 |
| 所以 20 株自花受精植株应结蒴果数 | 20.00 |
| 切尔西杂交植株 8 个蒴果所含种子质量 | 1.1 格令 |

个体间杂交植株 8 个蒴果所含种子质量　0.51 格令

自花受精杂交植株 8 个蒴果所含种子质量　0.33 格令

如果我们把植株所产生的蒴果数及其中所含种子平均质量合并起来，我们将得到下列一些异常的比：

切尔西杂交植株和个体间杂交植株相同株数所产的种子质量比　100∶4

切尔西杂交植株和自花受精植株相同株数所产的种子质量比　100∶3

个体间杂交植株和自花受精植株相同株数所产的种子质量比　100∶73

还有一个显著的事实，就是切尔西杂交植株在抵抗性上，也正像它们在高度、生长繁茂程度及结实力上一样，也大大地超出其他的两组。在早秋大多数的花盆都移置于露地；这样会常使得曾经长期培养在温室里的植株受到损害。因此所有 3 组植株都受到严重损害，但是切尔西杂交植株远较其他两组植株受害为轻。在 10 月 3 日切尔西杂交植株再度开始开花，并且在一个时期内继续开花；而其他两组植株上没有开一朵花，它们的茎干几乎被齐地面切去，并且似已表现半死的状态。在 12 月初发生了一次严重的霜害，此时切尔西杂交植株的茎干已被切掉，但是到 12 月 23 日它们又从根部开始抽出新枝，而其他两组的全部植株却完全死亡了。

虽然有一些由表 20 右边一行植株所产生的自花受精种子被种植了，它们比其他两组的种子发芽较早(当然这些种子是被剔除了)，但是在 10 盆中只有一株自花受精植株比生长在同一盆里的切尔西杂交或个体间杂交植株开花较早。后两组的植株在同时间内开花，虽然切尔西杂交植株比个体间杂交植株生长得较为高大和健壮。

上面已经谈到由切尔西原始种子所培育出来的植株的花朵都是黄色的；而这里就值得注意，从高的白花变种在未经去雄的花朵中用切尔西植株的花粉受精的花朵所培养出来的全部 28 株，每株幼苗都是开着黄色的花朵，这表示了该物种的自然特性之一，即黄色对白色有着多么强大的优势。

**同株花朵间相互杂交与异株间杂交对于后代的效果比较**

在所有上述的试验里，异花受精植株都是异株间杂交的产物。现在我选择了表 20 内一株非常健强的植株，它是从一个自花受精第八代植株花朵用切尔西品系的花粉受精而培育出来的。这个植株上的一些花朵用同株上其他一些花朵的花粉受精，而另一些则用它们自己同花的花粉受精。这样产生的种子先在湿沙上发芽，然后用一般的方法种植于 6 个盆里的两对边。所有剩余的种子不论其是否已经发芽，均密播在第Ⅶ盆里；在第Ⅶ盆里的每边仅测量 3 株最高的植株。因为我急于要知道试验结果，于是有些种子即在晚秋播种，但是在冬季植株的生长是如此不整齐，以致有一株杂交植株的高度是 $28\frac{1}{2}$ 英寸，而其他两株只达 4 英寸或者低于 4 英寸，这可以见于表 21。在这种情况下，正如我在其他许多试验中所观察到的一样，试验结果是一点也不可信。但是我认为应该把测量结果列出来。

**表 21　同株花朵间相互杂交与异株间杂交对于后代的效果比较**

| 盆号 | 由同株异花间杂交所培育出来的植株（英寸） | 由自花受精所培育出来的植株（英寸） |
|---|---|---|
| Ⅰ | 17 | 17 |
| | 9 | $3\frac{1}{8}$ |
| Ⅱ | $28\frac{2}{8}$ | $19\frac{1}{8}$ |
| | $16\frac{4}{8}$ | 6 |
| | $13\frac{5}{8}$ | 2 |
| Ⅲ | 4 | $15\frac{6}{8}$ |
| | $2\frac{2}{8}$ | 10 |
| Ⅳ | $23\frac{4}{8}$ | $6\frac{2}{8}$ |
| | $15\frac{4}{8}$ | $7\frac{1}{8}$ |
| Ⅴ | 7 | $13\frac{4}{8}$ |
| Ⅵ | $18\frac{3}{8}$ | $1\frac{4}{8}$ |
| | 11 | 2 |
| Ⅶ 密植的 | 21 | $15\frac{1}{8}$ |
| | $11\frac{6}{8}$ | 11 |
| | $12\frac{1}{8}$ | $11\frac{2}{8}$ |
| 总英寸数 | 210.88 | 140.75 |

这里 15 株杂交植株平均高度是 14.05 英寸，而 15 株自花受精植株是 9.38 英寸，即 100∶67。但是如果把高度在 10 英寸以下的所有植株删掉，那么 11 株杂交植株对 8 株自花受精植株的平均高度比则为 100∶82。

第二年春季，把这两组的剩余种子用完全相同的方法进行处理；幼苗测量的结果列于表 22。

**表 22　第二年两者比较**

| 盆号 | 由同株异花间杂交所培育出来的植株（英寸） | 由自花受精所培育出来的植株（英寸） |
|---|---|---|
| Ⅰ | $15\frac{1}{8}$ | $19\frac{1}{8}$ |
| | 12 | $20\frac{5}{8}$ |
| | $10\frac{1}{8}$ | $12\frac{6}{8}$ |
| Ⅱ | $16\frac{2}{8}$ | $11\frac{2}{8}$ |
| | $13\frac{5}{8}$ | $19\frac{3}{8}$ |
| | $20\frac{1}{8}$ | $17\frac{4}{8}$ |

续表

| 盆号 | 由同株异花间杂交所培育出来的植株(英寸) | 由自花受精所培育出来的植株(英寸) |
|---|---|---|
| Ⅲ | $18\frac{7}{8}$ | $12\frac{6}{8}$ |
| | 15 | $15\frac{6}{8}$ |
| | $13\frac{7}{8}$ | 17 |
| Ⅳ | $19\frac{2}{8}$ | $16\frac{2}{8}$ |
| | $19\frac{6}{8}$ | $21\frac{5}{8}$ |
| Ⅴ | $25\frac{3}{8}$ | $22\frac{5}{8}$ |
| Ⅵ | 15 | $19\frac{5}{8}$ |
| | $20\frac{2}{8}$ | $16\frac{2}{8}$ |
| | $27\frac{2}{8}$ | $19\frac{5}{8}$ |
| Ⅶ | $7\frac{6}{8}$ | $7\frac{6}{8}$ |
| | 14 | 8 |
| | $13\frac{4}{8}$ | 7 |
| Ⅷ 密植的 | $18\frac{2}{8}$ | $20\frac{3}{8}$ |
| | $18\frac{6}{8}$ | $17\frac{6}{8}$ |
| | $18\frac{3}{8}$ | $15\frac{4}{8}$ |
| | $18\frac{3}{8}$ | $15\frac{1}{8}$ |
| 总英寸数 | 370.88 | 353.63 |

这里22株杂交植株的平均高度是16.85英寸,22株自花受精植株的平均高度是16.07英寸,即100∶95。但是如果把在第Ⅶ盆里远比其他植株矮的4株删掉(这应该是最公平的办法),21株杂交植株对19株自花受精植株高度的比为100∶100.6——那就是说它们是相等的。除第Ⅷ盆里密植的植株以外,所有的植株在测量高度以后,全部割下来并称记质量,18株杂交植株重10盎司,而同数量的自花受精植株重$10\frac{1}{4}$盎司,即100∶102.5;但是如果删除第Ⅶ盆里的矮小植株,则自花受精植株在质量上超出杂交植株的比率将更高。在以往全部试验里,如以异株间杂交所培育出来的幼苗和自花受精植株相比较,其一般情况下前者总是先开花;但是在本试验里8盆中有7盆却是自花受精植株比对面的杂交植株先开花。从表22里植株的各方面的证据来考虑,同株异花间杂交似乎没有给予其所产生的后代有利性,而自花受精植株在质量上还占优势些。但是这个结论不能认为绝对可信,因为我们还有表21所列的记录,尽管这些结果已经阐明了原因,但比本试验的可靠性是更加差了。

**沟酸浆观察的总结**

在异花受精植株和自花受精植株起初的3个世代里,只测量了几个盆里各边最高植株的高度;10株异花受精植株对10株自花受精植株平均高度的比是100∶64。异花受精植株还比自花受精植株有更大的结实力,并且它们是如此的健壮,甚至把它们延迟 4 天播种在同一盆里的相对面,而它们的高度还是超出对方的。当两类种子播种在非常贫瘠的、充满了他种植物根系的土壤的盆的两对边时,也显然地表现出同样的优势。有一次异花受精植株和自花受精植株培植在肥沃的土壤里,而且没有把它们放置在相互竞争的条件下,它们达到了相等的高度。如果我们注意到第四世代,我们可以看到两株异花受精植株的平均高度仅略略超出两株最高的自花受精植株,且后者的一株超过其对手——这是以前几代所没有发生过的情况。这一株优势的自花受精植株属于新的白花变种,这个变种是比原有的黄花变种长得高些。从一开始这个变种就似乎比原来变种在自花受精时具有更大的结实力,而在连续自花受精世代里变得更加能够自花结实了。这个变种自花受精的第六代植株和异花受精植株相比较,在两类植株都是在自然受精的条件下,其产生蒴果数的比是 147∶100。在第七代一个植株上 20 朵花予以人工的自花受精竟结成不少于 19 个非常优良的蒴果!

这个变种是这样全面地把它的性状传递给自花受精的后代,直到最后一代,或第九代,所培育出来的许多植株完全都表现非常一致的性状;这样和购来种子所培育出来的植株形成了明显的对比。但是这个变种最后依然保持产生黄花的潜能;因为当自花受精第八代的一株植株和切尔西品系的花粉杂交时,其后代每一植株都开黄花。一个相似的变种,至少在花朵的颜色上,也在第三代的杂交植株中出现过。开始时没有注意到它,因此我也不知道开始时用它来杂交或自花受精有多少次。在第五代大多数的自花受精植株和在第六代及以后各代中的每个植株都是属于这一变种;并且,这种现象无疑是部分地由于它很大的和逐渐提高的自交结实力。另一方面,在杂交的以后世代里这个变种消失了;这可能是由于许多植株连续地相互杂交。从这个变种的高度看,自花受精植株自第五代起至第七代的每个世代里自花受精植株的高度都超出了异花受精植株;如果把它们种在相互竞争的条件之下,无疑地在以后世代里也将会这样。在第五代里异花受精植株对自花受精植株的高度之比是 100∶126;在第六代之比是 100∶147;而第七代之比是 100∶137。这种在高度上的超额,可能不仅是由于这个变种在本性上比其他植株生长得高些,而且也可能由于它具有特殊的体质,因而它不因连续自花受精而受到损害。

这个变种和牵牛花属自花受精第六代所产生称为"英雄"的植株,表现有明显相似的情况。如果"英雄"植株也能像沟酸浆属一样产生超过其他植株大量的种子,同时如果把那些种子又混合在一起,那么"英雄"的植株在其自花受精后代中将增加到使得普通植株完全绝迹,并且由于其本性生长较高,因而在高度上于以后每个世代里也将较异花受精植株为高。

自花受精第六代的某些植株进行相互杂交，第八代的某些植株也进行了一些相互杂交；由这些杂交所产生的幼苗分别与其两个对应的二代自花受精植株种植在相互竞争的条件下。在第一个试验中异花受精植株比自花受精植株结实力较低，高度较差，其比例为100∶110。在第二个试验里，异花受精植株比自花受精植株的结实力较大，其比例为100∶73；植株较高，其比例为100∶92。纵使在第二个试验里自花受精植株是多加两代自花受精以后的产物，但我还不能理解这两个相似试验的结果的分歧。

在沟酸浆属的全部试验中，最重要的是在自花受精第八代的植株的花朵继续自花受精：同组另一些植株的许多花朵进行个体间杂交；更有一些植株的花朵用新的品系切尔西杂交。用切尔西杂交所产生的幼苗对个体间杂交所产生幼苗在高度上的比是100∶56，而结实力之比是100∶4，而它们对自花受精所产生的幼苗的比率在高度上是100∶52，结实力之比是100∶3。这些用切尔西杂交所产生的植株也远比其他两组植株更为抗寒；所以总起来说，用新的品系进行杂交所获得的优势是大得惊人的。

最后，由同一株上花朵间进行杂交所产生的幼苗，并不比用同一朵花自己的花粉受精的幼苗优越；但是这个结果不是绝对可信的，因为以往一些观察和它不同，虽然以往的观察是在极其不良的情况下进行的。

## 毛地黄(*Digitalis pupurea*)

普通毛地黄(foxglove)的花是雄蕊先熟的；也就是说在同一朵花中的柱头能接受受精之前，其花粉已经成熟而且大部分吐露出来了。其受精作用是由较大的土蜂所促成，当土蜂在找寻蜜腺时把花粉在花朵间进行传递。上面较大的两个雄蕊比下面较小的两个雄蕊吐粉较早。这个事实的意义，正如奥格尔博士①所提出的，可能由于较长的两个雄蕊靠近柱头，以致它们具有最大受精的可能性，但因为避免自花受精是有利的，所以它们先吐了粉，这样得以减少自花受精的机会。但是直到两裂的柱头展开以前是没有自花受精危险的；因为希尔德布兰德②发现在柱头开展以前，把花粉放上去是不会发生作用的。花药是很大的，最初花药的位置是横跨着管状花冠，如果它

① Popular Science Review，1870年1月，50页。

② Geschlechter-Vertheilung bei den Pflanzen，1867年，20页。

们在这样的位置上吐出了花粉，那么就正如奥格尔博士所指出的，它们将毫无用处地涂抹在进入花冠的土蜂的整个背上及其身体的两侧；但是花药在吐粉以前，却扭转过来并和花冠垂直。花冠入口的下面和里边被有密集的茸毛，而这些茸毛收集这样掉落下来的花粉。我曾经看到在土蜂身体下面密布着花粉，但是这些花粉并不能散布在柱头上，因为土蜂在退出的时候不会把身体下面翻转向上。所以我曾经怀疑这些茸毛是否有什么用途；但是我现在想，贝尔特先生(Mr. Belt)曾经说明了它们的用途：身体比较小的几种蜂对于花朵的受精是不适宜的。如果让它们能很方便地进入花朵，它们将偷去很多的花蜜，因此，就只让比较少数而体大的蜂类能方便地出没于花朵里。土蜂能非常容易爬到倒挂的花朵里去，利用“在吮吸花蜜时以花冠的茸毛作为立足点，但是较小的蜂就受到茸毛的阻碍，就是当它们经过斗争最后通过了茸毛以后，到达了上面光滑的峭壁，它们也会完全失败的”。贝尔持先生说他曾经在威尔士北部(North Weles)于一个季节里观察了许多花朵，并且说“只有一次看到一只小蜂爬到了蜜腺，而许多其他蜂企图这样做都无法到达蜜腺”[①]。

我把长在威尔士北部当地土壤上的一株毛地黄用纱网罩起，用 6 朵花以自己的花粉受精，另 6 朵花以种在距离几英尺远的另一植株的花粉受精。被罩起来的植株有时予以猛烈的摇动，这样做是仿效一阵暴风吹动的作用，而这样尽可能地促进它们自花受精。植株开了 92 朵花(除去 12 朵人工授粉的花朵以外)，其中只有 24 朵结成蒴果；而附近未经罩网的植株的花几乎全部结实。在 24 个自由进行自花受精的蒴果中只有 2 个蒴果包含着足数的种子；6 个蒴果结有少量的种子；其余 16 个只有极其稀少的种子。在花朵吐粉后附着在花药上的少量花粉，而偶然地散落在成熟的柱头上，这必然就是上述 24 朵花被部分地自花受精的方式；因为花冠的边缘在凋萎时既不会向里卷缩，花朵在谢落时也不会将其轴心翻转，以致生长在花冠下面敷有茸毛的花粉能与柱头相接触。这两种方法，其中任何一种都可以促成自花受精的。

上述异花受精和自花受精蒴果中的种子，在纯沙上发芽以后成对地种植在 5 个中等大小的盆里，而把这些盆放置在温室里。在植株表现饥饿状态一段时间以后，没有损伤地把植株从盆里取出来，种植在平行靠近的两行地上。因此它们处在彼此相当严酷的竞争之下，但是并不像留在盆里那样严酷了。当它们从盆里取出时，植株的叶子的长度是 5～8 英寸，于是把每一盆里各边最优良植株上最长的叶子进行测量，结果是异花受精植株的叶子平均超出自花受精植株的叶子 0.4 英寸。

---

① *The Naturalist in Nicaragua*，1874 年，132 页。但是根据赫尔曼・米勒的资料(*Die Befruchtung der Blumen*，1873 年，285 页)指出有些小的昆虫往往是可以进入花朵里去的。

第二年夏季在花茎(flower stem)生长完成时,测量每株最长花茎的长度。总共有 17 株异花受精植株,但有一株没有产生花茎。原先也有 17 株自花受精植株,但是它们的体质是如此的羸弱,以致在冬春之际死亡了 9 株,只能测量存活下来的 8 株,其结果列入表 23。

**表 23 测量每株最长花茎的长度**

| 盆号 | 异花受精植株(英寸) | 自花受精植株(英寸) |
|---|---|---|
| Ⅰ | $53\frac{6}{8}$ | $27\frac{4}{8}$ |
| | $57\frac{4}{8}$ | $55\frac{6}{8}$ |
| | $57\frac{6}{8}$ | 0 |
| | 65 | 0 |
| Ⅱ | $34\frac{4}{8}$ | 39 |
| | $52\frac{4}{8}$ | 32 |
| | $63\frac{6}{8}$ | 21 |
| Ⅲ | $57\frac{4}{8}$ | $53\frac{4}{8}$ |
| | $53\frac{4}{8}$ | 0 |
| | $50\frac{6}{8}$ | 0 |
| | $37\frac{4}{8}$ | 0 |
| Ⅳ | $64\frac{4}{8}$ | $34\frac{4}{8}$ |
| | $37\frac{4}{8}$ | $23\frac{4}{8}$ |
| | · · | 0 |
| Ⅴ | 53 | 0 |
| | $47\frac{6}{8}$ | 0 |
| | $34\frac{4}{8}$ | 0 |
| 总英寸数 | 821.25 | 287.00 |

注:0 表示在花茎产生前已经死亡的植株。

这里 16 株异花受精植株花茎的平均高度是 51.33 英寸,而 8 株自花受精植株平均高度是 35.87 英寸,即 100∶70。但是在高度上的这种差异也不能证明异花受精植株具有的巨大优势的正确概念。异花受精植株总共产生 64 个花茎,每一植株平均恰巧产生 4 个花茎;而 8 株自花受精植株只产生了 15 个花茎,平均每株只产生 1.87 个花茎。而且这些花茎不如前者表现得繁茂。我们可以用另一种方式表示其结果:异花受精植株的花茎数与对应的自花受精植株的花茎数的比是 100∶48。

把 3 粒已经发芽的异花受精种子分别种在 3 个花盆里,同样把 3 粒已经发芽的自花受精的种子种在另外 3 个盆里。所以这些植株最初在彼此之间没有竞争，而当从盆里取出移植在地上时，它们之间是有相当距离的，因而植株间的竞争远不如上面的试验严酷。当植株移植时 3 株异花受精植株最长叶子的长度超出自花受精叶子的长度甚为微细，即平均超出 0.17 英寸。到生长完成时 3 株异花受精植株产生 26 个花茎；其中每株最长的 2 个花茎的平均长度是 54.04 英寸。3 株自花受精植株产生 23 个花茎，每株上最长 2 个花茎的平均高度是 46.18 英寸。所以这两组植株间的差异在不十分严酷的竞争下比在相当严酷竞争下要少得多，那就是说是 100∶85，而不是 100∶70。

**同株异花间相互杂交比较植株间杂交对于后代的效果**

在我花园里的一株优良植株（上述的幼苗之一）曾用纱网罩起，其中 6 个花朵用同株上的另一花朵的花粉进行杂交，而其他 6 个花朵用自己的花粉受精。所有花朵都结出很好的蒴果。每个蒴果的种子分别放在表面皿上，用目力观察并不能发现这两类种子间的差别；称记种子的质量也没有任何显明的差异，因为自花受精蒴果的种子重是 7.65 格令，而异花受精蒴果的种子重是 7.7 格令。所以，在隔绝昆虫以后，本物种所表现的不孕性并不是由于花粉对于同花朵的柱头不亲和。两组的种子和幼苗用完全与上表（表 23）相同的方法处理，除了把已经发芽的种子成对地种在 8 只花盆的两对边以后，其余的种子都密集地种在表 24 所列的第Ⅸ与第Ⅹ盆里。第二年春季把幼苗从盆里取出，不受损伤地移植在不很相近的两行露地里，所以它们相互间只受到中度严酷的竞争。和第一个试验植株处在相当严酷竞争所发现的情况很不相同，在检查时两对边等数的植株不是死亡，便是不抽花茎。存留植株最高的花茎进行测量，结果列入表 24。

**表 24 同株异花间杂交和自花受精所产的植株高度比较**

| 盆号 | 由同株异花间杂交所产生的植株（英寸） | 由自花受精所产生的植株（英寸） |
|---|---|---|
| Ⅰ | $49\frac{4}{8}$ | $45\frac{5}{8}$ |
| | $46\frac{7}{8}$ | 52 |
| | $43\frac{6}{8}$ | 0 |
| Ⅱ | $38\frac{4}{8}$ | $54\frac{4}{8}$ |
| | $47\frac{4}{8}$ | $47\frac{4}{8}$ |
| | 0 | $32\frac{5}{8}$ |
| Ⅲ | $54\frac{7}{8}$ | $46\frac{5}{8}$ |
| Ⅳ | $32\frac{1}{8}$ | $41\frac{3}{8}$ |
| | 0 | $29\frac{7}{8}$ |
| | $43\frac{7}{8}$ | $37\frac{1}{8}$ |

续表

| 盆号 | 由同株异花间杂交所产生的植株(英寸) | 由自花受精所产生的植株(英寸) |
| --- | --- | --- |
| Ⅴ | 46⅝ | 42⅛ |
| | 40⅘ | 42⅛ |
| | 43 | 0 |
| Ⅵ | 48⅜ | 47⅞ |
| | 46⅜ | 48⅜ |
| Ⅶ | 48⅝ | 25 |
| | 42 | 40⅝ |
| Ⅷ | 46⅞ | 39⅛ |
| Ⅸ<br>密植的<br>植株 | 49 | 30⅜ |
| | 50⅜ | 15 |
| | 46⅜ | 36⅞ |
| | 47⅝ | 44⅛ |
| | 0 | 31⅝ |
| Ⅹ<br>密植的<br>植株 | 46⅘ | 47⅞ |
| | 35⅜ | 0 |
| | 24⅝ | 34⅞ |
| | 41⅘ | 40⅞ |
| | 17⅜ | 41⅛ |
| 总英寸数 | 1 078.00 | 995.38 |

附注：0 表示死亡的植株或未抽花茎的植株。

全部盆里 25 株异花受精植株花茎平均高度是 43.12 英寸，而 25 株自花受精的植株是 39.82 英寸，即 100∶92。为了验证这个结果，在第Ⅰ盆至第Ⅶ盆成对种植的植株单独考虑，这里 16 株异花受精植株平均高度是 44.9 英寸，而 16 株自花植株是 42.03 英寸，即 100∶94。然后把第Ⅸ盆和第Ⅹ盆密集种植受到严酷竞争的植株单独来考虑，9 株异花受精植株平均高度是 39.86 英寸，而 9 株自花受精植株是 35.88 英寸，即 100∶90。后两盆植株(第Ⅸ和第Ⅹ盆)在测量高度以后，把它们齐地收割并称记质量，9 株异花受精植株重 57.66 盎司，而 9 株自花受精植株重 45.25 盎司，即 100∶78。由此我们可以得出结论，特别从质量的例证上，同一植株上花朵间杂交的幼苗比用自己花粉受精的幼苗具有绝对优势，虽然其差异是不大的，这种优势在植株受到严酷竞争下表现得更为明显。但是这种优势远不如植株间杂交后代所表现的优势，因为它们超出自花受精植株，在高度方面的比是 100∶70，而在花茎数上的比是 100∶48。所以毛地黄属与牵牛花属不同，也几乎肯定地和沟酸浆属不同，因后两个物种在同一植株上花朵间的杂交是没有利益的。

## 荷包花属(*Calceolaria*)一个温室中繁茂丛生的变种，具有黄色紫斑的花朵

这个属花朵的构造有利于异花受精或者是几乎保证了异花受精[①]；并且安德森先生(Mr. Anderson)[②]说，为了保持任何变种纯洁，需要密切注意隔离昆虫。他补充了有兴味的陈述：当花冠完全剥去以后，在他所观察到范围以内，昆虫根本不能发现花朵或访问花朵。但是如果隔绝了昆虫，这种植株是自花受精的。我在这方面进行的试验是这样的少，简直不十分值得把它们提出来。异花受精的和自花受精的种子播种在一个盆的两对边，过了一段时间，异花受精幼苗在高度上略略超出自花受精植株。当稍为进一步成长时，异花受精植株最长的叶子的长度极为接近于 3 英寸，而自花受精植株的最长叶子长度只有 2 英寸。由于偶然的损害，以及由于所用的花盆太小，每边只有一株成长起来而且开了花；异花受精植株的高度是 19½英寸，自花受精植株是 15 英寸，即 100∶77。

## 柳穿鱼(*Linaria vulgaris*)

在绪论里已经提到过，许多年以前我已把这种植物由异花受精和自花受精产生的种子分别播种了两大块地，并且也提到这两组之间在高度上以及一般外形上有着明显的差别。以后这个试验曾比较精细地重复进行过；但是由于这种植物是我最初用来试验的植物的一种，试验没有遵循我常用的方法进行。种子是从附近地里的野生植株采来，并且播种在我的花园的瘠薄土地上。5 个植株用纱网罩起，其余的植株未加网罩让蜜蜂来访，它们不停地访问这一物种的花朵，而且根据赫尔曼・米勒的意见，蜂是唯一的授粉者。这位优秀的观察家指出，因为柱头位于花药之间，并且是和

① 希尔德布兰德提出，赫尔曼・米勒在《花朵的受精》1873 年，277 页曾引述。

② *Gardeners' Chronicle*，1853 年，534 页。

它们同时成熟,自花受精是可能的。[1] 但是在被隔离的植株上产生的种子是这样的少,所以同株上的花粉和柱头似乎具有相互作用的能力是很小的。未加网罩的植株结了许多蒴果,形成充实的果穗。检查了5个蒴果,发现它们包含有相等的种子数;计数了一个蒴果的种子数,发现是166粒。5株隔离的植株总共只产生了25个蒴果,其中5个比较所有其余的蒴果为充实,其平均包含种子数是23.6粒,一个蒴果包含的最多种子数是55粒。所以未加网罩的植株所结蒴果的种子数和隔离的植株所结最优良蒴果的种子数的比率是100∶14。

一些在网罩下自然自花受精的种子,和一些在未曾隔离植株上自然受精而几乎肯定是由蜂类进行相互杂交的种子,都分别播种在两个同等大小的大盆里;所以这两组幼苗没有受到任何相互的竞争。在盛花时期,测量了3株异花受精植株的高度,但没有注意选择最高的植株进行测量;它们的高度是7 4/8、7 2/8和6 4/8英寸;平均高度是7.08英寸。后来细致地选择3株最高的自花受精植株进行测量,其高度是6 3/8、5 5/8和5 2/8英寸,平均高度是5.75英寸。所以自然异花受精植株对自然自花受精植株的高度比至少有100∶81这样大。

## 毛蕊花(*Verbascum thapsus*)

这种植株的花朵常有各种为了收集花粉的昆虫,主要是蜜蜂来访问。但是赫尔曼·米勒曾指出(Die Befruchtung 等,第277页)黑毛蕊花(*V. nigrum*)分泌小滴的花蜜。生殖器官的排列,虽然不是很复杂,但有利于异花受精;甚至不同物种之间也常能杂交,因为在这个属里可以观察到比几乎任何其他属更多的自然产生的杂交品种。[2] 但是这一个物种即使在昆虫隔绝的条件下也是完全自花能孕的;因为有一个植株在网罩的隔离下,能与其周围未网罩植株一样地长满了蒴果。*Verbascum lychnitis* 自花能孕力比较低,因为一些被隔离的植株不能产生和邻近未网罩植株一样多的蒴果。

为了不同的目的,曾用自花受精的种子培植毛蕊花植株;这些植株上的许多花朵再进行自花受精,产生第二代自花受精的种子;而其他的花朵则用异株花粉进行杂交。这样生产出来的种子播种在4个大盆的两对边。但是,它们发芽是这样的不整

① Die Befruchtung 等,279页。

② 我曾经提出一个显著的事例,即在野生状态下发现有毛蕊花(*V. thapsus*)和 *Verbascum lychnitis* 大量的杂交品种:*Journal of Linn. Soc. Bot.*,第1卷,451页。

齐(一般是异花受精种子先发芽),所以我只能选留到六对同龄的植株。这些植株在生长完成时进行测量,结果列入表 25。

**表 25 毛蕊花异花受精和第二代自花受精植株高度比较**

| 盆号 | 异花受精植株(英寸) | 第二代自花受精植株(英寸) |
| --- | --- | --- |
| Ⅰ | 76 | $53\frac{4}{8}$ |
| Ⅱ | 54 | 66 |
| Ⅲ | 62 | 75 |
|  | $60\frac{5}{8}$ | $30\frac{4}{8}$ |
| Ⅳ | 73 | 62 |
|  | $66\frac{4}{8}$ | 52 |
| 总英寸数 | 390.13 | 339.00 |

这里我们可以看到有两株自花受精植株在高度上超出其异花受精的对手。但是 6 株异花受精植株的平均高度是 65.34 英寸,而 6 株自花受精植株平均高度是 56.5 英寸,即 100∶86。

## *Vandellia nummularifolia*

这种印度小草的种子是由斯库特先生(Mr. J. Scott)从加尔各答寄给我的。它着生有完全花和闭花受精的花朵。[①] 闭花受精的花朵非常小,发育不完全,虽然根本不开放,但却产生大量的种子。开放的完全花也是小的,花瓣白色而有紫斑;它们通常能产生种子,虽然也有相反的意见;并且即使它们在昆虫被隔离情况下也能产生种子。花朵有比较复杂的结构,似乎适应于异花受精,不过我没有精密地检查过。对它们不容易进行人工授粉,可能有些花朵我以为是杂交成功了,而实际上是后来在网罩下天然自花受精的。完全花经杂交所结 16 个蒴果平均含种子 93 粒(一个蒴果内最多含种子 137 粒),完全花自花受精所结 13 个蒴果含种子 62 粒(一个蒴果内最多含种子 135 粒),即 100∶67。但是我怀疑这种显著的差异是偶然的,因为有一次把 9 个异花受精蒴果和 7 个自花受精蒴果做比较(二者都包括在上列数字以内),它们含有几乎相同的平均种子数。我可以补充一下,闭花受精花朵所结 15 个蒴果平均含有种

① 闭花受精这个合适的名词是库恩(Kuhn)在 *Bot. Zeitung*(1867 年,65 页)中发表的一篇关于本属的报告里所建议的。

子 64 粒，一个蒴果内最多含有 87 粒。

由完全花杂交和自花受精产生的种子，以及其他由闭花受精花朵自花受精产生的种子，都播种在每盆表面分成三格的 5 个盆里。幼苗在幼龄期即进行间苗，3 个格的每个格里都留苗 20 株。在盛花期，异花受精植株平均高度为 4.3 英寸，完全花自花受精植株为 4.27 英寸，即 100∶99。闭花受精花朵的自花受精植株平均高度为 4.06 英寸；所以异花受精植株对后者在高度上的比是 100∶94。

我决意再度比较完全花异花受精和自花受精植株的生长，因而我获得两组新的种子。这些种子播种在 5 个盆的两对边，但是没有充分地间苗，以致它们生长得比较稠密。当生长完成时，将高于 2 英寸的植株全部选出，而矮于 2 英寸的则予以淘汰；高于 2 英寸的包含有 47 株异花受精植株和 41 株自花受精植株；故异花受精植株比自花受精植株有更多的株数长到 2 英寸以上。在异花受精植株里 24 株最高植株的平均高度是 3.6 英寸，而 24 株自花受精植株平均高度是 3.38 英寸，即 100∶94。后来把全部植株齐地收割，47 株异花受精植株的质量是 1090.3 格令，而 41 株自花受精植株重 887.4 格令，所以等数异花受精植株和自花受精在质量上相互的比率是 100∶97。根据诸多此类事实，我们可以断言，当培植在相互竞争的条件下，异花受精植株在高度和质量上总比自花受精植株有某些真实的、尽管很微的优势。

但是在结实力方面异花受精植株比自花受精植株为低。从 47 株异花受精植株中选出 6 株最优良的植株，并且从 41 株自花受精植株中也选出 6 株；前者结了 598 个蒴果，而后者，即自花受精植株，却收获了 752 个蒴果。所有这些蒴果都是闭花受精花朵的产物，因为植株在这整个季节里没有产生完全花。记数异花受精植株上所结 10 个闭花受精蒴果的种子数，它们的平均数是每个蒴果 46.4 粒；自花受精植株上所结 10 个闭花受精蒴果的平均种子数是 49.4，即 100∶106。

## 苦苣苔科（Gesneriaceae）——苦苣苔（*Gesneria pendulina*）

在苦苣苔属（*Gesneria*）中花朵的有些部分几乎排列像毛地黄属[①]同样的方式，并且其中大多数的物种或全部的物种都是雌雄异熟的。这些植株是由弗里茨·米勒从巴西南部寄给我的种子培植出来的。7 个花朵用异株花粉进行杂交，产生的 7 个蒴果

① 奥格尔博士，通俗科学摘要，1870 年 1 月，51 页。

含有种子重 3.01 格令。同一植株上的另 7 个花朵则用自己的花粉受精，由此获得的 7 个蒴果含有恰恰相同质量的种子。我们将已经发芽的种子播种在 4 个盆的两对边，在生长完成时测量其到叶子尖端的高度，其结果见表 26。

**表 26　*Vandellia nummularifolia* 异花受精和自花受精植株高度比较**

| 盆号 | 异花受精植株(英寸) | 自花受精植株(英寸) |
|---|---|---|
| Ⅰ | 42⅖ | 39 |
| | 24⅘ | 27⅗ |
| Ⅱ | 33 | 30⅚ |
| | 27 | 19⅖ |
| Ⅲ | 33⅘ | 31⅞ |
| | 29⅘ | 28⅚ |
| Ⅳ | 30⅚ | 29⅚ |
| | 36 | 26⅗ |
| 总英寸数 | 256.50 | 233.13 |

8 株异花受精植株的平均高度是 32.06 英寸，而 8 株自花受精植株是 29.14 英寸，即 100∶90。

## 唇形科(Labiatae)——红花鼠尾草[①](*Salvia coccinea*)

这一物种和其同属里的其他大多数物种不同，当与昆虫隔离时，它们仍能产生大量的种子。我收集了 98 个在网罩下天然自花受精花朵产生的蒴果，它们平均含有种子 1.45 粒。那些用自己的花粉进行人工授精的花朵，其柱头能得到大量的花粉，因而其蒴果平均产生种子 3.3 粒，多于前者的 2 倍以上。我将 20 个花朵用异株花粉进行杂交，26 个花朵进行自花受精。由这两种方法所产生的蒴果的花朵比例数，或者蒴果所含的种子数，或者等数种子的质量，都没有明显的差别。

这两类种子比较稠密地播种在 3 个盆里的两对边。当幼苗长到 3 英寸高的时候，异花受精植株比自花受精植株表现出更多优势。当长成 2/3 的时候，测量每盆每边最高的两株植株；异花受精植株平均高度为 16.37 英寸，自花受精植株为 11.75 英寸，即 100∶71。当植株生长完成并已经开花时，再测量每边最高的两株植株，其结果列于

① 在这个属里有利于和保证异花受精机械上的优异适应性，曾经被斯普伦介尔、希尔德布兰德、德尔皮诺、赫尔曼·米勒、奥格尔等在他们许多著作中详细地描述过。

表 27。

表 27　红花鼠尾草异花受精和自花受精植株高度比较

| 盆号 | 异花受精植株(英寸) | 自花受精植株(英寸) |
|---|---|---|
| Ⅰ | $32\frac{6}{8}$ | 25 |
|  | 20 | $18\frac{6}{8}$ |
| Ⅱ | $32\frac{3}{8}$ | $20\frac{6}{8}$ |
|  | $24\frac{4}{8}$ | $19\frac{4}{8}$ |
| Ⅲ | $29\frac{4}{8}$ | 25 |
|  | 28 | 18 |
| 总英寸数 | 167.13 | 127.00 |

这里可以看到 6 株最高的异花受精植株在高度上都分别超过其自花受精的对手;前者平均 27.85 英寸,而 6 株最高的自花受精植株平均 21.16 英寸,即 100 ∶ 76。在所有的 3 个盆里最先开花的是一株异花受精植株。异花受精植株全部开了 409 朵花,而全部自花受精植株总共只开了 232 朵花,即 100 ∶ 57。所以从这方面看异花受精植株要比自花受精植株具有更大的生产力。

## 牛至(*Origanum vulgare*)

根据赫尔曼·米勒的说法,这种植物存在有两种类型;一种类型是雌雄同花而且是严格的雄蕊先熟,因此几乎肯定是由它花的花粉受精的;另一种类型是绝对雌性的,具有较小的花冠,当然必须要受别的植株的花粉受精才能产生一些种子。我用以试验的植物是雌雄同花的;它们在我的菜圃(kitchen garden)作为盆栽观赏草本植物,栽培得很久了,它们也和其他许多长期栽培植物一样是绝对不孕的。由于我怀疑它的种名,于是把标本送到邱园(Kew)去鉴定,结果肯定种名是 *O. vulgare*。它们在盆里长成很大的一丛,并且很明显地是从一个根上的匍匐茎所扩展开来的。所以严格地说,它们都属于同一个体。对它们进行试验的目的有两个：第一,要断定具有不同的根系但从同一个体用无性繁殖方法产生的植株间花朵的杂交,其在任何一方面是否比自花受精有优势;第二,为以后的试验培养出真正不同的个体。上述一丛的几个植株曾用网罩起来,从这样天然自花受精的花朵中获得了大约两打的种子(然而其中有许多是很细小而皱缩的)。其余的植株未加网罩,因而不断地有蜜蜂来访,所以它们无疑是由蜜蜂进行杂交。这些未罩网的植株比罩网的植株产生较多且较好的种子(但是依然很少)。这样产生的两组种子被播种在两个盆里的两对边;从开始生长直到成熟都对植株进行精细的观察,在任何时期它们在高度上或生命力上都没有差异,对未加网罩植株观察的重要性我们将立刻可以看到。在完成生长时,一个盆里最高的异花受精植株约略地高于对面的自花受精植株,而在另一盆里却恰得其反。所以这两组事实上是相等的。这种杂交没有比牵牛花属或者沟酸浆属的同株上两个花朵的杂交更好些。

将植株从盆里取出而移植于露地,并保证它们在移植过程中不受损,这样它们能够生长得更旺盛些。在第二年夏季全部自花受精植株以及一些准杂交的植株(quasi-crossed plant)都用网罩起来。后者的许多花朵由我用异株的花粉进行杂交,而其他的花朵则让蜂群进行杂交。在蜂群的作用下,准杂交的植株较原来形成大丛的植株生产了较多的种子。对自花受精植株上许多花朵进行人工自花受精,而其他花朵任其在网内进行天然受精,但它们合计起来也只产生很少的种子。将这两组种子——不同植株间杂交的、而不是像上述事例中用匍匐茎繁殖植株间的产品,以及自花受精的产品——先放在沙上发芽,然后把几对等数的幼苗移植在两个大盆的两对边。在年龄极幼的时候,异花受精植株比自花受精植株表现了一些优越性,而这种优越性在以后一直保持着。当植株生长完成时,测量每盆里最高两株的异花受精和自花受精植株的高度,结果列入表 28。我后悔由于时间不足,没有测量全部成对的植株;但是各边上最高的植株似乎已经公正地代表了两组间的平均差异。

**表 28 牛至异花受精和自花受精植株高度的比较**

| 盆号 | 异花受精植株(每盆里的最高两株)(英寸) | 自花受精植株(每盆里的最高两株)(英寸) |
|---|---|---|
| Ⅰ | 26 | 24 |
| | 21 | 21 |
| Ⅱ | 17 | 12 |
| | 16 | 11⁴⁄₈ |
| 总英寸数 | 80.0 | 68.5 |

这里异花受精植株的平均高度是 20 英寸,而自花受精的是 17.12 英寸,即 100∶86。但是在高度上的这种差异,绝不表示异花受精植株生命力超越于自花受精植株的巨大优越性的公正的观念。异花受精植株先开花并长出了 30 枝花茎,而自花受精植株只长了 15 枝,仅是它的半数。后来把花盆埋藏到苗床里,大概由于根系从盆底伸出,因而促进了它们的生长。在第二年早夏,由于它们地下茎的增多,异花受精植株比自花受精植株的优越性真正变得惊人了。在第Ⅰ盆里,并且我们应该记住我们是用很大的盆,异花受精植株的卵形簇丛直径是 10 英寸×4½英寸,当时植株还很幼

小，其最高的茎是 5½英寸高：而在同一盆内对边的自花受精的簇丛直径只有 3½英寸×2½英寸，最高的幼茎是 4 英寸高。在第Ⅱ盆里，异花受精植株的簇丛直径是 18 英寸×9 英寸，最高的幼茎高度是 8½英寸；在同盆里对边的自花受精植株的簇丛直径是 12 英寸×4½英寸，最高幼茎的高度是 6 英寸。在这一季里也和上一季一样，异花受精植株先开花。异花受精植株和自花受精植株都暴露着让蜂群自由来访，显然地，它们比它们的祖父——原来的一丛植株仍生长在同一花圃的附近，并且同样地让蜂群自由来访——产生了多得很多的种子。

## 爵床科(Acanthaceae)——山牵牛(*Thunbergia alata*)

根据希尔德布兰德的描述(Bot. Zeitumg，1867 年，285 页)，这种植物显著的花朵正表示它是适应于异花受精的。我两次从市场购来种子培育幼苗，但是在初夏首次试验时，它们是极其不孕的，许多花药几乎不含有任何的花粉。然而当秋季再次试验的时候，在同样多的植株上却自然地产生了许多种子。在两年内用异株的花粉杂交了 26 朵花，但是它们只结了 11 个蒴果，而这些蒴果却包含极少的种子！28 朵花用同花的花粉受精，也仅结 10 个蒴果，但是这些蒴果却比异花受精蒴果含有较多的种子。将 8 对发芽的种子种植在 5 个盆里的两对边，恰恰有一半的异花受精植株和一半的自花受精植株在高度上超过了它们的对手。两株自花受精植株在幼龄时于测量之前死亡了，因此其对手的异花受精植株就被淘汰了。其余的 6 对生长得很不相等，有些异花受精和自花受精植株二者都比其他一些高到两倍以上。异花受精植株平均高度是 60 英寸，自花受精植株是 65 英寸，即 100∶108。所以，植株间的杂交在这里没有表现出好处。但是这个结论是从一种极其不孕的条件而且生长得极不相等的这样少数植株里推论出来的，显然是不可靠的。

# 第四章　十字花科、罂粟科、木樨草科等

· *Cruciferae, Papaveraceae, Resedaceae, Etc.* ·

甘蓝(*Brassica oleracea*),异花受精和自花受精的植株——新品系杂交对后代质量的巨大效果——蜂室花(*Iberis umbellata*)——罂粟花(*Papaver vagum*)——花菱草(*Eschscholtzia californica*),新品系杂交产生的幼苗不比自花受精的幼苗更健壮,但具有较大的结实力——黄木樨草(*Reseda lutea*)和木樨草(*R. odorata*),许多不受孕于自己花粉的个体——三色堇(*Viola tricolor*),异花受精的惊人效果——一点红(*Adonis aestivalis*)——飞燕草(*Delphinium consolida*)——*Viscaria oculata*,异花受精植株略高于自花受精植株,但有较强的结实力——香石竹(*Dianthus caryophyllus*),异花受精植株和自花受精植株4个世代的比较——新品系杂交的巨大效果——自花受精植株花朵一致的颜色——野西瓜苗(*Hibiscus africanus*)

## 十字花科(Cruciferae)——甘蓝(*Brassica oleracea*)
## 凯台尔早熟巴尔尼斯甘蓝品种(var. Cattell's Early Barnes Cabbage)

正如赫尔曼·米勒所指出[①],普通甘蓝的花朵适于异花受精,而在它不能实现的情况下,便适于自花受精。大家都知道,许多品种都如此普遍地因昆虫传粉而杂交,因而在同一个菜圃里不可能栽植许多纯的品种,假使其中有一个品种以上是同时开花的话。甘蓝不完全适合于我的试验,因为它们在形成叶球以后,往往难以测量了。花茎在高度上也差异得极大;而发育不良的植株时常可能比发育良好的植株长出较高的茎干。在后来的试验中,生长完全的植株被砍下并称记质量,于是异花受精的巨大优势得以显现。

上述品种有一植株在刚开花前曾被罩上纱网,并且用生长在邻近的另一植株的花粉予以杂交;这样产生的 7 个蒴果平均含有种子 16.3 粒,最多的一个蒴果含有种子 20 粒。有些花朵进行人工自花受精,但其蒴果所含种子数并没有像网罩里天然自花受精花朵结有大量种子的那样多。14 个自花受精花朵的蒴果平均含有种子 4.1 粒,最多的一个蒴果含有种子 10 粒;因而异花受精的蒴果对自花受精蒴果的种子数为 100∶25。58 粒自花受精种子重 3.88 格令,比 58 粒异花受精种子重 3.76 格令略略地好一些。当形成少数种子时,往往比形成多数种子时可以获得更好的营养,也会更重一些。

把具有同等发芽状态的两组种子予以播种,有些种子播在同一花盆相对的两边,另一些播于露地里。盆里幼小的异花受精植株开始时在高度上略略超过自花受精植株,后来和它们相等,再后来呈现劣势,而最后再度超过了它们。把从盆里取出来而未受损伤的植株栽植到露地里。一段时间后,异花受精植株全部几乎是同样的高,平均超过自花受精植株 2 英寸。当它们开花时,最高的异花受精植株的花茎超过最高的自花受精植株的花茎 6 英寸。另一些幼苗被分散地栽植在露地里,因而它们彼此没有竞争;尽管如此,异花受精植株无疑还是比自花受精植株生长得高一些,只是我

◀三色堇(*Viola tricolor*)

① Die Befruchtung 等,139 页。

们未曾测量过。曾经栽培在花盆里的异花受精植株以及有些栽植在露地里的异花受精植株，所有这些植株开花都比自花受精植株略为早一些。

**异花受精和自花受精的第二代植株**

上一代异花受精植株的某些花朵，再用另一个异花受精植株的花粉杂交，并且产生很好的蒴果。上一代自花受精植株的花朵让它们在网罩下天然地自行受精，它们产生一些非常优良的蒴果。用这样方式所产生的两组种子放在沙上发芽，并且把8对幼苗栽培于4个花盆中相对的两边。它们在同一年10月20日，从这些植株的叶尖开始测量高度，这8个异花受精植株平均高度为8.4英寸，而当时自花受精植株平均高度为8.53英寸，因此在高度上异花受精植株略为逊色，比例为100∶101.5。次年6月5日这些植株已长得更为粗大，并且开始形成叶球。异花受精植株在一般外形上现在已经获得显著的优势，且高度平均为8.02英寸，而自花受精植株平均高为7.31英寸，即100∶91。然后把植株从花盆中倒出来并移栽在露地里。8月5日它们的叶球已完全形成了，但有些植株长得如此弯曲，以致它们的高度难以正确地测量。然而一般情况下，异花受精植株显著高于自花受精植株。它们在次年开花了。异花受精植株有3盆比自花受精植株开花早，而在第Ⅱ盆却同时开花。对此，曾测量了花茎的长度，如表29所示。

**表29　异花受精和自花受精的第二代植株高度比较**

| 盆号 | 异花受精植株(英寸) | 自花受精植株(英寸) |
|---|---|---|
| Ⅰ | 49 2/8 | 44 |
| | 39 4/8 | 41 |
| Ⅱ | 37 4/8 | 38 |
| | 33 4/8 | 35 4/8 |
| Ⅲ | 47 | 51 1/8 |
| | 40 | 41 2/8 |
| | 42 | 46 4/8 |
| Ⅳ | 43 6/8 | 20 2/8 |
| | 37 2/8 | 33 3/8 |
| | 0 | 0 |
| 总英寸数 | 369.75 | 351.00 |

测量到花茎的顶端；0表示花茎尚未形成。

在这里，9株异花受精植株的花茎平均高度为41.08英寸，而9株自花受精植株的花茎高度为39英寸，即100∶95。但这是很小的差异，尤其是这个差异几乎是完全由于有一株自花受精植株只有20英寸高所导致，很少能显示出异花受精植株优于自花受精植株的巨大优势。两组植株包括第Ⅳ盆两个未开花的在内，曾从接近地面处把它们收割下来并称记质量，但是第Ⅱ盆未包括在内，因为移植时意外掉落地上而受到损伤，并且其中一株几乎已经枯死了。8 个异花受精植株重 219 盎司，而 8 个自花受精植株仅重 82 盎司，即 100 ∶ 37；两者比较前者在质量上的优势是很明显的。

**用新品系杂交的效果**

上一代或第二代异花受精植株的某些花朵，未行去雄，而以同品种另一株的花粉予以受精，但该植株并不与我的一些植株有关系，而是由一个不同土壤和不同所在的苗圃（nursery garden）（我的种子原先即来自该处）中取来的。上一代或第二代自花受精植株上的花朵（表 29）在网罩里听其天然地受精，结出了很丰富的种子。这些自花受精和异花受精的种子在沙上发芽以后，曾成对地栽植在 6 个大盆相对的两边，而它们最初是被放置在凉棚（cool greenhouse）里。在 1 月上旬自它们叶片尖端加以测量，13 个异花受精植株平均高度为 13.16 英寸，而 13 个（其中一个死了）自花受精植株平均为 13.7 英寸，即 100 ∶ 104。因此自花受精植株约略超过异花受精植株。

当植株逐渐适应早春气候时，把它们从花盆里移植到露地。到 8 月底大多数形成了很好的叶球，但有些植株由于在温室内受到光线的驱引而生长得非常弯曲。因为几乎无法测量它们的高度，所以把每盆每边最好的植株从近地面处收割下来，并称记质量。表 30 列出我们所得的结果。

**表 30 植株形成叶球后的质量**

| 盆号 | 由新品系花粉杂交的植株（盎司） | 自花受精第三代的植株（盎司） |
|---|---|---|
| Ⅰ | 130 | 18¾ |
| Ⅱ | 74 | 34¾ |
| Ⅲ | 121 | 17¾ |
| Ⅳ | 127¾ | 14 |
| Ⅴ | 90 | 11¾ |
| Ⅵ | 106¾ | 46 |
| 总盎司数 | 649.00 | 142.25 |

6 株最好的异花受精植株平均为 108.16 盎司，而 6 株最好的自花受精植株平均只有 23.7 盎司，即 100 ∶ 22。这个差异非常显著地表明了这些是由于和另一株属于相同亚变种（sub-variety）、且是一个新品系相杂交所获得的植株的巨大优势，而这一新品系至少在以往 3 个世代是生长在某些不同条件之下的。

**裂叶、缩叶而白绿彩色的甘蓝和裂叶、缩叶而红绿彩色的甘蓝相杂交的后代，其与该二品种自花受精后代的比较**

进行这些试验不是为了比较异花受精和自花受精幼苗的生长，而是因为我曾碰到这样的见解,就是这些品种当它们生长在一起而且不用网罩覆盖的时候,彼此并不进行天然的杂交。这个见解被证明是错误的。但是在我的园圃里这个白绿品种是有些不孕的,产生少量的花粉和种子。因此,该品种和较健壮的红绿品种杂交所产生的幼苗,在高度上大大地超过该品种自花受精花朵所产生的幼苗,这是不足为奇的;关于这一试验没有其他更需要说明的了。

由反交,即由红绿品种被白绿品种花粉受精产生的幼苗,出现了某些更为奇异的情况。这些异花受精的少数幼苗回复成纯绿的品种,它们的叶子缺裂和皱缩较少,因而大体上说来,它们是非常接近自然状态的,而且这些植株生长得比其他任何植株都高而健壮。现在值得惊奇的事情,是由红绿品种自花受精所产生的幼苗比其异花受精所产生的幼苗出现有更多这样的返祖现象;由于这个结果,当它们的异花受精幼苗置放在一起竞争的时候,自花受精幼苗比异花受精幼苗平均高 2½ 英寸。然而,在开始时异花受精的幼苗平均超过自花受精幼苗¼英寸。由此可见,回复到更接近于自然的状态,对于促进这些植株最后的生长,比异花受精作用更加强而有力。但必须记住,异花受精是在和一个体质萎弱、半不孕的品种之间进行的。

## 蜂室花克尔美西纳变种(*Iberis umbellata* var. *kermesiana*)

这个变种在网罩下由于天然自花受精而形成大量的种子。在温室花盆中的另一些植株没有网罩,并且因为我曾见到许多小蝇来访问花朵,这似乎表现它们可以彼此杂交。因此把被假定为异花受精了的种子和天然自花受精的种子都播种在同一盆的两对边。自花受精幼苗一开始生长即较假定为异花受精的幼苗为快,并且当两组植株盛花时,前者要高于后者 5～6 英寸!我在我的备忘录上记下了培育出自花受精的植株的那些自花受精种子,它们都没有像异花受精种子成熟得那样好。这可能是由于熟前生长(pre-mature growth)使它们在高度上有很大的差异,它们就几乎表现出和其他植株自花受精的种子比异花受精种子在同一盆中较早播种几天的时候同样的情况。我们已经看到与由不健康亲本培育出来的牵牛花属自花受精的第 8 代植株有些类似的情况。这是一件很奇怪的事情,以上种子的另外两组被播种在混有烧土的纯沙中,也就是说其中没有任何的有机物质;这里被假定为异花受精的幼苗,其幼苗生长高度是自花受精的 2 倍,因为这必然是发生在早期,在两组幼苗死亡以前。此后我们将在矮牵牛属(*Petunia*)第三代中遇到显然与蜂室花相似的另一种情况。

上述自花受精的植株仍让它们在网罩里以自己花粉受精，产生自花受精第二代植株，同时假定为异花受精的植株都以异株花粉予以杂交；但是由于时间匆促，这方面做得是不够细致的，就是用一个开花的花簇涂抹在另一个花簇上。我曾经想到这是一定成功的，也或许真是这样；但是事实上108粒自花受精种子重4.87格令，而同样数量的假定为异花受精种子却仅重3.57格令，它未必发生得像想象的那样。由每组种子培育出5株幼苗，而当自花受精植株完成生长时，平均高度略略超过(即0.4英寸)于5株假定为异花受精的植株。我认为提出这件事实和上述事实是正确的，因为如果假定，异花受精的植株在高度上优于自花受精植株被证实了的话，那么我将无疑地推想前者真正地杂交了。而现在这种情况，我不知道该怎样地做出结论。

以上两个试验的结果是非常奇怪的，我决定设置另一个确定为异花受精的试验。因此我非常小心地利用异株的花粉授粉于上一代假定为异花受精植株的24个花朵上(但照例没有去雄)，如此获得了21个蒴果。上一代自花受精的植株再让它们在网罩下自行受精，同时由这些种子所培育出来的幼苗形成自花受精的第三代。两组种子在纯沙上发芽以后，成对地栽植于两个花盆的两对边。所有剩余的种子都密植在第Ⅲ盆的两对边；但是后一盆所有自花受精的幼苗生长到相当高度以前却都死掉了，因而没能对它们进行测量。第Ⅰ盆和第Ⅱ盆植株在它们7～8英寸高时进行测量，此时异花受精幼苗平均高度超过自花受精幼苗1.57英寸。当完成生长时又曾测量到它们花簇的顶端，结果如表31。

**表31 异花受精和自花受精的第三代植株高度比较**

| 盆号 | 异花受精植株(英寸) | 自花受精的第三代植株(英寸) |
| --- | --- | --- |
| Ⅰ | 18 | 19 |
| | 21 | 21 |
| | 18⅖8 | 19⅘8 |
| Ⅱ | 19 | 16⁶⁄8 |
| | 18⁴⁄8 | 7⁴⁄8 |
| | 17⁶⁄8 | 14⁴⁄8 |
| | 21⅜ | 16⁴⁄8 |
| 总英寸数 | 133.88 | 114.75 |

这里7株异花受精植株的平均高度为19.12英寸，而7株自花受精植株为16.39英寸，即100∶86。但是自花受精一边的埴株生长得非常不整齐，这个比例不是完全可靠的，而也许是太高些。这两盆中异花受精植株比任何一个自花受精植株开花都早一些。这些植株未予网罩、放在温室里；但由于太稠密，它们结实不很多。两组中所有7株的

种子都计算过；异花受精植株产 206 粒，自花受精植株产 154 粒，即 100∶75。

**用新品系杂交**

由于前两个试验出现了疑难，不能够确切地知道这些植株是否曾经异花受精过；同时由于后一个试验中的异花受精植株被放置在与自花受精第三代植株的竞争条件下，它们又生长得非常不整齐，因而我决定较大规模地而且在相当不同的状态下来重复这一试验。我从另一个苗圃中获得蜂室花同样深红品种的种子，并且培育成植株。其中某些植株让它们在网罩下天然进行受精；另一些用杜蓝多博士（Dr. Durando）由阿尔及尔寄给我的种子所长成的植株的花粉来杂交，而这些植物的亲本在该地已经栽培几代了。后面这些植物所不同的是淡红花朵而非深红花朵，但是其他方面并没有不同。异花受精进行得很有效果（虽然深红色母本植株的花朵未曾去雄），这一点表现在 30 株异花受精的幼苗开花的时候，因为其中有 24 株都产生淡红的花朵，非常相似于它们的父本；其他 6 个深红花朵的植株非常相似于它们的母本和相似于所有自花受精的幼苗。这一情况给不同花色的品种由于异花受精经常发生的结果提供出很好的例证；也就是说，颜色并没有混合起来，而是完全相似于父本或母本。这两组种子在沙上发芽以后，栽植于 8 个花盆的两对边。在植株完成生长时，测量到花簇的顶端，如表 32 所示。

**表 32　蜂室花**

| 盆号 | 与新品系杂交产生的植株（英寸） | 由天然自花受精种子产生的植株（英寸） |
| --- | --- | --- |
| Ⅰ | $18\frac{6}{8}$ | $17\frac{3}{8}$ |
| | $17\frac{5}{8}$ | $16\frac{7}{8}$ |
| | $17\frac{6}{8}$ | $13\frac{1}{8}$ |
| | $20\frac{1}{8}$ | $15\frac{3}{8}$ |
| Ⅱ | $20\frac{2}{8}$ | 0 |
| | $15\frac{7}{8}$ | $16\frac{6}{8}$ |
| | 17 | $15\frac{2}{8}$ |
| Ⅲ | $19\frac{2}{8}$ | $13\frac{6}{8}$ |
| | $18\frac{1}{8}$ | $14\frac{2}{8}$ |
| | $15\frac{2}{8}$ | $13\frac{4}{8}$ |
| Ⅳ | $17\frac{1}{8}$ | $16\frac{4}{8}$ |
| | $18\frac{7}{8}$ | $14\frac{4}{8}$ |
| | $17\frac{5}{8}$ | 16 |
| | $15\frac{6}{8}$ | $15\frac{3}{8}$ |
| | $14\frac{4}{8}$ | $14\frac{7}{8}$ |

续表

| 盆号 | 与新品系杂交产生的植株(英寸) | 由天然自花受精种子产生的植株(英寸) |
|---|---|---|
| Ⅴ | $18\frac{6}{8}$ | $16\frac{4}{8}$ |
| | $14\frac{7}{8}$ | $16\frac{2}{8}$ |
| | $16\frac{2}{8}$ | $14\frac{2}{8}$ |
| | $15\frac{5}{8}$ | $14\frac{2}{8}$ |
| | $12\frac{4}{8}$ | $16\frac{1}{8}$ |
| Ⅵ | $18\frac{6}{8}$ | $16\frac{1}{8}$ |
| | $18\frac{6}{8}$ | 15 |
| | $17\frac{3}{8}$ | $15\frac{2}{8}$ |
| Ⅶ | 18 | $16\frac{3}{8}$ |
| | $16\frac{4}{8}$ | $14\frac{4}{8}$ |
| | $18\frac{2}{8}$ | $13\frac{5}{8}$ |
| Ⅶ | $20\frac{3}{8}$ | $15\frac{6}{8}$ |
| | $17\frac{7}{8}$ | $16\frac{3}{8}$ |
| | $13\frac{5}{8}$ | $20\frac{2}{8}$ |
| | $19\frac{2}{8}$ | $15\frac{6}{8}$ |
| 总英寸数 | 520.38 | 449.88 |

0 表示该植株已死亡了。

这里 30 株异花受精植株的平均高度为 17.34 英寸，而 29 株自花受精植株(一株死掉)平均高度为 15.51 英寸，即 100∶89。就前一试验中所观察到的差异100∶86 而论，我很奇怪这个差异没有证实比它大一些；但是正像以前所解释的，后一个比率(100∶86)或许是太大了。然而，必须注意在前一个试验(表 31)中，异花受精植株是在与自花受精第三代植株相竞争；而在现在的情况下，与新品系异花受精所繁衍出来的植株是在和自花受精第一代植株相竞争。

现在的情况也正像前一试验一样，异花受精植株都比自花受精植株更能结实，这两组植株都是放置在温室里没有网罩。30 株异花受精植株产生了 103 个结种子的花簇(flower-head)，以及一些未结种子的花簇；而 29 株自花受精植株仅产生 81 个结实花簇；因而 30 株这样的植株应产生 83.7 个花簇。这样我们得到异花受精植株与自花受精植株的花簇数的比例应为 100∶81。此外，某些异花受精植株的结实花簇与相同数目的自花受精植株的结实花簇相比较，它们所结种子在质量上的比率为 100∶92。如果综合这两个因素，即综合结实花簇数及每个花簇的种子重，则异花受精植株对自花受精植株的生产力之比为 100∶75。

在以上所述成对栽植后所剩余的(某些在发芽状态下，另一些不在发芽状态下)异花受精和自花受精种子，于年初分成两行播种在露地里。许多自花受精的幼苗受到严重损伤，同时它们死亡的数量显著地多于异花受精的植株。在秋天成活的自花受精植株显然比异花受精植株生长得较差。

## 罂粟科(Papaveraceae)——罂粟花(*Papaver vagum*)，*P. dubium* 的一个亚种，引自法兰西南部

罂粟不分泌花蜜，但花朵却非常鲜艳，并且有许多采集花粉的蜂类、蝇类和甲虫来访。雄蕊的花粉爆裂非常早，同时在虞美人(*P. rhoeas*)的花中，花粉被散落在披散状柱头的四周，因此该种罂粟总是经常地自花受精；但是在 *P. dubium* 中并不发生同样的结果(根据赫尔曼·米勒，Die Befrachtung，128 页)，因为雄蕊很短，除非花朵着生得弯曲。所以，此种并不像其他大多数物种那样适合于自花受精。虽然在昆虫被隔离的时候，罂粟花(*P. vagum*)却在我的花园中产生了大批的蒴果，但只是在季节的末期。这里我可以附带说一下，罂粟(*P. somniferum*)产生有大量天然自花受精的蒴果，这也正像 H. 霍夫曼(H. Hoffmann)发现的情况一样。① 罂粟属(*Papaver*)的某些种，如果生长在同一个花园里，它们是很容易杂交的，这正如我已经肯定了的 *P. bracteatum* 和 *P. orientale* 的情况。

罂粟花的植株是通过友好的博尔内特博士(Dr. Bornet)从昂蒂布(Antibes)寄来的种子培育而成的。在花朵开放后很短的时间内，有些花是以其自己的花粉受精，而另一些花(未去雄)是以异株的花粉受精；但是我有理由相信，根据观察的结论如下：这些花朵已经被自己的花粉所受精了，因为这一过程似乎在它们开放以后随即发生了。② 但是我还栽培这两组的少数幼苗，并且自花受精的幼苗在高度上反而略超过异花受精的植株。

次年年初我采用另一种做法，在花朵刚刚开放后，我即以另一株的花粉给 7 朵花受精，结果获得 6 个蒴果。根据中等大小蒴果内种子数目的计数，我估计每一蒴果平均至少有 120 粒种子。在同时天然自花受精的 12 个蒴果中有 4 个发现它们未含有任何发育良好的种子；而其余 8 个平均每个蒴果含有 6.6 粒种子。但是必须注意，同样这些植株于第一季节的末期在网罩下就结出了很多非常优良的天然自花受精的

① *Zur Speciesfrage*，1875 年，53 页。

② J. 斯库特先生(Mr. J. Scott)发现(*Report on the Experimental Culture of the Opium Poppy*，加尔各答，1874 年，47 页)在罂粟(*Papaver somniferum*)中，如果他在花朵开放前切削去柱头的表面，就不会产生种子；但如果这种做法进行于"开花后的第二天，甚至当天开花后几小时，则可以发生部分的受精，并且少数优良的种子几乎一定会产生的。"这证明了受精是发生在多么早的时刻。

蒴果。

以上这两组种子于沙中发芽后，成对地栽植在 5 个花盆的两对边。这两组幼苗在它们半英寸高时以及 6 英寸高时都曾测量到它们叶片的顶端，但没有显示出什么差异。当它们成长完全时，测量它们的花茎一直到种子蒴果的顶端，结果列入表 33。

**表 33 罂粟花**

| 盆号 | 异花受精植株(英寸) | 自花受精植株(英寸) |
| --- | --- | --- |
| Ⅰ | $24\frac{2}{8}$ | 21 |
| | 30 | $26\frac{5}{8}$ |
| | $18\frac{4}{8}$ | 16 |
| Ⅱ | $14\frac{4}{8}$ | $15\frac{3}{8}$ |
| | 22 | $20\frac{1}{8}$ |
| | $19\frac{5}{8}$ | $14\frac{1}{8}$ |
| | $21\frac{5}{8}$ | $16\frac{4}{8}$ |
| Ⅲ | $20\frac{6}{8}$ | $19\frac{2}{8}$ |
| | $20\frac{2}{8}$ | $13\frac{2}{8}$ |
| | $20\frac{6}{8}$ | 18 |
| Ⅳ | $25\frac{3}{8}$ | $23\frac{2}{8}$ |
| | $24\frac{2}{8}$ | 23 |
| Ⅴ | 20 | $18\frac{3}{8}$ |
| | $27\frac{7}{8}$ | 27 |
| | 19 | $21\frac{2}{8}$ |
| 总英寸数 | 328.75 | 293.13 |

这里 15 株异花受精植株高度平均为 21.91 英寸，而 15 株自花受精植株平均为 19.54 英寸，即 100∶89。根据所结蒴果数目来判断，这些植株在结实力上并无差异，因为在异花受精方面有 75 个蒴果，而在自花受精方面有 74 个蒴果。

## 花菱草(*Eschscholtzia californica*)

这种植物值得注意的是异花受精幼苗在高度和生活力上并未超过自花受精的幼苗。另一方面，异花受精大大地增加了亲本植株上花朵的生产力，或者更正确地说，自花受精降低了它们的生产力。为了要花朵产生种子，异花受精的确有时是必要的。此外，由异花受精产生的植株，比那些由自花受精花朵长成的植株具有更高的结实力；因此，异花受精的全部利益是在于生殖的系统。我必须相当详细地研究这一个独特的事例。

在我的花园中某些植株上的12个花朵以异株花粉进行受精，产生了12个蒴果；但是其中一个没有结出好的种子。11个好蒴果的种子重17.4格令。同一株上18个以自己花粉受精的花朵结出12个好的蒴果，它们的种子重13.61格令。因此，异花受精和自花受精等数的蒴果所产种子重应为100∶71。[1] 如果我们考查这一事实，就是异花受精所结蒴果的花朵比例，显然大于自花受精所结蒴果花朵的比例，异花受精花朵对自花受精花朵的相对结实力之比是100∶52。但是，这些植株在被网罩隔离的时候，还曾天然地产生很多自花受精的蒴果。

这两组种子在沙中发芽后成对地栽植在4个大花盆的两对边。最初它们的生长没有差异，但最后异花受精的幼苗在高度上却显著超过了自花受精的幼苗，这有如表34所示。但是根据后来所获得的数据，我相信，发生这个结果是偶然的，是由于只有少数植株被测量，并且有一个自花受精植株的高度只有15英寸。这些植株是放置在温室里，同时因为它们趋光而伸长，所以不论在本次试验或下次试验中它们都应该系在支柱上。测量的范围一直到它们花茎的顶端。

**表34　花菱草植株高度比较**

| 盆号 | 异花受精植株(英寸) | 自花受精植株(英寸) |
| --- | --- | --- |
| Ⅰ | 33 4/8 | 25 |
| Ⅱ | 34 2/8 | 35 |
| Ⅲ | 29 | 27 2/8 |
| Ⅳ | 22 | 15 |
| 总英寸数 | 118.75 | 102.25 |

这里4株异花受精植株平均高度为29.68英寸，而4株自花受精植株平均高度为25.56英寸，或100∶86。剩余的种子被播种在一个曾经长期栽培瓜叶菊属(*Cineraria*)植物的大花盆中；而在这种情况下，这边两个异花受精植株又在高度上大大地超过对边的两个自花受精的植株。以上4盆植株，由于放置在温室里，在这里或任何其他类似情况下，都没有产生许多蒴果；但是异花受精的花朵当它们再度异花受精时，比自花受精植株花朵再度自花受精时具有显著更高的生产力。这些植株结实后，将其上部割去并保存在温室中；当次年它们再次生长时，它们的相对高度却是相反的

[1] 希尔德布兰德教授在德国进行的植物试验比我所做的规模更大些，他发现植物更多的是自交不孕。由异花受精产生的18个蒴果，平均含有85粒种子，而自花受精花朵所产生的14个蒴果平均只含有9粒种子；这就是说它们比率为100∶11。(Jahrb. für Wissen, *Botanik*，第7卷，467页)

了。因为4盆中有3盆自花受精植株现在是比异花受精植株更高和开花更早。

**异花受精和自花受精的第二代植株**

刚才所述关于割刈植株生长方面的事实，使我怀疑我的第一个试验，因而我决定用由上一代异花受精和自花受精植株所培育出的异花受精和自花受精幼苗来进行另一个较大规模的试验。于是我培植了11对幼苗并且生长于一般的竞争条件下；在它们整个的生长期间两组的条件几乎是相等的，其结果也基本相同，因此把它们的高度列成表格是不必要的。当他们生长完成时曾加以测量，异花受精的平均高度为32.47英寸，自花受精为32.81英寸，即100∶101。由这两组产生的花数和蒴果数，当二者都是不网罩地听其自由地接受昆虫来访时，它们是没有很大差异的。

**由巴西种子长成的植株**

弗里茨·米勒由巴西南部寄给我许多植物种子，在那里这些植物当它们以同株花粉受精时是绝对不孕的，但是当它们以任何其他植株花粉受精时则完全能孕了。从这些种子由我在英格兰栽培出来的植株经阿萨·格雷教授鉴定，他声称它们属于花菱草（*E. californica*），它们的一般外形和该种完全相同。这些植株中有两株曾覆盖网罩，同时发现它们并不像在巴西一样是这样的完全不孕。但是在这本著作的另一部分我将重新提及这一问题。这里将满足于说明这两个植株的8个花朵在网罩下用另一植株的花粉受精时，曾形成8个很好的蒴果，每一蒴果平均约含有80粒种子。同一植株上的8个花朵，在以其自己花粉受精时，结出7个蒴果，其中只平均含有12粒种子，最多的一个含有16粒种子。因此，异花受精与自花受精的蒴果相比较，产生种子的比例约为100∶15。这些巴西原产的植株在网罩下产生天然自花受精的蒴果极少，这一点也和英国植株显著地不同。

上述植株的异花受精种子和自花受精种子，在纯沙中发芽以后，成对地栽植在5个大盆的两对边。如此培育出来的幼苗正是巴西生长植株的"孙子"；而它们的亲本是生长在英国。因为在巴西的"祖父母"为了要产生种子，绝对需要异花受精，我希望自花受精将被证明对这些幼苗是非常有害的，同时异花受精植株在高度和生活力上将大大地超过于自花受精花朵所培育出的植株。但是结果显示出我的预言是错的；在本试验中自花受精植株在高度上却略超过异花受精植株。这将足够说明这一点，即14个异花受精植株高度平均为44.64英寸，而14个自花受精植株平均为45.12英寸，即100∶101。

**用新品系杂交的效果**

我进行了另一个试验。上次试验中自花受精植株上的8个花朵（那就是生长在巴西植株的"孙子")再度以同株花粉受精,产生了5个蒴果,平均含有27.4粒种子,最多的一个含有42粒种子。由这些种子所产生的幼苗形成巴西品系自花受精的第二代。

在上次试验异花受精植株上有8个花朵曾以另一个孙辈①的花粉进行杂交,产生了5个蒴果。这些蒴果平均含有31.6粒种子,最多的一个含有49粒种子。由这些种子所长成的幼苗可以称之为个体间杂交的植株。

最后,把上次试验异花受精植株上其他8个花朵,用生长在我花园里的英国品系的花粉予以受精,而该品系在先前几代中必然遭受显然不同于母本植株巴西祖先所遭受的条件的作用。这8个花朵仅结出4个蒴果,平均含有63.2粒种子,最多的一个含有90粒。由这些种子长成的植株称之为英国品系杂交的。如果上述这样少量蒴果的平均数也足以相信的话,那么可以认为英国品系杂交的蒴果含有种子数超过个体间杂交的数量的两倍,同时比自花受精蒴果数多两倍还多。产生这些蒴果的植株是生长在温室里的花盆中,因而它们的绝对生产力不可能与田间生长的植株相比拟。

以上3组种子,即自花受精、个体间杂交及英国品系杂交的种子,都曾在同等的发芽状态下(像通常一样播种在纯沙上)栽植于九个大花盆中,每盆表面上分隔为3部分。许多自花受精的种子比这两组异花受精种子发芽早,这些植株当然是被拔掉了。如此培育出来的幼苗乃是巴西生长植株的"曾孙"。当它们在2～4英寸高时,3组是相等的。在它们生长到五分之四时以及它们生长完成时再进行测量,因为它们的相对高度在这两个阶段是几乎完全相等的,所以我只提出了后一次的测量资料。19个英国品系杂交的植株的平均高度是45.92英寸;而18个个体间杂交的植株(有一株死了)是43.38英寸;以及19个自花受精植株是50.3英寸。因此,在高度上我们得出下列的比例:

| | |
|---|---|
| 英国品系杂交的植株对自花受精植株是 | 100∶109 |
| 英国品系杂交的植株对个体间杂交的植株是 | 100∶94 |
| 个体间杂交的植株对自花受精植株是 | 100∶116 |

在结有种子的蒴果已经收获以后,全部植株齐地收割,并称记测量。19个被英国品系杂交的植株重18.25盎司;个体间杂交植株(以19株折算其重量)重18.2盎司;19个自花受精植株重21.5盎司。所以,根据三组植株的质量,我们得出下列一些

① 指前一代植株。——译者注

比例：

| | |
|---|---|
| 英国品系杂交的植株对自花受精植株是 | 100∶118 |
| 英国品系杂交的植株对个体间杂交的植株是 | 100∶100 |
| 个体间杂交的植株对自花受精植株是 | 100∶118 |

这里我们可以看到质量也正如高度一样，自花受精植株对于英国品系杂交的和个体间杂交的植株具有决定性的优势。

这三类剩余的种子，不论它们发芽情况如何，都被播种在露地上3条平行的长行里；这里自花受精幼苗高度也超过其他2行幼苗2～3英寸，而其他2行是几乎相等的。这三行植株在整个冬季没有加以保护，所有的植株，除了两株自花受精植株外都全部冻死了；因此，就这一点点的证据来判断，某些自花受精植株是比任何一组异花受精植株都有更高的抗冻性。

由此可见，9个盆中所生长的自花受精植株在高度上（116∶100）、在质量上（118∶100）、且显然在抗冻性上，都优于巴西品系孙辈间杂交所产生的个体间杂交的植株。这里的优势比用英国品系植株的第二次试验的结果格外显著，英国品系自花受精植株对异花受精植株的高度比例为101∶100。这是一个更值得注意的事实——如果我们记得在牵牛花属、沟酸浆属、芸苔属（*Brassica*）和蜂室花属中以新品系花粉杂交植株的效果——自花受精植株在高度上（109∶100）和质量上（118∶100）超过被英国品系杂交的巴西品系的后代；而这两个品系是长期处在极不相同的条件下的。

如果我们现在来看一下3组植株的结实力，我们便会发现一个非常不同的结果。我可以预先指出：9盆中有5盆第一株开花的是被英国品系杂交的植株；4盆是自花受精的植株；而没有一盆是个体间杂交的植株最先开花的；所以后者这些植株在这方面也正像其他许多方面一样是被击败的。紧密相邻生长在田间的3行植株开花很盛，且蜂群不停地来访问花朵，因而无疑地要发生相互间的杂交。以往试验中许多植株在这种情况下，在它们被覆以网罩的时候，几乎一直不孕；但在它们不覆网罩时，则立即可以产生许多蒴果，这就多么有力地证实了蜂群在植株间传递了花粉。我的园丁连续三次从三组植株上收获了同样数目的成熟蒴果，一直到他于每组收集了45个蒴果为止。从外形上来判断那种蒴果含有好的种子，这是不可能的；因此我打开了所有的蒴果。英国品系杂交的植株上45个蒴果有4个是空的；个体间杂交的植株上的蒴果有5个是空的；同时自花受精植株上的蒴果有9个是空的。每组随机取出21个蒴果计数种子，英国品系杂交的植株上的蒴果种子平均数是67粒；个体间杂交的是56粒；而自花受精的是48.52粒。因而得到如下数据：

| | 种子数 |
|---|---|
| 英国品系杂交的 45 个蒴果(4 个空的包括在内)含有 | 2747 |
| 个体间杂交植株的 45 个蒴果(5 个空的包括在内)含有 | 2240 |
| 自花受精植株的 45 个蒴果(9 个空的包括在内)含有 | 1746.7 |

读者应当记得这些蒴果乃是由于蜂群作用而异花受精的产物;因此所含种子数目的差异必然随着植物的生长状态的不同而变化;这就是说有赖于它们是否来自不同品系的杂交,或者来自同一品系植株间的杂交,或者来自自花受精。根据以上事实,我们获得以下的比例:

| 在同等数目的天然受精蒴果中所含有的种子数 | |
|---|---|
| 英国品系杂交的植株对自花受精的植株之比 | 100∶63 |
| 英国品系杂交的植株对个体间杂交的植株之比 | 100∶81 |
| 个体间杂交植株对自花受精植株之比 | 100∶78 |

但为了要论断这三组植株的生产力,就必须了解等数的植株各产生有多少个蒴果。然而这 3 行不是完全等长的,同时植株是非常的稠密,所以即令我愿意从事这么一个收获和计算全部蒴果的繁重工作,也极难论断它们产生有多少蒴果。但是这个工作在温室盆中生长的植株是轻而易举的;虽然它们比田间生长的那些植株的结实力明显更低,但是经过仔细观察,它们相对的结实率却是相同的。盆中 19 个英国品系杂交的植株总计产生 240 个蒴果;个体间杂交的植株(以 19 株计算)产生 137.22 个蒴果;同时 19 个自花受精的植株产生 152 个蒴果。现在,已知每组 45 个蒴果含有的种子数,那便很容易计算出 3 组同样植株数所产生的种子相对数了。

| 同等数目的天然受精植株所产生的种子 | |
|---|---|
| 英国品系杂交的和自花受精的植株之比 | 100∶40 |
| 英国品系杂交的和个体间杂交的植株之比 | 100∶45 |
| 个体间杂交的和自花受精的植株之比 | 100∶89 |

个体间杂交的植株(即巴西所生长的植株的"孙辈"间杂交的产物)在生产力上超越于自花受精植株的优势,不论它是怎样少,而它完全是由于蒴果含有的种子平均数较多;因为个体间杂交的植株在温室里比自花受精植株结的蒴果少。英国品系杂交的植株在生产力上较自花受精植株具有很大的优势,这可以用产生的蒴果数较多,所含种子平均数较多,以及空蒴果较少的事实来说明。因为英国品系杂交的植株和个体间杂交的植株正是每次前一代杂交的后代(这是必然发生的情况,因为花朵对其自己的花粉是不孕的),我们可以做出结论,英国品系杂交的植株比个体间杂交植株在生产力上具有

巨大的优势，这是因为前者的两个亲本曾长期经受着不同条件的作用。

英国品系杂交的植株，虽然生产力上如此的优异，但正如我们已经见到的，它们在高度上和质量上却显然比自花受精植株差，而仅等于、或略超过个体间杂交的植株。因此，与另一个品系杂交的整个利益在这里仅局限于生产力上，我以往还没有遇到过类似的情况。

## 木樨草科(Resedaceae)——黄木樨草(*Reseda lutea*)

由生长在近郊的野生植株上采来的种子，播种于菜园中；把这样长成的一些幼苗覆以网罩。发现其中有某些植株(这在以后将要更详尽地描述)在让它们自己天然地受精时，即使大量的花粉落在柱头上，也是绝对不孕的；而且用其自己花粉在人为地和重复地授粉时，它们也是同样地不孕的；而其他植株却产生少量天然自花受精的蒴果。其余的植株没有加以网罩，因而花粉被川流不息来访的蜜蜂和土蜂从一株携带到别株的花朵上，它们遂得以产生大量蒴果。关于这个物种及木樨草(*R. odorata*)的情况，我有丰富的证据来证明花粉由此株传递到其他株的必要性；因为那些植株在它们隔绝昆虫的期间没有结出种子或结极少的种子，而在它们不盖网罩时却立即结出蒴果。

在网罩下天然自花受精花朵所结的种子和由蜂群天然杂交花朵所结的种子，播种在5个大花盆的两对边。当幼苗出土后即间苗，两边留有相等的苗数。过若干时日以后，把花盆栽植到露地里。等数的异花受精和自花受精的亲系(parentage)植株都曾测量到它们花茎的顶端，结果如表35所示。那些没有形成花茎的未曾测量。

**表35 盆中的黄木樨草**

| 盆号 | 异花受精植株(英寸) | 自花受精植株(英寸) |
|---|---|---|
| Ⅰ | 21 | 12⅞ |
| | 14 2/8 | 16 |
| | 19⅛ | 11⅞ |
| | 7 | 15 2/8 |
| | 15⅛ | 19⅛ |
| Ⅱ | 20 4/8 | 12 4/8 |
| | 17⅜ | 16 2/8 |
| | 23⅞ | 16 2/8 |
| | 17⅛ | 13⅜ |
| | 20 6/8 | 13⅝ |

续表

| 盆号 | 异花受精植株(英寸) | 自花受精植株(英寸) |
| --- | --- | --- |
| Ⅲ | $16\frac{1}{8}$ | $14\frac{4}{8}$ |
| | $17\frac{6}{8}$ | $19\frac{4}{8}$ |
| | $16\frac{2}{8}$ | $20\frac{7}{8}$ |
| | 10 | $7\frac{7}{8}$ |
| | 10 | $17\frac{6}{8}$ |
| Ⅳ | $22\frac{1}{8}$ | 9 |
| | 19 | $11\frac{4}{8}$ |
| | $18\frac{7}{8}$ | 11 |
| | $16\frac{4}{8}$ | 16 |
| | $19\frac{2}{8}$ | $16\frac{3}{8}$ |
| Ⅴ | $25\frac{2}{8}$ | $14\frac{6}{8}$ |
| | 22 | 16 |
| | $8\frac{6}{8}$ | $14\frac{3}{8}$ |
| | $14\frac{2}{8}$ | $14\frac{2}{8}$ |
| 总英寸数 | 412.25 | 350.88 |

这里24株异花受精植株的平均高度等于17.17英寸,而等数的自花受精植株却为14.61英寸,即100∶85。异花受精植株除了5株以外都全部开了花,而自花受精植株却有许多未开花。上述成对的植株当它们依然开花,但已有某些蒴果形成以后,把它们收割下来并称其质量。异花受精植株重90.5盎司,而等数的自花受精植株仅重19盎司,即100∶21;而这是一个令人惊异的差异。

同样两组种子也曾在露地里播种为相邻的两行。一行中有20株异花受精植株,而另一行有32株自花受精植株,所以这一试验是不十分公平的;但并不像原先想象那样的不公平,因为在同一行里并没有稠密到彼此严重干扰生长的程度,同时在这两行植物外面的土地是空着的。这些植株比在花盆中的营养要好些,且生长得高些。每行8个最高的植株也像以前的一样加以测量,结果见表36。

**表36　露地生长的黄木樨草**

| 异花受精植株(英寸) | 自花受精植株(英寸) |
| --- | --- |
| 28 | $33\frac{2}{8}$ |
| $27\frac{2}{8}$ | 23 |
| $27\frac{5}{8}$ | $21\frac{5}{8}$ |
| $28\frac{6}{8}$ | $20\frac{4}{8}$ |
| $29\frac{7}{8}$ | $21\frac{5}{8}$ |
| $26\frac{5}{8}$ | 22 |

续表

| 异花受精植株(英寸) | 自花受精植株(英寸) |
| --- | --- |
| $26\frac{3}{8}$ | $21\frac{3}{8}$ |
| $30\frac{1}{8}$ | $21\frac{7}{8}$ |
| 224.75 | 185.13 |

当开花旺盛的时候,这里异花受精植株的平均高度是28.09英寸,而自花受精植株平均高度为23.14英寸,即100∶82。一件很奇特的事实是,两行中最高的植株却是一株自花受精植株。自花受精植株比异花受精植株有着较小的和淡绿色的叶片。这两行中的全部植株后来都收割下来,并称记质量。20个异花受精植株重65盎司,20个自花受精植株(是由32个自花受精植株的实际质量换算而来的)重26.25盎司,即100∶40。因此,异花受精植株在质量上超过于自花受精植株,并没有接近于像花盆中生长的植株那样大,或许因为后者受着较严重的互相竞争的结果。另一方面,它们在高度上超过自花受精植株的程度略大一些。

## 木樨草(*Reseda odorata*)

普通的木樨草(common mignonette)的植株是由买来的种子培育而成的,其中有些植株分别放置在网罩的里面。其中某些植株便天然地结出许多自花受精的蒴果;另一些结得很少,还有一些一个也不结。这并不能假定,后面这一些植株是由于它们柱头没有接受到任何花粉而就没有形成种子,因为它们曾被重复地应用同株花粉授粉也没有效果;然而当它们以任何异株花粉授粉时却完全能孕了。曾从一个自花受精结实力很高的植株上采收了一些天然自花受精的种子,并从生长在网罩外边并被蜂群传粉杂交的植株上采收了另一些种子。这些种子在沙中发芽以后,成对地栽培在5个花盆的两对边。这些植株均以支柱撑起,并测量到它们多叶的茎的顶端(花茎不包括在内)这里我们把获得的结果列于表37。

表37 木樨草(自花受精结实力很高的植株获得的幼苗)

| 盆号 | 异花受精植株(英寸) | 自花受精植株(英寸) |
| --- | --- | --- |
| Ⅰ | $20\frac{7}{8}$ | $22\frac{4}{8}$ |
| | $34\frac{7}{8}$ | $28\frac{5}{8}$ |
| | $26\frac{6}{8}$ | $23\frac{2}{8}$ |
| | $32\frac{6}{8}$ | $30\frac{4}{8}$ |

续表

| 盆号 | 异花受精植株(英寸) | 自花受精植株(英寸) |
|---|---|---|
| Ⅱ | 34 3/8 | 28 5/8 |
| | 34 5/8 | 30 6/8 |
| | 11 6/8 | 23 |
| | 33 2/8 | 30 1/8 |
| Ⅲ | 17 7/8 | 4 4/8 |
| | 27 | 25 |
| | 30 1/8 | 26 2/8 |
| | 30 2/8 | 25 1/8 |
| Ⅳ | 21 5/8 | 22 6/8 |
| | 28 | 25 4/8 |
| | 32 5/8 | 15 1/8 |
| | 32 3/8 | 24 6/8 |
| Ⅴ | 21 | 11 6/8 |
| | 25 2/8 | 19 7/8 |
| | 26 6/8 | 10 4/8 |
| 总英寸数 | 522.25 | 428.50 |

这里19株异花受精植株的平均高度是27.48英寸,同时19株自花受精植株是22.55英寸,即100∶82。所有这些植株都在初秋收割下来并称其质量:异花受精植株重11.5盎司,而自花受精植株重7.75盎司,即100∶67。这两组植株都曾任其自然地让昆虫来访,据目测它们所结的种子蒴果数并没有任何的差异。

同样两组剩余的种子在露地上播种于相邻的两行;因而植株处在中度竞争的条件下。每边测量8个最高的植株,结果如表38所示。

**表38　露地生长的木樨草**

| 异花受精植株(英寸) | 自花受精植株(英寸) |
|---|---|
| 24 4/8 | 26 5/8 |
| 27 2/8 | 25 7/8 |
| 24 | 25 |
| 26 6/8 | 28 3/8 |
| 25 | 29 7/8 |
| 26 2/8 | 25 7/8 |
| 27 2/8 | 26 7/8 |
| 25 1/8 | 28 2/8 |
| 总英寸数 206.13 | 216.75 |

8株异花受精植株的平均高度为25.76英寸,而8株自花受精植株为27.09英

寸，即 100∶105。

这里我们得到自花受精植株约略高于异花受精一个反常的结果，关于这一事实我不能提出解释。当然，这可能是、但未必一定就是，由于标签偶然弄错的关系。

后来又设置了另一试验：全部自花受精的蒴果，虽然数量很少，但都是由一株在网罩内半自花受精不孕植株上采收来的；同时因为这同一植株上的某些花朵已经被异株花粉所受精，因而产生了异花受精的种子。我期望由这一个自花受精半不孕植株所获得的幼苗，将比由完全自花受精能孕植株所获得的幼苗更有利于异花受精。但是我的预言是完全错误了，因为它们获得的利益是很小的。在花菱草属中获得过类似的结果，其中巴西原产植株的后代（它们是部分的自花受精不孕的），没有比自花受精能孕较甚的英国品系植株从异花受精中获得较大的利益。上述木樨草同一株上异花受精和自花受精的两组种子，在沙中发芽以后，栽植于 5 个花盆的两对边，同时也像前面一样加以测量，结果列于表 39。

**表 39 木樨草(由自花受精半不孕植株所获得的幼苗)**

| 盆号 | 异花受精植株(英寸) | 自花受精植株(英寸) |
| --- | --- | --- |
| Ⅰ | 33⅛ | 31 |
| | 30 6/8 | 28 |
| | 29 6/8 | 13 2/8 |
| | 20 | 32 |
| Ⅱ | 22 | 21 6/8 |
| | 33 4/8 | 26 6/8 |
| | 31 2/8 | 25 2/8 |
| | 32 4/8 | 30 4/8 |
| Ⅲ | 30⅛ | 17 2/8 |
| | 32⅛ | 29 6/8 |
| | 31 4/8 | 24 6/8 |
| | 32 2/8 | 34 2/8 |
| Ⅳ | 19⅛ | 20 6/8 |
| | 30⅛ | 32 6/8 |
| | 24⅜ | 31 4/8 |
| | 30 6/8 | 36 6/8 |
| Ⅴ | 34 6/8 | 24⅝ |
| | 37⅛ | 34 |
| | 31 2/8 | 22 2/8 |
| | 33 | 37⅛ |
| 总英寸数 | 599.75 | 554.25 |

上述 20 株异花受精植株的平均高度为 29.98 英寸，而 20 株自花受精植株为

27.71 英寸,即 100∶92。后来这些植株被收割下来并称记质量;在这种情况下,异花受精植株在质量上略略超过自花受精植株,就是说比例为 100∶99。这两组植株任其自然地让昆虫来访,似乎是同样的能孕。

剩余的种子播种在露地里相邻的两行;测量每行最高的 8 株,结果如表 40。

**表 40 木樨草(由露地栽培的自花受精半不孕植株所产生的幼苗)**

| 异花受精植株(英寸) | 自花受精植株(英寸) |
| --- | --- |
| 28 2/8 | 22 3/8 |
| 22 4/8 | 24 3/8 |
| 25 7/8 | 23 4/8 |
| 25 3/8 | 21 4/8 |
| 29 4/8 | 22 5/8 |
| 27 1/8 | 27 2/8 |
| 22 4/8 | 27 3/8 |
| 26 2/8 | 19 2/8 |
| 总英寸数 207.38 | 188.38 |

这里 8 株异花受精植株的平均高度为 25.92 英寸,而 8 株自花受精植株为 23.54 英寸,即 100∶90。

## 堇菜科(Violaceae)——三色堇(*Viola tricolor*)

当普通栽培的三色堇(heartsease)的花朵还幼嫩的时候,花药把它们的花粉散布到一个小的半圆筒状的通道里,后者是由下面花瓣的基部形成的,并且被许多绒毛所围绕着。这样收集起来的花粉是紧贴在柱头的下面,但是极少可能落到它的腔穴(cavity)里去,除非借助于昆虫把它们的吸管通过这一个通道而进入蜜腺。[①] 因此当我网罩住一个栽培品种的高大植株时,它仅着生了 18 个蒴果,而它们大多数都含有极少的良好种子——有些只含有 1～3 粒好种子;而相邻的一个同品种且生长同样良好而未被网罩的植株,却结出 105 个好蒴果。在昆虫被隔离时,形成蒴果的少数花

① 这种植物的花朵曾被斯普伦介尔、希尔德布兰德、德尔皮诺和赫尔曼·米勒详细描述过。后一作者在他的《花朵的受精》和 1873 年 11 月 20 日《自然》44 页中综合了前人的观察。亦见于 A. W. 贝内特先生(Mr A. W. Bennett)于 1873 年 5 月 15 日《自然》上的论著,以及《自然》143 页基钦纳先生所做的许多注释。探究三色堇(*V. tricolor*)一个被网罩的植株的效果的许多事实,J. 卢伯克爵士已曾引述于《不列颠的野花》(*British Wild Flowers*)62 页等。

朵，它们或许由于花瓣枯萎向内弯曲而受精，因为附着在绒毛上的花粉粒由于这种方式而得以传递到柱头的腔穴里。但更可能它们受精的发生是由于蓟马和某些小甲虫，这是贝内特先生所提出的，它们常来访问花朵并且是任何网罩所不能隔离的。土蜂是最常见的传粉者；但是我不止一次地看到花蝇(*Rhingia rostrata*)正在工作，在它们身体腹部、头和腿都沾满了花粉；我标记了它们所访问的花朵，发现它们过了几天以后均受精了。[①] 有很长的时间非常奇怪，注视着三色堇和其他某些植物的花朵，没有看见一只昆虫来访问它们。1841 年夏季，我曾对许多生长在花园中大丛的三色堇每日观察许多次，为时两周我才看到唯一的土蜂在工作。在另一个夏季我曾同样地做，但是最后看到一些黑色土蜂连续 3 天几乎在某些花丛中的每一花朵上来回采蜜；几乎所有这些花朵都很快地枯萎并结出良好的蒴果。我推测为了蜜腺的分泌，一定的空气状态是很必要的。一旦蜜腺分泌，昆虫由于香气的散布而发现了这一事实，便马上来访问花朵了。

因为花朵需要借助昆虫来完成它们的受精，同时它们远非像其他分泌蜜腺的大多数花朵那样经常地被昆虫拜访，我们可以了解这一个被赫尔曼·米勒发现并描述在《自然》杂志中显著的事实，那就是，这一个物种存在有两种类型。其中一种正如我们所见到的形成鲜艳的花朵，需要昆虫的帮助，并适应昆虫的异花受精；而另一种类型具有非常小而比较不醒目的花朵，它们的结构略成不同的形式，利于自花受精，这样就适应于保证物种的繁衍。然而自花受精类型也偶然被昆虫所访问且可能杂交，虽然这一点还是相当可疑的。

在我对三色堇第一次的试验里，我未能成功地培育出幼苗，而仅获得一个已经完成生长的异花受精植株和一个已经完成生长的自花受精植株。前者高度是 12½ 英寸，后者是 8 英寸。次年一个新植株上的某些花朵，曾用另一植株的花粉进行杂交，而另一植株肯定是来自不同的幼苗：关于这一点是必须注意的。同一植株上的另一些花朵用其自己的花粉受精。10 个异花受精蒴果的种子平均数为 18.7 粒，而 12 个自花受精蒴果的种子平均数为 12.83 粒，即 100 ∶ 69。这些种子在纯沙中发芽以后，

---

① 我应该附注一下，这种苍蝇显然不是吮吸蜜腺，但是它被围绕着柱头的绒毛吸引而来。赫尔曼·米勒也曾见到一种小蜂[地花蜂属(*Andrena*)]，它不是触到蜜腺，而是重复地把它的吸管插在着生有许多绒毛的柱头的下面，因而这些绒毛必然在某些方面引诱了昆虫。有一个作者主张(《动物学家》(*Zoologist*) ⅲ～ⅳ卷，第 1225 页)蛾子(*Plusia*)常常拜访三色堇的花朵。蜜蜂不是经常来访，但是有一次记载这些蜂确实是这样做的(《园艺者记录》1844 年，374 页)。赫尔曼·米勒也已看到蜜蜂在工作，不过只是在野生小花的类型上。他将所有来访这两种类型花的昆虫列到一个表里(《自然》1873 年，45 页)。根据他的报告，我断言自然状态下的植物花朵是比那些栽培的品种更经常地为昆虫所访问。他曾看到许多蝴蝶吮吸野生植物的花朵，而这方面我在花园里却从来没有看到过，虽然我观察了花朵好几年。

成对地栽植于5个花盆的两对边。当它们大约长到开在前株高三分之一的时候，进行第一次测量，异花受精植株平均高度为3.87英寸，而自花受精植株只有2.00英寸，即100∶52。它们被放置在温室里，生长并不旺盛。在开花时再一次测量它们到它们茎干的顶端，结果见表41。

**表41　三色堇**

| 盆号 | 异花受精植株(英寸) | 自花受精植株(英寸) |
|---|---|---|
| Ⅰ | $8\frac{2}{8}$ | $0\frac{2}{8}$ |
| | $7\frac{4}{8}$ | $2\frac{4}{8}$ |
| | 5 | $1\frac{2}{8}$ |
| Ⅱ | 5 | 6 |
| | 4 | 4 |
| | $4\frac{4}{8}$ | $3\frac{1}{8}$ |
| Ⅲ | $9\frac{4}{8}$ | $3\frac{1}{8}$ |
| | $3\frac{3}{8}$ | $1\frac{7}{8}$ |
| | $8\frac{4}{8}$ | $0\frac{5}{8}$ |
| Ⅳ | $4\frac{7}{8}$ | $2\frac{1}{8}$ |
| | $4\frac{7}{8}$ | $1\frac{6}{8}$ |
| | 4 | $2\frac{1}{8}$ |
| Ⅴ | 6 | 3 |
| | $3\frac{3}{8}$ | $1\frac{4}{8}$ |
| 总英寸数 | 78.13 | 33.25 |

这里14株异花受精植株的平均高度为5.58英寸，而14株自花受精植株为2.37英寸，即100∶42。5盆中有4盆异花受精植株开花早于自花受精植株；这类似于前一年一对植株所发生的情况。这些植株由盆中倒出没有受到干扰而移植于露地里，因而还是原来各自的5丛。次年(1869)的夏初它们开花很盛，且有土蜂来访，结了许多蒴果，我们从两边的全部植株上谨慎地采下了蒴果。异花受精植株结了167个蒴果，自花受精植株只有17个，即100∶10。所以，异花受精植株在高度上超过自花受精植株2倍多，通常最先开花，且产生10倍于天然受精所结的蒴果。

在1870年夏季的上半季，所有5丛异花受精植株比自花受精植株都长得繁茂，所以它们之间的任何比较，异花受精植株都是优越的。当异花受精植株开花旺盛时，仅有一株自花受精植株开花，比它的任何一个兄弟要长得好些。异花受精和自花受精植株在这个时候在各自的两边都相互交织地长在了一起，只在表面的分隔上还能够区分出相对的两边。在包括最好自花受精植株的一丛中，我估计：被异花受精植株所覆盖的地面约为自花受精植株的9倍。整个5丛异花受精植株均显著优于自花受精植株，无疑地是因为异花受精植物一开始即比自花受精植物具有绝对优势，因而在以后的季节里越来越多地掠夺了异花受精植物的养料。但是我们应该牢记，在自然状态下会产生同样的结果，甚至在掠夺程度上要更大一些；因为我的植株生长在没有杂草的地里，所以自花受精植株仅和异花受精植株相竞争；然而在自然界里整个的地面覆盖着各种植物，所有它们都必须共同为生存而斗争。

去年冬季非常寒冷，次春(1871)植株又被重新检定一下。除了一个植株上一个分枝着生像豌豆大小的细小叶簇以外，这里全部的自花受精植株都死掉了。而所有异花受精植株都毫无例外地生长得非常旺盛。因而除了在几个方面比较低下以外，自花受精植株整体上是较为柔弱的。

为了了解异花受精植株的优势，更正确地说，为了了解自花受精植株的劣势究竟怎样地传递给它们的后代，曾设置了一个试验。第一次栽培出来的一株异花受精植株和自花受精植株，由花盆中倒出来移植于露地上。二者都产生许多良好的蒴果。根据这一事实，我们可以肯定地说它们都由于昆虫而杂交过。二者的种子在沙中发芽后，成对地栽培在 3 个花盆中的两对边。由异花受精植株所产生的天然异花受精幼苗，在所有 3 盆中都比由自花受精植株所产生的天然异花受精幼苗开花更早。当两组植株开花旺盛时，测量每盆每边两个最高的植株，结果见表 42。

**表 42　三色堇：由异花受精和自花受精产生的幼苗，该两组的亲本曾任其自然地受精**

| 盆号 | 由人工杂交植株所产生的天然异花受精植株(英寸) | 由自花受精植株所产生的天然异花受精植株(英寸) |
|---|---|---|
| Ⅰ | 12⅛ | 9⅝ |
| | 11⅝ | 8⅜ |
| Ⅱ | 13⅜ | 9⅝ |
| | 10 | 11⅜ |
| Ⅲ | 14⅜ | 11⅜ |
| | 13⅝ | 11⅜ |
| 总英寸数 | 75.38 | 61.88 |

由异花受精植株所产生的 6 个最高植株的平均高度为 12.56 英寸；而由自花受精植株所产生的 6 个最高植株为 10.31 英寸，即 100∶82。这里我们可以看到两组间在高度上有很大的差异，虽然远不如前一个试验由异花受精和自花受精花朵所产生的后代间的差异。这种差异必然是由于后一组植株遗传了它们亲本羸弱的体质，它们是自花受精花朵的后代；虽然这些亲本本身已经听其自然地借助于昆虫而与其他植株杂交了。

## 毛茛科(Ranunculaeeae)——一点红(*Adonis aestivalis*)

我在这种植物上的试验结果几乎不值得提出来,因为我在当时的记录簿里已经写上:“幼苗由于许多不知晓的原因,全部都瘦弱得可怜”。甚至于后来它们也未恢复;然而我感到应该提出这种事实,因为它不符合于我已经获得的一般结果。15 朵花被异花受精,并且全部结实,平均含有 32.5 粒种子;19 朵花以它自己的花粉受精,它们也全部结了果实,含有较高的平均数 34.5 粒种子,即 100∶106。由这些种子培育出许多幼苗。有一盆中所有自花受精的植株在很幼小时便死亡了;另外两盆植株株高的数值见表 43。

表 43　一点红

| 盆号 | 异花受精植株(英寸) | 自花受精植株(英寸) |
| --- | --- | --- |
| Ⅰ | 14 | $13\frac{4}{8}$ |
| | $13\frac{4}{8}$ | $13\frac{4}{8}$ |
| Ⅱ | $16\frac{2}{8}$ | $15\frac{2}{8}$ |
| | $13\frac{2}{8}$ | 15 |
| 总英寸数 | 57.00 | 57.25 |

4 株异花受精植株的平均高度为 14.25 英寸,而 4 株自花受精植株的平均高度为 14.31 英寸,即 100∶100.4;所以它们在事实上是等高的。按照 H. 霍夫曼[①]的说法,这种植物是雄蕊先熟的;但当它隔离昆虫时,也仍然能产生大量的种子。

## 飞燕草(*Delphinium consolida*)

关于这种植物,也正像其他许多植物一样,被认为花朵是在花蕾期受精的,因而不同的植株或品种永远不可能自然地相互杂交。[②] 但是这是错误的,因为我们可以推论:第一,由于花朵是雄蕊先熟的,成熟的雄蕊是弯曲的,连续地进入引向蜜腺的通道,而后来成熟的雌蕊也向同一个方向弯曲;第二,由于来访的土蜂很多[③];第三,由于

① 《关于物种问题》,1875 年,11 页。

② *Decaisne*,*Comptes-Rendus*,7 月,1863 年,5 页。

③ 赫尔曼·米勒曾描写过它们的构造,《受精》等,122 页。

在以异株花粉进行杂交时，其花朵结实率比天然自花受精花朵结实率高。1863年我用网罩套了一个大的分枝，并且用异株花粉给5朵花杂交；如此产生的蒴果，平均含有35.2粒很好的种子，最多的一个蒴果含有42粒。同一分枝上其他32个花朵产生了28个天然自花受精的蒴果，平均含有17.2粒种子，最多一个含有36粒种子。但其中有6个蒴果非常差，仅结1～5粒种子；如果把它们剔除，其余22个蒴果平均产20.9粒种子，虽然这些种子中有许多是很小的。因此，由异花受精和天然自花受精所产生的种子数，其最公正的比例是100∶59。这些种子未曾播种，因为我有太多的其他试验要进行。

1867年的夏季是一个非常不良的季节，我又在网罩下用异株花粉杂交了一些花朵，同时在同一植株上用其同株花粉给另一些花朵授粉。前者比后者产生蒴果的比例高；自花受精蒴果中，虽然种子数目多，但许多是发育不良，由异花受精和自花受精蒴果所产生的等量种子的质量之比是100∶45。这两组种子均让它们在沙中发芽，并成对地栽植于4个花盆中的两对边。在它们长到近乎三分之二时，测量株高，结果见表44。

**表44 飞燕草**

| 盆号 | 异花受精植株(英寸) | 自花受精植株(英寸) |
|---|---|---|
| Ⅰ | 11 | 11 |
| Ⅱ | 19 | $16\frac{2}{8}$ |
| | $16\frac{2}{8}$ | $11\frac{4}{8}$ |
| Ⅲ | 26 | 22 |
| Ⅳ | $9\frac{4}{8}$ | $8\frac{2}{8}$ |
| | 8 | $6\frac{4}{8}$ |
| 总英寸数 | 89.75 | 75.50 |

这里6株异花受精植株平均高度为14.95英寸，6株自花受精植株为12.50英寸，即100∶84。生长完成时又测量一次，但因时间匆促，每边仅测量一株；因此我想最好还是列出较早的一次度量。在后期这3个最高的异花受精植株在高度上依然超过最高的3个自花受精植株很多，但是并没有像前期那样大的程度。把花盆放置在温室里不加网罩，但究竟花朵是否由于蜂群而相互杂交抑制自花受精，我不知道。6株异花受精植株产生282个成熟的和不成熟的蒴果，而6株自花受精植株仅产生159个，即100∶56。因此异花受精植株是比自花受精植株具有较高的生产力。

## 石竹科(Caryophyllaceae)——*Viscaria oculata*

12 朵花用另一植株花粉杂交产生了 10 个蒴果，种子计重 5.77 格令。18 朵用其自己的花粉受精，产生 12 个蒴果，种子计重 2.63 格令。因此，由等数的异花受精和自花受精花朵所产生的种子质量之比是 100∶38。我预先从每组中选择了中等大小的蒴果，并计数了两组的种子数；异花受精的一组含有种子 284 粒，自花受精的一组含有种子 126 粒，即 100∶44。这些种子播种于 3 个花盆的两对边，并移栽了若干幼苗；但只测量了每边一株最高的花茎。异花受精一边的三株平均高度 32.5 英寸，而自花受精一边的 3 株平均高度 34 英寸，即 100∶104。但是这个试验规模太小，其结果难以令人信服；这些植株也生长得很不整齐，异花受精植株 3 个花茎中有一个几乎两倍于另外 2 株中的一株；而自花受精植株 3 个花茎中有一个也同等程度地超过另外 2 株中的一株。

次年对这一试验曾进行较大规模地重复：在一组新的植株上杂交了 10 个花朵，结了 10 个蒴果，种子计重 6.54 格令。收集了 18 个天然自花受精的蒴果，其中 2 个未结种子；其余 16 个蒴果的种子计重 6.07 格令。因此，由等数杂交的和天然自花受精花朵(代替前次的人工授粉)所获得的种子质量之比为 100∶58。

种子在沙上发芽以后，成对地移植在 4 个花盆的两对边，所有剩余的种子均密植在第 V 盆的两对边；在后一盆中只测量每边最高的植株。直到幼苗已长达 5 英寸高度时，尚不能看出两组间的差异。两组开花几乎是同时的。当它们几乎完全开花时，测量每株最高的花茎，资料列入表 45。

**表 45 *Viscaria oculata***

| 盆号 | 异花受精植株(英寸) | 自花受精植株(英寸) |
|---|---|---|
| Ⅰ | 19 | $32\frac{3}{8}$ |
| | 33 | 38 |
| | 41 | 38 |
| | 41 | $28\frac{7}{8}$ |
| Ⅱ | $37\frac{4}{8}$ | 36 |
| | $36\frac{4}{8}$ | $32\frac{2}{8}$ |
| | 38 | $35\frac{6}{8}$ |

续表

| 盆号 | 异花受精植株(英寸) | 自花受精植株(英寸) |
|---|---|---|
| Ⅲ | 44 4/8 | 36 |
| | 39 4/8 | 20 7/8 |
| | 39 | 30 5/8 |
| Ⅳ | 30 2/8 | 36 |
| | 31 | 39 |
| | 33 1/8 | 29 |
| | 24 | 38 4/8 |
| Ⅴ(密植的) | 30 2/8 | 32 |
| 总英寸数 | 517.63 | 503.38 |

这里15株异花受精植株平均高度为34.5英寸,而15株自花受精植株为33.55英寸,即100∶97。因而异花受精植株超过的高度是不显著的。然而在生产力上,差异却是非常显著。从两组植株上收集了全部的蒴果(除去密植的和生产力不高的第Ⅴ盆的一组),到季节的末期,少数剩余的花朵也加进去。14株异花受精植株产生381个蒴果和花朵,而14株自花受精植株仅产生293个蒴果和花朵,即100∶77。

## 香石竹(*Dianthus caryophyllus*)

香石竹(common carnation)是高度的雄蕊先熟的,因而它在很大程度上是依靠着昆虫进行受精。我看到只有土蜂来访问花朵,但我敢说其他昆虫也来访了。大家都知道,如果需要纯的种子,就必须非常注意避免生长在同一花园中品种间的异花受精。[①] 花粉通常散落和散失得比同一花朵两个柱头张开和准备受精的时间要早些。因而为了自花受精,我常被迫采用同株花粉以代替同花花粉。但是有两次,当我注意到这一点时,我却没有能发现由这两种自花受精方式所产生的种子在数量上有任何显著的差异。

将许多单花的石竹播种在肥沃的土中,并全部覆盖网罩。8个花朵用异株花粉杂交,结了6个蒴果,平均含有88.6粒种子,最多的一个含有112粒种子。8个花朵按上述方式自花受精,结了7个蒴果,平均含有82粒种子,最多的一个含有112粒种子。所以说异花受精和自花受精产生的种子数,差异是很小的,也就是100∶92。因为这些植株曾覆以网罩,所以它们只天然地产生少数含有一些种子的蒴果,而这些少

① 《园艺者记录》,1847年,268页。

数的蒴果可能是由于蓟马和其他小昆虫的来访所致。一些植株所产生的绝大部分天然自花受精蒴果没有种子，或者仅仅有一粒种子。除了后面这些蒴果以外，我计算了18个顶好蒴果的种子，它们平均含有18粒种子。其中一株天然自花受精结实力比其他任何植株都高。在另一种情况下，单独一个被网罩着的植株天然产生18个蒴果，但只有2个蒴果含有一些种子，即10和15粒。

**异花受精和自花受精的第一代植株**

由上述异花受精和人工自花受精花朵所获得的许多种子，播种于露地里，由两个彼此紧密相邻的苗床培育着幼苗。这是我试验的第一批植物，而当时我还没有拟定工作上某些特定的体系。当这两组都处于盛花期时，我粗略地度量了许多植株，但仅记载异花受精植株平均足足高出自花受精植株4英寸。根据后来测量的结果，我们可以假定异花受精植株高度约为28英寸，而自花受精植株约为24英寸；因而我们所获得的比率为100∶86。多数植株中，4个异花受精植株开花早于任何一个自花受精植株。

在异花受精的第一代植株上30个花朵再度用同组异株的花粉进行杂交，结了29个蒴果，平均含有55.62粒种子，最多的一个含有110粒种子。

自花受精植株上30个花朵也再度自花受精；其中8个以同花的花粉受精，其余的以同株异花的花粉受精；如此产生22个蒴果，平均含有35.95粒种子，最多的一个含有61粒种子。根据每个蒴果的种子数，我们可以看到，异花受精植株再度杂交比较自花受精植株再度自交是更加丰产，其比例为100∶65。异花受精植株和自花受精植株，由于都是非常稠密地生长于两个苗床中，所以产生了比它们亲本较差的蒴果和较少的种子。

**异花受精和自花受精的第二代植株**

由上代异花受精和自花受精植株所产生的杂交和自花受精种子，播种于两个花盆的两对边；但因对幼苗未充分间苗，以致两组生长得非常不正常，多数自花受精植株过一些时日以后，便由于窒息而死亡了。所以，我的记录是很不完善的。异花受精的幼苗从一开始即表现得最好，当据估计它们平均为5英寸高时，而自花受精植株却只有4英寸。在这两盆中都是异花受精植株首先开花。两盆中异花受精植株两个最高的花茎是17英寸和16½英寸；而自花受精植株两个最高的花茎是10½英寸和9英寸；因而它们的高度之比是100∶58。但是这个比例只是由两对植株所推论，如果不从其他方面来提供证明，显然是不足以置信和引述的。我在记录簿上指出，异花受精植株比它们对方植株发育得更为健旺，且在体积上似乎大了2倍之多。后者的估计数字可以根据两组在下一代测定的质量而获得证实。这些异花受精植株上的一些花朵再用同组异株的花粉来杂交，而自花受精植株上的一些花朵再自交；于是由这些种子而培育出下一代的植株。

**异花受精和自花受精的第三代植株**

把刚才提到的种子放在纯沙上发芽，并成对地栽植在 4 个花盆的两对边。当幼苗开花最盛时，测量每株最高茎秆到花萼基部的高度。测量结果见表 46。在第Ⅰ盆中，异花受精和自花受精植株同时开花；但在其他三盆异花受精植株先开花，而这些植株在秋天也比自花受精植株开花期延续得久些。

**表 46　香石竹(第三代)**

| 盆号 | 异花受精植株(英寸) | 自花受精植株(英寸) |
|---|---|---|
| Ⅰ | $28\frac{6}{8}$ | 30 |
|  | $27\frac{3}{8}$ | 26 |
| Ⅱ | 29 | $30\frac{7}{8}$ |
|  | $29\frac{4}{8}$ | $27\frac{4}{8}$ |
| Ⅲ | $28\frac{4}{8}$ | $31\frac{6}{8}$ |
|  | $23\frac{4}{8}$ | $24\frac{5}{8}$ |
| Ⅳ | 27 | 30 |
|  | $33\frac{4}{8}$ | 25 |
| 总英寸数 | 227.13 | 225.75 |

这里 8 株异花受精植株平均高度为 28.39 英寸，而 8 株自花受精植株为 28.21 英寸，即 100∶99。因此在高度上这里没有值得论述的差异；但是植株一般的生活力和繁茂性，正如它们质量上所表现的，却具有很大的差异。在结有种子的蒴果采收以后，8 株异花受精和 8 株自花受精植株被收割下来，并称记质量：前者重 43 盎司，后者仅重 21 盎司，即 100∶49。

这些植株被全部放置在网罩下面，所以它们所产生的蒴果必然全部都是天然自花受精的。8 株异花受精植株产生 21 个这样的蒴果，其中只有 12 个含有少数种子，平均每个蒴果含有 8.5 粒。另一方面，8 株自花受精植株产生 36 个以上的蒴果，其中我检查了 25 个，除去 3 个蒴果例外，全部都含有种子，每个蒴果平均有 10.63 粒种子。于是来自异花受精的植株对来自自花受精的植株(两组是天然自花受精的)所产生的每个蒴果种子数的比例是 100∶125。这种不正常的结果或许是由于某些自花受精植株已经改变了，以致它们的花粉和柱头的成熟比该物种所特有的本性是更接近于同一时期；并且在第一个试验里我们已经看到，某些植株与其他一些植抹不同，它们是较为自花能孕了。

### 用新品系杂交的效果

上一代或第三代自花受精植株(表 46)上 30 个花朵,以它们自己的,但取自同株其他花朵上的花粉进行受精。这些花朵产生了 15 个蒴果,平均含有 47.23 粒种子(删去两个仅含 3 粒和 6 粒种子的蒴果),最多的一个含有 70 粒种子。由自花受精第一代植株所结的自花受精的蒴果产的种子平均数更低,为 35.95 粒种子;但因后者植株生长得非常稠密,以致对它们自花受精结实力上的差异,不能做出任何的推论。由上述种子所长成的幼苗组成为自花受精第四代的植株,列于表 47。

在表 46 所列自花受精第三代的同一植株上的 12 朵花,曾用同一表中的异花受精植株的花粉进行杂交。异花受精植株已经彼此进行相互杂交 3 代了;无疑,它们中间某些植株彼此或多或少地是有亲缘关系的,但并没有亲密得像其他物种中的一些试验;因为有些石竹植株在栽培较早的世代中即已被杂交了。它们对自花受精植株是没有亲缘关系的,或者只是亲缘关系很远的。自花受精和异花受精植株二者的亲本在其以往的 3 个世代中已经尽可能地受到同样的条件的作用。以上 12 个花朵结了 10 个蒴果,平均含有 48.66 粒种子,最多的一个含有 72 粒种子。由这些种子所长成的植株我们称之为**个体间杂交的植株**。

表 47　香石竹

| 盆号 | 与伦敦品系杂交的植株(英寸) | 个体间杂交的植株(英寸) | 自花受精植株(英寸) |
|---|---|---|---|
| Ⅰ | $39\frac{5}{8}$ | $25\frac{1}{8}$ | $29\frac{2}{8}$ |
| | $30\frac{7}{8}$ | $21\frac{6}{8}$ | + |
| Ⅱ | $36\frac{2}{8}$ | | $22\frac{3}{8}$ |
| | 0 | | + |
| Ⅲ | $28\frac{5}{8}$ | $30\frac{2}{8}$ | |
| | + | $23\frac{1}{8}$ | |
| Ⅳ | $33\frac{4}{8}$ | $35\frac{5}{8}$ | 30 |
| | $28\frac{7}{8}$ | 32 | $24\frac{4}{8}$ |
| Ⅴ | 28 | $34\frac{4}{8}$ | + |
| | 0 | $24\frac{2}{8}$ | + |
| Ⅵ | $32\frac{5}{8}$ | $24\frac{7}{8}$ | $30\frac{3}{8}$ |
| | 31 | 26 | $24\frac{4}{8}$ |
| Ⅶ | $41\frac{7}{8}$ | $29\frac{7}{8}$ | $27\frac{7}{8}$ |
| | $34\frac{7}{8}$ | $26\frac{4}{8}$ | 27 |
| Ⅷ | $34\frac{5}{8}$ | 29 | $26\frac{6}{8}$ |
| | $28\frac{5}{8}$ | 0 | + |
| Ⅸ | $25\frac{5}{8}$ | $28\frac{5}{8}$ | + |
| | 0 | + | 0 |

续表

| 盆号 | 与伦敦品系杂交的植株(英寸) | 个体间杂交的植株(英寸) | 自花受精植株(英寸) |
| --- | --- | --- | --- |
| X | 38 | 28 4/8 | 22 7/8 |
| | 32 1/8 | + | 0 |
| 总英寸数 | 525.13 | 420.00 | 265.50 |

最后,在相同的自花受精第三代植株上的 12 个花朵,是用从伦敦买来种子所长成的植株的花粉进行杂交的。我可以明确地指出,由这些种子长成的植株,其生长的条件与我的自花受精和异花受精植株所处的条件是非常不同的,并且它们之间没有任何程度的关系。由上述方式杂交的 12 个花朵全部结果,但这些蒴果含有很低的种子平均数,每个蒴果为 37.41 粒种子,最多的一个含有 64 粒种子。很奇怪的是,与新品系杂交没有获得更高的种子平均数;因为正如我们现在所看到的;由这些种子所长成的植株可以称之为伦敦品系杂交种,由于杂交它们在生长上和结实力上获得极大的利益。

把上述三组种子放在纯沙上发芽。许多被伦敦品系杂交种的种子发芽早于其他的植株,而被删除去了;许多个体间杂交的种子发芽迟于其他二组。如此发芽后的种子播种在表面三等分的 10 个花盆里;但是当只有两组种子在同时发芽时,它们即被播种在其他花盆的两对边,而在表 47 中(三项中的一项)用空白表示出来。表中的 0 表示幼苗在测量以前已死亡;而+表示植株未曾产生花茎,因而没有测量。应该注意 18 株自花受精植株有 8 株以上不是死亡便是不开花;然而 18 株个体间杂交的植株只有 3 株,20 株伦敦品系杂交的植株只有 4 株是这种遭遇的。自花受精植株有确实比较其他两组植株生活力较低的外貌,它们的叶片较小和较狭。只有一盆自花受精植株开花早于两种异花受精植株之一,这两种异花受精植株间在开花期上没有显著的差异。这些植株在它们于秋末完成生长以后,曾测量到它们花萼的基部。

表 47 中 16 株伦敦品系杂交的植株平均高度是 32.82 英寸;15 株个体间杂交的植株高 28 英寸;而 10 株自花受精植株高 26.55 英寸。

因此,在高度上我们获得了下列比例:

伦敦品系杂交的植株对自花受精植株是 100∶81

伦敦品系杂交的植株对个体间杂交的植株是 100∶85

个体间杂交的植株对自花受精植株是 100∶95

必须牢记,这 3 组植株都是由自花受精第三代植株的母本上产生的,它们以 3 种不同的方式受精,让 3 组植株听其自然地由昆虫来访,因而它们的花朵彼此间自由地杂交。当每组蒴果成熟时，把它们采集下来并分别贮藏，舍去瘪的和坏的蒴果。但到10月中旬，蒴果不能再熟的时候，不管好的或坏的全部采集下来，并加以计数。然后将蒴果压碎，用筛子筛干净种子，并称记质量。为了计算所获得的结果一致起见，恰好每组里有20个植株。

16株伦敦品系杂交的植株实际结286个蒴果；因而20个这样的植株应结357.5个蒴果；同时根据种子的实际质量，20个植株应产生462格令重的种子。

15株个体间杂交的植株实际结157个蒴果；因而20个植株应结209.3个蒴果，且种子应重208.48格令。

10株自花受精植株实际结70个蒴果；因而20株植株应产生140个蒴果：而种子应重153.2格令。

根据这些资料我们获得下列比例：

| **等数的三组植株所产生的** | **蒴果数之比** |
|---|---|
| 伦敦品系杂交的植株对自花受精的植株是 | 100∶39 |
| 伦敦品系杂交的植株对个体间杂交的植株是 | 100∶45 |
| 个体间杂交的植株对自花受精的植株是 | 100∶67 |
| **等数的三组植株所产生的** | **种子重之比** |
| 伦敦品系杂交的植株对自花受精的植株是 | 100∶33 |
| 伦敦品系杂交的植株对个体间杂交的植株是 | 100∶45 |
| 个体间杂交的植株对自花受精的植株是 | 100∶73 |

如此，我们可以看到被新品系杂交的自花受精第三代植株的后代是多么强劲，不论就它们所产生的蒴果数或所含种子的质量来测定，它们的结实力都提高了；而后者[①]是一个比较可靠的方法。甚至被同品系一个异花受精植株所杂交的自花受精植株的后代，虽然这两组植株曾长期处在相同的条件下，而用同样的两种方法来测定它们的结实力还是显著地提高了。

在做结论的时候，很值得重复提到这三组植株的结实力，它们的花朵是任其自然地让昆虫来访，并且无疑地因此而杂交了，因为这可以根据产生大批良好的蒴果而推论出来。这些植株全部是同样母本植株的后代，而在它们的结实力上有非常显著的差异，这必然是由于参与它们亲本受精的花粉性质的关系；同时花粉性质的差异必然是由于产生花粉的亲本在以往许多世代里曾经遭受到不同的处理。

① 指用种子质量测定结实力。——译者注

**花朵的颜色**

自花受精上一世代或第四代植株产生的花朵在颜色上像野生种一样的一致，具有淡红色或玫瑰色。与沟酸浆属和牵牛花属在经过几个世代自花受精以后所获得的结果相类似。个体间杂交第四代植株的花朵在颜色上也是接近于一致。另一方面，伦敦品系杂交的植株的花朵，或被着生暗红色花朵的新品系杂交的植株的花朵所替代，在颜色上都变化非常大，这是可以预料的，而且这是石竹幼苗一般的规律。值得注意的，只有两三株被伦敦品系杂交的植株产生像它们父本那样深红色的花朵，而只有极少数像它们母本那样淡红色的花朵。大多数具有两种颜色、纵列的和不同条纹的花瓣。然而，它们的底色在某些情况下比其母本植株更深些。

## 锦葵科(Malvaceae)——野西瓜苗(*Hibiscus africanus*)

这个木槿属(*Hibiscus*)植物的许多花朵是用异株的花粉杂交的，而另外许多花朵是自花受精。杂交的花朵比自花受精花朵具有较高比例的结果数，而杂交的蒴果亦含有较多的种子。自花受精种子比等数异花受精的种子略重，但是它们发芽很差，我每组仅栽培了 4 株。在 4 盆中有 3 盆是异花受精植株先开花。其结果见表 48。

**表 48 野西瓜苗**

| 盆号 | 异花受精植株(英寸) | 自花受精植株(英寸) |
| --- | --- | --- |
| Ⅰ | 13 4/8 | 16 2/8 |
| Ⅱ | 14 | 14 |
| Ⅲ | 8 | 7 |
| Ⅳ | 17 4/8 | 20 4/8 |
| 总英寸数 | 53.00 | 57.75 |

4 株异花受精植株平均高度为 13.25 英寸，4 株自花受精植株为 14.43 英寸，即 100∶109。这里我们得到自花受精植株高度超过异花受精植株的稀有情况；但是仅仅测量了 4 对，而且它们不是生长得很好和很一致。我未曾比较这两组的结实力。

香石竹（***Dianthus caryophyllus***）

# 第五章　牻牛儿苗科、豆科、柳叶菜科等

· *Geraniaceae, Leguminosae, Onagraceae, Etc.* ·

马蹄纹天竺葵(*Pelargonium zonale*),扦插繁殖的植株间的杂交没有益处——小旱金莲(*Tropaeolum minus*)——*Limnanthes douglasii*——黄羽扇豆(*Lupinus luteus*)和丝状羽扇豆(*L. pilosus*)——红花菜豆(*Phaseolus multiflorus*)和菜豆(*P. vulgaris*)——香豌豆(*Lathyrus odoratus*),它的品种在英国从来没有发生天然的个体间杂交——豌豆(*Pisum sativum*),它的品种很少个体间杂交,但它们个体间杂交有很高的利益——金雀花(*Sarothamnus scoparius*),异花受精具有惊人的效果——芒柄花(*Ononis minutissima*),其闭花受精的花朵——关于豆科的总结——丁字草(*Clarkia elegans*)——*Bartonia aurea*——留香莲(*Passiflora gracilis*)——芹菜(*Apium petroselinum*)——山萝卜(*Scabiosa atropurpurea*)——莴苣(*Lactuca sativa*)——欧洲桔梗(*Specularia speculum*)——*Lobelia ramosa*,两个世代杂交的优势——*Lobelia fulgens*——粉蝶花(*Nemophila insignis*),杂交的强大优势——琉璃苣(*Borago officinalis*)——假茄(*Nolana prostrata*)

PELARGONIUM ZONALE

VAR. COMTE MERCY D'ARGENTEAU

## 牻牛儿苗科(Geraniaceae)——马蹄纹天竺葵(*Pelargonium zonale*)

一般说来,这种植物显然是雄蕊先熟的,[①]因而它适于在昆虫的帮助下进行异花受精。一个普通深红品种的某些花朵被自花受精,而另一些花朵用另一植株的花粉进行杂交;但当我刚如此做后,我便想到这些植株都是由同一品系扦插繁殖而来的,所以严格地说都是同一个体的不同部分。然而,在进行杂交以后,我决定保留这些种子,并且把它们在沙上发芽后,栽植在3个花盆的两对边。在一个盆里假异花受精的植株是很快地而且后来一直高于和优于自花受精植株。在其他2盆里,两边幼苗有一段时间一直完全一样;但是当自花受精植株高度约达10英寸时,它们略胜过其对手,且此后它们表现出更有决定性和增长的优势;所以把自花受精植株归并在一起,都略超过假异花受精的植株。在这种情况下,例如在牛至属(*Origanum*)中,如果许多个体是由同一品系无性繁殖而来的,并且它们长时期生长在相同的条件下,那么它们之间杂交将不会得到任何的利益。

在同品种另一植株上有些花朵曾用同株上较幼嫩花朵的花粉予以受精,借以避免利用同花上老的以及爆裂很久的花粉,因为我想后者可能比新鲜花粉效果差些。同株上其他花朵用另一株新鲜的花粉杂交,而该植株虽然非常相似,但确知它是源自不同的幼苗。自花受精种子比其他种子发芽较快;但是当我一获得同样对数的时候,便把它们栽植在4个花盆的两对边。

当两组幼苗在4～5英寸高时,除了第Ⅳ盆异花受精植株超过最高的自花受精植株很多以外,它们都是一样的。在长到11～14英寸高时,曾测量到它们顶叶的尖端;异花受精植株高度平均为13.46英寸,而自花受精植株为11.07英寸,即100∶82.5

◀马蹄纹天竺葵(*Pelargonium zonale*)

① J.丹尼先生(Mr. J. Denny)是天竺葵属(*Pelargonium*)新品种的伟大培育者,他在说明这一物种是雌蕊先熟以后,又附带提到(*The Florist and Pomologist*,1872年1月,11页):"有些品种,特别是具有淡红色花瓣,或具有孱弱体质的品种,其中雌蕊在花药爆裂时伸出,甚至更早伸出,而其中雌蕊也常常很短,所以当它伸出时,已经被爆裂的花药所掩蔽了;这些品种产生很多种子,而这个种都是由自己花粉受精的。我可以引述Christine作为这一事实的例证。"这里在重要机能的变异性上,我们有了一个很有意义的事例。

个月后对它们又进行同样地测量，其结果列于表 49。

**表 49　马蹄纹天竺葵**

| 盆号 | 异花受精植株(英寸) | 自花受精植株(英寸) |
|---|---|---|
| Ⅰ | 22⅜ | 25⅝ |
|  | 19⅝ | 12 4/8 |
| Ⅱ | 15 | 19 6/8 |
|  | 12 2/8 | 22 6/8 |
| Ⅲ | 30⅝ | 19 4/8 |
|  | 18 4/8 | 7 4/8 |
| Ⅳ | 38 | 9⅛ |
| 总英寸数 | 156.50 | 116.38 |

现在 7 株异花受精植株平均高度为 22.35 英寸，而 7 株自花受精植株为 16.62 英寸，即 100∶74。但是由于许多植株间非常不一致，所以这一结果比较其他大多数的情况较不可靠。第Ⅱ盆中两个自花受精植株一直比异花受精植株更具有优势，除非异花受精植株处在非常幼龄的时候。

因为我想肯定这些植株二次生长时将有怎样的动态，所以当它们生长旺盛时，便把它们齐地刈割下来。当时异花受精植株以另一种方式显示出它们的优势，因为 7 株异花受精植株中只有一株由于这种操作而死亡，而 3 株自花受精植株在刈割后却一直没有复活。因此，除了第Ⅰ盆和第Ⅲ盆的一些植株，保留其他任何植株都是没有用处的；次年这两盆[①]中的植株，当它们二次生长时，亦如前述比自花受精植株显示出几乎同样相对的优势。

## 小旱金莲(*Tropaeolum minus*)

花朵是雄蕊先熟，根据斯普伦介尔和德尔皮诺报告，它们显然是适于借助昆虫而异花受精的。在露地生长的一些植株上有 12 朵花用异株花粉杂交，从而产生 11 个蒴果，计含有 24 粒良好的种子。18 朵花用自己的花粉受精只产生 11 个蒴果，共计含有 22 粒良好的种子；所以异花受精花朵比较自花受精花朵所结蒴果数占有显著较高的比例，异花受精蒴果比自花受精蒴果含有略微较多的种子，其比例为 100∶92。但无论如何，自花受精蒴果产生的种子总比异花受精蒴果产生的种子较重，其比例为

① 指第Ⅰ盆、第Ⅲ盆。——译者注

100∶87。

发芽状态相同的种子播种在4个花盆的两对边，但是每盆每边只有两株最高的植株被测量到它们茎秆的顶端。

这些花盆都放在温室里，并且把植株系在支柱上，因而它们得以攀缘到罕有的高度。有3盆异花受精植株先开花，但第Ⅳ盆却与自花受精植株同时开花。当幼苗高达到6～7英寸时，异花受精植株开始较其对手显示出一点优势。当它们生长很高时，8株最高的异花受精植株平均高度为44.43英寸，而8株最高的自花受精植株为37.34英寸，即100∶84。当它们生长完成时，又再测量它们，结果如表50。

**表50　小旱金莲**

| 盆号 | 异花受精植株(英寸) | 自花受精植株(英寸) |
|---|---|---|
| Ⅰ | 65 | 31 |
| | 50 | 45 |
| Ⅱ | 69 | 42 |
| | 35 | 45 |
| Ⅲ | 70 | 50 4/8 |
| | 59 4/8 | 55 4/8 |
| Ⅳ | 61 4/8 | 37 4/8 |
| | 57 4/8 | 61 4/8 |
| 总英寸数 | 467.5 | 368.0 |

现在8株最高的异花受精植株平均高度为58.43英寸，而8株最高的自花受精植株为46英寸，即100∶79。

在温室里没有覆盖网罩的两组植株，在结实力上也有很大的差异。9月17日从全部植株上采下蒴果，并计数其种子数。异花受精植株产生243粒种子，而同样株数的自花受精植株仅产生155粒种子，即100∶64。

## *Limnanthes douglasii*

一些花朵进行一般地异花受精和自花受精，但是在它们所产生的种子数上并没有显著的差异。在网罩下也产生有大批的天然自花受精的蒴果。在5个盆里由上述种子培育出幼苗，当异花受精幼苗高约3英寸时，它们比自花受精幼苗显示有一点点优势。当达到这个高度2倍时，16个异花受精和16个自花受精植株被测量到它们叶片的顶端：前者平均高度为7.3英寸，而自花受精植株平均为6.07英寸，即100∶83。

在所有的盆中，除了第Ⅳ盆，异花受精植株比任何一株自花受精植株开花为早。当植株生长完成时，再测量到它们成熟蒴果的顶端，其结果如表 51。

**表 51　*Limnanthes douglasii***

| 盆号 | 异花受精植株(英寸) | 自花受精植株(英寸) |
|---|---|---|
| Ⅰ | $17\frac{7}{8}$ | $15\frac{1}{8}$ |
| | $17\frac{6}{8}$ | $16\frac{4}{8}$ |
| | 13 | 11 |
| Ⅱ | 20 | $14\frac{4}{8}$ |
| | 22 | $15\frac{6}{8}$ |
| | 21 | $16\frac{1}{8}$ |
| | $18\frac{4}{8}$ | 17 |
| Ⅲ | $15\frac{6}{8}$ | $11\frac{4}{8}$ |
| | $17\frac{2}{8}$ | $10\frac{4}{8}$ |
| | 14 | 0 |
| Ⅳ | $20\frac{4}{8}$ | $13\frac{4}{8}$ |
| | 14 | 13 |
| | 18 | $12\frac{2}{8}$ |
| Ⅴ | 17 | $14\frac{2}{8}$ |
| | $18\frac{5}{8}$ | $14\frac{1}{8}$ |
| | $14\frac{2}{8}$ | $12\frac{5}{8}$ |
| 总英寸数 | 279.50 | 207.75 |

现在 16 株异花受精植株平均高度为 17.46 英寸，而 15 株(因为死了一株)自花受精植株为 13.85 英寸，即 100∶79。高尔登先生认为较高的比率是更可靠些，即 100∶76。他曾把上述的测量资料做出图示，并且对这样形成的曲度批注了“很好”两个字。两组植株产生了大量结有种子的蒴果，同时就我们目力所及判断，它们在结实力上是没有什么差异的。

## 豆科(Leguminosae)

在这一科里我试验了下列各属：羽扇豆属(*Lupinus*)、菜豆属(*Phaseolus*)、山黧豆属(*Lathyrus*)、豌豆属(*Pisum*)、金雀花属(*Sarothamnus*)以及芒柄花属(*Ononis*)。

## 黄羽扇豆(*Lupinus luteus*)[①]

少数花朵用异株花粉进行受精,但因不良的季节而仅产生 2 粒异花受精的种子。在产生 2 粒异花受精种子的同一植株上于网罩下天然自花授粉的花朵中获得 9 粒种子。1 粒异花受精种子和 2 粒自花受精种子同播在一盆的两对边:自花受精种子生长早于异花受精种子两三天。第二粒异花受精种子同样地和上文的自花受精种子播种在一盆的两对边;这些自花受精种子生长也比异花受精种子大概早一天。所以在这两盆中异花受精幼苗由于发芽较迟,最初是完全被自花受精幼苗所击败;然而这种状态到后来却完全反过来了。把种子推迟到秋季播种,所用的盆子非常小,一起放在温室里。因而这些植株生长很差,而两盆中大多数自花受精植株都受到了损害。当次年春季两株异花受精植株开花时,其高度是 9 英寸;一株自花受精植株高度是 8 英寸,而其他 3 株只有 3 英寸,因而成为真正的矮小植株。两株异花受精植株产生 13 个豆荚,而 4 株自花受精植株仅仅结了 1 个豆荚。在较大盆里其他一些分别栽培的自花受精植株,在网罩下产生了许多天然自花受精的豆荚。这些豆荚中的种子被用于以后的试验里。

**异花受精和自花受精的第二代植株**

刚刚述及的天然自花受精的种子,以及由上一代两个异花受精植株相互杂交所获得的异花受精种子,在沙上发芽以后,成对地栽植在 3 个大盆的两对边。当幼苗只有 4 英寸高时,异花受精植株较其对手略具优势。当它们生长完成时,每个异花受精植株在高度上都超过其对手。然而在所有 3 盆里的自花受精植株却全比异花受精植株开花为早!测量资料列入表 52。

这里 8 株异花受精植株平均高度为 30.78 英寸,而 8 株自花受精植株平均为 25.21 英寸,即 100∶82。这些植株在温室里不加网罩地让它们结荚,但是它们产生很少的好豆荚,或许部分由于来访的蜂群很少。异花受精植株结了 9 个豆荚,平均含有 3.4 粒种子,而自花受精植株结了 7 个豆荚,平均含有 3 粒种子,因而等数植株的种子比例是 100∶88。

---

① 这种植物的花朵构造以及它们受精的状况,赫尔曼·米勒曾在《受精》等,243 页中描述过。这些花朵不分泌大量的花蜜,蜂群的来访通常是为了采集它们的花粉。然而,法勒先生(Mr. Farrer)(《自然》,1872 年,499 页)指出:"在旗瓣的背面和基部有一个腔,我并未发现其中有蜜腺。但是,经常来访的蜂群,为了它们的需要,必然要钻入这个腔中,而不钻入雄蕊管。"

表 52　黄羽扇豆

| 盆号 | 异花受精植株(英寸) | 自花受精植株(英寸) |
| --- | --- | --- |
| Ⅰ | $33\frac{2}{8}$ | $24\frac{4}{8}$ |
|  | $30\frac{4}{8}$ | $18\frac{4}{8}$ |
|  | 30 | 28 |
| Ⅱ | $29\frac{4}{8}$ | 26 |
|  | 30 | 25 |
| Ⅲ | $30\frac{4}{8}$ | 28 |
|  | 31 | $27\frac{2}{8}$ |
|  | $31\frac{4}{8}$ | $24\frac{4}{8}$ |
| 总英寸数 | 246.25 | 201.75 |

其他两株异花受精的幼苗，每一幼苗都与两株自花受精幼苗栽植在同样大小花盆的两对边。在该季节的早期把它们从盆里倒出来，没有损伤地移植在土质良好的露地里。因而在以它们和以上 3 盆植株相比较时，它们彼此仅仅受到很小的竞争。在秋季，2 株异花受精植株较 4 株自花受精植株大约高 3 英寸；它们看来也较有活力，且产生较多的豆荚。

同组的其他 2 粒异花受精种子和自花受精种子，在沙上发芽以后，便把它们栽植在一个曾经长期栽过荷包花属(*Calceolaria*)的大盆的两对边，因而它们遭受不良的条件：两个异花受精植株最后达到的高度为 $20\frac{1}{2}$ 英寸及 20 英寸，而两个自花受精植株的高度仅为 18 英寸及 $9\frac{1}{2}$ 英寸。

## 丝状羽扇豆(*Lupinus pilosus*)

由于一系列偶然的事例，在获得相当充分数量异花受精的幼苗中我又是不幸的，假如不是严格与上述黄羽扇豆(*L. luteus*)方面的相符，以下的一些结果是不值得提出来的。首先我只栽植一株异花受精的幼苗，它与两株自花受精幼苗同种在同一盆的两对边，彼此处在竞争的条件下。这些植株没有受到损伤，后来便马上移植于露地里。到秋天异花受精植株生长得如此高大，以致它几乎使两株真正矮小的自花受精植株窒息；后者连一个豆荚都没有成熟就死亡了。有些自花受精种子曾同时分别种植在露地里；其中最高的两株高度是 33 英寸和 32 英寸，而一株异花受精植株是 38 英寸。这一株异花受精植株也比任何一株自花受精植株产生的豆荚都多一些，尽管它们单独地生长。在这一株异花受精植株上的少数花朵用某一株自花受精植株上的花粉进行杂交，因为我已没有其他异花受精的植株可采花粉了。一株用网罩覆盖的自花受精植株产生了大量的天然自花受精的豆荚。

**异花受精和自花受精的第二代植株**

按刚刚述及的方式由异花受精和自花受精植株所获得的种子，我能够培育到成熟的只有一对植株，而它们是被栽植在温室中的一个盆里。异花受精植株生长高达33英寸时，自花受精植株高达26½英寸。当它们还放置在温室里的时候，前者结了8个豆荚，平均含有2.77粒种子；而后者只结了2个豆荚，平均含有2.5粒种子。两代2株异花受精植株合并在一起的平均高度是35.5英寸，而同样两代3株自花受精植株的平均高度是30.5英寸，即100∶86。[①]

## 红花菜豆(*Phaseolus multiflorus*)

本瑟姆先生(Mr. Bentham)告诉我，英国园丁们的红花菜豆以及拉马克的多花菜豆(*P. coccineus*)，原先都是来自墨西哥。花朵的构造被弄成这样，使蜜蜂和土蜂得以经常地来采蜜，且几乎总是停栖在左边的翼瓣上，因为这样它们可以由这一边更好地吮吸花蜜。它们的体重和运动压下了花瓣，因而使得柱头从螺旋状环绕的龙骨瓣中延伸出来，围绕在柱头上的刷状茸毛在此前就把花粉推出来。当蜜蜂工作时花粉即被粘到它们的头部或吸管上，因而花粉得以散布在同一朵花的柱头上，或者被携带到另一朵花上。[②] 很多年以前我曾把许多植株覆盖在一个大网罩下面，它们结的豆荚数有一次约等于生长在紧邻未网罩的同等株数的植株所结豆荚的1/3，另一次约等于1/8。[③] 这种结实力的降低并非由于网罩的任何损害所引起，因为我像蜂类所做的一样，转动了一些被网罩隔离的花朵的翼瓣，于是这些花朵产生了品质良好的豆荚。当

---

① 这里我们可以看到不论黄羽扇豆或丝状羽扇豆，它们在隔离昆虫时都能产生大量的种子；但是在新西兰基督教堂的斯韦尔先生(Mr. Swale)却告诉我(见《园艺者记录》，1858年，828页)：羽扇豆的一些庭园品种在没有任何蜂群来访时，它们比其他豆科植物(除了红三叶草)都结籽少。他附带说道："在夏天为了消遣，我曾用针拨出雄蕊，由于我的劳动，我总是获得结有种子的豆荚，而邻近未受处理的花朵就全是空的。"我不晓得他所指的是哪一个物种。

② 德尔皮诺描述过这些花朵，并且法勒先生在《博物学年刊》(*Annuals and Mag. of Nat. Hist.*)(第二卷、第四集，1868年，256页)中更详细地描述过。我的儿子弗朗西斯(Francis)解释过(《自然》，1月8日，1874年，189页)这些花朵构造中某一特点的功用，就是说在靠近花朵基部单独一个雄蕊上有一个顶端小突起，它似乎是为引导蜜蜂进入雄蕊鞘中的两个蜜腺腔而设置的。他指出这个突起阻止蜜蜂到达蜜腺，除非它们钻在花朵的左边，并且为了异花受精也绝对需要它们一定停栖在左边的翼瓣上。

③ 见《园艺者记录》，1857年，725页，更专门的则见同一杂志，1858年，828页。亦见于《博物学年刊》第3集，第2卷，1858年，462页。

移去网罩时，蜂类马上便来访问花朵，因而可以很有趣地看到，植株多么迅速地长满了幼小的豆荚。因为花朵极经常地被蓟马访问，所以网罩下的大多数花朵的自花受精可能就是由于这些小昆虫的活动所引起。奥格尔博士也曾网罩了一个植株的大部分，并且“在这样隔离的绝大多数的花朵中没有一个结出豆荚，而当时未隔离的花朵却大部分结了果”。贝尔特先生提出一个更奇异的情况；就是这种植物在尼加拉瓜当地生长很好并且开了花，但是连一个被本地蜜蜂访问的花朵也没有，因而它一直一个豆荚都未结。[①]

根据现在所提出的事实，我们几乎可以相信：同一品种或不同品种的个体如彼此生长很近并且同时开花，则必然会进行相互杂交；但是我还不可能引证这样发生的任何直接的证据，因为在英国一般都只栽培一个品种。然而，我曾获得僧侣 W. A. 莱登(Rev. W. A. Leighton)的报告，他由普通种子栽种出来的植株，其所产生的种子颜色和形状上都非常不同，使人相信这些种子的亲本一定是杂交过的。法国 M. 费尔芒德(M. Fermond)不止一次地把许多品种紧密地栽植在一起，它们在种子繁殖时通常是保持着本身的特点，同时产生有各种不同颜色的花朵和种子；而且如此培育起来的后代变异非常大，以致很难怀疑它们已经相互杂交过了。[②] 另一方面，H. 霍夫曼教授[③]不相信品种间的天然杂交；因为虽然由生长紧密相邻的两个品种长成的幼苗，它们产生的植株能结出混合性状的种子，但他发现这种现象也可以发生于相距任何一个品种 40～150 步的个别植株上；因而他认为种子的混合性状乃是由于自发的变异。但是上述的距离肯定是远远不够阻止它们的相互杂交：我们已知甘蓝杂交就远远超过这一距离的好几倍；并且观察细致的卡特纳尔，[④]就提出关于生长相距 600～800 码的植株彼此间受精的许多例证。霍夫曼教授甚至解释四季豆的花朵是专门适应于自花受精。他把一些花朵套在纸袋里；由于花蕾经常脱落，他认为这些花朵的部分不孕是由于纸袋损伤的影响，而不是由于昆虫的隔离。但是只有一个试验安全的办法，就是网罩整个的植株，那么植株便不再受到损伤。

也像蜂群在花朵翼瓣上所做的一样，在网罩下由于移动和摘去花瓣而获得自花受精的种子；同时由于在同一网罩下两个植株杂交而获得异花受精的种子。种子在

---

① 见奥格尔博士《通俗科学文摘》，1870 年，168 页。见贝尔特先生《尼加拉瓜的博物学者》，1874 年，70 页。后一作者指出有一个现象(《自然》，1875 年，26 页)，即伦敦附近一个新兴作物，即红花菜豆(*P. multiflorus*)，由于被土蜂咬伤，因而变得不能结实。因为土蜂经常是在花朵基部钻洞，而不像正常的方式钻进花朵。

② *Fécondation chez ks Végetaux*，1859 年，34—40 页。他附带说道 M. 维利尔斯(M. Villiers)描述过一个自然发生的杂交品种，他称之为多花菜豆的杂交品种，载于 *Annales de la Soc. R. de Horticulture*，6 月，1844 年。

③ *Bestimmung des Werthes von Species und Varietät*，1869 年，47—72 页。

④ *Kenntniss der Befruchtung*，1844 年，573 页及 577 页。

沙上发芽以后，栽植于2个大盆的两对边，并给予同等大小的支柱以便攀缘。当高度8英寸时，两边植株是相等的。两盆中异花受精植株开花早于自花受精植株。当每对中有一个植株生长到它的支柱顶端时，这一对便一齐测量，见表53。

表53 红花菜豆

| 盆号 | 异花受精植株(英寸) | 自花受精植株(英寸) |
|---|---|---|
| Ⅰ | 87 | $84\frac{4}{8}$ |
| | 88 | 87 |
| | $82\frac{4}{8}$ | 76 |
| Ⅱ | 90 | $76\frac{4}{8}$ |
| | $82\frac{4}{8}$ | $87\frac{4}{8}$ |
| 总英寸数 | 430.00 | 411.75 |

5株异花受精植株的平均高度为86英寸，而5株自花受精植株为82.35英寸，即100∶96。花盆是放置在温室里的，两组结实力的差异很小或者没有差异。因此，就我们所得到的少数观察来论断，由杂交所获得的优势是很小的。

## 菜豆(*Phaseolus vulgaris*)

关于这一个物种，我只能肯定在昆虫隔离时，它的花朵是有高度结实力的，实际上一定是这样的情况，因为这些植株在冬季没有昆虫的时候，经常是被迫受精的。两个品种(即：Canterbury和Fulmer's Forcing Bean)的一些植株用一个网罩盖起，它们也似乎正像相邻生长的一些未网罩的植株一样，产生了含有许多种子的豆荚；不论豆荚或种子数我都实际计算过。菜豆和红花菜豆间的自花受精结籽力的差异是很显著的。虽然这两个物种亲缘上是如此相近，林奈甚至曾认为它们是同一物种。当菜豆的许多品种彼此在露地里相邻地生长着，纵然它们的自花受精能力很强，但还是大量地杂交。科先生(Mr. Coe)曾告诉我一个明显的事例，那就是关于黑色种子、白色种子及褐色种子品种全部生长在一块的事实。我由科先生那里所获得一些植株种子，所培育出来的第二代幼苗在性状上的多样性令人惊异不止。我可以补充另外一些类似的事实，而这种事实是园丁们所熟知的。①

① 我已把科先生的事实发表在《园艺者记录》，1858年，829页。另一事实也见于同一杂志，845页。

## 香豌豆(*Lathyrus odoratus*)

几乎每个人研究蝶形花的构造以后,都相信它们特别适应于异花受精,虽然其中许多物种也能够自花受精。因而香豌豆或甜豌豆的情况是很有趣的,因为在英国它似乎一定是自花受精的。我之所以如此判断,是因为通常卖出的和保持原来类型的种子,正是花朵颜色上差异很大,而其他方面没有差异的5个品种。我发现两个大的种子出售商在供应种子时,并没有预先声明保证种子的纯度——这5个品种一向都是生长在一起的。[①] 我自己特意进行具有同样结果的类似试验。虽然许多品种在种子繁殖时还是保持原来的类型,然而正如我们现在所看到的,在5个著名品种中有一个品种将会偶然地产生另一个品种,表现出另一品种通常所固有的全部性状。由于这一有趣的事实,并且由于较深色的一些品种赋有最强的生产力,因而在数量上它们增加得很快,这正像最近马斯特斯先生(Mr. Masters)告诉我的,如果不进行选择,它们将会完全排斥其他的一些品种。

两个品种杂交的效果如何? 为了进一步了解,我曾把具有深红色旗瓣以及紫色翼瓣和龙骨瓣的紫色香豌豆上的一些花朵在其非常幼小时去掉雄蕊,然后用"油漆姑娘"(painted lady)品种的花粉进行受精。后一品种具有淡红色的旗瓣以及近乎白色的翼瓣和龙骨瓣。在两个事例里,我从这样杂交的一个花朵中培育出完全相似于两个亲本类型的一些植株;但是大多数的植株相似于父本品种。相似性是这样的全面,如果不是这些植株首先在外形上和父本(即"油漆姑娘")相似,后来在这个季节中形成具有深紫色斑点和条纹的花朵,那么我一定要怀疑纸牌上发生了什么差错。这是一个很有趣的例证,就是在同一个植株个体上,当它生长较老的时候,它会发生部分的返祖遗传现象。紫花植株完全被割去了,因为它们可能由于去雄不完全,而是母本植株偶然自花受精的产物。但是在花朵颜色上相似于父本品种(即"油漆姑娘")的植株被保留下来,并且收获了它们的种子。次年夏季,由这些种子培育出许多植株,它们一般都相似于它们的祖父"油漆姑娘",但它们大多数具有深红色条纹或斑点的翼瓣;同时有少数植株具有淡紫色的翼瓣以及比"油漆姑娘"自然状态更为深红的旗瓣,因而它们形成一个新的亚变种。在这些植株中,唯有一个植株表现出像其祖父一样

---

① 见W.厄尔莱先生(Mr. W. Earley)在《自然》1872年,242页中证明了这种同样的事实。但有一次他看到许多蜜蜂来访,因而他假定,在这种情况下,它们一定是进行相互杂交了。

的紫色花朵，但有较淡色的浅条纹：这一株被割去了。由前述的植株上又采收了许多种子，从而所培育出来的幼苗依然相似于“油漆姑娘”，即其曾祖父；但是它们现在变异非常大，旗瓣的颜色在淡红和深红色之间变化，在少数情况下具有白色斑点的旗瓣；翼瓣变化近乎白色至紫色之间，龙骨瓣是全部近乎白色。

因为由种子培育出来的植株没有表现出这种变异性，而这些植株的亲本在连续许多世代里都是紧邻生长在一起的，因而我们可以推论：它们不可能进行相互的杂交。为什么会偶然地发生这种情况？即在某一品种的种子所培育出来的一行植株中会出现有另一品种的特有性状。例如，在绯红品种一长行的植株（为了试验它们的种子都是曾经很仔细地由“绯红”植株上采集下来的）中，出现有两株“紫色”和一株“油漆姑娘”。从这 3 株不正常植株上采收了种子，并播在各自的苗圃上。由两株“紫色”的种子所长成的幼苗主要还是“紫色”品种，但是有一些幼苗是“油漆姑娘”和一些“绯红”。由一株不正常的“油漆姑娘”的种子所长成的幼苗，它们主要是“油漆姑娘”，不过有一些是“绯红”。每一品种不管它的祖先怎样，都可以完全保存它的全部性状，而没有像以上所述来自杂交的植株，在颜色上有条纹和斑点。然而另一个常被出售的品种，它具有深紫色的条纹和斑点；这或许是由于发生了杂交，因为我和马斯特斯先生一样，发现它绝没有真正传递了它的全部性状。

根据现在所提供的证据，我们可以断言在英国许多香豌豆品种极少或根本不会相互杂交；这是极其明显的事实，我们注意到：第一，花朵的一般构造；第二，产生远远超过自花受精所需要的大量花粉；第三，昆虫偶然来访。昆虫往往不利于花朵的异花受精，这也是可以理解的，因为我曾 3 次看到两种土蜂也正像蜜蜂一样吮吸花蜜，但它们没有压倒龙骨瓣使花药和柱头暴露出来；因而它们对花朵的受精是不起作用的。这些蜂群中有一种称为 *Bombus lapidarius*，它立在旗瓣基部的一边，并把它的吸管插到独立雄蕊的下面，这一事实由于后来剥开花朵并观察到这一雄蕊被提升起来，才获得证实的。由于雄蕊管中的裂缝正被独立雄蕊的宽膜边缘紧紧地覆被着，而且雄蕊管又没有为蜜腺通道开孔，因而蜜蜂不得不按这样的方式来进行活动。另一方面，在我所研究的山黧豆属（*Lathyrus*）的 3 个不列颠物种中，以及近缘的巢菜属（*Vicia*）中，却有 2 个蜜腺的通道。因此，不列颠蜜蜂可能非常难以像在香豌豆中那样地活动。我可以进一步指出，另一种外国种 *Lathyrus grandiflorus* 的雄蕊管是没有蜜腺通道开孔的，因而这一物种在我的花园里就极少结荚，除非也像蜜蜂所做的一样，它们的翼瓣被转上去或移下来；那么在这种情况下，豆荚一般是形成的，但由于某些原因往往后来又脱落了。我的一个儿子捉到了一只正在访问香豌豆花朵的怪蛾，但是这只昆虫未曾压下翼瓣和龙骨瓣。另一方面，我有一次看到蜜蜂、两三次看到切叶蜂(*Megachile willughbiella*)正在压下龙骨瓣；而这些蜜蜂在它们身体的下面被附着很密的花粉，这样它们不得不把花粉从一个花朵上携带到另一个花朵的柱头上去。虽然由于昆虫极少这样有效地进行活动，以致个体间杂交并不经常发生。但是为什么在这种情况下不经常发生个体间杂交呢？显然这个事实不可能用花朵在很幼嫩的时候即自花受精来解释；因为虽然蜜腺有时是分泌的，并且花粉在花朵盛开以前附着在黏性的柱头上，然而在我所研究的 5 个幼嫩花朵中，其花粉管不生长。不管原因怎样，我们可以做出结论："在英格兰的许多品种根本不发生个体间杂交或极少个体间杂交。但这并不是说它们将不会借助于它们原产地[①]其他的和较大的昆虫而进行杂交了。因此我曾写信给在佛罗伦萨的德尔皮诺教授，他告诉我："许多品种进行个体间杂交，这已是园丁们所肯定了的意见，并且不可能让它们保持纯洁，除非把它们隔离开来播种。"

上述的许多事实同样说明了，从各个新品种初次出现的时候起，许多香豌豆品种很多世代以来在英国都必须是通过自花受精而繁殖的。根据沟酸浆属和牵牛花属两种植物的相似性，它们在很多世代中都是进行自花受精的。根据以往以普通豌豆所进行的试验，这些豌豆与香豌豆处在几乎同样的情况下，这使我并不相信同品种个体间的杂交会有利于后代。因为未对这种方式的杂交进行试验，现在我颇为遗憾。但是"油漆姑娘"的一些在早期阶段就被去雄的花朵，曾以"紫色"香豌豆的花粉受精；必须记住这些品种除了它们花朵的颜色外别无差异。就这两株幼苗所显示的情况看，这种杂交显然是成功的(虽然仅仅获得两粒种子)。当它们开花时，非常相似于它们的父本"紫色豌豆"，只不过它们颜色比较淡一点，并且它们的龙骨瓣略有淡紫色的条纹。同时从同一母本植株("油漆姑娘")上采收了在网罩下天然自花受精花朵所产生的种子。可惜这些种子在沙上没有和异花受精种子同时发芽，因而未能把它们和异花受精种子的幼苗同时栽种。

两粒异花受精种子中发芽的一粒种植在一个盆里(第Ⅰ盆)，在盆里一粒同样发芽的自花受精种子早在 4 天以前就已种下了，因此后者的幼苗比异花受精幼苗具有巨大的优势。在第Ⅱ盆里，比自花受精种子早 2 天种植了另一粒异花受精种子，因而在这里异花受精植株比自花受精幼苗具有显著的优势。但是这棵异花受精幼苗的顶端却被蛞蝓咬伤，因而在一段时间里它们完全被自花受精植株所占先。然而我让它

---

① 根据植物学文献它们的原产地是欧洲南部和东印度群岛。

保留下来，而它的生命力竟这样的大，终于战胜了它那么受损伤的自花受精的对手。当所有 4 株都几乎生长完成时，测量它们，结果如表 54。

**表 54 香豌豆**

| 盆号 | 异花受精植株(英寸) | 自花受精植株(英寸) |
|---|---|---|
| Ⅰ | 80 | $64\frac{4}{8}$ |
| Ⅱ | $78\frac{4}{8}$ | 63 |
| 总英寸数 | 158.5 | 127.5 |

这里两株异花受精植株平均高度为 79.25 英寸；而两株自花受精植株平均为 63.75 英寸，即 100∶80。在这两株异花受精植株上的 6 个花朵用异株花粉相互地杂交，这样产生了 6 个豆荚，平均含有 6 粒豆子，其中一个豆荚最多含有 7 粒豆子。由“油漆姑娘”产生了 18 个天然自花受精的豆荚，正如以上所述，无疑地它们先前许多世代已经自花受精了，平均只含有 3.93 粒豆子，其中的一个豆荚最多含有 5 粒豆子：因此异花受精豆荚和自花受精豆荚在粒数上之比是 100∶65。但是，自花受精的豆粒的质量几乎和异花受精的豆粒一样。由这两组种子栽植出下一代的植株。

**第二代植株**

许多刚刚谈到自花受精的豆子，凡在沙上发芽早于任何异花受精豆子的都割了。当我获得同时成对发芽的种子时，便把它们种植于放在温室里两个大盆的两对边。从而培育出来的幼苗都是“油漆姑娘”品种初次和“紫花”品种杂交产生的孙子。当两组幼苗在 4～6 英寸高时，它们之间没有什么差异。在它们的开花时期上，也并没有什么显著的差异。在它们生长完成时加以测量，结果如表 55。

**表 55 香豌豆(第二代)**

| 盆号 | 由前两代异花受精植株所产生的幼苗(英寸) | 由前几代自在受精植株所产生的幼苗(英寸) |
|---|---|---|
| Ⅰ | $70\frac{4}{8}$ | $57\frac{4}{8}$ |
| | 71 | 67 |
| | $52\frac{2}{8}$ | $56\frac{2}{8}$ |
| Ⅱ | $81\frac{4}{8}$ | $66\frac{2}{8}$ |
| | $45\frac{2}{8}$ | $38\frac{7}{8}$ |
| | 55 | 46 |
| 总英寸数 | 377.50 | 331.86 |

这里 6 株异花受精植株的平均高度为 62.91 英寸，而六株自花受精植株平均为 55.31 英寸，即 100∶88。两组在结实力上没有太大的差异；在温室里的异花受精植株结有 35 个豆荚，而自花受精植株结有 32 个豆荚。

由这两组植株上自花受精的花朵采收了种子，其目的在于判断上述方式所产生的种子是否将会在高度和生命力上有什么不同的遗传。所以必须了解，在下一个试验中，这两组就其来源说都是自花受精的植株。但是，其中一组植株是前两代曾经杂交的植株的子女，而其在杂交以前是自花受精了好几代的；而另外一组是以前很多世代未曾杂交的植株的子女。把在沙上发芽的种子成对地栽植在4个盆的两对边。当它们生长完成时加以测量，结果见表56。

**表56　香豌豆**

| 盆号 | 由异花受精植株所产生的自花受精植株(英寸) | 由自花受精植株所产生的自花受精植株(英寸) |
|---|---|---|
| Ⅰ | 72 | 65 |
|  | 72 | $61\frac{4}{8}$ |
| Ⅱ | 58 | 64 |
|  | 68 | $68\frac{2}{8}$ |
|  | $72\frac{4}{8}$ | $56\frac{4}{8}$ |
| Ⅲ | 81 | $60\frac{2}{8}$ |
| Ⅳ | $77\frac{4}{8}$ | $76\frac{4}{8}$ |
| 总英寸数 | 501 | 452 |

7个自花受精植株(异花受精植株的后代)的平均高度为71.57英寸，而7个自花受精植株(自花受精植株的后代)的平均高度为64.57英寸，即100∶90。由自花受精植株产生的自花受精植株结有豆荚36个，反较异花受精植株产生的自花受精植株结荚略多些，因为它们仅结了31个豆荚。

把相同两组的少量种子播种在两个大木箱子的两对边，该木箱长期栽培过曼陀罗木属(*Brugmansia*)，并且其中土壤是如此贫瘠，以致牵牛花的种子很难生长，然而香豌豆的两个植株却生长得很茂盛。在很长的一段时间内，由自花受精产生的自花受精植株超越于由异花受精植株产生的自花受精植株；前者最先开花，并且在有一个时期当它的高度达$77\frac{1}{2}$英寸时，后者只有$68\frac{1}{2}$英寸，但是由先代杂交而来的植株终于表现出优势，达到高度$108\frac{1}{2}$英寸时，另一株却只有95英寸。我也在有灌木林遮阴地段的贫瘠土上播种了同样两组的少量种子。这里有一段时期在高度上又是由自花受精产生的自花受精植株显著超过那些先代杂交的植株。这种情况也像前一种情况一样，可能归咎于这些种子比异花受精植株产生的种子发芽略微快些的缘故；在这个季节结束的时候，由异花受精植株产生的最高的自花受精植株是30英寸，而由自花受精产生的最高的自花受精植株是$29\frac{3}{8}$英寸。

根据现在所提供的许多事实，我们可以看到，仅在花朵颜色上不同的两个香豌豆品种间杂交所产生的植株，其在高度上不论第一代或第二代都显然超过自花受精植株产生的后代。并且异花受精植株对它们自花受精的后代传递了它们在高度上和生命力上的优势。

## 豌豆（*Pisum sativum*）

普通豌豆的花朵在隔离昆虫来访的时候，它们是完全能够结实的；我在两或三个不同的品种上证实了这一点，也正像奥格尔博士在另一品种上所做的一样。但是这些花朵也适应于异花受精。法勒先生列举了以下的论点，[①]即"开放的花朵对于昆虫表现出最有诱惑力和最方便的状态：显著的旗瓣；翼瓣形成下垂的地位；两个翼瓣和龙骨瓣相接触，因此任何物体压在翼瓣上都必然会把龙骨瓣压下去；雄蕊管紧靠着蜜腺，同时由于部分的离生雄蕊在其基部的每边具有孔隙，因而为昆虫吸取花蜜提供出通道；湿润而具黏性的花粉恰巧位于迎着昆虫进来的龙骨瓣的顶端而被摩擦到；坚硬而有弹性的花柱所处的位置，当龙骨瓣受到压力的时候，它将马上由龙骨瓣中伸展出来；花柱上的茸毛正好处在接受花粉所在的那一边，这样一来它得以置放花粉；同时柱头在这样的位置下，也正好能够迎接进来的昆虫——如果我们假定这些花朵的受精是由于彼此花粉传递而实现的，那么，所有这些就都成为一个精细机械中关联的部分了。"虽然这些表现适应于异花受精，许多连续几个世代紧邻栽培在一起的品种，尽管是同时开花，仍然保持得很纯。关于这个问题我已在别处提供了证据。[②] 如果需要的话，我还可以提出一些。似乎不可能不怀疑奈特的许多品种（Knight′s varieties）最初是由人工杂交而产生的，因而才有很高的生命力，至少延续了 60 年，并且在这些年份里是自花受精的；假如不是如此，它们不可能保持纯洁，因为许多品种通常是彼此生长得很近的。但是大多数品种的生长期都较短；这可能部分地由于它们长期连续的自花受精而导致体质萎弱。

值得注意的是，就豌豆花朵分泌有多量的花蜜、并产生大量的花粉而言，它们受到昆虫的访问程度，不论在英格兰或如赫尔曼·米勒所记述的在德国北部，怎么会这么稀少？我已经观察豌豆花朵有 30 年的时间，在这么长的时间中只有 3 次看到某些种昆虫在工作（其中一种昆虫是 *Bombus muscorum*），它们非常有力地压低了龙骨瓣，

---

① 《自然》10 月 10 日，1872 年，479 页，赫尔曼·米勒提出这种花朵的详细描述。

② 《动物和植物在家养下的变异》，第 9 章，第二版，第 1 卷，348 页。

因而使它们身体的下部粘附了花粉。这些蜂类访问了许多花朵，这样就很难使它们不因此引起异花受精。蜜蜂和其他一些小蜂常常从老的及已经受精的花朵中采集花粉，但是这并没有被考虑在内。我相信，大量蜂群极少对这种外国来的植物进行采访，正是这些品种间相互杂交如此稀少的主要原因。这正像刚刚述及的，杂交的确是偶然发生的，这一论点可以根据一个品种的花粉直接落到另一品种的种壳上的记载而加以肯定①。已故的马斯特斯先生特别注意豌豆新品种的培育，他相信其中一些新品种是起源于偶然的杂交。但是因为这样的杂交是很稀少的，许多老的品种一定不是这样经常地受到破坏，更特殊的是因为那些不同于原有类型的植株，通常总是被那些采集种子出售的人们剔除掉了。还有一个或许是致使异花受精稀少的原因，即在它们幼龄时，花粉管便已开始延伸了。我曾检查了 8 个还未完全开放的花朵，而其中有 7 个花朵花粉管是处在这种状态的；但是它们还没有钻入柱头中去。虽然在英国或者在德国北部很少有昆虫采访豌豆的花朵，虽然花药在这里似乎开放得异乎寻常的早，但是不应该认为这个物种在其原产地就必然处于这种状态。

因为许多品种在很多世代以来都是自花受精的，而且在每一世代里它们处在近乎相同的条件（这将要在下一章里加以阐述），我未尝期望在这样两个植株间的杂交能够有利于后代；而在试验中事实也证明如此。在 1867 年我把豌豆的“早熟帝王”(Early Emperor)品种隔离开来几株，而在当时这个品种并不是一个很新的品种，因此它还必然需要至少连续 12 个世代的自花受精的繁殖。某些花朵利用生长在同一行里的异株花粉进行杂交，而另一些花朵则让它们在网罩下自己进行受精。如此获得的两组种子播种在两个大盆的两对边，但是同时生长起来的只有 4 对。这些盆子放置在温室里。两组幼苗在六七英寸时，高度是相等的。当它们接近生长完成时，测量株高，结果如表 57 所列。

**表 57　豌豆**

| 盆号 | 异花受精植株(英寸) | 自花受精植株(英寸) |
|---|---|---|
| Ⅰ | 35 | 29⁶⁄₈ |
| Ⅱ | 31⁴⁄₈ | 51 |
|  | 35 | 45 |
|  | 37 | 33 |
| 总英寸数 | 138.50 | 158.75 |

这里 4 株异花受精植株的平均高度为 34.62 英寸，而 4 株自花受精为 39.68 英

① 《动物和植物在家养下的变异》，第 11 章，第二版，第 1 卷，428 页。

寸，即 100∶115。因此，异花受精植株不但没有超过自花受精植株，而且完全被它们所击败。

毋庸置疑，如果由无数现有的品种中用任何两个品种来杂交，它们的结果必然是完全不同的。尽管这两个品种以往许多世代都是自花受精的，其中每一品种几乎肯定地说已经赋有它特有的体质；而这种差异的程度必然充分地引起杂交的高度有利性。根据下列事实，我曾这样自信地谈到由任何两个豌豆品种的杂交所产生的有利性：安东尼·奈特在谈到很高和很矮的品种间相互杂交的结果的时候，他说："在这个试验里，我得到品系间杂交刺激效应很突出的一个例子。因为一个最矮的品种，它的高度很少超过 2 英尺，但杂交后却提高到 6 英尺；并且这种健壮而发育繁茂类型的高度是递减得很少的。"[①]近来拉克斯登先生（Mr. Laxton）做了许多杂交实验，每个人都很惊奇他这样培育和以后通过选择所固定下来的新品种的活力和繁茂性。他给我 4 个品种间杂交产生的一些豌豆种子；这样培育出来的植株具有巨大的活力，在每个事例中它们都比亲本类型高出 1～2 英尺，甚至 3 英尺，而这些亲本类型是同时紧邻地栽培在一起的。但是因为我没有测量它们确实的高度，所以不能提出正确的比例，但它们的比例至少有 100∶75。后来曾用两个来自不同杂交组合的其他豌豆进行类似的试验，结果是几乎一样的。例如，"槭树"（maple）豌豆和紫荚豌豆间的杂交有一株幼苗被栽培在瘠薄的土壤里，长得异常的高大，高达 116 英寸；而两个亲本品种之一的最高植株，即紫荚豌豆的最高植株仅有 70 英寸，即 100∶60。

## 金雀花（*Sarothamnus scoparius*）

蜜蜂不断地采访金雀花的花朵，而且这些花朵具有适应于异花受精惊人的装置。当一个蜜蜂停息在幼小花朵翼瓣上的时候，龙骨瓣略微张开，于是短的雄蕊延伸出来，把它的花粉涂抹到蜜蜂腹部。如果一个较老的花朵是第一次被蜜蜂采访（或者如果蜜蜂在较幼小花朵上用了很大的力），龙骨瓣沿着它整个的长度而爆裂开来，较长的雄蕊也会像较短的雄蕊一样，它们和十分长而弯曲的雌蕊一起猛烈地延伸出来。扁平匙形的雌蕊顶端停留在蜜蜂背部短暂的时间，因而在它背上留下一堆花粉，使它背负着这些花粉。只要蜜蜂一飞开，雌蕊就马上卷起来，而现在柱头的表面就向上反转并处在这样

① 《哲学汇报》，1799 年，200 页。

一个位置，也就是必然刚好触碰到另一个访问同一花朵的蜜蜂的腹部。因此当雌蕊最先从龙骨瓣中跳出来的时候，柱头摩擦着涂满由同一花朵或另一花朵较长的雄蕊中散播出的花粉的蜜蜂背部；而后柱头摩擦着涂满由较短的雄蕊中散播出花粉的蜜蜂腹部，这些较短雄蕊的花粉往往比较长雄蕊的花粉早 1～2 天就散播了。[①] 由于这种装置，以致异花受精几乎是不可避免的，而且我们立刻可以看到异株的花粉比同一花朵的花粉具有较高的效果。我还需要补充一下，根据赫尔曼·米勒的说法，这些花朵不分泌花蜜，所以他认为蜜蜂只是为了想寻找花蜜才伸出它们的吸管；但是它们这种方式如此频繁而且如此长的时间，因而我不能不相信它们在花朵里获得了什么适口的东西。

如果阻止了蜜蜂的来访，并且如果花朵没有被风吹撞到任何的物体上，龙骨瓣是绝不会张开的，因而雄蕊和雌蕊就一直被包闭着。被这样保护的植株和那些邻近没有网罩的株丛相比较，结出很少的豆荚，而且往往一个豆荚也不结。我用紧邻的一株花粉，给一个生长在接近自然状态下的植株的少数花朵进行授粉，于是 4 个杂交的蒴果平均含有 9.2 粒种子。无疑，这样多数的种子乃是由于株丛被覆罩起来，因而没有被所结的许多豆荚把养料消耗殆尽；因为从一个邻近植株上采收了 50 个豆荚，这些花朵都原先是由蜜蜂传粉受精的，而平均只含有 7.14 粒种子。在一个巨大株丛上，有 93 个豆荚进行天然地自花受精，这一株丛曾被网罩起来，但却被风吹打得很厉害，这些豆荚平均含有 2.93 粒种子。93 个蒴果中最好的 10 个平均结有 4.30 粒种子，而它们比 4 个人工杂交蒴果的种子平均数少了一半。7.14∶2.93，即 100∶41，或许是自然异花受精花朵和天然的自花受精每荚所结的种子数最公平的结果。异花受精的种子和等数的天然自花受精的种子相比较是较重些，其比为 100∶88。因此我们可以看到，花朵除了对于异花受精具有结构上的适应，而且利用异株花粉比利用它们本身花粉受精具有更巨大的生产力。

上述 8 对异花受精和自花受精的种子，当它们在沙上发芽以后，被栽植(1867)在两个大盆的两对边。当一些幼苗长到 1 英寸半时，两组植株间并没有显著差异。但是即使在这样的早期，自花受精幼苗的叶子还是比那些异花受精的幼苗小些，并且没有那样光亮的绿色。盆子是放在温室里的，因为这些植株在次年春季(1868)看起来很不健壮，且生长得还很小，所以把它们连同盆子移植到露地里。这些植株由于环境突然改变而受害很重，特别是自花受精植株，致有两个自花受精植株死亡。剩下来的植株进行测量，我把测量资料列于表 58，因为在任何其他物种里我没有看到异花受精

① G. 亨斯洛(G. Henslow)曾以摘要的方式引叙了这些观察(*Journal of Linn Soc. Bot*，第 9 卷，1866 年，358 页)。赫尔曼·米勒此后在他的著作里发表一篇关于花朵详尽而细致的报告。(《受精》等，240 页)

和自花受精幼苗间在这样幼小的时候，即有着如此巨大的差异。

表 58　金雀花(很幼小的植株)

| 盆号 | 异花受精植株(英寸) | 自花受精植株(英寸) |
|---|---|---|
| Ⅰ | 4 4/8 | 2 4/8 |
| | 6 | 1 4/8 |
| | 2 | 1 |
| Ⅱ | 2 | 1 4/8 |
| | 2 4/8 | 1 |
| | 0 4/8 | 0 4/8 |
| 总英寸数 | 17.5 | 8.0 |

这里 6 个异花受精植株平均高度为 2.91 英寸，而 6 个自花受精植株平均高度为 1.33 英寸，前者超过后者有 2 倍之多，即 100∶46。

在次年(1869)的春季，第Ⅰ盆里的 3 个异花受精植株生长到近乎 1 英尺高的时候，它们完全掩蔽了 3 株自花受精植株，致使其中 2 株死亡；第三株，只有 1.5 英寸高时就死了。必须记住这些植株是连盆移植到露地里的，因而它们曾遭受到非常严峻的竞争。现在这个盆子已经拿开了。

第Ⅱ盆里 6 个植株全部活着。有一个自花受精植株比任何一个异花受精植株都要高出 1.25 英寸；但是其他两个自花受精植株却处在非常虚弱的状态。因此我决定让这些植株在一起竞争几年。同一年(1869)的秋季，曾经胜利的自花受精植株被击败了。测量的资料列于表 59。

表 59　金雀花(第Ⅱ盆)

| 异花受精植株(英寸) | 自花受精植株(英寸) |
|---|---|
| 15 6/8 | 13 1/8 |
| 9 6/8 | 3 |
| 8 2/8 | 2 4/8 |

同样的一些植株在第二年(1870)秋季又进行一次测量，见表 60。

表 60　金雀花(第Ⅱ盆)

| 异花受精植株(英寸) | 自花受精植株(英寸) |
|---|---|
| 26 2/8 | 14 2/8 |
| 16 4/8 | 11 4/8 |
| 14 | 9 6/8 |
| 56.75 | 35.50 |

现在 3 株异花受精植株平均高度为 18.91 英寸，3 株自花受精植株平均为 11.83

英寸，即 100∶63。正如以上所述的，第Ⅰ盆里 3 个异花受精植株是这样全面地战胜了自花受精植株，那么它们之间的任何比较都是不必要的。

1870—1871 年的冬季很冷。春天第Ⅱ盆里 3 个异花受精植株，甚至它们嫩枝的尖端没有受到一点伤害，可是所有 3 个自花受精植株从半腰就冻死掉了。这表明它们是更要细弱得多。因此在 1871 年的夏季没有一个自花受精植株开过一朵花，可是所有 3 个异花受精植株却都开了花。

## 芒柄花(*Ononis minutissima*)

这种植物是由意大利北部寄给我的，它只产生一般的蝶形花朵，小型的、不完全的、紧闭的或闭花受精的花朵，从来不能异花受精，但是它们是高度自花能孕的。有一些完全花是用异株花粉杂交的，如此产生的 6 个蒴果，平均结了 3.66 粒种子，最多的一个结有 5 粒种子。记载了 12 朵完全花，并且让它们在网罩下进行天然受精，从而它们产生 8 个蒴果，平均含有 2.38 粒种子，最多的一个含有 3 粒种子。因此由完全花进行异花受精的蒴果和进行自花受精的蒴果所结的种子之比为 100∶65。由闭花受精花朵所产生的 53 个蒴果，平均含有 4.1 粒种子，因而它们是其中最丰产的；看起来它们的种子，甚至于比那些由异花受精的完全花的种子还要好些。

由异花受精的完全花所产生的种子和自花受精的闭花受精花朵所产生的种子，都放在沙上发芽，但可惜只有两对种子是同时发芽的。把它们种植在同一盆的两对边，而盆子是放在温室里的。同一年的夏季，当幼苗大约长到 4½ 英寸时，这两组幼苗是等高的。次年(1868)的秋季，两株异花受精植株恰巧同样高，即 11⅛ 英寸，而两株自花受精植株是 12⅜ 英寸和 7⅜ 英寸；因而一株自花受精植株在高度上显著超过所有其他的植株。到 1869 年秋季，两株异花受精植株获得了优势；它们的高度是 16⅛ 英寸和 15⅛ 英寸，而两株自花受精植株是 14⅝ 英寸和 11⅛ 英寸。

1870 年的秋季，测量其高度，记载如表 61。

**表 61 芒柄花**

| 异花受精植株(英寸) | 自花受精植株(英寸) |
|---|---|
| 20⅜ | 17⅛ |
| 19⅜ | 17⅜ |
| 30.63 | 34.75 |

所以两株异花受精植株的平均高度为 19.81 英寸，而两株自花受精植株平均为 17.37 英寸，即 100：88。必须记住这两组植株在最初的高度是相等的；后来有一株自花受精植株表现了优势，但最后两株异花受精植株仍然胜利了。

**关于豆科植物的总结**

在这一科里共计试验了 6 个属，其结果在某些方面是很显著的。羽扇豆属中两个物种的异花受精植株，在高度上和结实力上显然超过自花受精植株；当它们生长在很恶劣的条件下，仍然很有活力。如果蜂类的访问被阻止了，红花菜豆遂部分地不孕，因而我们有理由相信，邻近生长的许多品种是彼此进行相互杂交的。但是，5 株异花受精植株在高度上只超过 5 株自花受精植株一点点。菜豆是完全自花能孕的，虽然如此，生长在同一园圃中的许多品种常常还有很多是相互杂交的。另一方面，香豌豆的许多品种在英国是从来不进行相互杂交的。虽然花朵并不经常有许多能进行授粉的昆虫来访，但是我不能说明这一事实的原因，特别是因为这许多品种在意大利北部被认为是相互杂交的。仅在花朵颜色不同的 2 个品种间杂交所产生的植株，它们比自花受精植株显著较高，而且在恶劣的条件下它们是更有活力些，当自花受精时，它们还可以把它们的优势传递给它们的后代。普通豌豆的许多品种，虽然生长得紧密相邻，但很少进行相互杂交；这似乎是由于英国罕有这种充分有力促进异花授粉的蜂群来访。同品种的自花受精个体间的杂交，并没有带给后代任何的好处；不同品种间的杂交，虽然具有密切的亲缘关系，但有很大的好处，关于这方面我们具有很特别的证据。如果没有被扰动，而且如果昆虫被隔离了，普通金雀花属（*Sarothamnus*）植物的花朵几乎是不孕的。在生产种子方面，取自不同植株的花粉比取自同花朵的花粉具有更高的效果。当彼此同时生长在强烈竞争的条件之下时，异花受精的幼苗比自花受精的幼苗具有巨大的优势。最后，虽然在芒柄花中只培育出 4 个植株，但是因为在整个生长期间都对它们进行了观察，所以我认为，异花受精植株超过自花受精植株的优势是完全可以相信的。

## 柳叶菜科（Onagraceae）——丁字草（*Clarkia elegans*）

由于 1867 年生长季节气候条件非常的不好，我授粉的花朵只有少数形成了蒴果：12 个杂交的花朵只结了 4 个，而 18 个自花受精花朵只结了一个蒴果。这些种子在沙上发芽后种植于 3 个盆里，但是其中有一盆所有的自花受精植株都死亡了。当两组植株高度到达四五英寸时,异花受精植株比自花受精植株开始表现出一点优势。在盛花期测量高度,结果如表 62。

表 62 丁字草(*Clarkia elegans*)

| 盆号 | 异花受精植株(英寸) | 自花受精植株(英寸) |
| --- | --- | --- |
| Ⅰ | $40\frac{4}{8}$ | 33 |
| | 35 | 24 |
| | 25 | 23 |
| Ⅱ | $33\frac{4}{8}$ | $30\frac{4}{8}$ |
| 总英寸数 | 134.0 | 110.5 |

4 株异花受精植株的平均高度为 33.5 英寸,而 4 株自花受精植株平均高度为 27.62 英寸,即 100∶82。合计异花受精植株产生 105 个蒴果,自花受精植株产生 63 个蒴果,即 100∶60。在两个盆里有一株自花受精植株比任何一株异花受精植株先开花。

## 刺莲花科(Loasaceae)——*Bartonia aurea*

在两个生长季节里,一些花朵采用普通方式进行异花受精和自花受精;但是因为我在第一次生长季节里仅栽培两对植株,所以试验结果是列在一块的。在这两个生长季节里,异花受精蒴果所结的种子数略多于自花受精蒴果。在第一年里,当植株大约 7 英寸高时,自花受精植株最高;而在第二年,异花受精植株最高。当两组植株处于盛花期时测量高度,结果列入表 63。

表 63 *Bartonia aurea*

| 盆号 | 异花受精植株(英寸) | 自花受精植株(英寸) |
| --- | --- | --- |
| Ⅰ | 31 | 37 |
| Ⅱ | $18\frac{4}{8}$ | $20\frac{4}{8}$ |
| Ⅲ | $19\frac{4}{8}$ | $40\frac{4}{8}$ |
| Ⅳ | 25 | 35 |
| | 36 | $15\frac{4}{8}$ |
| Ⅴ | 31 | 18 |
| | 16 | $11\frac{4}{8}$ |
| Ⅵ | 20 | $32\frac{4}{8}$ |
| 总英寸数 | 197.0 | 210.5 |

8 株异花受精植株的平均高度为 24.62 英寸，而 8 株自花受精植株平均高度为 26.31 英寸，即 100∶107。所以，自花受精植株比异花受精植株具有决定性的优势。由于某种原因致使植株一直没有生长得很好，而且最后变得如此羸弱，导致只有 3 株异花受精植株和自花受精植株活到结出蒴果，而它们所结蒴果数也是很少的。这两组植株似乎是大致同样的低产。

## 西番莲科(Passifloraceae)——留香莲(*Passiflora gracilis*)

这个一年生的物种，当昆虫被隔离时，可以天然地产生出许多果实，而且在这方面该物种和同一属内的其他多数物种是非常不同的，它们都是绝对不孕的，除非用异株的花粉进行受精。① 由杂交花朵所产生的 14 个果实平均含有 24.14 粒种子。在网罩下天然自花受精所产生的 14 个果实(除去两个不良的果实)平均每个果实含有 20.58 粒果实，即 100∶85。这些种子被播种在 3 个盆子的两对边，测量其植株高度，结果见表 64。因为只有两对植株是同时生长起来的，所以该结果不能成为一个公正的论断。

**表 64 留香莲**

| 盆号 | 异花受精植株(英寸) | 自花受精植株(英寸) |
|---|---|---|
| Ⅰ | 56 | 38 |
| Ⅱ | 42 | 64 |
| 总英寸数 | 98 | 102 |

两个异株受精植株平均高度为 49 英寸，而两株自花受精植株平均为 51 英寸，即 100∶104。

## 伞形科(Umbelliferae)——芹菜(*Apium petroselinum*)

伞形科(Umbelliferae)都是雄蕊先熟的，由于许多蝇类和膜翅目(Hymenoptera)

① 《动物和植物在家养下的变异》，第 17 章，第二版，第 2 卷，118 页。

的小昆虫对于花朵的访问,因而它们就很少不是遭受异花受精的。[1] 把一株普通香芹菜(Common parsley)网罩起来,它显然可以像邻近未网罩的植株,产生又多又好的天然自花受精的果实或种子。后者的花朵曾被这样多的昆虫所访问,它们必然获得来自相互之间的花粉。把这两组中一些种子放在沙上,而几乎所有的自花受精种子都比另一组种子先发芽,所以我不得不把它们舍掉。然后把剩余的种子播种在4个盆子的两对边。最初,在大多数盆中的自花受精幼苗都比自然异花受精幼苗稍高一点,无疑地这是自花受精种子先发芽的缘故。但是在秋天,所有的植株都一样高,似乎当时不值得测量它们。其中有两盆是绝对地等高;第Ⅲ盆里,如果说它们有任何的差异,那就是异花受精植株表现较高的优势;而在第Ⅳ盆里则表现得比较一般化。但是不论哪一方面都没有任何真正的优势超越于对方;因此,就高度言,可以说它们是100∶100。

## 山萝卜科(Dipsaceae)——山萝卜(*Scabiosa atropurpurea*)

这种植物花朵是雄蕊先熟的,它们在1867年不良的季节里进行受精,因而我获得很少的种子,特别是来自自花受精的花簇,因为它们是极端不孕的。由这些种子所长成的异花受精植株和自花受精植株,在盛花期测量高度,结果见表65。

**表65　山萝卜**

| 盆号 | 异花受精植株(英寸) | 自花受精植株(英寸) |
|---|---|---|
| Ⅰ | 14 | 20 |
| Ⅱ | 15 | 14⅝ |
| Ⅲ | 21 | 14 |
| | 18⅝ | 13 |
| 总英寸数 | 68.5 | 61.5 |

4株异花受精植株平均高度为17.12英寸,4株自花受精植株平均为15.37英寸,即100∶90。第Ⅲ盆中一株自花受精植株由于偶然的事件而死掉,于是它的对手也被拔掉;因而当我们再次测量到它们花朵的顶端时,每边只有3株了;现在异花受精植株平均高度为32.83英寸,而自花受精植株平均为30.16英寸,即100∶92。

---

[1] 赫尔曼·米勒《受精》等,96页。根据M.马斯介尔(M. Mustel)的说法(引自戈德朗(Godron)的报告 *De l'Espéce* 第2卷,58页,1859年),生长临近的胡萝卜品种彼此间是很容易杂交的。

## 菊科(Compositae)——莴苣(*Lactuca sativa*)

在我的花圃里有3株大伦敦品种(Great London Cos var.)莴苣[1](lettuce)紧邻地生长在一起;1株用网罩覆盖着,因而产生自花受精的种子;其他2株让它们由昆虫进行天然杂交;但这一季节(1867)气候条件很不好,因而我没有得到很多的种子。只有一株异花受精植株和一株自花受精植株在第Ⅰ盆里长起来,对它们测量的资料列于表66。

**表66 莴苣**

| 盆号 | 异花受精植株(英寸) | 自花受精植株(英寸) |
|---|---|---|
| Ⅰ第一代栽植在露地里 | 27 | $21\frac{4}{8}$ |
| | 25 | 20 |
| Ⅱ第二代栽植在露地里 | $29\frac{4}{8}$ | 24 |
| | $17\frac{4}{8}$ | 10 |
| | $12\frac{4}{8}$ | 11 |
| Ⅲ第二代留在盆里 | 14 | $9\frac{4}{8}$ |
| | $10\frac{4}{8}$ | 0 |
| 总英寸数 | 136 | 96 |

这一株自花受精植株的花朵在一个网罩下再度予以自花受精,不是用一个小花上的花粉,而是用同一花茎上其他小花的花粉。两株异花受精植株上的花朵让它们借助于昆虫而进行异花受精,不过我也偶然地从植株间采集花粉帮助进行这一处理。这两组种子在沙上发芽以后,曾成对地种植在第Ⅱ盆和第Ⅲ盆的两对边,花盆最初是放在温室里的,后来移至户外。当植株处于盛花期时测量株高。因此下列一表包括属于下个世代的植株。当两组幼苗只有5英寸或6英寸高时,它们是等高的。在第Ⅲ盆里,一株自花受精植株在开花前就死掉,这正像其他许多情况中所发生的一样。

7株异花受精植株的平均高度为19.43英寸,而6株自花受精植株的平均高度为16英寸,即100∶82。

---

① 菊科(Compositae)对于异花受精是能很好地适应的,但是我所信赖的一个园丁告诉我,为了收获种子,他惯于把一些莴苣品种相邻地播种在一起,但他从来没有观察到它们变成为杂交的植株。这是非常不可能的,这样邻近种植在一起的所有的品种都在不同的时间开花。我偶然选择的两个品种彼此没有同时开花,因而我的试验失败。

## 桔梗科(Campanulaceae)——欧洲桔梗(*Specularia speculum*)

与*Specularia*极其近缘的风铃草属(*Campanula*),原先也是包括在*Specularia*属中的,它的花药在很早就爆裂出花粉了,并且它们附着在柱头下面环绕着雌蕊密集的茸毛上;所以没有某些机械的帮助,花朵是不可能受精的。例如,我把一株*Campanula carpathica*网罩起来,它们就连一个蒴果也没有结,而周围未网罩的植株却结了极多的种子。另一方面,*Specularia*属的这个物种,在它被网罩时,显然会结得几乎和让双翅目(Diptera)昆虫来访时一样多的蒴果数。根据我的观察,只有这种双翅目的昆虫经常来访问花朵,[①]我未尝肯定天然异花受精蒴果和天然自花受精蒴果是否含有等数的种子。人工杂交花朵和自花受精花朵的比较,表现出前者或许具有最高的生产力。显然,这种植物之所以能产生许多自花受精的蒴果,乃是因为每到傍晚和在寒冷气候的时候,花瓣就闭合了。在闭合的过程中,花瓣的边缘卷折起来了,因而当时它们向内伸展的中肋穿过了柱头的裂缝之间,这样一来便把在雌蕊外围的花粉散布到柱头的表面上了。[②]

我把20个花朵用它们自己的花粉进行受精,但是由于气候条件不好,仅结了6个蒴果;它们平均含有21.7粒种子,最多的一个含有48粒。14个花朵用另一株花粉进行异花受精,它们结了12个蒴果,平均含有30粒种子,最多的一个含有47粒;因而蒴果数目相等的异花受精和自花受精的种子,其比为100∶72。前者的种子比等数的自花受精的种子也重些,其比为100∶86。因此,我们不论根据等数花朵所产生的蒴果数,或者根据所含种子的平均数,或者根据任何一个蒴果所含的最多种子数,或者根据它们的质量,异花受精都比自花受精具有明显的优势。两组种子播种在4个盆的两对边,不过幼苗没有充分地间苗。当完成生长时,只测量每边最高的植株。测量资料列于表67。

在所有4盆里的异花受精植株都是先开花。当幼苗只大约有一英寸半高时,两组是等高的。

4株最高的异花受精植株平均高度为19.28英寸,4株最高的自花受精植株平均为18.93英寸,即100∶98。所以两组高度间的差异没有什么值得提出的;虽然正如

---

① 很早即为众所周知的,本属中的另一物种*Specularia perfoliata*,产生有闭花受精的以及完全的花朵,而前者正是自花受精的原因。

② 米汉先生(Mr. Meehan)最近报告(*Proc. Acad. Nat. Sc. Philadelphia*,5月16日,1876年,84页),*Claytonia virginica*和*Ranunculus bulbosus*在夜晚闭合花朵,因而造成它们自花受精。

我们所看到的，异花受精产生有许多其他方面巨大的优势。由于植株栽植在盆里，而且放在温室里，因而没有一株结有蒴果。

表 67 欧洲桔梗

| 盆号 | 每盆里最高的异花受精植株(英寸) | 每盆里最高的自花受精植株(英寸) |
| --- | --- | --- |
| Ⅰ | 18 | 15⅝ |
| Ⅱ | 17 | 19 |
| Ⅲ | 22⅛ | 18 |
| Ⅳ | 20 | 23 |
| 总英寸数 | 77.13 | 75.75 |

## *Lobelia ramosa*[①] 雪花品种(var. Snow-flake)

很多学者描述过，在这个属里具有能够保证异花受精最适应的机构[②]。雌蕊正因为它在长度上增长很慢，而借助于环状的刺毛(bristle)从彼此相连的花药中散播出花粉来；这时柱头的两个裂片闭合，并且不能受精。花粉的散布也是借助于昆虫触动了花药上伸出的许多小刺毛。为此，花粉散播出来并被昆虫携带到较老的花朵中去，其中柱头现已显然突出于雌蕊之上，展开并准备进行受精。由于摘去山梗菜(*Lobelia erinus*)某些花朵基部大的花瓣，我证实了花冠美丽的颜色的重要性；于是这些花朵便被蜜蜂所忽视，而它们却不断地访问着其他的花朵。

由 *L. ramosa* 一个用它株花粉杂交的花朵获得了一个蒴果，而由人工自花受精花朵获得了两个蒴果。所含有的种子都被播种在 4 个盆子的两对边。某些异花受精的幼苗比其他幼苗生长早的都被拔掉和删割去。当植株非常小的时候，两组之间的高度没有什么很大的差异；但是第Ⅲ盆里有一段时间自花受精植株是最高的。当盛花时，对每盆每边的最高植株加以测量，结果如表 68。在所有 4 盆里，异花受精植株比它的任何一个对手都要开花早些。

① 在《园艺者记录》(1866)中，我已把这种植物命名为这个名字了。然而 T. 戴尔教授(Prof. T. Dyer)告诉我，这种植物或许就是 R. 布朗(R. Brown)从澳大利亚西部(W. Australia)所获得的 *L. tenuior* 的白色品种。

② 见希尔德布兰德和德尔皮诺的著作。法勒先生(Mr. Farrer)也曾提出一个极其详细的关于这一个属实现异花受精的机构的描述，该文载于(*Annals and Mag. of Hat. Hist.*)，第 2 卷(第 4 集)，1868 年，260 页。在近缘的同瓣草属(*Isotoma*)中，由花药成直角地伸出一个奇异的尖端，在摇动时，这一尖端便使花粉散落在进入花朵的昆虫背上，这似乎是由于刺毛发育而成的，正像法勒先生所描述的，它类似于半边莲属(*Lobelia*)中一些或所有的物种从花药伸出的某一根刺毛一样。

**表 68 *Lobelia ramasa*（第一世代）**

| 盆号 | 每盆中最高的异花受精植株（英寸） | 每盆里最高的自花受精植株（英寸） |
|---|---|---|
| Ⅰ | $22\frac{4}{8}$ | $17\frac{4}{8}$ |
| Ⅱ | $27\frac{4}{8}$ | 24 |
| Ⅲ | $16\frac{4}{8}$ | 15 |
| Ⅳ | $22\frac{4}{8}$ | 17 |
| 总英寸数 | 89.0 | 73.5 |

4株最高的异花受精植株平均高度为22.25英寸；而4株最高的自花受精植株平均为18.37英寸，即100∶82。我很奇怪地发现大多数自花受精植株的花药不是彼此相连的，并且未含有一点花粉；甚至很少数的异花受精植株的花药也表现同样的情况。异花受精植株上的一些花朵再度进行异花受精，从而获得了4个蒴果；自花受精植株上的一些花朵再度进行自花受精，从而获得了7个蒴果。两组种子加以称重，并计算出同等数目的蒴果的种子重，异花受精蒴果对自花受精蒴果之比为100∶60。所以，异花受精植株上再度异花受精的花朵比自花受精植株上再度自花受精的那些花朵具有更高的结实力。

**第二代植株**

把上述两组种子播在湿沙上，正如上代的情况一样，许多异花受精种子比自花受精种子先发芽，因而把它们删除去。把发芽状态相同的三四对种植在两盆的两对边；只有在第Ⅲ盆中单独种植了一对；而所有剩余的种子都密植在第Ⅳ盆里。当幼苗长到约有一英寸半的时候，前3个盆两对边的植株都是等高的；但是，在第Ⅳ盆里，植株生长稠密而且处在如此严峻竞争条件之下，因而异花受精植株大约高于自花受精植株三分之一。在这后面的一盆里，当异花受精植株平均高度为5英寸时，自花受精植株平均约为4英寸；而且它们看起来也几乎不是发育怎样良好的植株。在所有4盆里，异花受精植株都比自花受精植株开花早了几天。当盛花期时，测量每边最高的植株；但在这个时候以前，第Ⅲ盆里高于它的对手的一个异花受精植株死掉了，因而未能测量。所以只测量了3盆每边最高的植株，结果列于表69。

**表 69 *Lobelia ramosa*（第二世代）**

| 盆号 | 每盆里最高的异花受精植株（英寸） | 每盆里最高的自花受精植株（英寸） |
|---|---|---|
| Ⅰ | $27\frac{4}{8}$ | $18\frac{4}{8}$ |
| Ⅱ | 21 | $19\frac{4}{8}$ |
| Ⅳ密植的 | $21\frac{4}{8}$ | 19 |
| 总英寸数 | 70 | 57 |

这里 3 株最高的异花受精植株的平均高度为 23.33 英寸，而 3 株最高的自花受精植株平均为 19 英寸，即 100：81。除了高度上这种差异以外，异花受精植株还比自花受精植株表现有更高的生活力和更多的分枝，但可惜对它们没有称记过质量。

## *Lobelia fulgens*

这一物种具有某些令人迷惑的事例。在第一世代里，自花受精植株虽然数目很少，但在高度上大大地超过异花受精植株；而在第二世代里，当试验进行得规模较大的时候，异花受精植株便击败了自花受精植株。这一物种通常是用压条（off-set）繁殖的，为了要获得一些个别的植株，首先要培育出许多幼苗。在这些植株中有一株的许多花朵是用自己的花粉受精的；同时因为花粉能在同一花朵的柱头准备受精以前，就已成熟和散播了，所以必须记数每一花朵，并把与花数相符的花粉包藏于纸中。由于这种措施，可以把成熟很好的花粉用来进行自花受精。同一植株上一些花朵用另一不同植株上的花粉进行杂交，同时为了获得这种花粉，曾把幼小花朵中连在一起的花药进行粗放地挤压。在自然条件下，雌蕊的生长延伸得很慢。或许我所用的花粉没有完全成熟，导致它比自花受精所用的花粉成熟要差些。当时我没有认识到这一误差的原因，现在我怀疑异花受精植株的生长曾因此而受到损伤。不管怎样，这个试验是非常不公平的。与这个假定相反的，异花受精所用的花粉不像自花受精所用花粉那么良好。事实上，异花受精花朵与自花受精花朵相比较，其所产生的蒴果具有较大的比例数；但实际上，这两组蒴果所含种子数并没有显著的差异。[①]

因为上述两种方法所获得的种子，如果把它们放在纯沙上并不发芽，那就把它们播种在 4 盆的两对边；但这样在各盆里仅仅得以培育出同年龄的一对幼苗。当自花受精幼苗只有几英寸高时，它们在大多数的盆里都是高过于它们的对手；并且它们在所有的盆里都很早就开花了，花茎高度可以进行公平比较的只有第Ⅰ盆和第Ⅱ盆。具体见表 70。

① 卡特纳指出 *Lobelia fulgens* 某些植株用同株花粉授粉是十分不孕的，尽管这种花粉对其他任何植株是有作用的；但是我在温室里所试验的植株中，没有一株发生过这种特殊的情况。

表 70 *Lobelia fulgens*（第一世代）

| 盆号 | 异花受精植株的花茎高度（英寸） | 自花受精植株的花茎高度（英寸） |
| --- | --- | --- |
| Ⅰ | 33 | 50 |
| Ⅱ | 36$\frac{4}{8}$ | 38$\frac{4}{8}$ |
| Ⅲ | 21 不是盛花期 | 43 |
| Ⅳ | 12 不是盛花期 | 35$\frac{4}{8}$ |

这里第Ⅰ盆和第Ⅱ盆两个异花受精植株的花茎平均高度为 34.75 英寸，同盆里的两个自花受精植株平均高度为 44.25 英寸，即 100∶127。第Ⅲ盆和第Ⅳ盆的自花受精植株在各方面都比异花受精植株良好得多。

我是非常惊异自花受精植株比异花受精植株具有如此巨大的优势，因此，我决定来试验它们在某一个盆里于第二次生长时是怎样情况。所以，把第Ⅰ盆里两株植株拔掉，并且把它们不受任何损伤地移植于一个显著较大的盆里。次年自花受精植株比前者仍然表现较大的优势；因为由一株异花受精植株所产生的两个最高的花茎高度只有 29$\frac{4}{8}$英寸和 30$\frac{1}{8}$英寸，而一株自花受精植株上的两个最高的花茎高度却为 49$\frac{4}{8}$英寸和 49$\frac{6}{8}$英寸；而它们之比为 100∶167。如果注意到所有这些证据，那么无疑地将会认为这些自花受精植株比异花受精植株具有很大的优势。

**异花受精和自花受精的第二代植株**

在这个事例中，我决定避免采用不十分同等成熟的花粉进行异花受精和自花受精的误差；因此，为了这两种措施，我从幼小的花朵相连的花药中挤出花粉。在表 70 第Ⅰ盆里异花受精植株上的一些花朵曾用不同植株的花粉再度杂交。同盆里自花受精植株上的另一些花朵用同株上另一些花朵的花粉再度进行自花受精。所以，自花受精的程度不像上一代那样亲密，因为上一代把花粉取自同一花朵包藏在纸中，然后利用。这两组种子稀疏地播种在 9 个花盆的两对边；幼苗期进行间苗；两对边留下年龄尽可能相等的同等数量的幼苗。次年（1870）春季，当幼苗长到一定的大小时，测量到它们叶片顶端的高度；23 株异花受精植株平均高度为 14.04 英寸；而 23 株自花受精植株平均为 13.54 英寸，即 100∶96。

同一年的夏季，其中某些植株开花了，异花受精植株和自花受精植株几乎同时开花，测量所有的花茎。由 11 株异花受精植株所产生的花茎平均高度为 30.71 英寸，而由 9 株自花受精植株所产生的花茎平均为 29.43 英寸，即 100∶96。

这 9 盆里的植株，在它们开花以后，没有损伤地移植到较大的盆里。次年（1871），所有植株都开花很盛，且已经长成一群相互纠缠的株丛，以致两边各个植株不再能够区分开来。因此我只好测量每盆每边最高的三四个花茎。测量资料列于表71。我想它们要比前表可靠些，因为植株的数目比较多些，同时因为植株处在较好的条件之下，且生长得健壮些。

表 71 *Lobelia fulgens*（第二世代）

| 盆号 | 异花受精植株花茎的高度（英寸） | 自花受精植株花茎的高度（英寸） | 盆号 | 异花受精植株花茎的高度（英寸） | 自花受精植株花茎的高度（英寸） |
|---|---|---|---|---|---|
| Ⅰ | $27\frac{3}{8}$ | $32\frac{3}{8}$ | Ⅵ | $33\frac{5}{8}$ | $44\frac{2}{8}$ |
| | 26 | $26\frac{3}{8}$ | | 32 | $37\frac{6}{8}$ |
| | $24\frac{3}{8}$ | $25\frac{1}{8}$ | | $26\frac{1}{8}$ | 37 |
| | $24\frac{4}{8}$ | $26\frac{2}{8}$ | | 25 | 35 |
| Ⅱ | 34 | $36\frac{2}{8}$ | Ⅶ | $30\frac{4}{8}$ | $27\frac{2}{8}$ |
| | $26\frac{6}{8}$ | $28\frac{6}{8}$ | | $30\frac{3}{8}$ | $19\frac{2}{8}$ |
| | $25\frac{1}{8}$ | $30\frac{1}{8}$ | | $29\frac{2}{8}$ | 21 |
| | 26 | $32\frac{2}{8}$ | Ⅷ | $39\frac{3}{8}$ | $23\frac{1}{8}$ |
| Ⅲ | $40\frac{4}{8}$ | $30\frac{4}{8}$ | | $37\frac{2}{8}$ | $23\frac{4}{8}$ |
| | $37\frac{5}{8}$ | $28\frac{2}{8}$ | | 36 | $25\frac{4}{8}$ |
| | $32\frac{1}{8}$ | 23 | | 36 | $25\frac{1}{8}$ |
| Ⅳ | $34\frac{5}{8}$ | $29\frac{4}{8}$ | Ⅸ | $33\frac{3}{8}$ | $19\frac{3}{8}$ |
| | $32\frac{2}{8}$ | $28\frac{3}{8}$ | | 25 | $16\frac{3}{8}$ |
| | $29\frac{3}{8}$ | 26 | | $25\frac{3}{8}$ | 19 |
| | $27\frac{1}{8}$ | $25\frac{2}{8}$ | | $21\frac{7}{8}$ | $18\frac{6}{8}$ |
| Ⅴ | $28\frac{1}{8}$ | 29 | 总英寸数 | 1014.00 | 921.63 |
| | 27 | $24\frac{6}{8}$ | | | |
| | $25\frac{3}{8}$ | $23\frac{2}{8}$ | | | |
| | $25\frac{3}{8}$ | 24 | | | |

在 23 株异花受精植株上最高的 34 个花茎的平均高度为 29.82 英寸，而等数的自花受精植株上等数的花茎平均高度为 27.10 英寸，即 100∶91。所以现在异花受精植株比它们自花受精的对手表现出了决定性的优势。

## 花葱科（Polemoniaceae）——粉蝶花（*Nemophila insignis*）

12 个花朵用异株花粉进行杂交，但是仅产生 6 个蒴果，平均含有 18.3 粒种子。18 个花朵用它们自己的花粉受精，产生有 10 个蒴果，平均含有 12.7 粒种子，因此每个蒴果的种子比为 100∶69[①]。异花受精种子的质量略轻于等数的自花受精种子，其比为 100∶105；但是这显然是由于某些自花受精蒴果含有过少的种子，因而它们比其他的种子要宽厚些，因为它们可以获得较多的营养。后来比较少数蒴果中的种子数目，就没有像这一事例中异花受精蒴果方面表现出如此巨大的优势了。

把种子放置在沙上，发芽后把它们成对地种植在 5 个花盆的两对边，而这些花盆是放在温室里的。当幼苗长到 2～3 英寸高时，大多数异花受精幼苗比自花受精幼苗具有较高的优势。植株是用支柱支撑的，因而它们生长得显著的高大。在 5 盆中有 4 盆的异花受精植株都比任何自花受精植株先开花。在它们开花以前而且当时异花受精植株高度不及 1 英尺的时候，这些植株首先被测量到它们叶片的顶端。12 株异花受精植株平均高度为 11.1 英寸，而 12 株自花受精植株低于这个高度的一半，即 5.45 英寸，即 100∶49。在这些植株完成生长以前，有两株自花受精植株死去，因为我怕其他植株也会发生这种情况，于是再次测量到它们茎秆的顶端，结果见表 72。

**表 72　粉蝶花**

| 盆号 | 异花受精植株(英寸) | 自花受精植株(英寸) |
| --- | --- | --- |
| Ⅰ | 32 4/8 | 21 2/8 |
| Ⅱ | 34 4/8 | 23 5/8 |
| Ⅲ | 33 1/8 | 19 |
| | 22 2/8 | 7 2/8 |
| | 29 | 17 4/8 |
| Ⅳ | 35 4/8 | 10 4/8 |
| | 33 4/8 | 27 |
| Ⅴ | 35 | 0 |
| | 38 | 18 3/8 |
| | 36 | 20 4/8 |
| | 37 4/8 | 34 |
| | 32 4/8 | 0 |
| 总英寸数 | 399.38 | 199.00 |

0 表示该植株已死亡。

现在 12 株异花受精植株平均高度为 33.28 英寸，10 株自花受精植株平均为19.9 英寸，即 100∶60；所以它们与前者比较，略有不同。

第Ⅲ盆和第Ⅴ盆植株栽植在温室的网罩下，后一盆里因为两株自花受精植株死

① 众所周知，花葱科(Polemoniaceae)中某些物种是雄蕊先熟的，但是在粉蝶花属中我并没有注意到这一点。伐罗特(Verlot)报告(*Des Variétés*，1865 年，66 页)：彼此生长很近的一些品种会天然地发生相互杂交。

去，以致两株异花受精植株也被拔掉。所以，共计有 6 个异花受精植株和 6 个自花受精植株让它们进行天然受精。这些花盆都比较小，因而这些植株没有产生很多的蒴果。自花受精植株很矮小，就足以充分说明它们结果很少的原因。6 株异花受精植株产生 105 个蒴果，而 6 株自花受精植株只结 30 个蒴果，即 100 ∶ 29。

这样由异花受精植株和自花受精植株所获得的自花受精种子，在沙上发芽以后，便像前面处理一样，栽植在 4 个小盆的两对边。但是其中很多植株长得很不健壮，以致它们的高度是这样的不整齐——两边某些植株有另一些植株 5 倍的高度——因此由表 73 测量资料所计算的平均数一点也不可信。但是我觉得还是应该把它们提出来，因为它们和我的一般结论是相违背的。

表 73 粉蝶花

| 盆号 | 由异花受精植株所产生的自花受精植株(英寸) | 由自花受精植株所产生的自花受精植株(英寸) |
|---|---|---|
| Ⅰ | 27 | 27 4/8 |
| | 14 | 34 2/8 |
| Ⅱ | 17 6/8 | 23 |
| | 24 4/8 | 32 |
| Ⅲ | 16 | 7 |
| Ⅳ | 5 3/8 | 7 2/8 |
| | 5 4/8 | 16 |
| 总英寸数 | 110.13 | 147.00 |

这里由异花受精植株所产生的 7 株自花受精植株平均高度为 15.73 英寸，而由自花受精植株所产生的 7 株自花受精植株平均为 21 英寸，即 100 ∶ 133。用三色堇和香豌豆所进行的严格类似的试验，却得到一个极不相同的结果。

## 紫草科(Boraginaceae)——琉璃苣(*Borago officinalis*)

这种植物经常有很多的蜂类来访。蜂类来访之多几乎比我所观察到的任何一种植物都要多。它是严格的雄蕊先熟[①]，花朵几乎不可能不接受异花受精；但是如果不是这样发生的，那么它们在一定的程度上就可能发生自花受精，因为有些花粉可能在花药中保留相当长的时间，因而易于落在成熟的柱头上。1863 年我网罩了一株，并

① 赫尔曼·米勒，《受精》等，267 页

且检查了35朵花，其中仅有12朵产生了种子。生长在一起而没有网罩的植株，其35朵花中除了两朵例外，其余却都结了种子。但是，网罩的植株共计产生25粒天然的自花受精的种子；而没有网罩的植株产生有55粒种子，这55粒种子无疑地都是异花受精的产物。

1868年在一棵被网罩的植株上有18朵花用异株的花粉进行杂交，但是其中只有7朵结了果；因此我怀疑，在我对这些柱头授粉以前，它们已经成熟了。这些果实平均含有2粒种子，最多的一个果实含有3粒。同一植株上产生有24个天然自花受精的果实，它们平均含有1.2粒种子，最多的一个果实含有2粒。因此由人工杂交花朵所产生的果实比较天然自花受精所产生的果实，其生产的种子之比为100∶60。但是正像经常发生的一样，自花受精结有少数的种子，它们比较异花受精种子略重些，其比例为100∶90。

这两组种子被播种在两个大盆的两对边；但是我只成功地种植了4对同龄的植株。当两边幼苗长到约8英寸的时候，它们是等高的。当它们盛花时曾测量株高，结果见表74。

**表74　琉璃苣**

| 盆号 | 异花受精植株(英寸) | 自花受精植株(英寸) |
|---|---|---|
| Ⅰ | 19 | $13\frac{4}{8}$ |
| | 21 | $18\frac{6}{8}$ |
| | $16\frac{4}{8}$ | $20\frac{2}{8}$ |
| Ⅱ | $26\frac{2}{8}$ | $32\frac{2}{8}$ |
| 总英寸数 | 82.75 | 84.75 |

这里4株异花受精植株的平均高度为20.68英寸，而4株自花受精植株平均为21.18英寸，即100∶102。因而自花受精植株在高度上略超过异花受精植株，这是因为有一棵自花受精植株过高。在两盆中异花受精植株都比自花受精植株先开花。所以我相信，如果栽植更多的植株，这个结果将是不一样的。很遗憾，我未曾注意到两组植株的结实力。

## 假茄科(Nolanaceae)——假茄(*Nolana prostrata*)[①]

在有些花朵中，雄蕊比雌蕊显著地较短，另一些花朵中它们是等长的。所以，我

① *Nolana prostrata* 是异名，现在的学名是 *Nolana humifusa*。——编辑注

怀疑，但是它已被证明是错误的，那就是这种植物像樱草属(*Primula*)、亚麻属(*Linum*)等一样是属于雌雄两型花。1862年，在温室里的网罩下有12个植株进行试验。天然自花受精花朵生产有64格令重的种子，但是这里也包括14个人工杂交的花朵的产品，因而错误地增大了自花受精种子的质量。9株没有网罩的植株，其花朵被许多争取它们花粉的蜂群热烈访问过。无疑，这些花朵是由于它们而相互杂交了，产生有79格令重的种子；按此推算，12个植株应该共计产生105格令重的种子。所以，由蜂群传粉而杂交的植株和天然自花受精的植株(后者包括有14个人工杂交花朵的产品在内)，它们等数植株上的花朵所产生的种子，质量之比是100∶61。

1867年夏季重复进行这一试验；有30朵花用异株花粉进行杂交，从而产生27个蒴果，每个蒴果含有5粒种子。32朵花用自己的花粉进行受精，只产生6个蒴果，每个蒴果5粒种子。异花受精蒴果和自花受精蒴果含有同等数目的种子，但异花受精花朵比自花受精花朵产生有更多的蒴果，其比例为100∶21。

两组等数的种子都称过，异花受精的种子对自花受精的种子在质量上的比为100∶82。因此异花受精增加了所结的蒴果数并增加了种子质量，但是没有增加每个蒴果的种子数。

这两组种子在沙上发芽以后，均种植在3个盆子的两对边。幼苗在六七英寸高时，它们是等长的。当植株生长完成时进行测量，结果见表75。它们的高度在几个盆里是这样的不整齐，因而结果难以令人充分相信。

**表75 假茄**

| 盆号 | 异花受精植株(英寸) | 自花受精植株(英寸) |
|---|---|---|
| Ⅰ | 8 4/8 | 4 2/8 |
| | 6 4/8 | 7 4/8 |
| Ⅱ | 10 4/8 | 14 4/8 |
| | 18 | 18 |
| Ⅲ | 20 2/8 | 22 6/8 |
| 总英寸数 | 63.75 | 67.00 |

5株异花受精植株平均高度为12.75英寸，而5株自花受精植株平均为13.4英寸，即100∶105。

假茄(*Nolana humifusa*)

# 第六章 茄科、樱草科、蓼科等

## · *Solanaceae, Primulaceae, Polygoneae, Etc.* ·

矮牵牛(*Petunia violacea*),异花受精和自花受精4个世代的比较——用新品系杂交的效果——在第四代自花受精植株上花朵颜色的一致性——烟草(*Nicotiana tabacum*),异花受精和自花受精植株在高度上的相等——用另一种亚变种杂交对后代在高度上的巨大影响,但在结实力上没有影响——仙客来(*Cyclamen persicum*)的异花受精幼苗比自花受精幼苗有巨大的优越性——*Anagallis collina*——立金花(*Primula veris*)——等长花柱的立金花变种,由于用新品系杂交,它的结实力显著提高——荞麦(*Fagopyrum esculentum*)——甜菜(*Beta vulgaris*)——紫叶美人蕉(*Canna warscewiczi*),异花受精和自花受精植株在高度上相等——玉米(*Zea mays*)——草芦(*Phalaria canariensis*)

*Petunia nyctaginiflora violacea*

## 茄科(Solanaceae)——矮牵牛(*Petunia violacea*)紫褐色品种(Dingy purple variety)

这个品种的花朵在英国白天很少被昆虫访问，所以我从来没有看到过一次；但是，我的园丁——我对他是可以信赖的——曾经有一次看到一些土蜂在花朵上工作。米汉[①]先生说，在美国蜂要穿破花冠而获得花蜜，他还说，它们的"受精是由夜蛾促成的"。

在法国，M. 诺丁(M. Naudin)将大量花朵在蕾期去雄任其由昆虫访问，约有四分之一花朵结成蒴果；[②]但是我相信在我的花圃里，绝大部分的花朵是由昆虫进行异花受精的，因为被网罩着的花朵用自己的花粉放在柱头上几乎不能结成足数的种子；而没有网罩的花朵却结成很好的蒴果，这说明必定有别株的花粉带到这些花朵上来，大概是由蛾子带来的。种在温室盆里的植株，生长很旺盛，但从来不结一个蒴果；这可能是由于隔绝了蛾类，至少这是主要的原因。

在同一植株上 6 朵花朵用网罩起来，用另一株的花粉进行杂交，结了 6 个蒴果，计含有 4.44 格令重的种子。另外 6 朵花朵用本株的花粉受精，只结了 3 个蒴果，仅含有 1.49 格令重的种子。从这里可以得出，相同数目的异花受精和自花受精的蒴果所含的种子质量之比为 100 ∶ 67。假使没有以后的许多试验肯定了这些几乎相同的结果，我不会想到这样少数蒴果所得的种子质量比例是值得提出的。

两组种子放在沙上，许多自花受精的种子比异花受精的种子先发芽，它们是被舍掉了。发芽情况相同的许多成对的幼苗种植在第Ⅰ盆和第Ⅱ盆的两对边；但是只测量每边最高的植株。又把种子稠密地播种在大盆(第Ⅲ盆)的两边，以后幼苗经过间

◀矮牵牛(*Petunia Violacea*)

① *Proc. Acad. Nat. Sc. of Philadelphia*，8 月 2 日，1870 年，90 页。希尔德布兰德教授也告诉我：蛾类，特别是天蛾(*Sphinx convolovli*)在德国大批地袭击花朵。正如我从布格尔先生(Mr. Boulger)那里听来的：蛾类在英国也是如此。

② *Annales des Sc. Nat.*，第 4 集，植物学，9 卷 5 期。

苗，每边留下相同数目的植株；对每边最高的3株进行测量。盆子放置在温室里，植株用支柱撑住。在一段时间里幼龄的异花受精植株在高度上没有比自花受精植株优越；但是它们的叶子比较大。当它们完成生长而开花的时候，测量植株高度，结果如表76。

**表76　矮牵牛(第一代)**

| 盆号 | 异花受精植株(英寸) | 自花受精植株(英寸) |
|---|---|---|
| Ⅰ | 30 | $20\frac{4}{8}$ |
| Ⅱ | $34\frac{4}{8}$ | $27\frac{4}{8}$ |
| Ⅲ | 34 | $28\frac{4}{8}$ |
|  | $30\frac{4}{8}$ | $27\frac{4}{8}$ |
|  | 25 | 26 |
| 总英寸数 | 154 | 130 |

这里5株最高的异花受精植株平均高度是30.8英寸，而5株自花受精植株平均高度是26英寸，即100∶84。

上述异花受精植株的花朵用杂交的方法产生3个蒴果，而在自花受精植株的花朵也用自花受精产生3个蒴果。后一种蒴果中有一个是和任何一个杂交蒴果一样的良好；但是其他两个包含有许多不饱满的种子。从这两组种子培育出下一代的植株。

**异花受精和自花受精的第二代植株**

和上一世代相似，许多自花受精种子比异花受精种子先发芽。

发芽情况相等的种子移植在3个盆子的两对边。异花受精的幼苗在高度上迅速地大大超过了自花受精幼苗。在第Ⅰ盆里当最高的异花受精植株是$10\frac{1}{2}$英寸高时，最高的自花受精植株只有$3\frac{1}{2}$英寸；在第Ⅱ盆里异花受精植株的超出量没有这样大。这些植株像上一世代一样进行处理，并且像以往一样在完成生长时进行测量。在第Ⅲ盆里两株异花受精植株在幼龄时被动物残害而死亡，所以自花受精植株没有竞争的对手。尽管如此，还是对这两个自花受精植株进行了测量，结果列于表77。种在第Ⅰ盆和第Ⅱ盆的异花受精植株比它们自花受精的对手很早就先开花了，并且也早于单独种植在第Ⅲ盆的自花受精植株。

**表77　矮牵牛(第二代)**

| 盆号 | 异花受精植株(英寸) | 自花受精植株(英寸) |
|---|---|---|
| Ⅰ | $57\frac{2}{8}$ | $13\frac{4}{8}$ |
|  | $36\frac{2}{8}$ | 8 |
| Ⅱ | $44\frac{4}{8}$ | $33\frac{2}{8}$ |
|  | 24 | 28 |

续表

| 盆号 | 异花受精植株(英寸) | 自花受精植株(英寸) |
| --- | --- | --- |
| Ⅲ | 0 | 46 2/8 |
| | 0 | 28 4/8 |
| 总英寸数 | 162.0 | 157.5 |

4 株异花受精植株平均高度为 40.5 英寸,而 6 株自花受精植株平均高度为 25 英寸,即 100∶65。但是这种巨大的差异是部分地由于偶然,因为有几个自花受精植株很矮,而有一个异花受精植株却很高。

异花受精植株上的 12 个花朵再进行杂交,产生了 11 个蒴果;其中 5 个发育不良,6 个发育良好;后者蒴果包含有 3.75 格令重的种子。自花受精植株的 12 个花朵再一次用自己的花粉进行受精,也就正好产生了 12 个蒴果。其中 6 个最良好的蒴果包含有重 2.57 格令的种子。这里我们应该注意到,后一种蒴果是在第Ⅲ盆里产生的,它们没有遭遇到任何的生长竞争。6 个良好异花受精蒴果的种子对 6 个最良好的自花受精蒴果的种子的质量比是 100∶68。从这些种子培育出下一代的植株。

**异花受精和自花受精的第三代植株**

上述种子放置在沙上,并于发芽后成对地种植在 4 个盆的两对边;并且把全部剩余的种子密植在第Ⅴ盆的两对边。试验结果是奇特的,因为在生长的早期自花受精植株就战胜了异花受精植株,并且在一段时间内其高度几乎高出一倍。最初,这种情况似乎和沟酸浆属(*Mimulus*)相似,沟酸浆属第三代以后出现了一个植株高大且自花受精结实力很高的变种。但是因为在以后连续两个世代中异花受精植株又获得了原有的、超过自花受精植株的优势,这种情况只能视为是反常的。我所能提出的唯一的假说,就是由于自花受精种子没有充分的成熟,因而产生体弱的植株。它们最初以反常的速率进行生长,这正像屈曲花(*Iberis*)未完全成熟的自花受精种子所产生的幼苗发生的情况一样。当异花受精植株长到三四英寸高的时候,测量 4 盆中 6 个最好的异花受精植株茎的高度,同时也测量 6 个最好的自花受精植株的高度。测量记录列于表 78。

**表 78 矮牵牛(第三代;很幼小的植株)**

| 盆号 | 异花受精植株(英寸) | 自花受精植株(英寸) |
| --- | --- | --- |
| Ⅰ | 1 4/8 | 5 6/8 |
| | 1 | 4 4/8 |
| Ⅱ | 5 7/8 | 8 3/8 |
| | 5 6/8 | 6 7/8 |

续表

| 盆号 | 异花受精植株(英寸) | 自花受精植株(英寸) |
|---|---|---|
| Ⅲ | 4 | 5⅝ |
| Ⅳ | 1⅛ | 5⅜ |
| 总英寸数 | 19.63 | 36.50 |

从表78中可以看到全部自花受精植株在高度上超过了它的对手,在以后的测量中,自花受精植株的优势主要是由于第Ⅱ盆里两个植株特出的高度。这里异花受精植株平均高度为3.27英寸,而自花受精植株为6.08英寸,即100∶186。

当它们完成生长时又进行一次测量,其结果如表79:

**表79　矮牵牛(第三代;成长完全的植株)**

| 盆号 | 异花受精植株(英寸) | 自花受精植株(英寸) |
|---|---|---|
| Ⅰ | 41⅛ | 40⅝ |
| | 48 | 39 |
| | 36 | 48 |
| | 36 | 47 |
| Ⅱ | 21 | 80⅜ |
| | 86⅜ | 36⅜ |
| Ⅲ | 52 | 46 |
| Ⅳ | 57 | 43⅝ |
| 总英寸数 | 327.75 | 431.00 |

现在8株异花受精植株平均高度是40.96英寸,而8株自花受精植株平均高度是53.87英寸,即100∶131。正如上面所提到的,这种优势主要是由于第Ⅱ盆里两个自花受精植株特出的高度。因此,自花受精植株已经失去了它们过去某些超越于异花受精植株的巨大优势。在3个盆里自花受精植株先开花,但在第Ⅲ盆里自花受精植株和异花受精植株同时开花。

在稠密播种全部剩余种子的第Ⅴ个盆里,异花受精植株(没有包括在表78和表79里)在一开始时就比自花受精植株长得较好,并且有较大的叶子,这就使得现有的事例更为奇异了。当这个盆里最高的两个异花受精植株是6⅛英寸和4⅝英寸高的时候,而最高的两个自花受精植株只有4英寸高。当两个异花受精植株是12英寸和10英寸高时,而两个自花受精植株只有8英寸高。后面两个植株和许多在同一边上的其他植株一样地不再长高了,然而有一些异花受精植株竟高达2英尺!由于异花受精植株表现出这样明显的优越性,所以这一盆两对边的植株都没有列入表78和表79里。

在第Ⅰ盆和第Ⅳ盆(表79)的异花受精植株上30朵花再度进行杂交,产生了17个蒴果。同样两盆的自花受精植株上30朵花再度进行自花受精,但只产生了7个蒴果。两组中每个蒴果所含的种子分别放在表面皿里,据肉眼观察,杂交蒴果所含种子数至少是自花受精蒴果的一倍。

为了要肯定自花受精植株的结实力是否由于以往3个世代的自花受精而削弱,曾将异花受精植株上的30朵花用自己的花粉进行受精。它们只产生了5个蒴果。这5个蒴果的种子分别放在表面皿里,种子数目似乎没有比自花受精植株上经第四次自花受精所产生的蒴果更多些。所以,就根据这样少量的蒴果来判断,自花受精植株的自花受精结实力,比起前3个世代进行相互杂交所产生的植株的自花受精结实力并没有降低。但是我们应该记住,这两组植株在每个世代所遭遇到的条件几乎是完全相似的。

在第Ⅰ盆里(表79)3株自花受精植株平均高度只略略高于异花受精植株,这个盆里的异花受精植株再度杂交,自花受精植株再度自花受精,获得的种子供下一次试验用。把它们和由第Ⅳ盆里(表79)植株所产生两组相似的种子分开保存,在第Ⅳ盆里异花受精植株是大大地高于自花受精植株。

**异花受精和自花受精的第四代植株(由表79第Ⅰ盆植株培育出来的植株)**

把上一世代在表79第Ⅰ盆植株所产生的异花受精和自花受精的种子放置在沙上,发芽后成对地分别种植于4个盆的两对边。当植株盛花时测量植株高度一直到花萼的基部。剩余的种子稠密地播种在第Ⅴ盆的两边,该盆每边4个最高的植株用同一种方法测量其高度。见表80。

**表80 矮牵牛(由表79第Ⅰ盆第三代植株所培育出来的第四代)**

| 盆号 | 异花受精植株(英寸) | 自花受精植株(英寸) |
|---|---|---|
| Ⅰ | 29 2/8 | 30 2/8 |
| | 36 2/8 | 34 6/8 |
| | 49 | 31 3/8 |
| Ⅱ | 33 3/8 | 31 5/8 |
| | 37 3/8 | 38 2/8 |
| | 56 4/8 | 38 4/8 |
| Ⅲ | 46 | 45 1/8 |
| | 67 2/8 | 45 |
| | 54 3/8 | 23 2/8 |
| Ⅳ | 51 6/8 | 34 |
| | 51 7/8 | 0 |

续表

| 盆号 | 异花受精植株(英寸) | 自花受精植株(英寸) |
|---|---|---|
| V<br>密植的 | $49\frac{4}{8}$ | $22\frac{3}{8}$ |
| | $46\frac{3}{8}$ | $24\frac{2}{8}$ |
| | 40 | $24\frac{6}{8}$ |
| | 53 | 30 |
| 总英寸数 | 701.88 | 453.50 |

15 株异花受精植株平均高度为 46.79 英寸，而 14 株(一株死亡了)自花受精植株平均高度为 32.39 英寸，即 100 ∶ 69。所以在这个世代里，异花受精植株已经恢复了它们所失去的超越于自花受精植株的优势；虽然后者的亲本在表 79 的第Ⅰ盆里只略略高于它们异花受精的对手。

**异花受精和自花受精的第四代植株(由表 79 第Ⅳ盆植株所培育出来的)**

从表 79 第Ⅳ盆的植株获得两组相似的种子，在第Ⅳ盆里唯有一个异花受精植株起初是比较矮的，但最后是大大地高出其自花受精的对手，这两组种子在各方面都用上一试验它们同辈弟兄完全相似的方法予以处理。在表 81 里，我们列出现有植株的测量记录。虽然异花受精植株在高度上大大超过自花受精植株；但是在 5 盆中有 3 盆都有一个自花受精植株比任何一个异花受精植株先开花；第四个盆是同时开花；第五个盆(就是第Ⅱ盆)有一个异花受精植株先开花。

**表 81　矮牵牛(由表 79 第Ⅳ盆第三代植株所培育出来的第四代)**

| 盆号 | 异花受精植株(英寸) | 自花受精植株(英寸) |
|---|---|---|
| Ⅰ | 46 | $30\frac{2}{8}$ |
| | 46 | 28 |
| Ⅱ | $50\frac{6}{8}$ | 25 |
| | $40\frac{2}{8}$ | $31\frac{3}{8}$ |
| | $37\frac{3}{8}$ | $22\frac{4}{8}$ |
| Ⅲ | $54\frac{2}{8}$ | $22\frac{6}{8}$ |
| | $61\frac{1}{8}$ | $26\frac{6}{8}$ |
| | 45 | 32 |
| Ⅳ | 30 | $28\frac{4}{8}$ |
| | $29\frac{1}{8}$ | 26 |
| V<br>密植的 | $37\frac{4}{8}$ | $40\frac{2}{8}$ |
| | 63 | $18\frac{5}{8}$ |
| | $41\frac{2}{8}$ | $17\frac{4}{8}$ |
| 总英寸数 | 581.63 | 349.38 |

这里 13 株异花受精植株平均高度为 44.74 英寸，13 株自花受精植株的平均高度

为26.87英寸，即100∶60。和上一事例相比，这些异花受精植株的亲本大大地高于自花受精植株的亲本；所以显然它们是把这种优势的一些部分遗传给了它们的异花受精后代了。我并没有把这些植株移到户外，以便观察它们相对的结实力，因为我比较了表81第Ⅰ盆里一些异花受精植株和自花受精植株的花粉粒，它们花粉粒发育的状况是有显著差异的；异花受精植株的花粉粒中很少有发育不良和空的花粉粒，而在自花受精植株上这样的花粉粒却是很多的。

**用新品系杂交的效果**

我从维斯塔汉姆(Westerham)的一个花园里获得一个新的植株，这地方就是我原有的植株的原产地，新的植株除花色是鲜紫色以外，和我的植株在各方面都没有区别。但是这个植株已肯定至少在4个世代里和我的植株遭遇到非常不同的条件，因为它们以往是种在温室花盆里的。在表81里上一代自花受精的植株，也就是第四世代自花受精植株上的8朵花是用新品系的花粉进行受精的。这8朵花全部结成蒴果，总共含有5.01格令重的种子。由这些种子所培育出来的植株被称为维斯塔汉姆杂交种(Westerham-crossed)。

表81里上一代或者说是第四代的异花受精植株上的8朵花，再用另一异花受精植株的花粉进行杂交，产生了5个蒴果，含有2.07格令重的种子。这些种子所产生的植株可以称之为个体间杂交的；而它们即组成为个体间杂交的第五代。

表81里同一世代的自花受精植株上8朵花再进行自花受精，产生了7个蒴果，含有2.1格令重的种子。由这些种子所长成的自花受精的植株即组成为自花受精的第五代。这些自花受精的植株和个体间杂交的植株在各方面可以和以往4个世代异花受精和自花受精植株进行比较。

从上述资料，很容易计算出：

| | 种子重(格令) |
|---|---|
| 10个维斯塔汉姆杂交的蒴果包含有 | 6.26 |
| 10个个体间杂交的蒴果包含有 | 4.14 |
| 10个自花受精的蒴果包含有 | 3.00 |

因而我们可以得出下列比率：

维斯塔汉姆杂交蒴果的种子重对自花受精第五代蒴果的种子重之比为 …………………………………… 100∶48

维斯塔汉姆杂交蒴果的种子重对个体间杂交第五代蒴果的种子重之比为 …………………………………… 100∶66

个体间杂交蒴果的种子重对自花受精蒴果的种子重之比为 ……… 100∶72

所以用新品系的花粉进行杂交，大大地增加了以往4个世代进行自花受精植株上的花朵结实力，它不仅比同一植株上进行第五次自花受精的花朵结实力要高，而且也比异花受精植株用同一老品系的另一植株的花粉进行第五次杂交的花朵结实力要高。

这3组种子放置在沙上，把发芽程度相同的种子种植在7个盆里，每盆表面上分成3格。一部分剩余的种子不论它是否已经发芽都密植在第Ⅷ盆里。盆子放在温室里，植株用支柱撑住。当开始开花时第一次测量植株高度达其顶端；当时22株维斯塔汉姆杂交植株平均高度是25.51英寸；23株个体间杂交植株平均高度是30.38英寸；而23株自花受精植株平均高度是23.40英寸。因而我们得出下列比例：

维斯塔汉姆杂交植株的高度对自花受精植株的高度之比为 ……… 100∶91

维斯塔汉姆杂交植株的高度对个体间杂交植株的高度之比为 … 100∶119

个体间杂交植株的高度对自花受精植株的高度之比为 …………… 100∶77

当偶然地观察到植株生长完成时，这些植株又进行再度的测量。但是在这方面我的观察是错误的，因为在把它们割下后，我发现维斯塔汉姆杂交的植株顶端还在强烈地生长着；而个体间杂交的植株已几乎完成生长，自花受精植株则完全完成了它们的生长。所以我毫不怀疑，如果再让3组植株继续生长一个月，它们之间的比例将会与下表所列资料所得的比例稍有不同。

现在，2株维斯塔汉姆杂交植株的平均高度是50.05英寸；22株个体间杂交植株是54.11英寸；而21株自花受精植株是33.23英寸。因而我们得出下列比例：

维斯塔汉姆杂交植株的高度对自花受精植株的高度之比为 ……… 100∶66

维斯塔汉姆杂交植株的高度对个体间杂交植株的高度之比为 … 100∶108

个体间杂交植株的高度对自花受精植株的高度之比为 …………… 100∶61

**表82　矮牵牛**

| 盆号 | 维斯塔汉姆杂交植株(由自花受精第四代植株用新品系杂交产生的)(英寸) | 个体间杂交植株(同一品系植株间相互杂交五代的植株)(英寸) | 自花受精植株(自花受精五代)(英寸) |
|---|---|---|---|
| Ⅰ | 64 2/8 | 57 2/8 | 43 6/8 |
|  | 24 | 64 | 56 3/8 |
|  | 51 4/8 | 58 6/8 | 31 5/8 |
| Ⅱ | 48 7/8 | 59 7/8 | 41 5/8 |
|  | 54 4/8 | 58 2/8 | 41 2/8 |
|  | 58 1/8 | 53 | 18 2/8 |

续表

| 盆号 | 维斯塔汉姆杂交植株（由自花受精第四代植株用新品系杂交产生的）（英寸） | 个体间杂交植株（同一品系植株间相互杂交五代的植株）（英寸） | 自花受精植株（自花受精五代）（英寸） |
|---|---|---|---|
| Ⅲ | 62 | $52\frac{2}{8}$ | $46\frac{6}{8}$ |
| | $53\frac{2}{8}$ | $54\frac{6}{8}$ | 45 |
| | $62\frac{7}{8}$ | $61\frac{6}{8}$ | $19\frac{4}{8}$ |
| Ⅳ | $44\frac{4}{8}$ | $58\frac{7}{8}$ | $37\frac{5}{8}$ |
| | $49\frac{2}{8}$ | $65\frac{6}{8}$ | $33\frac{2}{8}$ |
| | · · | $59\frac{6}{8}$ | $32\frac{2}{8}$ |
| Ⅴ | $43\frac{1}{8}$ | $35\frac{6}{8}$ | $41\frac{6}{8}$ |
| | $53\frac{7}{8}$ | $34\frac{6}{8}$ | $26\frac{4}{8}$ |
| | $53\frac{2}{8}$ | $54\frac{6}{8}$ | 0 |
| Ⅵ | $37\frac{4}{8}$ | 56 | $46\frac{4}{8}$ |
| | 61 | $63\frac{5}{8}$ | $29\frac{6}{8}$ |
| | 0 | $57\frac{7}{8}$ | $14\frac{4}{8}$ |
| Ⅶ | $59\frac{6}{8}$ | 51 | 43 |
| | $43\frac{4}{8}$ | $49\frac{6}{8}$ | $12\frac{2}{8}$ |
| | $50\frac{5}{8}$ | 0 | 0 |
| Ⅷ 密植的 | $37\frac{7}{8}$ | $38\frac{5}{8}$ | $21\frac{6}{8}$ |
| | $37\frac{2}{8}$ | $44\frac{5}{8}$ | $14\frac{5}{8}$ |
| 总英寸数 | 1051.25 | 1190.50 | 697.88 |

这里我们可以看到，自从它们第一次测量以后，维斯塔汉姆杂交植株（自花受精4代的植株后来用新品系杂交而产生的后代）相对地比自花受精5代的植株在高度上增长了很多。第一次测量时在高度上，两者之比是100∶91，而现在是100∶66。个体间杂交植株（就是在以往5代里进行相互杂交的植株）在高度上也超过了自花受精植株，它们除了第三代的不正常植株以外，都正如以往各代所发生的一样。另一方面，个体间杂交植株的高度却又超过了维斯塔汉姆杂交植株的高度。从大多数其他严格相似的事例来判断，这是一件很奇异的事实。但是由于维斯塔汉姆杂交植株还在强烈地生长，而个体间杂交植株几乎停止了生长，因此无疑地，如果再让它们继续生长一个月，维斯塔汉姆杂交植株在高度上将一定会胜过个体间杂交植株。它们正在赶上去，那是很显然的，因为在前一次测量它们之间的比是100∶119，而现在高度比却只有100∶108了。维斯塔汉姆杂交植株有比较深绿的叶片，整个地看上去也比个体间杂交植株健壮些。更重要的，正如我们即将看到的，它们产生了含更重种子的蒴果。所以，事实上从自花受精第四代植株上用新品系杂交所产生的后代要比个体间杂交植株优越，同时也比自花受精的第五代植株优越——后一事实是不容再有丝毫怀疑的。

这3组植株从地面割下并称记质量。21个维斯塔汉姆杂交植株重32盎司;22个个体间杂交植株重34盎司,而21个自花受精植株重7¼盎司。下列比例是根据每组的同等植株数计算出来的。但是由于自花受精植株已经正在开始萎凋,所以这里它们的相对质量是略微低了一些;同时,由于维斯塔汉姆杂交植株还在强烈地生长,如果时间允许的话,它们的相对质量无疑地将会大大地增加。

维斯塔汉姆杂交植株的质量对自花受精植株的质量之比为 ……… 100∶22

维斯塔汉姆杂交植株的质量对个体间杂交植株的质量之比为 … 100∶101

个体间杂交植株的质量对自花受精植株的质量之比为 ………… 100∶22.3

用质量代替前面所用的高度来判断,这里我们可以看到,维斯塔汉姆杂交植株和个体间杂交植株比自花受精植株具有巨大的有利性。维斯塔汉姆杂交植株比相互杂交植株仅微略低一些;但是几乎可以肯定,如果再让它们继续生长一个月,前者将会完全战胜后者。

因为我拥有同样3组的大批种子,而上述的植株就是由这些种子所培育出来的,我把它们种在田间平行相邻的3个长行里,用以验证在这些情况下所获得的结果是否和以前的近乎相同。晚秋时(11月13日),在每行里仔细地选出最高的10个植株,测量它们的高度,其结果如表83。

**表83 矮牵牛(种植在田间的植株)**

| 维斯塔汉姆杂交植株(由自花受精第四代植株用新品系杂交产生的)(英寸) | 个体间杂交植株(同一品系植株间相互杂交五代的植株)(英寸) | 自花受精植株(自花受精五代)(英寸) |
|---|---|---|
| 34⅜ | 38 | 27⅜ |
| 36⅜ | 36⅜ | 23 |
| 35⅜ | 39⅝ | 25 |
| 32⅘ | 37 | 24⅛ |
| 37 | 36 | 22⅘ |
| 36⅘ | 41⅜ | 23⅜ |
| 40⅞ | 37⅜ | 21⅝ |
| 37⅜ | 40 | 23⅘ |
| 38⅜ | 41⅜ | 21⅜ |
| 38⅝ | 36 | 21⅜ |
| 366.75 | 382.75 | 233.13 |

这里10株维斯塔汉姆杂交植株的平均高度是36.67英寸;10株个体间杂交植株的平均高度是38.27英寸;而10株自花受精植株的平均高度是23.31英寸。这3组植株也称记了质量:维斯塔汉姆杂交植株重28盎司;个体间杂交植株重41盎司;而

自花受精植株重 14.75 盎司。因而我们得出下列比例：

维斯塔汉姆杂交植株的高度对自花受精植株的高度之比为 ……… 100∶63

维斯塔汉姆杂交植株的质量对自花受精植株的质量之比为 ……… 100∶53

维斯塔汉姆杂交植株的高度对个体间杂交植株的高度之比为 … 100∶104

维斯塔汉姆杂交植株的质量对个体间杂交植株的质量之比为 … 100∶146

个体间杂交植株的高度对自花受精植株的高度之比为 …………… 100∶61

个体间杂交植株的质量对自花受精植株的质量之比为 …………… 100∶36

在这里 3 组植株的相对高度几乎和种在盆子里的植株相同(相差在 3%或 4%以内)。在质量方面有着更大的差异：维斯塔汉姆杂交植株对自花受精植株的超出量远比以前为少,但是种在盆里的自花受精植株,正如以上所述已变得稍有枯萎,因而它们是不公平地变轻了。这里维斯塔汉姆杂交植株在质量上轻于个体间杂交植株,其程度比种在盆里更大。这似乎由于它们在这里分枝较少,而分枝少乃是由于它们有着较多的发芽数,因而植株更为稠密。它们的叶片比个体间杂交植株和自花受精植株叶片的绿色更淡一些。

**三组植株的相对结实力**

种在温室花盆里的植株,没有一株结出蒴果;这可能主要是由于隔绝了蛾类。所以这 3 组植株的结实力只可能利用种植在田间的植株来判断了,这些植株在田间未加网罩,或许进行了异花受精。这 3 行里的植株,年龄正好完全相同,而且处在完全相似的条件下,所以在结实力上的任何差异都是由于它们的来源不同。这就是说,第一组是由自花受精 4 代后,用新品系杂交而产生的;第二组是由同一老品系的植株间相互杂交 5 代而产生的;第三组是由自花受精 5 代而产生的。在 3 行的每一行里选取 10 株最优良的植株,把有些近于成熟和有些只发育到一半的全部蒴果都收集起来,计数蒴果数并称其质量,计数和称记的结果上面已经述及。正如我们已经看到的,个体间杂交植株比其他两组植株较高些,而且显著地重些,并且它们甚至还比维斯塔汉姆杂交植株生产出更多数量的蒴果。这可能是由于后者生长较为稠密,因而分枝较少。因此每组植株上相同蒴果数的平均质量似乎是最公平的比较标准,因为它们的质量将主要地决定于蒴果内所包含的种子数。因为个体间杂交植株比其他两组植株更加高些和重些,这就可能预期它们会生产出最好的或最重的蒴果。但是情况却远不是这样。

10 株最高的维斯塔汉姆杂交植株产生了 111 个成熟和不成熟的蒴果,重 121.2 格令。所以 100 个这样的蒴果质量将是 109.08 格令。

10 株最高的个体间杂交植株产生了 129 个蒴果，重 76.45 格令。所以 100 个这样的蒴果质量将是 59.26 格令。

10 株最高的自花受精植株只产生了 44 个蒴果，重 22.35 格令。所以 100 个这样的蒴果质量将是 50.79 格令。

从这些资料我们得出 3 组植株结实力的下列比例，这是根据每一组最优良植株上相同蒴果数的相对质量所推算出来的：

维斯塔汉姆杂交植株对自花受精植株之比为 ························ 100∶46

维斯塔汉姆杂交植株对个体间杂交植株之比为 ······················ 100∶54

个体间杂交植株对自花受精植株之比为 ···························· 100∶86

我们从这里可以看到，用新品系的花粉杂交对自花受精 4 代的植株结实力的影响，比之老品系的植株用个体间杂交或自花受精 5 代的影响是如何的强而有力；所有这些植株上的花朵让其自由地由昆虫进行异花受精或者它们自己受精。不论在盆里或田间的维斯塔汉姆杂交植株也都远比自花受精植株高且重些；但是它们比个体间杂交植株矮些和轻些。然而，如果再让植株生长一个月，后一种结果几乎肯定是可以反过来的。因为当时维斯塔汉姆杂交植株还在强烈地生长，而个体间杂交植株几乎停止生长了。这一事例使我们回忆到它与花菱草属(*Eschscholtzia*)有些相似的情况，在那里用新品系杂交所长成的植株，并没有比自花受精或个体间杂交植株更高一些，但是却生产了含更多量种子的蒴果，这些蒴果包含有比较多的平均种子数。

**上述三组植株花朵的颜色**

5 个世代连续自花受精所培育出来的原始母本植株开着紫褐色花朵。从来没有进行任何的选择，并且全部植株在每一世代里都处在极其一致的条件下。正和以前一些情况相同，其结果是自花受精植株上的花朵，不论种在盆里还是在田间，其颜色都是绝对一致的；它的颜色是深暗、比较特殊的肉色。在田间种植的长行里这种一致性是很惊人的，这种情况首先引起了我的注意。我未曾注意到在那个世代里花色开始改变，并且变得一致，但是我有各种理由可以相信变化是逐渐进行的。个体间杂交植株上的花朵几乎是同一种颜色，但是没有像自花受精植株上花朵那样的一致，它们中间许多是几乎接近于白色的苍白色。正如我们所预期的，在用紫花维斯塔汉姆品系杂交产生的植株上的花朵，是非常深的紫色，而且颜色也不完全是一致的。根据肉眼判断，自花受精植株在高度上也是高度一致；个体间杂交植株比较差些，而维斯塔汉姆杂交植株在高度上却变异很大。

## 烟草(*Nicotiana tabacum*)

这种植物有一种很新奇的情况。在属于连续 3 个世代异花受精和自花受精植株的 6 个试验里只有 1 个,异花受精植株在高度上显著地超过自花受精植株;在 4 个试验里它们近乎相等;而在 1 个试验里(就是在第一代),自花受精植株大大超过异花受精植株。没有一次用异株花粉受精的蒴果不比自花受精花朵的蒴果产生更多的种子,而有时它们也产生较少的种子。但是一个品种的花朵用另一个稍有不同的品种的花粉进行杂交,而后一品种是生长在稍有不同条件下的——也就是说用新品系杂交——从这种杂交所产生的幼苗在高度上和质量上都以显著的程度超越于自花受精植株。

从市场上购来的普通烟草种子培育出一些植株,在其植株上将 12 朵花用同一组而不同植株的花粉进行杂交,它们产生了 10 个蒴果。同样一些植株上的 12 朵花用自己的花粉受精,产生了 11 个蒴果。10 个异花受精蒴果种子重 31.7 格令;而自花受精的 10 个蒴果种子重 47.67 格令,即 100∶150。自花受精的蒴果比异花受精的蒴果具有更大的结实力,这绝不可能是偶然,因为两组的全部蒴果都是很好和健康的。

种子放置在沙上,几对发芽情况相等的种子种植在 3 个盆子的两对边。剩余的种子密植在第Ⅳ盆的两对边,所以在这盆里的植株是很密集的。对每个盆里每边最高的植株进行测量。当植株还很幼小时,4 株最高的异花受精植株平均高度是 7.87 英寸,而 4 株最高的自花受精植株是 14.87 英寸,即 100∶189。在这样年龄下的植株高度列在表 84 的左边两直行里。

**表 84　烟草(第一代)**

| 盆号 | 1868 年 5 月 20 日 | | 1868 年 12 月 6 日 | |
|---|---|---|---|---|
| | 异花受精植株(英寸) | 自花受精植株(英寸) | 异花受精植株(英寸) | 自花受精植株(英寸) |
| Ⅰ | 15⅘ | 26 | 40 | 44 |
| Ⅱ | 3 | 15 | 6⅘ | 43 |
| Ⅲ | 8 | 13⅘ | 16 | 33 |
| Ⅳ密植的 | 5 | 5 | 11⅘ | 11 |
| 总英寸数 | 31.5 | 59.5 | 74.0 | 131.0 |

当盛花时,对两边最高的植株再一次进行测量,结果见表 84 中右侧的两直行。但是我应该说明,花盆是不够大的,因而植株没有长到它们应有的高度。现在这 4 株

最高的异花受精植株的平均高度是18.5英寸，而4株最高的自花受精植株平均高度是32.75英寸，即100∶178。在所有4盆里有一株自花受精植株比任何一株异花受精植株都先开花。

在第Ⅳ盆里，植株是极其稠密的，两组植株在最初是等高的；并且到后来最高的异花受精植株比最高的自花受精植株只稍微高出一点点。这使我联想到在矮牵牛属(*Petania*)有一个世代里有其相似的情况，在那里除去稠密的一盆以外，各盆的自花受精植株在整个生长期间都高出异花受精植株。因此又进行了另一个试验，把某些同样的异花受精和自花受精的烟草种子密植在另外两个盆子的两对边，让植株生长得格外稠密些。当它们的高度在13英寸和14英寸之间的时候，两对边没有差异，在植株生长到它们所能够到达的最高高度时也没有任何显著的差异。因为在一盆里最高的异花受精植株的高度是26½英寸，超出最高的自花受精植株2英寸，而在另一盆里最高的异花受精植株比最高自花受精植株矮3½英寸，自花受精植株高度是22英寸。

在表84中的上述小盆里，植株没有能生长到应有的高度。我又用同一种种子，在装有肥沃土壤的4只很大盆子的两对边成对地种植了4个异花受精植株和4个自花受精植株。这样它们不再处在严峻的相互竞争之下了。当植株开花时，我疏忽了测量，但是我把所有4个自花受精植株比4个异花受精植株高出2英寸或3英寸的，都记录在我的记录簿上了。我们已经看到，原始的或亲本植株上的花朵用异株花粉杂交，其生产的种子远比用自己花粉受精的为少；而刚才提到的试验结果以及表84的材料显然地为我们指出：从异花受精种子培育出来的植株在高度上低于从自花受精种子所培育出来的植株，但是只有在不很稠密的时候才是如此。当稠密时且植株处在严酷的竞争时，异花受精植株和自花受精植株在高度上则几乎相等。

**异花受精和自花受精的第二代植株**

在上面谈到的上一世代种植在4个大盆里的异花受精植株上有12朵花，曾用种在另一盆中一株花粉进行杂交；而在自花受精植株上的12朵花曾用它们自己的花粉受精。两组的全部花朵都结出良好的蒴果。10个异花受精的蒴果含有种子重38.92格令，而10个自花受精的蒴果含有种子重37.74格令，即100∶97。将一些发芽情况相同的种子成对地种植在5个大盆的两对边。有很多异花受精种子早于自花受精种子发芽，当然这些种子是被舍弃了。这样长成的植株，当其中一些植株盛花的时候，遂进行测量。

这里13株异花受精植株的平均高度是39.35英寸，而13株自花受精植株是

31.82 英寸，即 100∶81。但是舍弃了高度只有 10 英寸或 10 英寸以下的全部饥饿状态的植株应该是更公平的办法。这样，剩下来的 9 个异花受精植株平均高度是 53.84 英寸，而剩下来的 7 个自花受精植株是 51.78 英寸，即 100∶96；差异是如此的小，以致异花受精植株和自花受精植株在高度上可以视为相等的。

在这些植株以外，3 株异花受精植株分别种在 3 只大盆里，3 株自花受精植株种在另外 3 只大盆里，所以它们没有遭遇到任何的竞争；于是自花受精植株的高度略略地超过异花受精植株，因为 3 个异花受精植株平均高度是 55.91 英寸，而 3 个自花受精植株是 59.16 英寸，即 100∶106。

**表 85 烟草(第二代)**

| 盆号 | 异花受精植株(英寸) | 自花受精植株(英寸) |
| --- | --- | --- |
| Ⅰ | $14\frac{4}{8}$ | $27\frac{6}{8}$ |
| | $78\frac{4}{8}$ | $8\frac{6}{8}$ |
| | 9 | 56 |
| Ⅱ | $60\frac{4}{8}$ | $16\frac{6}{8}$ |
| | $44\frac{6}{8}$ | 7 |
| | 10 | $50\frac{4}{8}$ |
| Ⅲ | $57\frac{1}{8}$ | 87(A) |
| | $1\frac{2}{8}$ | $81\frac{2}{8}$(B) |
| Ⅳ | $6\frac{6}{8}$ | 19 |
| | 31 | $43\frac{2}{8}$ |
| | $69\frac{4}{8}$ | 4 |
| Ⅴ | $99\frac{4}{8}$ | $9\frac{4}{8}$ |
| | $29\frac{2}{8}$ | 3 |
| 总英寸数 | 511.63 | 413.75 |

### 异花受精和自花受精的第三代植株

因为我想确认两个方面：第一，那些在上一代高度上大大超过异花受精对手的自花受精植株，是否会把这一相同的趋势遗传给它们的后代；第二，它们是否拥有相同的遗传因素。为了这一试验，我选择在表 85 第Ⅲ盆里标记着 A 和 B 2 棵自花受精的植株，因为它们的高度几乎相等，而且它们都大大地超过它们异花受精的对手。每株上 4 朵花用自己花粉受精，同一株上另 4 朵花用种植在另一只盆里的异花受精植株的花粉进行杂交。这个计划和以前所行的有所不同，在以前是由异花受精植株产生的幼苗再度杂交，而由自花受精植株产生的幼苗再度自花受精。从上述两个植株产生的异花受精和自花受精蒴果的种子分别放在表面皿上进行比较；但是没有称记质量；在这两种情况中，从异花受精蒴果所得的种子似乎比从自花受精蒴果所得的种子还要少些。这些种子按一般方法种植，当生长完成时，测量异花受精植株和自花受精植株的高度，列于表86及表87。

**表86　烟草(第三代，从表85第Ⅲ盆上第一代或第二代自花受精植株A所培育出来的幼苗)**

| 盆号 | 自花受精植株用一个异花受精植株杂交所产生的植株(英寸) | 自花受精植株再自花受精，组成第三代自花受精植株(英寸) |
|---|---|---|
| Ⅰ | $100\frac{2}{8}$ | 98 |
| | 91 | 79 |
| Ⅱ | $110\frac{2}{8}$ | $59\frac{1}{8}$ |
| | $100\frac{4}{8}$ | $66\frac{6}{8}$ |
| Ⅲ | 104 | $79\frac{6}{8}$ |
| Ⅳ | $84\frac{2}{8}$ | $110\frac{4}{8}$ |
| | $76\frac{4}{8}$ | $64\frac{1}{8}$ |
| 总英寸数 | 666.75 | 557.25 |

**表87　烟草(第三代，从表85第Ⅲ盆上一代或第二代自花受精植株B所培育出来的幼苗)**

| 盆号 | 自花受精植株用一个异花受精植株杂交所产生的植株(英寸) | 自花受精植株再自花受精，组成第三代自花受精植株(英寸) |
|---|---|---|
| Ⅰ | $87\frac{2}{8}$ | $72\frac{4}{8}$ |
| | 49 | $14\frac{2}{8}$ |
| Ⅱ | $98\frac{4}{8}$ | 73 |
| | 0 | $110\frac{4}{8}$ |
| Ⅲ | 99 | $106\frac{4}{8}$ |
| | $15\frac{2}{8}$ | $73\frac{6}{8}$ |
| Ⅳ | $97\frac{6}{8}$ | $48\frac{6}{8}$ |
| Ⅴ | $48\frac{6}{8}$ | $81\frac{2}{8}$ |
| | 0 | $61\frac{2}{8}$ |
| 总英寸数 | 495.50 | 641.75 |

在这两个表中，表86里7株异花受精植株平均高度是95.25英寸，而7株自花受精植株高度是79.6英寸，即100∶83。在一半的盆里是一个异花受精植株先开花，在其他一半的盆里一株自花受精植株先开花。

我们现在来谈谈由植株B所产生的幼苗。

这里7株异花受精植株(因为其中2株已死亡)平均高度是70.78英寸，而9株自花受精植株平均高度是71.3英寸，即100∶101(接近值)。在5盆中有4盆，一株自花受精植株比任何一株异花受精植株都先开花。所以这与以往情况有所不同，在某些方面自花受精植株稍优于异花受精植株。

如果我们现在来考虑3个世代的异花受精和自花受精植株，我们就可以看到在它们相对的高度上有极大的差别。

在第一世代里异花受精植株低于自花受精植株，两者之比为100：178；在原始亲本植株上的花朵用异株花粉进行杂交，其所产生的种子数比自花受精的花朵产生的种子数少一些，成100：150。这是一件惊奇的事实，自花受精植株在和异花受精植株极其严酷的竞争下，有两次在这种情况下，它们都没有比异花受精植株有优势。异花受精的第一代植株的劣势并不能归结于种子的不成熟，因为我曾经细心地检查了它们；也不会由于种子有病或者是某些蒴果受到某种伤害，因为10个异花受精蒴果的种子被混合起来了，而是随机地抽取少数的种子进行播种。

在第二代里异花受精植株和自花受精植株在高度上几乎相等。

第三代异花受精和自花受精的种子是从上一代的两个植株上获得的，从这些种子所产生的植株在生命力上是显著地不同。有一种情况下异花受精植株在高度上超过自花受精植株，两者之比为100：83，而在另一情况下两者几乎是相等。这两组材料是从生长在同一盆内的两个植株所产生出来的，并且在各方面受到相似的处理，同时在第一代里自花受精植株对异花受精植株具有极大的优越性。这两组材料的差异如果合并起来考虑，会使我相信本种植物中的一些个体，在性别亲和力（sexual affinity）上（米用卡特纳所使用的名词）和其他植物具有某些程度上的差别，这种差别正好像同一属内很相接近的物种一样。因此，如果有如此差别的两个植株进行杂交，则其幼苗就会受害、并被自花受精花朵培育出来的植株所击败，而在自花受精花朵中的性因素是具有相同本性的。大家知道，[①]在我们的家畜里某些个体在性别上是不亲和的，将不会产生后代，虽对其他的个体是能孕的。但是科鲁特尔曾记录一个事例，[②]它和我们现有事例具有很密切的关系，因为它指出了烟草属（*Nicotiana*）以内的品种，在性别亲和力上是有差异的。他曾用普通烟草的5个品种进行试验，并且证明了它们在相互杂交时都是完全能孕的品种；但是其中有一个品种如果用来作母本或父本，而和另外一个血缘远的种——粘毛烟草（*N. glutinosa*）相杂交，则其比任何其他品种都有更高的结实力。因为不同品种在遗传因素上既有这样的差别，那么同一品种内个体间存在有情况上相似、而程度上轻微的差异，就不足为奇了。

把三个世代的植株合并起来看，异花受精植株并没有比自花受精植株占优势。我要说明这种事实，只能假定这一种植物在没有昆虫的帮助时是完全自花能孕的。大多数的个体是处在这种情况下，正如普通豌豆和外国输入的其他几种植物的同

① 关于这个标题，我已在我的《动物和植物在家养下的变异》第18章，第二版，第2卷，146页中提出证据。

② *Das Geschlecht der Pflanzen, Zweite Fortsetzung*，1764年，55—60页。

一品种的那些植株一样，它们是经过许多世代自花受精的。在这种情况下两个个体间的杂交是没有益处了；在任何情况之下也不会有益处，除非个体在一般体质上有所不同，或者是由于自发的变异，或者由于它们的祖先曾生长在不同条件之下。我相信在这个事例中，这是真正的解释，因为我们立刻就要看到，当植株用同一品系的植株进行杂交，其后代毫无益处，而用稍微不同的亚变种杂交却获得异常程度的益处。

**用新品系杂交的效果**

我从邱园处取得一些普通烟草(*N. tabacum*)的种子，并培育出一些植株。它们是和我原先所有的植株稍有不同的亚变种，因为它们的花朵是较暗的淡红色，叶片稍微较尖，植株也不十分高。所以由于这种杂交而幼苗在高度上所获得的优势，并不能归因于直接的遗传。在表 87 第Ⅱ盆和第Ⅴ盆里种植的两个自花受精植株的第三代植株，在高度上超过它们的异花受精对手(正像它们亲代一样，而在程度上还更高些)，在那里是用从邱园取来的植株花粉所杂交的，也就是说用新品系杂交的。这样培育出来的植株可称为邱园品系杂交种(Kew-crossed)。同样两株上的另一些花朵用它们自己的花粉受精，这样培育出自花受精第四代的幼苗。表 87 第Ⅱ盆植株上所产生的杂交蒴果显然不及同株上的自花受精蒴果优良。在第Ⅴ盆里一个最好的蒴果也是自花受精的；但是两个杂交蒴果所产生的种子合起来在数量上超过同株上两个自花受精蒴果所产的种子。所以，单就亲本植株上的花朵来考虑，用新品系的花粉杂交仅有很小的好处或没有好处；同时我也未曾期望后代将会得到任何的益处，但是在这方面我是完全错了。

两株上异花受精和自花受精的种子都放在纯沙上，两组里很多异花受精种子都比自花受精种子先发芽，它们的胚根伸出的速度也快些。所以在把发芽情况相同的成对种子种植到 16 只大盆的两对边以前，许多异花受精种子被舍弃了。从第Ⅱ盆和第Ⅴ盆亲本所培育出来的两组幼苗被分别培植，当完成生长时，测量其高度至最高叶的尖端，结果列于表 88 中。但是由于这两个植株所产生的异花受精植株和自花受精植株在高度上没有相同的差异，所以把它们的高度累加在一起来计算它们的平均数。我应该说明由于在温室里一株大灌木偶然倒下，两组里有一些植株受到了很大的损伤。于是把这些植株和它们的对手一齐立刻进行了测量，然后，才把它们舍弃掉。其他植株让它们生长到十足的高度，在开花时进行测量。这个偶然的事件说明了一些成对植株为何会矮小。又因为成对的植株不论是未完成生长或完成生长都是在同一时间测量，所以，这样的测量记录是公平的。

**表 88　烟草(表 87 第Ⅱ盆和第Ⅴ盆自花受精第三代的两棵植株所产生的植株)**

| 表 87　第Ⅱ盆所产生的 | | | 表 87　第Ⅴ盆所产生的 | | |
|---|---|---|---|---|---|
| 盆号 | 邱园品系杂交的植株(英寸) | 自花受精的第四代植株(英寸) | 盆号 | 邱园品系杂交的植株(英寸) | 自花受精的第四代植株(英寸) |
| Ⅰ | $84\frac{6}{8}$ | $68\frac{4}{8}$ | Ⅰ | $77\frac{6}{8}$ | 56 |
| | 31 | 5 | | $7\frac{2}{8}$ | $5\frac{3}{8}$ |
| Ⅱ | $78\frac{4}{8}$ | $51\frac{4}{8}$ | Ⅱ | $55\frac{4}{8}$ | $27\frac{6}{8}$ |
| | 48 | 70 | | 18 | 7 |
| Ⅲ | $77\frac{3}{8}$ | $12\frac{6}{8}$ | Ⅲ | $76\frac{2}{8}$ | $60\frac{6}{8}$ |
| | $77\frac{4}{8}$ | $6\frac{6}{8}$ | | | |
| Ⅳ | $49\frac{3}{8}$ | $29\frac{4}{8}$ | Ⅳ | $90\frac{4}{8}$ | $11\frac{6}{8}$ |
| | $15\frac{6}{8}$ | 32 | | $22\frac{2}{8}$ | $4\frac{1}{8}$ |
| Ⅴ | 89 | 85 | Ⅴ | $94\frac{2}{8}$ | $28\frac{4}{8}$ |
| | 17 | $5\frac{3}{8}$ | | | |
| Ⅵ | 89 | 85 | Ⅵ | 78 | $78\frac{6}{8}$ |
| Ⅶ | $84\frac{4}{8}$ | $48\frac{6}{8}$ | Ⅶ | $85\frac{4}{8}$ | $61\frac{4}{8}$ |
| | $76\frac{4}{8}$ | $56\frac{4}{8}$ | | | |
| Ⅷ | $83\frac{4}{8}$ | 84 | Ⅷ | $65\frac{5}{8}$ | $78\frac{3}{8}$ |
| | | | | $72\frac{2}{8}$ | $27\frac{4}{8}$ |
| 总英寸数 | 902.63 | 636.13 | 总英寸数 | 743.13 | 447.38 |

在两组 16 盆里 26 株异花受精植株的平均高度是 63.29 英寸，而 26 株自花受精植株的平均高度是 41.67 英寸，即 100∶66。异花受精植株的优势也在另一方面表现出来，因为在 16 盆中除了第二组的第Ⅳ盆外，每盆里异花受精植株都比自花受精植株先开花，而在第Ⅳ盆里两边的植株是同时开花。

两组的剩余的种子不论其发芽情况如何，都密植在两只大盆的两对边。当它们长到近乎停止生长时，在每只盆的两边测量 6 个最高植株的高度。见表 89。

**表 89　烟草(和表 87 相同的亲本所产生的植株，但密植在两只大盆里)**

| 表 87　第Ⅱ盆所产生的 | | 表 87　第Ⅴ盆所产生的 | |
|---|---|---|---|
| 邱园品系杂交的植株(英寸) | 自花受精的第四代植株(英寸) | 邱园品系杂交的植株(英寸) | 自花受精的第四代植株(英寸) |
| $42\frac{4}{8}$ | $22\frac{4}{8}$ | $44\frac{6}{8}$ | $22\frac{4}{8}$ |
| 34 | $19\frac{2}{8}$ | $42\frac{4}{8}$ | 21 |
| $30\frac{4}{8}$ | $14\frac{2}{8}$ | $27\frac{4}{8}$ | 18 |
| $23\frac{4}{8}$ | 16 | $31\frac{2}{8}$ | $15\frac{2}{8}$ |
| $26\frac{6}{8}$ | $13\frac{4}{8}$ | 32 | $13\frac{5}{8}$ |
| $18\frac{3}{8}$ | 16 | $24\frac{6}{8}$ | $14\frac{6}{8}$ |
| 175.63 | 101.75 | 202.63 | 105.13 |

由于它们处在极其稠密的条件下，所以它们的高度远比前述试验更矮，甚至在它们还很幼小的时候，异花受精的幼苗也显著比自花受精植株具有更宽阔更好的叶片。

这里分属于两组且种在两只盆里的12株最高的异花受精植株的平均高度是31.53英寸，而12株最高的自花受精植株平均高度是17.21英寸，即100∶54。当生长完成时测量高度，隔了一些时间以后，把两对边的植株齐地割下，称记质量。12个植株重21.25盎司；而12个自花受精植株只有7.83盎司；在质量上两者之比为100∶37。

从这两个亲本植株（相同于上述试验）所产生的异花受精和自花受精的剩余种子，在7月1日分别播种在田间4条平行而土壤肥沃的长行里；幼苗没有受到任何的相互竞争。夏季雨水多，对它们的生长不利。当幼苗都是很小的时候，异花受精的两行植株显然地优越于两行自花受精植株。当生长完成时，11月11日，选择了20个最高的异花受精植株和20个自花受精植株进行测量，一直测量至它们叶片的顶端，其结果列于表90。在20个异花受精植株中有12株已经开花；而20个自花受精植株中只有1株开花。

**表90　烟草（和前述两个试验同样的种子所产生的植株，分别地播种于田间，因而不至于在一起竞争）**

| 表87　第Ⅱ盆所产生的 | | 表87　第Ⅴ盆所产生的 | |
|---|---|---|---|
| 邱园品系<br>杂交的植株（英寸） | 自花受精的<br>第四代植株（英寸） | 邱园品系<br>杂交的植株（英寸） | 自花受精的<br>第四代植株（英寸） |
| 42 2/8 | 22 6/8 | 54 4/8 | 34 4/8 |
| 54 5/8 | 37 4/8 | 51 4/8 | 38 5/8 |
| 39 3/8 | 34 4/8 | 45 | 40 6/8 |
| 53 2/8 | 30 | 43 | 43 2/8 |
| 49 3/8 | 28 6/8 | 43 | 40 |
| 50 3/8 | 31 2/8 | 48 6/8 | 38 2/8 |
| 47 1/8 | 25 4/8 | 44 | 35 6/8 |
| 57 3/8 | 26 2/8 | 48 2/8 | 39 6/8 |
| 37 | 22 3/8 | 55 1/8 | 47 6/8 |
| 48 | 28 | 63 | 58 5/8 |
| 478.75 | 286.86 | 496.13 | 417.25 |

这里20株最高的异花受精植株平均高度是48.74英寸，而20株最高的自花受精植株平均高度是35.2英寸，即100∶72。这些植株在测高后齐地割下，20株异花受精植株重195.75盎司，而20株自花受精植株重123.25盎司，即100∶63。

在表88、表89和表90里，我们有从两个自花受精的第三代植株用新品系杂交而产生的56株记录，还有从同样的两个植株所产生的自花受精第四代的56株记录。

这些异花受精植株和自花受精植株用3种不同的方法进行处理，这三种方法是：第一，放在同一盆里中度竞争条件之下，第二，由于稠密地种在两只大盆里，植株处在不利的条件下、并且受到严酷的竞争，第三，分别种植在肥沃的田间，因而不致受到任何的相互竞争。在所有的情况下，每组里的异花受精植株都大大超越于自花受精植株。这表现在很多方面：异花受精种子发芽比较早，在幼龄时幼苗生长比较快，成年植株开花比较早，而且最后的高度比较高。在称记两组植株质量时，异花受精植株的优势还要表现得更加明显。在种植稠密的两盆里，异花受精植株的质量对自花受精植株的质量之比是100∶37。用新品系杂交所获得的巨大优势，几乎不需要更好的证据了。

## 樱草科(Primulaceae)——仙客来(*Cyclamen persicum*)[①]

10朵花用已知的异株花粉进行杂交，产生9个蒴果，平均含有种子34.2粒，最多一个蒴果含有77粒。10朵自花受精的花朵产生8个蒴果，平均只含有种子13.1粒，最多的一个蒴果含有25粒。结果得出异花受精花朵对自花受精花朵，每个蒴果平均种子数之比为100∶38。花朵是下垂的，同时因为柱头紧贴在花药的下面。可以预料，花粉将会落在柱头上，而花朵将会很自然地进行自花受精；但是这些被网罩的植株并没有产生一个蒴果。在另一些情况下，同一温室里没有被网罩的植株却产生了大量的蒴果。我推想这些花朵既已被蜂群访问过，它们不会不把花粉在植株间传播的。

用刚才叙述的方法所获得的种子放在沙上，发芽后成对地种植在4只盆的两对边，每边分别种植3棵异花受精植株和3棵自花受精植株。当叶片长到2英寸或3英寸时，包括叶柄在内，两对边的植株是相等的。生长1个月或2个月以后，异花受精植株对自花受精植株开始显露出微小的优势，且这种优势不断地增加着；在4盆里异花受精植株都比自花受精植株早几个星期开花，开花也远比自花受精植株更茂盛。测量每盆里异花受精植株最长的2根花茎，8根花茎的平均高度是9.49英寸。过了相当长一段时间以后，自花受精植株开花了，也粗放地测量了几根花茎(但是我忘记了具体是几根)，它们的平均高度略低于7.5英寸；所以，异花受精植株的花茎高度对

① 根据列沙克(Lecoq)(*Géographie Botanique de l'Europe*，第8卷，1858年，150页)报告*Cyclamen repandum*，是雄蕊先熟的。我相信仙客来也是这种情况。

自花受精的花茎高度之比至少是 100∶79。它们看起来是这样差的样本，我就没有仔细地测量自花受精植株花茎。于是我决定把它们移植到大盆里，以便第二年再仔细地测量它们。但是，由于当时所产生的花茎太少，这种期望也一定程度上落空了。

这些植株放置在温室里并没有加以网罩；12 棵异花受精植株产生了 40 个蒴果，而 12 棵自花受精植株只产生 5 个蒴果，即 100∶12。但是这种差异并没有为这两类植株的相对结实力提出公正的概念。我数了异花受精植株上最好的一个蒴果的种子数，它包含有种子 73 粒；而自花受精植株所产生的 5 个蒴果中，最好的一个只含有良好种子 35 粒。在其他 4 个蒴果中大多数的种子仅仅是异花受精蒴果种子的一半。

次年，在自花受精植株只开出一个花朵以前，异花受精植株又已开出许多花朵。测量每盆里 3 棵异花受精植株上的最高花茎，列于表 91。在第Ⅰ盆和第Ⅱ盆里自花受精植株没有产生一根花茎；在第Ⅳ盆里只有一根；而在第Ⅲ盆里有 6 根，测量其中最高的 3 根。

**表 91　仙客来**

| 盆号 | 异花受精植株(英寸) | 自花受精植株(英寸) |
|---|---|---|
| Ⅰ | 10 | 0 |
| | $9\frac{2}{8}$ | 0 |
| | $10\frac{2}{8}$ | 0 |
| Ⅱ | $9\frac{2}{8}$ | 0 |
| | 10 | 0 |
| | $10\frac{2}{8}$ | 0 |
| Ⅲ | $9\frac{1}{8}$ | 8 |
| | $9\frac{5}{8}$ | $6\frac{7}{8}$ |
| | $9\frac{5}{8}$ | $6\frac{6}{8}$ |
| Ⅳ | $11\frac{1}{8}$ | 0 |
| | $10\frac{5}{8}$ | $7\frac{7}{8}$ |
| | $10\frac{6}{8}$ | 0 |
| 总英寸数 | 119.88 | 29.50 |

0 表示没有产生花茎。

异花受精植株上 12 根最高花茎的平均高度是 9.99 英寸；而自花受精植株上 4 根花茎是 7.37 英寸，即 100∶74。自花受精植株都是可怜的样本，而异花受精植株看来却是很健壮的。

## 琉璃繁缕属(*Anagallis*)——*Anagallis collina* var. *grandiiflora* (淡红色和蓝色花朵的变种)(pale red and blue-flowered sub-varieties)

首先,一些红花变种植株上的25朵花用同变种的异株花粉进行杂交,产生了10个蒴果;31朵花用它们自己的花粉受精产生了18个蒴果。这些在温室里盆中生长的植株显然是处在极其不孕的情况下,并且两组蒴果的种子,特别是自花受精的蒴果,其数目虽多,但是它们的品质都是如此低劣。然而就我所能判断的来看,异花受精蒴果平均含有6.3粒好种子,最多一个含有13粒;而自花受精的蒴果有6.05粒这样的种子,最多的一个含有14粒。

其次,11朵红花变种的花朵在幼小时去雄,并用蓝花变种的花粉受精,这种杂交显然大大提高了它们的结实力。因为11朵花产生有7个蒴果,平均含有比以前两倍之多的好种子,即12.7粒;两个最多的蒴果含有种子17粒。所以异花受精蒴果和上述自花受精蒴果之比是100∶48。这些种子显然大于同一红花变种内两棵植株间杂交的种子,并且发芽得较多。在两种花色变种间的杂交产生的大多数植株(种植有好几株)上所开的花朵酷似于它们的母本,它们都是红色的。但是其中的两株显然染有蓝色,且有一株深到几乎在颜色上呈中间型这样的程度。

上述两类异花受精的种子和自花受精的种子都播种在两只大盆的两对边,当生长完成时测量植株的高度,列于表92。

**表92 *Anagallis collina***

| 红花变种用红花变种的异株杂交,以及红花变种自花受精 | | |
|---|---|---|
| 盆号 | 异花受精植株(英寸) | 自花受精植株(英寸) |
| Ⅰ | 23 4/8 | 15 4/8 |
| | 21 | 15 4/8 |
| | 17 2/8 | 14 |
| 总英寸数 | 61.75 | 45.00 |
| 红花变种用蓝花变种杂交,以及红花变种自花受精 | | |
| 盆号 | 异花受精植株(英寸) | 自花受精植株(英寸) |
| Ⅱ | 30 4/8 | 24 4/8 |
| | 27 3/8 | 18 4/8 |
| | 25 | 11 6/8 |
| 总英寸数 | 82.88 | 54.75 |
| 两类合计 | 144.63 | 99.75 |

因为这两组植株数目很少,可以把它们合并起来求得总的平均数;但是我可以首先说明,红花变种两个个体间杂交植株的高度对红花变种自花受精植株的高度是 100∶73;而两个变种间异花受精植株的高度对红花变种自花受精植株的高度是 100∶66。所以这里可以看到两个变种间的杂交是最有利的。把两组数据合并后,6 株异花受精植株的平均高度是 48.20 英寸,而 6 株自花受精植株的平均高度是 33.25 英寸,即 100∶69。

这 6 个异花受精植株天然地结出 26 个蒴果,而 6 个自花受精植株只结了 2 个蒴果,即 100∶8。所以异花受精和自花受精植株之间,在结实力上也正和同属于樱草科(Primulaceae)上述的仙客来属(*Cyclamen*)一样,同样存在有极大的差异。

## 立金花[*Primula veris*. Brit. Flora. (var. *officinalis* Linn.)(英文名: Cowslip)]

这一属里大多数的物种都是花柱异长的(heterostyled),或者是二型花;也就是说它们有两种类型:一种是长花柱而短雄蕊的,另一种是短花柱而长雄蕊的。[①] 为了完成受精作用,必须把一种类型的花粉传递在另一种类型的柱头上;这在自然条件下都是由昆虫来实现的。这样的结合和因此培育出来的幼苗,我称之为合法的(legitimate)。如一种类型用同类型的花粉授粉,不能产生十分足数的种子;并且在有些花柱异长的属里,一个种子也不产生。这样的结合和因此培育出来的幼苗,我称之为不合法的(illegitimate)。这些幼苗和杂交品种一样,时常是矮生的且或多或少是不孕的。我获得了几株立金花长花柱的植株,它们是经过连续 4 个世代用长花柱植株不合法的结合而产生的。它们在某些程度上是有亲缘关系的,同时它们在整个时期都是在温室的盆里,生长的条件是相似的。当时它们栽培在这样的情况下,生长都很好,而且是健康和能孕的。甚至于它们的结实力在以后的世代里还会提高,宛若它们已经变得习惯于不合法的受精方式了。把不合法结合的第一代植株,从温室移到户外中度肥沃的土地上时,它们生长良好,而且是健康的;但是以同样方法种植的不合法结合的后两代植株就变得极端不孕和矮生了,并且在下一年一直如此。到下一年它们应该已经习惯于户外的生长,因而它们必然继承了羸弱的体质。

在这些情况下,用没有亲缘关系的、生长在不同条件下的、短花柱植株的花粉对

① 见于我的著作《同种植物的不同花型》,1877 年,或者见我的文章(*Journal of Proc. Linn. Soc.*),1862 年,第 6 卷,77 页。

不合法结合的第四代的长花柱植株进行合法的杂交，来验证杂交的效果，这个决策似乎是正确的。因而在温室花盆里健壮生长的第四代不合法结合植株(即合法受精植株的玄孙)上的一些花朵，用几乎野生的短花柱立金花的花粉进行合法地杂交，这些花朵结出一些良好蒴果。在同样的不合法结合植株上的其他 30 朵花，则用它们自己的花粉受精，这些花朵产生 17 个蒴果，平均含有 32 粒种子。这是高度的结实力。我相信，它高于生长在户外长花柱植株不合法受精通常所获得的结实力，并且高于以前不合法世代的结实力，虽然它们的花朵都是用同一类型不同植株的花粉所受精的。

这两组种子播种在 4 只盆子的两对边(因为它们放在纯沙上不能很好地发芽)，幼苗进行间苗，这样在两边各留了相等数目的植株。在一段时间里这两组植株的高度没有显著的差异；而在表 93 第Ⅲ盆里，自花受精植株还是最高的植株。但是到植株抽出幼嫩的花茎时，合法结合的植株表现得非常良好，并且有较绿和较大的叶片。曾测量每株最大叶片的宽度，异花受精植株叶片宽度平均是四分之一英寸(精确地说是 0.28 英寸)，宽于自花受精植株的叶片。这些植株由于太密集而产生不良的短花茎。对每边最良好的两根加以测量；合法结合的异花受精植株上 8 根花茎高度平均为 4.08 英寸，而不合法的自花受精植株平均为 2.93 英寸，即 100：72。

**表 93 立金花**

| 盆号 | 合法的异花受精植株 | | 不合法的自花受精植株 | |
|---|---|---|---|---|
| | 高度(英寸) | 所产生的花茎数 | 高度(英寸) | 所产生的花茎数 |
| Ⅰ | 9 | 16 | $2\frac{1}{8}$ | 3 |
| | 8 | | $3\frac{4}{8}$ | |
| Ⅱ | 7 | 16 | 6 | 3 |
| | $6\frac{4}{8}$ | | $5\frac{4}{8}$ | |
| Ⅲ | 6 | 16 | 3 | 4 |
| | $6\frac{2}{8}$ | | $0\frac{4}{8}$ | |
| Ⅳ | $7\frac{3}{8}$ | 14 | $2\frac{5}{8}$ | 5 |
| | $6\frac{1}{8}$ | | $2\frac{4}{8}$ | |
| 合计 | 56.26 | 62 | 25.75 | 15 |

这些植株在开花之后从花盆里移出来，种植于相当肥沃的露地上。第二年(1870)盛花时，再次测量每边两根最高的花茎，结果如表 93，这里也列出所有各盆两边植株所产生的花茎数。

这里异花受精植株上 8 根最高花茎的平均高度是 7.03 英寸，而自花受精植株上 8 根最高花茎是 3.21 英寸，即 100：46。我们也看到异花受精植株产生了 62 根花茎，约为自花受精植株所生的(即 15 根)四倍之多。让花朵暴露，便于昆虫来访，因为两种类型的许多植株紧邻地生长着，所以它们必然进行了合法的自然受精。在这种情况下，异花受精植株产生了324个蒴果，而自花受精植株只产生16个；而其所有的蒴果都是由第Ⅱ盆一棵单株所产生的，它比任何其他自花受精植株都生长得更好。根据产生蒴果的数目判断，同样株数的异花受精植株和自花受精植株的结实力之比是100∶5。

在下一年(1871)，我没有计数植株上的全部花茎数，只计数了产生含有良好种子的蒴果的那些花茎数。由于气候不良，异花受精植株只产生40根这样的花茎，计结有168个好蒴果，而自花受精植株只产生两根这样的花茎，只结有6个蒴果，其中半数是很差的。所以根据蒴果数来判断，两组植株的结实力之比为100∶3.5。

考虑到两组植株在高度上的巨大差异和结实力上的惊人差异的时候，我们应记住这是两种不同因素作用的结果。自花受精植株都是连续5个世代里不合法结合的产物，在其所有的世代里除了最后一世代以外，植株都是用属于同一类型而或多或少有些亲缘关系的个体的花粉受精的。植株在每一世代里又都处于非常相似的条件之下。正如我从其他观察里所了解的，单就这一种处理就会大大减低后代植株的大小和结实力。另一方面，异花受精植株是长花柱植株不合法结合的第四代、再用一株短花柱植株花粉合法杂交的后代；也正像短花柱植株的亲代一样曾处在极其不同条件之下；我们可以根据许多已经得到的类似的事例来推论，单就后一种情况就能够产生很大的活力。这两种因素——一种是趋向有损于自花受精的后代，另一种是趋向有利于异花受精的后代——究竟各自应该有多大的比重，还不能肯定。但是我们立刻就将看到，单从增加结实力来看，较大部分的有利性应该归之于用新品系所做的杂交。

## 立金花 *Primula veris* 等长花柱红花变种

我已在我的《同种植物的不同花型》一书中，叙述了这个值得注意的变种，这变种是由J.斯库特先生从爱丁堡(Edinburgh)寄给我的。它赋有长花柱类型特有的雌蕊以及短花柱类型特有的雄蕊；因此，它失去了这个属里大多数物种共同具有的异长花柱或二型花的特性，它可以和二性动物的雌雄同体类型相比拟。因而同一花朵上的花粉和柱头适于完全相互受精，而代替了普通立金花必须由另一类型的花粉传到这一类型柱头上来受精。由于柱头和花药排列在同一水平上面，花朵在隔绝了昆虫时是完全能够自花结实的。由于这种变种的存在，它可以其自己的花粉以合法方式进行受精，也可以用别的变种或者新品系的花粉以合法的方式进行杂交。这样两种结合方式的后代可以很公允地进行比较，消除了由于不合法结合的有害作用的任何怀疑。

我用以进行试验的植株，是曾经在连续两个世代中由网罩下的植株天然自花受精产生的种子所培育出来的；并且因为这个变种是高度自花能孕的，它的亲代在爱丁堡可能在以往一些世代里就已经自花受精了。我的两个植株上的一些花朵，用短花柱、且在我的花园里几乎是野生的普通立金花的花粉进行合法地杂交；所以这是处在很不相同条件下植株间的一种杂交。同样两株的另一些花朵让它们在网罩下自己受精；正如前文所说，这种结合是合法的。

这样获得的杂交和自花受精种子稠密地播种在 3 只盆子的两对边，幼苗进行间苗，于是在两边留着等数的幼苗。除了表 94 第Ⅲ盆以外，在第一年里幼苗在高度上几乎是相等的，在那只盆里自花受精植株具有决定性的优势。在秋季把植株连盆埋入地里；由于这种情况，并且由于在每只盆里长着许多植株，它们生长不旺盛，而没有一株的种子是非常丰产的。但是两边的条件是完全相等而公平的。在第二年春季我在记录簿上记着，在 2 只盆里异花受精植株都是“在外观上无可比拟是最良好的”，并在所有的 3 只盆里它们都比自花受精植株先开花。当盛花时，在每盆每边测量最高的花茎，并计数两边花茎的数目，结果列于表 94。植株没有加以网罩，并且因为邻近种植着其他的植株，无疑地花朵是已被昆虫所杂交了。当蒴果成熟时，收集蒴果并加以计数，结果也列于表 94。

**表 94　立金花(等长花柱的红花变种)**

| 盆号 | 异花受精植株 | | | 自花受精植株 | | |
|---|---|---|---|---|---|---|
| | 最高花茎的高度(英寸) | 花茎数 | 良好的蒴果数 | 最高花茎的高度(英寸) | 花茎数 | 良好的蒴果数 |
| Ⅰ | 10 | 14 | 163 | $6\frac{4}{8}$ | 6 | 6 |
| Ⅲ | $8\frac{4}{8}$ | 12 | 有几个，未计数 | 5 | 2 | 0 |
| Ⅲ | $7\frac{4}{8}$ | 7 | 43 | $10\frac{4}{8}$ | 5 | 26 |
| 总计 | 26.0 | 33 | 206 | 22.0 | 13 | 32 |

异花受精植株上 3 根最高花茎的平均高度是 8.66 英寸，自花受精植株上 3 根是 7.33 英寸，即 100∶85。

全部异花受精植株合计产生 33 根花茎，而自花受精植株只产生了 13 根。只计数了第Ⅰ盆和第Ⅲ盆的蒴果数，因为第Ⅱ盆里自花受精植株一个蒴果也没结；所以在其对边异花受精植株上的蒴果数就未计数。把没有含有任何良好种子的蒴果都淘汰了。在上述二盆里杂交植株产生了206个蒴果，而在同盆里的自花受精植株只产生32个蒴果；比例为100∶15。根据以往的世代来判断，这个试验里自花受精植株的极端不孕性完全是由于它们处在不利的条件下，且在和异花受精植株严酷竞争下；因为如果它们是各自单独地生长在良好的土地上，几乎可以肯定它们将会产生大量的蒴果。异花受精植株上20个蒴果平均含有种子数为24.75粒；而自花受精植株上20个蒴果平均种子数为17.65粒，即100∶71。而且，从自花受精植株所产生的种子远没有像异花受精植株的那么好。如果我们把产生蒴果的数目和蒴果含有种子的平均数合并起来考虑，则异花受精植株的结实力与自花受精植株的结实力之比是100∶11。所以单从结实力来看，我们看到由两个长期生长在不同条件下的变种进行杂交比之自花受精将会产生多么巨大的效果；两种情况下的受精方式都是合法的。

## 中国樱草(*Primula sinensis*)

因为中国樱草(Chinese primrose)像立金花一样也是花柱异长或者二型花的植物，我们可以预期，当两种类型的花朵用它们自己的花粉或者用同一类型不同植株的花粉不合法地进行受精时，它们都将比合法的杂交花朵产生较少的种子；并且从不合法的自花受精的种子培育出来的幼苗，比较合法的杂交种子所产生的幼苗将略为矮小、且结实较少。关于花朵结实力方面这种期望是适用的；但是令我惊奇的是，两株不同植株间合法结合的后代和不合法结合的后代在生长量上并没有差异，不论后者是同株花朵间的结合，还是同类型植株间花朵的结合。但是我已经在《同种植物的不同花型》里指出，在英国这种植物是处在不正常的条件下，从类似的事例来判断，这样会使得两个个体间的杂交对其后代无益。我们的植株通常都是由自花受精种子培植出来的；而一般情况下，在温室的盆里这些植株的生长条件近乎是一致的。而且，许多植株现在正在发生变化而改变它们的性状，以致在或大或小的程度上变成等长花柱，因而它们是高度自花能孕的。根据立金花的相似性来看，如果我们从中国直接获得中国樱草，把它和我们英国某一变种来杂交，将毫无疑问地，其后代将会在高度和结实力上比我们原有植株显示出惊人的优越性(虽然在它们花朵的美观上或许不会表现出来)。

我的第一个试验包括有：长花柱和短花柱植株上的许多花朵各用自己的花粉受精，以及在相同植株上另一些花朵用同一类型异株的花粉受精；所以所有的结合都是不合法的。从这两种不合法的自花受精方式所获得的种子数目并不一致，且有显著的差异。由两种类型植株上所获得的两类种子密植在4只盆里的两对边，从而培植了许多植株。但是在它们的生长量上是没有差异的，除了在有一盆里，由两个长花柱植株不合法结合所产生的后代，在高度上决定性地超出同一植株上用它们自己花粉受精所产生的后代。但是在所有的4只盆里，属于同一类型的不同植株间结合所产生的植株，都比自花受精的后代先开花。

从买来的种子培植出一些长花柱和短花柱植株，两种类型的花朵都用异株的花粉进行合法地杂交；而两种类型植株上的另一些花朵都用自己植株上别的花朵的花粉进行不合法地受精。种子播种在表95中第Ⅰ盆至第Ⅳ盆的两对边；每边上留一单株。上段所述不合法受精的长花柱和短花柱植株上一些花朵也用刚刚叙述的方式进行合法地和不合法地受精，它们的种子播种在同一表的第Ⅴ盆至第Ⅷ盆里。因为两组的幼苗在本质上没有差别，所以它们的记录就列在同一个表里。我应该补充说，正如我们所期望的，两种合法的结合比不合法的结合要多产生许多的种子。在它们成长到半高时，几个盆子两对边的幼苗在高度上并没有差异的表现。当生长完成时测量它们到最长叶片的尖端，结果列于表95。

**表95　中国樱草**

| 盆号 | 合法异花受精所产生的植株(英寸) | 不合法自花受精所产生植株(英寸) |
| --- | --- | --- |
| Ⅰ来自短花柱母本 | $8\frac{2}{8}$ | 8 |
| Ⅱ来自短花柱母本 | $7\frac{4}{8}$ | $8\frac{6}{8}$ |
| Ⅲ来自长花柱母本 | $9\frac{5}{8}$ | $9\frac{3}{8}$ |
| Ⅳ来自长花柱母本 | $8\frac{4}{8}$ | $8\frac{2}{8}$ |
| Ⅴ来自不合法的短花柱母本 | $9\frac{3}{8}$ | 9 |
| Ⅵ来自不合法的短花柱母本 | $9\frac{7}{8}$ | $9\frac{4}{8}$ |
| Ⅶ来自不合法的长花柱母本 | $8\frac{4}{8}$ | $9\frac{4}{8}$ |
| Ⅷ来自不合法的长花柱母本 | $10\frac{4}{8}$ | 10 |
| 总英寸数 | 72.13 | 72.25 |

在8盆中有6盆合法的异花受精植株在高度上稍微超出不合法的自花受精植株；但是在另2盆里，后者是以强烈而显著的方式超过了前者。8株合法的异花受精植株的平均高度是9.01英寸，而8株不合法的自花受精植株是9.03英寸，即100∶100.2。

就目力判断，两对边的植株产生了相等数目的花朵。我没有计数蒴果数以及它们所产生的种子数；但是无疑地，根据以前的观察来判断，由合法的异花受精种子所培育出来的植株将会比不合法的自花受精种子所产生的植株有更大的结实力。和前述事例相同，异花受精植株都比自花受精植株先开花，除了在第Ⅱ盆里两对边的植株是同时开花的；并且这种早开花可能被认为是一种有利性。

## 蓼科(Polygonaceae)——荞麦(*Fagopyrum esculentum*)

希尔德布兰德发现这种植物是异长花柱的，那就是说它所表现的是和樱草属(*Primula*)的物种相似，存在长花柱和短花柱的两种类型，它们适应于相互受精。所以以下关于异花受精和自花受精幼苗在生长量上的比较是不公允的，因为我们并不知道它们在高度上的差异，是否可能不完全是由于自花受精花朵不合法受精。

我从长花柱和短花柱植株上合法的异花受精的花朵获得了种子，并且也从两种类型上另一些花朵用同株花粉受精获得了种子。从前一方式比后一方式获得稍为较多的种子；同时合法的异花受精种子比等数量的不合法的自花受精种子较重些，其比为100∶82。从短花柱亲本所产生的异花受精和自花受精种子在沙上发芽以后，成对地播种在一只大盆的两对边；从长花柱亲本所产生的两组类似的种子用同样的方式种植在其他两盆的两对边。在所有3盆里，当幼苗几英寸高时，合法的异花受精幼苗高于自花受精幼苗；并且在所有的3盆里它们都早一两天开花。当生长完成时，把它们齐地割下，而我由于时间的急迫，把植株排成一长列，一株的切口和另一株的顶端相连接，合法的异花受精植株的总长是47英尺7英寸，而不合法的自花受精植株是32英尺8英寸。所以在所有3盆里，15棵异花受精植株的平均高度是38.06英寸，而15棵自花受精植株是26.13英寸，即100∶69。

## 藜科(Chenopodiaceae)——甜菜(*Beta vulgaris*)

在同一菜圃里没有生长其他的植株，单独一株任其自己受精，把其自花受精的种子收集起来。也从生长在另一菜圃里一大片面积中间的一株上收集了许多种子；并且由于有大量飞扬的花粉，这个植株上的种子几乎肯定是由于风媒而异株间杂交的产品。两组种子的一些播种在两只很大盆子的两对边；幼苗进行间苗，于是在两边留有等量而相当多的幼苗。所以这些植株遭受到严酷的竞争，同时也处在不良的条件之下。其余的种子播种在户外良好的土地上，成两个不紧密相邻的长行，因而这些幼苗是处在良好条件下，没有受到任何的相互竞争。自花受精种子在田间出土情况很坏；在两三处掘开土壤以后，发现许多种子在地下已经出芽而且已经死去了。以往没有观察到这样的情况。因为由于大批的幼苗如此死亡，存留下来的自花受精植株在行里生长得很稀疏，因而它们比稠密生长在另一行里的异花受精植株具有优势。两行的幼龄植株在冬季用少量的蒿秆覆盖，而两只大盆的植株则被移于温室。

直到第二年春天以前，在盆里的两组植株没有差异，到春天它们长大了一些，于是有一些异花受精植株比任何自花受精植株都较高而较好。盛花期测量它们的茎高，记录列于表 96。

**表 96 甜菜**

| 盆号 | 异花受精植株(英寸) | 自花受精植株(英寸) |
|---|---|---|
| Ⅰ | 34 6/8 | 36 |
| | 30 | 20 1/8 |
| | 33 6/8 | 32 2/8 |
| | 34 4/8 | 32 |
| Ⅱ | 42 3/8 | 42 1/8 |
| | 33 1/8 | 26 4/8 |
| | 31 2/8 | 29 2/8 |
| | 33 | 20 2/8 |
| 总英寸数 | 272.75 | 238.50 |

这里 8 株异花受精植株的平均高度是 34.09 英寸，而 8 株自花受精植株高度是 29.81 英寸，即 100∶87。

至于种在田间的植株，每一行分成两半，借以减少各行一部分任何偶然有利性的机遇；而在两行的两半仔细地选择 4 株最高的植株，测量其株高。8 株最高异花受精植株的高度平均为 30.92 英尺，而 8 株自花受精植株为 30.7 英寸，即 100∶99；由此可以认为它们是相等的。但是我们应该记住，这个试验不是十分公允的，因为自花受精植株比异花受精植株具有很大的有利性，那就是由于前者大量种子在地里出芽后即死去，因而自花受精植株在它们的行里并不算稠密。两组植株在两行里也没有受到任何相互的竞争。

## 美人蕉(Cannaceae)——紫叶美人蕉(*Canna warscewiczi*)

属于这个属的大多数物种或者所有物种,在花朵开放以前就吐出了花粉,而成团地附着在紧贴着柱头表面下方的叶状雌蕊上。因为花粉团的边缘一般都接触到柱头的边缘,并且有目的地做了试验证实少量的花粉对于受精是足够了,所以现用的物种或者本属里其他一些物种都是高度自花能孕的。有时会发生例外,由于雄蕊比普通的稍短些,花粉落在柱头表面稍低些,这样一些的花朵除非经人工授粉将不会受精继而就脱落了。有时,虽然很少数的雄蕊比普通的稍长些,但是整个的柱头表面会被花粉密集地覆盖着,因为在一般情况下有一些花粉落下接触到柱头的边缘,所以某些作者做出结论,认为这种花朵一定是自花受精的。这是一个超乎寻常的结论,因为它意指产生大量花粉是没有作用的。从这个观点来看,巨大的柱头表面也是花朵构造上令人费解的特点,同时花朵各部分的相对部位排列成这样,即当昆虫为了吮吸富饶的花蜜来访问花朵时,它们不得不把花粉从一朵花带到别朵上去,这也是不可理解的了。①

根据德尔皮诺报告:在意大利北部,常见到蜂群访问紫叶美人蕉的花朵,但是我在温室里却从来没有看到任何昆虫来访问本种的花朵,虽然许多植株在那里种植了几年。然而这些植株却正像用网罩了的一样,还是产生了许多种子,可见它们是完全能够自花受精的,并且可能它们在英国已经自花受精许多世代了。因为它们是栽培在盆里,没有和周围植株相竞争,在相当长的时期内也处于相对一致的条件下。所以,这是和普通豌豆恰相平行的事例,我们没有权利在其中来期望:由此传留下来的经这样处理的植株间,相互杂交会产生巨大的或者任何的好处;事实上并没有找到好处,除了异花受精花朵比自花受精花朵产生略为较多的种子而已。这个物种是我进行试验较早的物种之一,因为那时候我还没有连续几个世代在一致的条件下种植任何自花受精的植物,所以我不了解、甚至于怀疑这样处理会干扰由杂交所获得的有利性。因此,对于异花受精植株没有比自花受精植株生长得更健壮,使我感到大为惊奇,并且栽培了大量的植株,虽然这种植物在做试验上是极其困难的。它们的种子即

① 德尔皮诺曾叙述了(《植物学杂志》,1867 年,277 页以及 *Scientific Opinion*,1870 年,135 页)这个属的花朵构造,但是他错误地认为自花受精是不可能的,至少在本种里是不可能的。迪基博士(Dr. Dickie)和费弗里教授(Prof. Faivre)说:花朵在花蕾时期即已受精,所以自花受精是不可避免的。我以为他们是被花粉很早时就落在雌蕊上所迷惑的关系;见 *Jour. of Linn. soc. Bot.*,第 10 卷,55 页,以及 *Variabilité des Especes*,1868 年,158 页。

使长时间地浸在水中，还是不能在纯沙上很好地发芽；而那些种在盆里的种子（这是我被迫而采用的方法），其发芽所需的时间很不相等。所以，我难以获得恰恰同龄而成对的幼苗，许多幼苗被迫拔掉。我的试验进行了3个连续的世代；并且在每一世代里自花受精植株再进行自花受精，它们远代祖先在英国可能在过去许多世代里就已进行自花受精了。在每一世代里，异花受精植株也再用另一异花受精植株的花粉受精。

3个世代里进行异花受精的花朵合并起来，比自花受精花朵产生有较大比例的蒴果。计数异花受精花朵所产生的47个蒴果的种子数目，它们平均含有种子9.95粒；而从自花受精所产生的48个蒴果，平均只含有种子8.45粒，即100∶85。3次试验都肯定了异花受精花朵所产生的种子没有比自花受精的种子更重些，相反，还稍轻些。有一次我称了200粒异花受精种子和106粒自花受精种子，相同种子数的相对质量比以异花受精种子作100时，自花受精种子是101.5。在另一些植株上，自花受精花朵所产生的种子比异花受精花朵的种子更重，这显然是由于一般自花受精花朵产生较少的种子，它们具有更好的营养。但是在现有的事例中，异花受精蒴果的种子可以分成两类：就是那些来自含有14粒以上种子的蒴果和来自含有14粒以下种子的蒴果。而较丰产的蒴果的种子在二者之中是比较重的。所以上面的解释在这里就行不通了。

因为花粉落在极幼龄的雌蕊上，一般都和柱头相接触，在我第一次试验时有一些花朵还在花蕾时期就去雄了，然后用异株花粉进行受精。其他的花朵则用它们自己的花粉受精。由这样方式获得的种子，我只成功地培育出3对年龄相同的植株。3棵异花受精植株平均高度为32.79英寸，而3棵自花受精植株平均高度为32.08英寸；所以它们是近乎相等，异花受精植株略有优势。因为所有3个世代得出同样的结果，所以不需要再把所有植株的高度都列出来了，现我只将其平均数列出。

为了要培植异花受精和自花受精第二代植株，上述的异花受精植株上有一些花朵在它们开放24小时以内，用异株的花粉进行杂交。这个间隔不必太大，否则异花受精不能发生作用。上代自花受精的植株上有一些花朵再进行自花受精。从这两组种子中培育出10株异花受精和12株自花受精同年龄的植株；当成长完全时，度量其高度。异花受精植株平均高度为36.98英寸，而自花受精植株平均为37.42英寸；所以这里两组植株又近乎相等；但是自花受精植株是略占优势。

为了培植第三代植株，我使用了更好的方法，对异花受精第二代植株上的花朵进行选择，只选用雄蕊太短而不能到达柱头的花朵，这样它们不可能进行自花受精。这些花朵用异株的花粉进行杂交。自花受精第二代植株再进行自花受精。这样获得的两组种子在 14 只大盆里培植了 21 株异花受精和 19 株自花受精同年龄的植株，如此组成了第三代。当生长完成时测量它们，由于奇异的机遇，两组植株的平均高度恰恰相等，都是 35.96 英寸；所以也没有比另一边有一点优势。为了验证这个结果，从上述 14 盆中取 10 盆，把它们两边的植株于开花后全部割掉，在第二年再测量茎的高度；现在异花受精植株的高度略为超出自花受精植株(1.7 英寸)。它们再被割去，在它们第三次开花的时候，自花受精植株比异花受精植株略占优势(即 1.54 英寸)。因此，根据以前试验对这些植株所得出的结果是肯定的，那就是说，哪一组也没有对另一组具有决定性的优势。但是这里可以值得提出的，是自花受精植株表现了一些比异花受精植株早开花的倾向：这种倾向出现在第一代全部的 3 对里；以及出现在刈割后的第三代里，在 12 盆中有 9 盆都是一个自花受精植株先开花，而在其余的 3 盆里都是一个异花受精植株先开花。

如果我们把 3 个世代的植株合并起来考虑，那么 34 株异花受精植株平均高度为 35.98 英寸，而 34 株自花受精植株的平均高度为 36.39 英寸，即 100∶101。因此，我们可以推断这两组赋有相等的生长能力。我相信，这是长期的自花受精和在每个世代里遭受到相似条件的结果，因而所有的个体都获得很相似的特性。

## 禾本科(Graminaceae)——玉米(*Zea mays*)

这种植物是雌雄同株的，它所以被选来做试验用，是因为没有其他这类植物曾被试验过。[①] 它也是风媒的，或者说它是由风来授粉的；并且在这类植物中只有普通甜菜曾经进行试验过。有一些植株培植在温室里，并且用另一些异株的花粉进行杂交；而唯有完全单独生长在温室其他部分的一株，让它自己天然地受精。这样获得的种子放在湿沙上，当它们同龄而成对地发芽时，即种于 4 只很大盆子的两对边；但是它们是很稠密的。盆放置在温室里。当植株只有 1—2 英尺高时，第一次测量到它们叶子的顶尖，结果列于表 97。

---

① 希尔德布兰德说，这一物种初看起来由于雄花着生在雌花的上方，似乎适应于同株花粉的受精；但是实际上它通常总一定由另一株的花粉受精，因为雄花经常在雌花成熟前就吐粉了。*Monatsbericht der K. Akad.*，*Berlin*，1872 年 10 月，743 页。

**表 97　玉米**

| 盆号 | 异花受精植株(英寸) | 自花受精植株(英寸) |
|---|---|---|
| Ⅰ | $23\frac{4}{8}$ | $17\frac{3}{8}$ |
| | 12 | $20\frac{3}{8}$ |
| | 21 | 20 |
| Ⅱ | 22 | 20 |
| | $19\frac{1}{8}$ | $18\frac{3}{8}$ |
| | $21\frac{4}{8}$ | $18\frac{5}{8}$ |
| Ⅲ | $22\frac{1}{8}$ | $18\frac{5}{8}$ |
| | $20\frac{3}{8}$ | $15\frac{2}{8}$ |
| | $18\frac{2}{8}$ | $16\frac{4}{8}$ |
| | $21\frac{5}{8}$ | 18 |
| | $23\frac{2}{8}$ | $16\frac{2}{8}$ |
| Ⅳ | 21 | 18 |
| | $22\frac{1}{8}$ | $12\frac{6}{8}$ |
| | 23 | $15\frac{4}{8}$ |
| | 12 | 18 |
| 总英寸数 | 302.88 | 263.63 |

这里 15 株异花受精植株平均高度为 20.19 英寸，而 15 株自花受精植株为 17.57 英寸，即 100：87。高尔顿先生依据《绪论》一章所叙述的方法，把上述记录做了一个图示，并且对这样形成的弧线附注上“很好”的字样。

不久以后，第Ⅰ盆里一株异花受精植株死了；另一株染病很重并且停止了发育；而第三株一直没有长到其足够的高度。它们似乎全部被伤害了，可能是某种幼虫咬毁了它们的根。所以这只盆里两边的植株在以后全部都未测量。当植株生长完成时，再次测量到最高叶子的顶尖，现在 11 株异花受精植株平均高度为 68.1 英寸，而 11 株自花受精植株为 62.34 英寸，即 100：91。在所有 4 盆里异花受精植株都比任何一株自花受精植株先开花，但是有 3 个植株始终没有开花。那些开花植株再测量到雄花的顶端：10 株异花受精植株平均高度为 65.51 英寸，而 9 株自花受精植株为 61.59 英寸，即 100：93。

同样异花受精和自花受精的大量的种子在夏季的中期播种在田间的两个长行里。自花受精比异花受精形成花朵的植株数显著地较少；但是那些开花的植株几乎是同时开花的。当生长完成时，每行里选择最高的 10 个植株，测量其高度到其最高叶的顶尖，并测量到雄花的顶端。异花受精植株到叶尖的平均高度为 54 英寸，自花受精的为 44.65 英寸，即 100：83；到雄花顶端的高度分别为 53.96 英寸和 43.45 英寸，即 100：80。

## 草芦(*Phalaria canariensis*)

希尔德布兰德在上述物种所提到的报告里曾经指出，这种雌雄同花的草芦对异花受精比对自花受精更适应些。几个植株种植在温室里，彼此邻近在一起，它们的花朵得以彼此地相互杂交。从完全分开栽培的单株上采集花粉，并授予同株的柱头上。这样获得的种子都是自花受精的，因为它们是同株上的花粉受精的，但是它们是否由同花朵的花粉所受精，那已是很少的机遇。两组的种子在沙上发芽以后，成对地种植在 4 只盆子的两对边，盆是放在温室里的。当植株略高于 1 英尺时，测量株高，异花受精植株平均高度为 13.38 英寸，而自花受精植株为 12.29 英寸，即 100∶92。

当盛花时，测度量它们到茎秆顶端的高度，结果见表 98。

**表 98　草芦**

| 盆号 | 异花受精植株(英寸) | 自花受精植株(英寸) |
|---|---|---|
| Ⅰ | $42\frac{2}{8}$ | $41\frac{2}{8}$ |
| | $39\frac{6}{8}$ | $45\frac{4}{8}$ |
| Ⅱ | 37 | $31\frac{6}{8}$ |
| | $49\frac{4}{8}$ | $37\frac{2}{8}$ |
| | 29 | $42\frac{3}{8}$ |
| | 37 | $34\frac{7}{8}$ |
| Ⅲ | $37\frac{6}{8}$ | 28 |
| | $35\frac{4}{8}$ | 28 |
| | 43 | 34 |
| Ⅳ | $40\frac{2}{8}$ | $35\frac{1}{8}$ |
| | 37 | $34\frac{4}{8}$ |
| 总英寸数 | 428.00 | 392.63 |

11 株异花受精植株现在平均高度为 38.9 英寸，11 株自花受精植株为 35.69 英寸，即 100∶92，这恰和前述的比例相同。和在玉米里所发生的情况不同，异花受精植株并没有比自花受精植株先开花。并且，虽然由于培植在温室的盆里这两组植株开花情况很不好，但是自花受精植株却产生了 28 个花簇，而异花受精植株只产生 20 个！

把同样的种子播种在户外的两个长行里，并且播种时它们的种子量是近乎等数的，结果异花受精的种子远比自花受精种子产生更多的植株。自花受精植株没有像异花受精植株那样的稠密，所以它们占有优势。当盛花时，各行里细心地选择最高的12株进行测量，结果列于表99。

表99 草芦(种植在田里)

| 12株最高的异花受精植株(英寸) | 12株最高的自花受精植株(英寸) |
|---|---|
| 34 1/8 | 35 2/8 |
| 35 7/8 | 31 1/8 |
| 36 | 33 |
| 35 5/8 | 32 |
| 35 5/8 | 31 5/8 |
| 36 1/8 | 36 |
| 36 6/8 | 33 |
| 38 6/8 | 32 |
| 36 2/8 | 35 1/8 |
| 35 5/8 | 33 5/8 |
| 34 1/8 | 34 2/8 |
| 34 5/8 | 35 |
| 429.5 | 402.0 |

这里12株异花受精植株平均高度为35.78英寸，而12株自花受精植株的平均高度为33.5英寸，即100∶93。在这里异花受精植株要比自花受精植株稍早开花，所以它们和种植在盆里的不同。

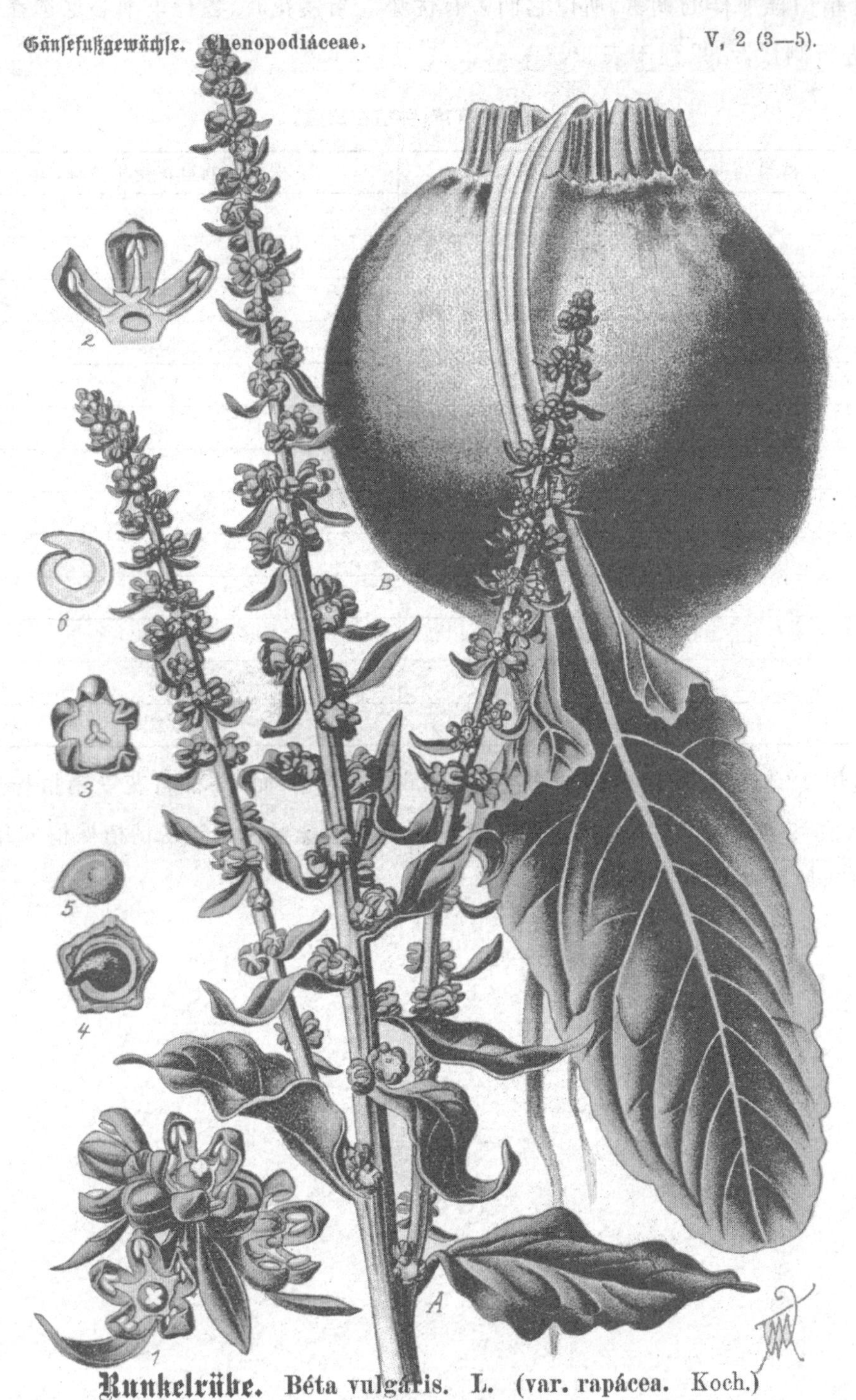


甜菜（***Beta vulgaris***）

本书的翻译工作开启于二十世纪五十年代，由萧辅、季道藩、刘祖洞三位先生联合翻译，并于1959年由科学出版社出版了中文繁体版。因年代久远，并且早年参考资料有限，书中很多生物学专名、植物学术语和行文表达方式，都带着明显的时代特征。

本次再版，北京大学出版社邀请著名植物学家、中国科学院植物研究所陈心启研究员依据英文原著对全书进行了校订。将部分专名、术语、人名改为现在规范的译法，补全了原译本遗漏的内容，修正了此前较易出错的拉丁学名，对一些句段做了必要的修改和润色，其他细节仍保留历史原貌，供科学史研究者和相关读者研究。

萧辅（1905—？），棉花学家、农业教育家，曾担任浙江农业大学副校长。

季道藩（1923—2012），作物遗传育种学家，浙江农业大学教授。

刘祖洞（1917—1998），人类遗传学家，复旦大学教授。

陈心启（1930—2021），兰科植物专家，中国科学院植物研究所研究员。

达尔文曾经参加过鸽子俱乐部、普林尼协会、伦敦地质学会等团体，这些经历为他的研究提供了很好的机会。

19 世纪英国有许多农场采用人工方法培育马、狗、鸡、鸽等动物的新品种，相关的新品种培育俱乐部也会举办各种展览会。达尔文常深入俱乐部去调查，拜访那些培育新品种的专家，了解培育新品种的过程。他自己也加入了养鸽俱乐部，还写信到各国托人购买特殊品种的鸽子标本。

在爱丁堡大学求学期间，达尔文受格兰特博士的影响加入了普林尼学会。在这里，达尔文结识了一批志趣相投的朋友，凭借其研究生物学的高度热情和认真态度深得学会成员的认可，于 1826 年 11 月接替格兰特当选为普林尼学会的干事。图为达尔文的普林尼学会会员证。

伦敦地质学会

伦敦动物园

乘“贝格尔舰”环球考察归来不久，达尔文应邀加入伦敦地质学会并很快当选为学会理事。该学会汇聚了一批声名显赫的学者，亦管理着伦敦动物园。

达尔文给我们留下了二十多部著作和大量的笔记、书信和草稿。很难想象，如此巨大的工作是在他的健康一直不佳的情况下完成的。达尔文一生曾获得的奖项和荣誉头衔达 74 项之多，其中包括博士、名誉教授、通讯院士等。然而，不论在何种场合，达尔文从来不给自己戴上科学贵族的帽子。

CHARLES DARWIN

ALFRED WALLACE

▲ 达尔文－华莱士奖章（Darwin-Wallace Medal）由伦敦林奈学会设立，授予在进化论方面取得重大进展的个人或团体。奖章的正反两面分别印有达尔文和华莱士的头像。伦敦林奈学会在 1858 年 7 月 1 日举行的一次学术会议上，宣读了达尔文和华莱士关于自然选择的联合论文。

达尔文和华莱士两人曾被同一思想击中，但进化论并没有产生过丝毫的版权纠纷，他们的故事也成为科学史上的一段佳话。1870 年达尔文写信给华莱士："我的一生很少有这么满意的事情，那就是我们两人为对手，却从未同行相轻。"

▼ 达尔文奖章（Darwin Medal）是英国皇家学会颁发的一项生物学奖，于 1890 年设立，每两年颁发一次，用以奖励在生物学领域及达尔文本人研究过的其他领域内的杰出成就。

▲ 由米德兰自然历史协会联盟（the Midland Union of Natural History Societies）于 1880 年创立的达尔文奖章（Charles Darwin bronze Medal），旨在鼓励组成该联盟的协会成员进行原创性研究，授予在地质学、考古学、动物学和植物学领域做出贡献的研究者。奖章正面是达尔文浅浮雕半身像，背面有珊瑚分枝（以纪念这位伟大的博物学家所做的一项重要研究）。

达尔文曾写信给格雷，称《植物界异花和自花受精的效果》是他“近 37 年来极感兴趣的课题”。为此，达尔文在长达 11 年的实验过程中，曾起用他的几个孩子做“助研”，收集了大量的观察材料，用于实验的植物也非常丰富，共有 30 个科、52 个属、57 个种。在不同物种中又利用了许多不同的变种和品系。这些实验对象，其中不少都是我们生活里常见的植物。

矮牵牛

牵牛花

锦花沟酸浆

柳穿鱼

香石竹

达尔文的实验方法在今天看来比较简单，比如他通过记录植株高度，称重，比较种子萌发率或结实率，在一定数量的样本基础上取平均数，且同样的方法在某些物种里被应用到连续 10 个世代之多，但在书中呈现的那些实验材料、实验方法和分析项目，都充分显示出达尔文在科学工作中的细致和周密。

飞燕草

芒柄花

黄木樨草

毛地黄

荇菜

一点红

玉米

紫茉莉

勿忘草

# 第七章　异花和自花受精植株高度和质量的总结

· *Summary of the Heights and Weights of the Crossed and Self-Fertilised Plants* ·

被测量的物种和植株的数目——表列结果——关于用新品系杂交所产生后代的初步意见——13个特殊讨论的事例——自花受精植株以另一株自花受精植株或以老品系个体间杂交植株进行异花受精的效果——结果的总结——关于同品系异花受精和自花受精的初步意见——26个例外事例的讨论，在这些事例中异花受精植株在高度上并没有大量地超过自花受精植株——这些事例的大多数并非异花受精有利性的规律的真正例外——结果的总结——异花受精和自花受精植株的相对质量

XXX
F
C
A
D
E
B
G
H
RESEDA ODORATA

在每个物种标题下所提出的详细内容是如此繁多和复杂，所以有必要把结果用表列出来。在表A里列出由自花受精和同一品系内两个个体间杂交所培育出来的植株数，同它们列在一起的是在成熟时或接近成熟时的平均高度。在靠右边的纵行里列出异花受精植株对自花受精植株高度的比例，以前者作为100。为了说明这一点，举一个例子可能是合适的。在牵牛花属(*Ipomoea*)的第一代里，测量了由两个植株间杂交所产生的6棵植株，它们的平均高度是86.00英寸；而由同一亲本植株上的花朵用自己花粉受精所产生的6棵植株也测量了，它们的平均高度是65.66英寸。从这里可以得到，正如表A右列所表示的，如果异花受精植株的平均高度作为100，那么自花受精植株的高度是76。所有其他的物种均以同样的方式进行分析。

异花受精和自花受精植株一般是栽培在相互竞争状态的盆里，并且总是使它们尽可能地得到极其相似的条件。但是，它们有时也栽培在大田中分开的行里。在有些物种里，异花受精植株再度进行异花受精，而自花受精植株再度进行自花受精，于是就培育和测量了几个连续的世代，如表A所列。由于这种方式，异花受精植株在以后的世代里变得或多或少有着密切的相互关系了。沟酸浆属(*Mimulus*)以后的世代没有包括在表里，因为当时有一个高的新品种在盆的一边占了优势，所以在这两边之间进行公正的比较是更加不可能了。在牵牛花属中“英雄”品种由于几乎同样的理由而被淘汰了。

表B所列异花受精和自花受精植株的相对重量是在它们开花以后而刈割下来的时候，由少数事例所测定的结果。我认为这些结果作为生命力的证据，比从植株相对高度推演出来的更明显，也更有价值。

最重要的是表C，因为这里包含有从亲本和新品系杂交(就是被生长在不同条件下而没有亲缘关系的植株所杂交)或由别的亚变种杂交所培育出来的植株的相对高度、质量以及结实力，这些植株都是和自花受精植株相比较，或者在少数情况下是和老品系里经几个世代个体间杂交所产生的植株相比较。在表C里以及其他表里植株的相对结实力将在下一章再详细讨论。

◀木樨草(***Reseda odorata***)

**表 A　亲本用同品系其他植株花粉杂交所产生的植株和亲本自花受精所产生的植株的相对高度**

| 植物名称 | 测量的异花受精植株数 | 异花受精植株的平均高度(英寸) | 测量的自花受精植株数 | 自花受精植株的平均高度(英寸) | 异花受精植株对自花受精植株的平均高度比,以前者作为100 |
|---|---|---|---|---|---|
| 牵牛花(第一代) | 6 | 86.00 | 6 | 65.66 | 100∶76 |
| 牵牛花(第二代) | 6 | 84.16 | 6 | 66.33 | 100∶79 |
| 牵牛花(第三代) | 6 | 77.41 | 6 | 52.83 | 100∶68 |
| 牵牛花(第四代) | 7 | 69.78 | 7 | 60.14 | 100∶86 |
| 牵牛花(第五代) | 6 | 82.54 | 6 | 62.33 | 100∶75 |
| 牵牛花(第六代) | 6 | 87.50 | 6 | 63.16 | 100∶72 |
| 牵牛花(第七代) | 9 | 83.94 | 9 | 68.25 | 100∶81 |
| 牵牛花(第八代) | 8 | 113.25 | 8 | 96.65 | 100∶85 |
| 牵牛花(第九代) | 14 | 81.39 | 14 | 64.07 | 100∶79 |
| 牵牛花(第十代) | 5 | 93.70 | 5 | 50.40 | 100∶54 |
| 10个世代的全部植株数与平均高度 | 73 | 85.84 | 73 | 66.02 | 100∶77 |
| 沟酸浆(在新的较高的变种出现以前的最初3代) | 10 | 8.19 | 10 | 5.29 | 100∶65 |
| 毛地黄 | 16 | 51.33 | 8 | 35.87 | 100∶70 |
| 荷包花属植物——(普通温室品种) | 1 | 19.50 | 1 | 15.00 | 100∶77 |
| 柳穿鱼 | 3 | 7.08 | 3 | 5.75 | 100∶81 |
| 毛蕊花 | 6 | 65.34 | 6 | 56.50 | 100∶86 |
| *Vandellia nummularifolia*(从完全花所产生的异花受精和自花受精植株) | 20 | 4.30 | 20 | 4.27 | 100∶99 |
| *Vandellia nummularifolia*(从完全花产生的异花受精和自花受精植株;第二次试验,植株稠密) | 24 | 3.60 | 24 | 3.38 | 100∶94 |
| *Vandellia nummularifolia*(从完全花产生的异花受精植株和闭花受精所产生的自花受精植株) | 20 | 4.30 | 20 | 4.06 | 100∶94 |
| 芸苣苔 | 8 | 32.06 | 8 | 29.14 | 100∶90 |
| 红花鼠尾草 | 6 | 27.85 | 6 | 21.16 | 100∶76 |
| 牛至 | 4 | 29.00 | 4 | 17.12 | 100∶86 |
| 山牵牛 | 6 | 60.00 | 6 | 65.00 | 100∶108 |
| 甘蓝 | 9 | 41.08 | 9 | 39.00 | 100∶95 |
| 蜂室花(自花受精的第三代植株) | 7 | 19.12 | 7 | 16.39 | 100∶86 |
| 罂粟花 | 15 | 21.91 | 15 | 19.54 | 100∶89 |
| 花菱草(英国品系,第一代) | 4 | 29.68 | 4 | 25.56 | 100∶86 |

续表

| 植物名称 | 测量的异花受精植株数 | 异花受精植株的平均高度(英寸) | 测量的自花受精植株数 | 自花受精植株的平均高度(英寸) | 异花受精植株对自花受精植株的平均高度比,以前者作为100 |
|---|---|---|---|---|---|
| 花菱草(英国品系,第二代) | 11 | 32.47 | 11 | 32.81 | 100∶101 |
| 花菱草(巴西品系,第一代) | 14 | 44.64 | 14 | 45.12 | 100∶101 |
| 花菱草(巴西品系,第二代) | 18 | 43.38 | 19 | 50.30 | 100∶116 |
| 花菱草(花菱草的全部植株数和平均高度) | 47 | 40.03 | 48 | 42.72 | 100∶107 |
| 黄木樨草(种植在盆里) | 24 | 17.17 | 24 | 14.61 | 100∶85 |
| 黄木樨草(种植在田间) | 8 | 28.09 | 8 | 23.14 | 100∶82 |
| 木樨草(从高度自花能孕的植株上所产生的自花受精种子,种植在盆里) | 19 | 27.48 | 19 | 22.55 | 100∶82 |
| 木樨草(从高度自花能孕的植株上所产生的自花受精种子,种植在田间) | 8 | 25.76 | 8 | 27.09 | 100∶105 |
| 木樨草(从半自花不孕的植株上所产生的自花受精种子,种植在盆里) | 20 | 29.98 | 20 | 27.71 | 100∶92 |
| 木樨草(从半自花不孕的植株所产生的自花受精种子,种植在田间) | 8 | 25.92 | 8 | 23.54 | 100∶90 |
| 三色堇 | 14 | 5.58 | 14 | 2.37 | 100∶42 |
| 一点红 | 4 | 14.25 | 4 | 14.31 | 100∶100 |
| 飞燕草 | 6 | 14.95 | 6 | 12.50 | 100∶84 |
| *Viscaria oculata* | 15 | 34.50 | 15 | 33.55 | 100∶97 |
| 香石竹——种植在田间,约数 | 6? | 28? | 6? | 24? | 100∶86 |
| 香石竹(第二代,密植在盆里) | 2 | 16.75 | 2 | 9.75 | 100∶58 |
| 香石竹(第三代,种植在盆里) | 8 | 28.39 | 8 | 28.21 | 100∶99 |
| 香石竹(自花受精第三代植株由植株间相互杂交第三代植株杂交而产生的后代,和第四代自花受精植株相比较) | 15 | 28.00 | 10 | 26.55 | 100∶95 |
| 香石竹(香石竹的全部植株数和平均高度) | 31 | 27.37 | 26 | 25.18 | 100∶92 |
| 野西瓜苗 | 4 | 13.21 | 4 | 14.43 | 100∶109 |
| 马蹄纹天竺葵 | 7 | 22.35 | 7 | 16.62 | 100∶74 |
| 小旱金莲 | 8 | 58.43 | 8 | 46.00 | 100∶79 |

续表

| 植物名称 | 测量的异花受精植株数 | 异花受精植株的平均高度(英寸) | 测量的自花受精植株数 | 自花受精植株的平均高度(英寸) | 异花受精植株对自花受精植株的平均高度比,以前者作为100 |
|---|---|---|---|---|---|
| *Limnanthes douglasii* | 16 | 17.46 | 16 | 13.85 | 100∶79 |
| 黄羽扇豆(第二代) | 8 | 30.78 | 8 | 25.21 | 100∶82 |
| 丝状羽扇豆(两个世代的植株) | 2 | 35.50 | 3 | 30.50 | 100∶86 |
| 红花菜豆 | 5 | 86.00 | 5 | 82.35 | 100∶96 |
| 豌豆 | 4 | 34.62 | 4 | 39.68 | 100∶115 |
| *Sarothamnus scoparius*(小的幼苗) | 6 | 2.91 | 6 | 1.33 | 100∶46 |
| *Sarothamnus scoparius*——生长3年后每边存活的3个植株 | | 18.91 | | 11.83 | 100∶63 |
| 芒柄花 | 2 | 19.81 | 2 | 17.37 | 100∶88 |
| 丁字草 | 4 | 33.50 | 4 | 27.62 | 100∶82 |
| *Bartonia aurea* | 8 | 24.62 | 8 | 26.31 | 100∶107 |
| 留香莲 | 2 | 49.00 | 2 | 51.00 | 100∶104 |
| *Apium petroselinum* | ? | 未测量 | ? | 未测量 | 100∶100 |
| 山萝卜 | 4 | 17.12 | 4 | 15.37 | 100∶90 |
| 萵苣(两个世代的植株) | 7 | 19.43 | 6 | 16.00 | 100∶82 |
| 欧洲桔梗 | 4 | 19.28 | 4 | 18.93 | 100∶98 |
| *Lobelia ramosa*(第一代) | 4 | 22.25 | 4 | 18.37 | 100∶82 |
| *Lobelia ramosa*(第二代) | 3 | 23.33 | 3 | 19.00 | 100∶81 |
| *Lobelia fulgens*(第一代) | 2 | 34.75 | 2 | 44.25 | 100∶127 |
| *Lobelia fulgens*(第二代) | 23 | 29.82 | 23 | 27.10 | 100∶91 |
| 粉蝶花(生长一半的植株) | 12 | 11.10 | 12 | 5.45 | 100∶49 |
| 粉蝶花(同样材料生长完成的植株) | | 33.28 | | 19.90 | 100∶60 |
| 琉璃苣 | 4 | 20.68 | 4 | 21.18 | 100∶102 |
| 假茄 | 5 | 12.75 | 5 | 13.40 | 100∶105 |
| 矮牵牛(第一代) | 5 | 30.80 | 5 | 26.00 | 100∶84 |
| 矮牵牛(第二代) | 4 | 40.50 | 6 | 26.25 | 100∶65 |
| 矮牵牛(第三代) | 8 | 40.96 | 8 | 53.87 | 100∶131 |
| 矮牵牛(第四代) | 15 | 46.79 | 14 | 32.39 | 100∶69 |
| 矮牵牛(从别的亲本所产生的第四代) | 13 | 44.74 | 13 | 26.87 | 100∶60 |
| 矮牵牛(第五代) | 22 | 54.11 | 21 | 33.23 | 100∶61 |

续表

| 植物名称 | 测量的异花受精植株数 | 异花受精植株的平均高度(英寸) | 测量的自花受精植株数 | 自花受精植株的平均高度(英寸) | 异花受精植株对自花受精植株的平均高度比,以前者作为100 |
|---|---|---|---|---|---|
| 矮牵牛(第五代,种植在田间) | 10 | 38.27 | 10 | 23.31 | 100∶61 |
| 矮牵牛(矮牵牛种在盆里的全部植株数和平均高度) | 67 | 46.53 | 67 | 33.12 | 100∶71 |
| 烟草(第一代) | 4 | 18.50 | 4 | 32.75 | 100∶178 |
| 烟草(第二代) | 9 | 53.84 | 7 | 51.78 | 100∶96 |
| 烟草(第三代) | 7 | 95.25 | 7 | 79.60 | 100∶83 |
| 烟草(第三代,但由另一种植株所产生) | 7 | 70.78 | 9 | 71.30 | 100∶101 |
| 烟草(烟草的全部植株数和平均高度) | 27 | 63.73 | 27 | 61.31 | 100∶96 |
| 仙客来 | 8 | 9.49 | 87 | 7.50 | 100∶79 |
| *Anagallis collina* | 6 | 42.20 | 6 | 33.35 | 100∶69 |
| 中国樱草(1个具两型花的种) | 8 | 9.01 | 8 | 9.03 | 100∶100 |
| 荞麦(1个具两型花的种) | 15 | 38.06 | 15 | 26.13 | 100∶69 |
| 甜菜(种植在盆里) | 8 | 34.09 | 8 | 29.81 | 100∶87 |
| 甜菜(种植在田间) | 8 | 30.92 | 8 | 30.70 | 100∶99 |
| 紫叶美人蕉(3个世代的植株) | 34 | 35.98 | 34 | 36.39 | 100∶101 |
| 玉米(种植在盆里,当幼龄时测量至叶尖) | 15 | 20.19 | 15 | 17.57 | 100∶87 |
| 玉米(在生长完成时,有几株死亡后,测量至叶尖) |  | 68.16 |  | 62.34 | 100∶91 |
| 玉米(在完成生长时,有几株死亡后,测量至花的尖端) |  | 66.51 |  | 61.59 | 100∶93 |
| 玉米(种植在田间,测量至叶尖) | 10 | 54.00 | 10 | 44.55 | 100∶83 |
| 玉米(种植在田间,测量至花的尖端) |  | 53.96 |  | 43.45 | 100∶80 |
| 草芦(种植在盆里) | 11 | 38.90 | 11 | 35.69 | 100∶92 |
| 草芦(种植在田间) | 12 | 35.78 | 12 | 33.50 | 100∶93 |

**表B　亲本用同品系异株花粉杂交所产生的植株和亲本自花受精所产生的植株的相对质量**

| 植物名称 | 异花受精植株数 | 自花受精植株数 | 以异花受精植株的质量作为100 |
|---|---|---|---|
| 牵牛花(第十代植株) | 6 | 6 | 100∶44 |
| *Vandellia nummularifolia*(第一代) | 41 | 41 | 100∶97 |
| 甘蓝(第一代) | 9 | 9 | 100∶37 |

续表

| 植物名称 | 异花受精植株数 | 自花受精植株数 | 以异花受精植株的质量作为 100 |
|---|---|---|---|
| 花菱草(第二代植株) | 19 | 19 | 100∶118 |
| 黄木樨草(第一代,种植在盆里) | 24 | 24 | 100∶21 |
| 黄木樨草(第一代,种植在田间) | 8 | 8 | 100∶40 |
| 木樨草(第一代,由高度自花能孕植株所产生的后代,种植在盆里) | 19 | 19 | 100∶67 |
| 木樨草(第一代,由半自花不孕的植株产生的后代,种植在盆里) | 20 | 20 | 100∶99 |
| 香石竹(第三代植株) | 8 | 8 | 100∶49 |
| 矮牵牛(第五代植株,种植在盆里) | 22 | 21 | 100∶22 |
| 矮牵牛(第五代植株,种植在田间) | 10 | 10 | 100∶36 |

**表 C　亲本用新品系杂交所产生的植株和亲本自花受精所产生的植株或亲本用同品系植株相互杂交所产生的植株的相对高度、相对质量及相对结实力**

| 植物名称和试验的性质 | 用新品系杂交所产生的植株数 | 平均高度(英寸)和质量 | 自花受精或同品系互交的亲本所产生的植株数 | 平均高度(英寸)和质量 | 用新品系杂交所产生的植株的高度、质量及结实力作为 100 |
|---|---|---|---|---|---|
| 牵牛花(经过 9 代相互杂交而后用新品系杂交所产生的植株后代和相互杂交第十代的植株相比较) | 19 | 84.03 | 19 | 65.78 | 100∶78 |
| 牵牛花(经过 9 代相互杂交而后用新品系杂交所产生的植株后代和相互杂交第十代在结实力上相比较) | | | | | 100∶51 |
| 沟酸浆(经 8 代自花受精而后用新品系杂交所产生的植株后代和自花受精第九代相比较) | 28 | 21.62 | 19 | 10.44 | 100∶52 |
| 沟酸浆(经过 8 代自花受精而后用新品系杂交所产生的植株后代和自花受精第九代在结实力上相比较) | | | | | 100∶3 |
| 沟酸浆(经过 8 代自花受精而后用新品系杂交所产生的植株后代和一个经过八代自花受精而后用同一代另一自花受精植株杂交所产生的后代相比较) | 28 | 21.62 | 27 | 12.20 | 100∶56 |
| 沟酸浆(经过 8 代自花受精而后用新品系杂交所产生的植株后代和经过 8 代自花受精而后用同一代另一自花受精植株杂交所产生的后代在结实力上相比较) | | | | | 100∶4 |

续表

| 植物名称和试验的性质 | 用新品系杂交所产生的植株数 | 平均高度（英寸）和质量 | 自花受精或同品系互交的亲本所产生的植株数 | 平均高度（英寸）和质量 | 用新品系杂交所产生的植株的高度、质量及结实力作为100 |
|---|---|---|---|---|---|
| 甘蓝（经过2代自花受精、而后用新品系杂交所产的植株后代，和自花受精第三代植株在重量上相比较） | 6 | | 6 | | 100∶22 |
| 蜂室花（英国变种用稍有不同的阿尔及尔(Algerine)变种杂交所产生的后代，和英国变种自花受精后代相比较） | 30 | 17.34 | 29 | 15.51 | 100∶89 |
| 蜂室花（英国变种用稍有不同的阿尔及尔变种杂交所产生的后代，和英国变种自花受精后代在结实力上相比较） | | | | | 100∶75 |
| 花菱草（巴西品系用英国品系杂交所产生的后代，和巴西品系自花受精第二代植株相比较） | 19 | 45.92 | 19 | 50.30 | 100∶109 |
| 花菱草（巴西品系用英国品系杂交所产生的后代，和巴西品系自花受精第二代植株在重量上相比较） | | | | | 100∶118 |
| 花菱草（巴西品系用英国品系杂交所产生的后代，和巴西品系自花受精第二代植株在结实力上相比较） | | | | | 100∶40 |
| 花菱草（巴西品系用英国品系杂交所产生的后代，和巴西品系相互杂交第二代植株在高度上相比较） | 19 | 45.92 | 18 | 43.38 | 100∶94 |
| 花菱草（巴西品系用英国品系杂交所产生的后代，和巴西品系相互杂交第二代植株在重量上相比较） | | | | | 100∶100 |
| 花菱草（巴西品系用英国品系杂交所产生的后代，和巴西品系相互杂交第二代植株在结实力上相比较） | | | | | 100∶45 |
| 香石竹（经过3代自花受精而后用新品系杂交所产生的植株后代，和自花受精第四代植株相比较） | 16 | 32.82 | 10 | 26.55 | 100∶81 |
| 香石竹（经过3代自花受精而后用新品系杂交所产生的植株后代，和自花受精第四代植株在结实力上相比较） | | | | | 100∶33 |
| 香石竹（经过3代自花受精而后用新品系杂交所产生的植株后代，和经过3代自花受精而后用相互杂交第三代杂交所产生的植株后代相比较） | 16 | 32.82 | 15 | 28.00 | 100∶85 |

续表

| 植物名称和试验的性质 | 用新品系杂交所产生的植株数 | 平均高度（英寸）和质量 | 自花受精或同品系互交的亲本所产生的植株数 | 平均高度（英寸）和质量 | 用新品系杂交所产生的植株的高度、质量及结实力作为 100 |
|---|---|---|---|---|---|
| 香石竹（经过 3 代自花受精而后用新品系杂交所产生的植株后代，和经过 3 代自花受精而后用相互杂交第三代杂交所产生的植株后代在结实力上相比较） | | | | | 100∶45 |
| 豌豆（从两个近缘的变种杂交所产生的后代，和一个变种的自花受精后代和同品系植株间相互杂交的植株相比较） | | | | | 60∶75 |
| 香豌豆（只在花色上不同的两个变种杂交所产生的后代，和一个变种的自花受精后代相比较，第一代） | 2 | 79.21 | 2 | 63.75 | 100∶80 |
| 香豌豆（只在花色上不同的两个变种杂交所产生的后代，和一个变种的自花受精后代相比较，第二代） | 6 | 62.91 | 6 | 55.31 | 100∶88 |
| 矮牵牛（经过 4 代自花受精而后用新品系杂交所产生的植株后代，和自花受精第五代植株在高度上相比较） | 21 | 50.05 | 21 | 33.23 | 100∶66 |
| 矮牵牛（经过 4 代自花受精而后用新品系杂交所产生的植株后代，和自花受精第五代植株在质量上相比较） | | | | | 100∶23 |
| 矮牵牛（经过 4 代自花受精而后用新品系杂交所产生的植株后代，和自花受精第五代植株种植在田间在高度上相比较） | 10 | 36.67 | 10 | 23.31 | 100∶63 |
| 矮牵牛（经过 4 代自花受精而后用新品系杂交所产生的植株后代，和自花受精第五代植株种植在田间在质量上相比较） | | | | | 100∶53 |
| 矮牵牛（经过 4 代自花受精而后用新品系杂交所产生的植株后代，和自花受精第五代植株种植在田间在结实力上相比较） | | | | | 100∶46 |
| 矮牵牛（经过 4 代自花受精而后用新品系杂交所产生的植株后代，和相互杂交第五代植株在高度上相比较） | 21 | 50.05 | 22 | 54.11 | 100∶108 |
| 矮牵牛（经过 4 代自花受精而后用新品系杂交所产生的植株后代，和相互杂交第五代植株在质量上相比较） | | | | | 100∶101 |

续表

| 植物名称和试验的性质 | 用新品系杂交所产生的植株数 | 平均高度（英寸）和质量 | 自花受精或同品系互交的亲本所产生的植株数 | 平均高度（英寸）和质量 | 用新品系杂交所产生的植株的高度、质量及结实力作为100 |
| --- | --- | --- | --- | --- | --- |
| 矮牵牛(经过4代自花受精而后用新品系杂交所产生的植株后代，和相互杂交第五代植株种植在田间在高度上相比较) | 10 | 36.67 | 10 | 38.27 | 100∶104 |
| 矮牵牛(经过4代自花受精而后用新品系杂交所产生的植株后代，和相互杂交第五代植株种植在田间在质量上相比较) | | | | | 100∶146 |
| 矮牵牛(经过4代自花受精而后用新品系杂交所产生的植株后代，和相互杂交第五代植株种植在田间在结实力上相比较) | | | | | 100∶54 |
| 烟草(经过3代自花受精而后用略有不同的变种杂交所产生的植株后代，和自花受精第四代植株在高度上相比较，不很稠密地种在盆里) | 26 | 63.29 | 26 | 41.67 | 100∶66 |
| 烟草(经过3代自花受精而后用略有不同的变种杂交所产生的植株后代，和自花受精第四代植株在高度上相比较，密植在盆里) | 12 | 31.53 | 12 | 17.21 | 100∶54 |
| 烟草(经过3代自花受精而后用略有不同的变种杂交所产生的植株后代，和自花受精第四代植株在质量上相比较，密植在盆里) | | | | | 100∶37 |
| 烟草(经过3代自花受精而后用略有不同的变种杂交所产生的植株后代，和自花受精第四代植株在高度上相比较，种植在田间) | 20 | 48.74 | 20 | 35.20 | 100∶72 |
| 烟草(经过3代自花受精而后用略有不同的变种杂交所产生的植株后代，和自花受精第四代植株在质量上相比较，种植在田间) | | | | | 100∶63 |
| *Anagallis collina*（红花变种和蓝花变种杂交所产生的后代，和红花变种自花受精的后代相比较） | 3 | 27.62 | 3 | 18.21 | 100∶66 |
| *Anagallis collina*（红花变种和蓝花变种杂交所产生的后代，和红花变种自花受精的后代在结实力上相比较） | | | | | 100∶6 |

续表

| 植物名称和试验的性质 | 用新品系杂交所产生的植株数 | 平均高度（英寸）和质量 | 自花受精或同品系互交的亲本所产生的植株数 | 平均高度（英寸）和质量 | 用新品系杂交所产生的植株的高度、质量及结实力作为100 |
|---|---|---|---|---|---|
| 立金花（长花柱植株不合法结合的第三代用新品系杂交所产生的后代，和不合法结合而自花受精的第四代植株相比较） | 8 | 7.03 | 8 | 3.21 | 100∶46 |
| 立金花（长花柱植株不合法结合的第三代用新品系杂交所产生的后代，和不合法结合而自花受精的第四代植株在结实力上相比较） | | | | | 100∶5 |
| 立金花（长花柱植株不合法结合第三世代用新品系杂交所产生的后代，和不合法结合而自花受精的第四代植株在第二年结实力上相比较） | | | | | 100∶3.5 |
| 立金花（等长花柱的红花变种，经过两代自花受精而后用一个不同的变种杂交所产生的植株后代，和自花受精的第三代植株相比较） | 3 | 8.66 | 3 | 7.33 | 100∶85 |
| 立金花（等长花柱的红花变种，经过两代自花受精而后用一个不同的变种杂交所产生的植株后代，和自花受精的第三代植株在结实力上相比较） | | | | | 100∶11 |

在这三个表里列出了57个物种的测量记录，它们是属于52个属和30个大的科的植物。这些物种原产于世界上不同的地区。异花受精植株的数目，包括同一品系内植株间的杂交和不同品系间的杂交，共计1101株；自花受精植株的数目（包括在表C上由同一老品系植株间的杂交所产生的少数植株）是1076株。从种子发芽至成熟，对它们生长情况都进行了观察；并且大多数测量了2次，甚至有些是3次。为了避免对任何一方发生不应有的偏好，曾采用各种预防措施，这些在绪论一章中已经谈到了。记住了所有这些情况，这就可能认识到我们具有一个公正的立场，来判别异花受精和自花受精在后代生长上的相对效果。

首先来考虑列在表C里的结果将是最方便的方案，因为这样将会为我们提供一个机会来相应地讨论一些重要的论点。如果读者从这个表里右边纵行看下来，他将一眼就看出，用新品系或用另一亚变种杂交的植株比自花受精植株，以及比同一老品系个体间杂交的植株在高度上、质量上和结实力上具有多么超乎寻常的优势。在这里，对这个规律只有两个例外，而这些很难是真实的情况。在花菱草属（*Eschscholt-*

*zia*)里的有利性只局限在结实力上。在矮牵牛属(*Petunia*)里,虽然用新品系杂交产生的植株在高度、质量以及结实力上都比自花受精植株具有巨大的优势,但是它们在高度上和质量上却逊色于同一老品系个体间杂交的植株,唯在结实力上并无逊色。然而已经说明这些个体间杂交植株在高度及质量上的优势极可能是不真实的;因为如果这两组再让它们生长一个月,几乎可以肯定地说,那些用新品系杂交所产生的植株将在各个方面会战胜个体间杂交的植株。

在我们详细讨论到表C里一些情况以前,应该提出一些初步的说明。我们可以看到,有一个极其明显的证据,那就是异花受精的有利性是完全由于植株间体质上略有不同;而自花受精的不利性则是由结合在同一朵两性花里的双亲具有极其相似的体质。为了亲本有完善的结实力,为了后代有充沛的生命力,性因素一定程度的差异似乎是不可缺少的。同一物种的所有个体,即使生长在自然状态之下,在外部性状上、也或许在体质上,彼此间总是有些不同的,尽管这些通常是很微细的。这种情况,就外部性状而言,在同一物种的变种间显然是真实的;并且关于品种在体质上普遍略有差异的事实,也能提出许许多多的证据。这几乎是毫无疑问,同一物种内个体间或变种间所有的各种差异,我坚决相信大部分是由于它们的亲代受到不同条件的作用;虽然同一物种的个体在自然情况下所遭遇到的条件,时常使我们错误地认为是相同的。例如,生长在一起的个体一定是遭受到相同的气候,骤然看来,它们似乎遭受到显然相同的条件;可是这种情况几乎是不存在的,除非是在非常偶然的情况下,每个个体被绝对相同比例数的其他各种植物所包围着。因为周围植物从土壤里摄取各种物质的量是不同的,这样就大大地影响一些个别物种的个体的营养,甚至生命。其他各种植物对它们也会发生遮阴,而且周围植物的性质也另外会影响它们。此外,种子时常会埋在地里休眠的,它们在某一年发芽出来,且时常在极其不同的季节下得以成熟。种子由于各种方式被广泛地散布开来。有些种子是偶然地从远处传来,在那里,它们的亲本是生长在略有不同的条件里,因而从那些种子所产生的植株将会和本地原有的植株进行相互的杂交,从而在各种不同的比例下把它们的体质上的特征混合起来了。

第一次栽培的植物,即使是在原产地,也不可避免地遭受到生活条件上巨大的改变,特别是生长在除净杂草的土地上,因为它们没有许多植物或者某些周围植物的竞争。这样它们能够从土壤可能含有的养料中摄取它们所需要的。新的种子时常从远地的苗圃里引来,那里的亲代植株曾遭遇到不同的条件。栽培植物也和在自然情况下一样时常会发生个体间杂交,这样就把它们的体质特征混合起来了。另一方面,任何物种的个体只要是栽培在同一园地里，它们将显然地比在自然情况下处在较为一致的条件下，因为这些个体和周围的各物种的竞争是不存在的。在园地里同一时期播种的种子，它们将会在同一季节和同一地点成熟；并且在这方面它们和自然本身所播下的种子有着很大的不同。有些外来的植物在它们新的生长环境里没有原产地的昆虫常来访问，因而它们不能发生个体间杂交；这似乎是有些植株获得体质一致性极其重要的因素。

在我的试验里，对于所有异花受精和自花受精植株的每个世代应当遭受到相同的条件，对此，我曾给予极大的注意。并不是所有的条件都是绝对的相同，因为比较健壮的个体将从较弱的个体夺取营养，并且当盆中的土壤变干的时候同样地夺取水分；在盆这一端的两组植株会比另一端的两组植株得到稍多的光线。在连续的世代中，植物曾遭遇到略有不同的条件，因为季节是必然变化的，而且有时它们是在一年的不同期间里栽培的。但是因为它们都放置在玻璃房里，所经历的温度和湿度的变化远不如栽培在露地的植株的急剧和巨大。至于个体间杂交的植株，它们的最初亲本都是没有亲缘关系的，亲本间几乎肯定地在体质上是略有不同的；这样体质上的特征在每个连续个体间杂交的世代里具有各种不同程度的混合，有时会扩大，但是比较经常的是在某些程度上中和了，并且有时由于返祖遗传而又重新出现；这和我们所知道的在种间和变种间杂交的外部性状的情况一样。在连续世代里进行自花受精的植株，后面一种在体质上某些差别的重要来源将被完全消除了；同时同一花朵所产生的性因素，一定是在我们所能想象的近乎相同的条件下发育起来的。

在表 C 里异花受精植株是用新品系或不同变种杂交的后代；它们被放置在和自花受精植株或者和同一老品系个体间杂交植株相竞争的条件下。新品系这个名词，我的意思是，一个没有亲属关系的植株，它的亲代在几个世代里被栽培在另一苗圃里，因此它们的生长条件略有不同。在烟草属、蜂室花属、樱草属的红花变种、普通豌豆，或者在琉璃繁缕属里，进行杂交的植株可以列为同种内不同的变种或不同的亚变种；但是在牵牛花属、沟酸浆属、石竹属以及矮牵牛属里，被杂交的植株只有在它们的花色上具有显著的不同才会这样做；并且因为大部分从市场上购来种子所长成的植株都有这样的变异，所以这些差异可以认为纯粹是个体间的差异。

在提出这些初步的说明以后，我们将详细地讨论表 C 所列的几个事例，而这些事例是很值得我们充分考虑的。

**(1) 牵牛花**

种植在同一盆里且在每一世代都生长在相同条件下的植株，曾连续 9 个世代进行个体间杂交。因而这些个体间杂交的植株在以后世代里彼此变得有某些亲缘关系了。个体间杂交第九代植株上的花朵,曾以新品系的花粉进行受精,从而培育出幼苗。在同样一些个体间杂交植株上其他许多花朵,曾以另一株个体间杂交植株的花粉进行受精,从而产生个体间杂交第十代的幼苗。这两组的幼苗栽培在相互竞争的情况下,它们在高度上及结实力上有着巨大的差异。因为由新品系杂交所产生的后代在高度上超过了个体同杂交的植株,其比为 100∶78;这个超过量几乎和所有 10 个世代里合计起来的个体间杂交植株超出自花受精植株的情况是相同的,那就是 100∶77。由新品系杂交所培育出来的植株在结实力上也比个体间杂交的植株具有巨大的优势,那就是其比为 100∶51,这一比例是根据两组数目相同植株在自然受精条件下所产生的蒴果的相对质量进行判断的。应当特别注意到在这两组中没有任何一株是自花受精的产品。相反,个体间杂交植株肯定是在过去 10 个世代中进行了杂交,并且可能在所有以往的各个世代中都进行了,因为我们可以从花朵的构造上和土蜂来访的频率上推论出来。在用新品系作为亲本植株时也将是这样。这两组间在高度上和结实力上的巨大差异,必然是因为,一组是用新品系花粉杂交的产物,而另一组是同一老品系植株间杂交的产物。

这个物种为我们提供出另一种有意义的情况。在最初 5 个世代中,个体间杂交植株和自花受精植株处在相互竞争的条件下,每一棵个体间杂交的单独植株都战胜了它的自花受精的对手,只有一次例外,这次它们的高度是相等的。但是在第六代出现了一株命名为“英雄”的植株,它在高度上及自交结实力的提高上都特别显著,并且它的特性可以传递到以后的 3 代中去。“英雄”的子代再进行自花受精,从而形成自花受精的第八代,同时也相互进行个体间杂交;但是这些生长在同样条件下并且连续 7 个世代中自花受精的植株,其植株间的杂交并没有任何良好的效果;因为个体间杂交的孙辈实际上比较自花受精的孙辈还要矮小,其比为 100∶107。这里我们可以看到,两个不同植株间杂交的单独措施对其后代并没有好处。这情况几乎和上段所说的情况相反,在那里用新品系杂交对后代的有利性表现得如此显著。用“英雄”下一代的后代进行类似的试验,也获得相同的结果。但是这个试验的结果不能完全可信,因为植株是处在极不健康的状态。由于同样严重可疑的原因,甚至用新品系杂交也没有对“英雄”的孙辈表现有利;如果这是真实的情况,那么这是在我的全部试验中观察到的最反常的一种情况。

**(2) 沟酸浆**

在最初 3 个世代中,个体间杂交植株在高度上的总和超过自花受精植株的总和,其比为100∶65,而在结实力上超过的程度还要高些。在第四代里一个长得比原品种较高而且有更白更大花朵的新品种,开始占了优势,特别是在自花受精植株之中。这个品种十分可靠地把它的性状传递下去了,所以在以后自花受精的世代里,全部植株都属于这个品种。因而自花受精植株在高度上显然超过了个体间杂交植株。所以第七代个体间杂交植株对自花受精植株在高度上之比为100∶137。更值得注意的事实是,在第六代里自花受精植株已经变得比个体间杂交植株具有更大的结实力,这一点可以根据天然产生的蒴果数来判断,其比为147∶100。这个品种正如我们已经了解的,它是发生在自花受精植株的第四代里,它在体质的特征上几乎全部和牵牛花属自花受精第六代所发生的称为'英雄'的特征相似。在我所进行11年的试验里,除了在烟草属发生过部分的例外,再没有发生过这样的事例。

沟酸浆属这个变种中有2棵植株曾进行个体间杂交,它们属于自花受精的第六代,并且生长在各自单独的盆里。而同株上有一些花朵曾再度进行自花受精。从这种方式所产生的种子中,培育出由自花受精植株个体间杂交的植株和自花受精第七代的植株。但是这种杂交没有一点好处,个体间杂交植株比自花受精植株在高度上还要低些,其比为100∶110。这种情况正和在牵牛花属所见到的情况略相似;正和"英雄"的孙辈,而且显然和它曾孙辈所见到的情况相仿;因为这些植株的异花受精植株在任何方面都没有优于相应世代的自花受精所产生的植株。所以在这些情况下,经过几个世代的自花受精而又在全部的时间里栽培在尽可能与其相同的条件下的植株间的杂交,那是没有一点好处的。

于是又进行了另一个试验。第一,自花受精第八代的植株再度予以自花受精,产生自花受精第九代的植株。第二,自花受精第八代的两个植株彼此进行个体间杂交,正和上述试验所提到的一样;但是现在个体间的杂交是在又多两代自花受精的植株上进行的。第三,自花受精第八代的同一植株又用远处花园拿来新品系植株的花粉进行杂交。由这三组种子培育出许多植株,并且让它们生长在相互竞争的条件下。由自花受精植株间杂交所产生的植株在高度上比自花受精植株略微高些,两者之比为100∶92,而在结实力上差异的程度更大些,为100∶73。我不了解,这一结果的差异和上一试验相比较,是否可能由于再加两代的自花受精而加剧了自花受精植株的退化,亦即任何杂交都会产生有利性,虽然只是在自花受精植株之间。但是无论如何,第八代自花受精植株用新品系杂交的效果是极其惊人的,因为这样产生的植株对自花受精第九代植株的高度之比为100∶52,而在结实力上为100∶3! 它们对个体同杂交植株(由第八代2个自花受精植株间杂交而产生的)在高度上也是100∶56,而结实力之比是 100∶4。未必还需要更好的证据来证明，用新品系对经过 8 代自花受精而在整个生长过程又栽培在近乎一致条件下的植株进行杂交，会比那些连续自花受精 9 代的植株，或比那些在上一代进行个体间杂交一次的植株，具有更强烈的影响。

**(3) 甘蓝**

甘蓝自花受精第二代植株上的一些花朵，用远处花圃取来同品种植株的花粉进行杂交，而其他花朵仍进行自花受精。如是培育出用新品系杂交的植株和自花受精第三代的植株。前者对自花受精植株在质量上之比为 100∶22；这个巨大的差异一定是一部分由于用新品系杂交的有利作用，而一部分由于连续进行自花受精 3 代的退化作用。

**(4) 蜂室花**

由深红色英国品种和在阿尔及尔栽培了几代的淡红色品种杂交所产生的幼苗，对深红色品种自花受精幼苗在高度上之比为 100∶89，在结实力上为 100∶75。对此我感觉到奇怪，因为用另一品种杂交并没有产生更加显明的有利作用；有些深红色英国品种个体间杂交的植株在 3 个世代里都和同品种自花受精植株处在相竞争的条件下，高度之比为 100∶86，而在结实力上为 100∶75。在后一情况中，高度的差异稍微大一些，可能是由于自花受精植株再多经两次自花受精引起退化的作用。

**(5) 花菱草**

我发现这种植物身上有一非常独特之处，其异花受精的有益作用和自花受精的有害作用只限于生殖系统。英国品系个体间杂交和自花受精的植株在高度上没有任何肯定的差异（就所测定的材料而论，在质量上也没有差异）；自花受精植株一般具有优势。用巴西品系进行同样的试验，它的后代也是如此。但是英国品系的亲本植株在用另一植株花粉受精时，却比自花受精时产生更多的种子；而巴西亲本植株的自花受精是绝对不孕的，除非用另一植株花粉进行受精。在英国，由巴西品系所培育出来的个体间杂交幼苗和相应的第二代自花受精幼苗，其生产的种子数之比为 100∶89；这两组植株都任其自然地让昆虫来访问。假如我们现在注意到用英国品系的花粉对巴西品系植株的异花受精的作用——这里是曾经长期生长在极其不同条件下的植株间进行个体间杂交——我们会发现，正如上面一样，其后代在高度上以及在重量上比那些经过两代自花受精的巴西品系更低劣，但是生产的种子数却极其显著地比它们多，其比为 100∶40；这两组植株都任其自然地让昆虫来访问。

在牵牛花属里，我们看到由于用新品系杂交而产生的植株比原品系植株在高度上占优势，其比为 100∶78，而在结实力上为 100∶51；虽然这些植株在以往 10 代里曾进行了个体间杂交。在花菱草属里,我们也有几乎相仿的情况,但是只有就结实力而言是这样的,因为用新品系杂交而产生的植株在结实力上都比巴西植株占优势,其比为 100∶45。这些巴西植株在英国以往 2 个世代里用人工进行个体间杂交,而它们在巴西生长的以往各代里一定是由昆虫进行个体间杂交的,因为在那里它们如果不这样做就是完全不孕的。

**(6) 香石竹**

经 3 代自花受精的植株用新品系的花粉进行杂交,并且它们的后代栽培在与第四代自花受精植株相竞争的条件下。这样产生的异花受精植株对自花受精植株在高度上之比为 100∶81,而在结实力上(两组都由昆虫进行自然受精)为 100∶33。

这些相同的异花受精植株,也曾与经 3 代自花受精的植株(这些植株曾用相应世代的个体杂交过)杂交所产生的后代进行比较,它们在高度上之比为 100∶85,而在结实力上为 100∶45。

因此我们了解到用新品系杂交而产生的后代是有多么大的优越性,它不仅超过了自花受精第四代植株,并且也超过第三代自花受精植株用原品种个体间杂交植株杂交所产生的后代。

**(7) 豌豆**

在这个物种的标题下,已经说明了,在英国有一些品种几乎经常地进行自花受精,因为昆虫很少来访问这些花朵;并且因为植株曾经长期栽培在近乎相同的条件下,我们可以理解为什么两个个体间的杂交对其后代,不论在高度上或质量上都没有任何好处。这种情况几乎恰恰和沟酸浆属以及命名为"英雄"的牵牛花的情况相类似;因为在这两个事例里,把曾经 7 代自花受精的植株进行杂交对后代并没有一点好处。另一方面,豌豆两个品种间的杂交在其后代的生长和生命力上形成明显的优势,超过同品种自花受精的植株。这正如两位敏锐观察家所指出的。根据我自己的观察(做得不是顶细心的),品种间杂交的后代对自花受精植株在高度上之比,第一次约为 100∶75,第二次是 100∶60。

**(8) 香豌豆**

香豌豆在自花受精的问题上和普通豌豆的情况相同。我们已看到两个品种间杂交的幼苗对同一母本植株经自花受精而产生的幼苗在高度上之比为 100∶80,而这两个品种除了花朵颜色以外没有其他的不同,并且在第二代高度之比为 100∶88。不幸得很,我不能肯定是否同一品种内两个植株的杂交不会产生任何有利的效果,但是我敢预言其结果将是这样的。

**(9) 矮牵牛**

同品系内个体间杂交的植株在连续5代中有4代在高度上显著超过自花受精的植株。后者在第四代里曾与新品系进行杂交,并且把这样产生的幼苗和自花受精第五代幼苗栽植在相互竞争的条件下。异花受精植株在高度上超过自花受精植株,两者之比为100∶66,而在质量上为100∶23。这个差异虽然巨大,但是没有比同品系个体间杂交植株和相应的自花受精植株的差异大得很多。因此,这种情况乍看起来似乎与新品系杂交要比同品系个体间杂交具有更大利益的规律性相违背。但是正和花菱草属一样,这里主要是生殖系统受益。因为用新品系杂交产生的植株对自花受精植株两组在自然受精的条件下,结实力之比为100∶46,而当时同品系个体间杂交植株对自花受精相应的第五代植株结实力之比却只是100∶86。

虽然在测量时,用新品系杂交所产生的植株在高度上或质量上都没有超过老品系个体间杂交所产生的植株(由于前者的生长还未完成,而这一点在该物种的标题下已经说明了),但是它们在结实力上超过了个体间杂交植株,其比为100∶54。这一事实是有意义的,因为它说明了,曾经4代自花受精而后用新品系进行杂交的植株所产生的幼苗,比同品系经5代个体间杂交所产生的植株有近乎两倍大的结实力。可见,和花菱草属和石竹属的情况相似,不管被杂交植株的情况如何,单纯杂交的行为对于提高后代的结实力是没有效果的。正如我们所见到的,该结论对于牵牛花属、沟酸浆属和石竹属的一些相似的情况,涉及植株高度,也是适用的。

**(10) 烟草**

我所用的植株大部分是自花能孕的,由自花受精所产生的蒴果显然比异花受精的蒴果生产了更多的种子。在温室里并没有看到昆虫访问过花朵,因而我怀疑,我用作试验的品系是曾经在温室里栽培的,并且在以往几个世代里它是进行自花受精的;如果真是这样,我们就可能理解,为什么在3个世代里同品系的异花受精幼苗在高度上都没有超过自花受精的植株。这种情况因个体间具有不同的体质而变得复杂化,有一些由相同亲本在同一时间培育出来的异花受精和自花受精植株各有不同的动态。但是,不论它是怎样,从自花受精第三代植株用稍有不同的亚变种杂交所产生的植株,其在高度上和质量上都远远超过自花受精第四代的植株;并且这个试验曾经是大规模地进行的。当栽培在盆里时,不很稠密的情况下,它们在高度上的比为100∶66;十分稠密的情况下,则为100∶54。严酷竞争的条件下,这些异花受精植株在质量上依然超过于自花受精植株,其比为100∶37。当两组材料栽培在大田里没有遭受到任何竞争时,情况也是如此,但是差异程度较小些(可以从表C里看到)。然而奇怪的是，第三代自花受精母本植株上的花朵，当用新品系植株的花粉与之杂交时，它们并不比自花受精时产生更多的种子。

**(11) *Anagallis collina***

由红色品种培育出来的植株用同品种另一植株进行杂交，所产生的植株对同品种的自花受精植株在高度上之比为100∶73。当红色品种的花朵用十分相似的蓝花品种的花粉进行受精，它们比红色品种个体间杂交产生了加倍的种子数，并且种子品质更加良好些。两个品种间杂交所产生的植株对红色品种自花受精植株高度之比为100∶66，而结实力之比为100∶6。

**(12) 立金花**

在不合法的第三代长花柱植株上的一些花朵用新品系的花粉进行合法的杂交，而另一些花朵用它们本身的花粉进行受精。从这些种子产生了异花受精植株和自花受精不合法的第四代。前者对后者在高度上之比为100∶46，在结实力上第一年为100∶5，而在第二年则为100∶3.5。然而在这里我们无法来区别连续4代进行不合法的受精(那就是取用同类型，但是取自另一植株上的花粉而受精的)和严格自花受精方法所引起的不良的效应。但是这两个过程也许没有像最初想象的那样，彼此间具有十分重大的差异。在下面的试验里，由于不合法受精所引起的任何怀疑，都可以一扫而光了。

**(13) 立金花(等长花柱的红花品种)**

第二代自花受精植株上的花朵用别的品种或者新品系的花粉进行杂交，其他花朵再度自花受精。异花受精植株和第三代自花受精植株被培育起来了，它们都是起源于合法的交配；前者对后者在高度上之比为100∶85，而在结实力上(根据产生的蒴果数，以及种子平均数来判断)为100∶11。

**表C中测量记录的总结**

这个表包含了292株用新品系杂交而产生的植株高度，并且通常也列有它们的质量，同时也包含了305株不是由自花受精便是由个体间杂交所产生的植株的高度和质量。这597棵植株属于13个种和12个属。各种足以保证公正比较的措施在以上都已说明了。如果我们现在从右边直行看下来，其中是以新品系杂交所产生的植株的平均高度、质量及结实力作为100，我们将会从另一些数字里了解到，它们对同品系个体间杂交的植株和自花受精植株有着怎样惊人的优越性。在高度和质量方面，对于这一规律只有两个例外，这就是花菱草属和矮牵牛属，而后者或许并不是真实的例外。就结实力说，这两个物种也不例外，因为用新品系杂交所产生的植株比自花受精植株的结实力要大得多。一般情况下，该表里两组植株在结实力上的差异要大于在质量或高度上的差异。而另一方面，有些物种，例如烟草属，两组间在结实力上并没有差异，而在高度和质量上却有着巨大的差异。从该表的全部资料考虑，毋庸置疑的是植株被新品系杂交或者被别的亚变种杂交都会获得巨大的利益，尽管在方式上是有所不同。我们不能因此就断言，这样产生的有利性只是因为新品系的植株是完全健康的，而经长期个体间异花受精或自花受精的植株已变得不健康了；因为在大多数情况下没有出现这样不健康的现象。同时我们将从表 A 里看到，同品系内个体间杂交的植株在某种程度上一般都优于自花受精植株——两组植株曾经栽培在完全相同的条件下，而且是同样的健康或不健康。

从表 C 里我们可以进一步了解到三个方面：首先，曾经连续若干世代自花受精而又栽培在近乎一致的条件下的植株间的杂交，对其后代没有丝毫好处，或者只有极微细的好处。沟酸浆属和牵牛花属中被称为"英雄"的后代都提供出这个规律的事例。其次，经过若干世代自花受精植株用同品系个体间杂交植株进行杂交（如石竹属的事例）与用新品系杂交的效果相比较只能有着微小的利益。经过若干世代同一品系内个体间杂交所产生的植株（如矮牵牛属）与相应世代自花受精植株用新品系杂交所产生的植株，在结实力上显著地下降。最后，某种植物在自然情况下正常地由昆虫而行个体间杂交，在我的试验材料里每个世代行人工杂交，所以它们不可能有，或者很少有受到自花受精的不良影响（例如花菱草属和牵牛花属），但是它们却因用新品系的杂交而获得巨大的利益。总之，这些事例极其明显地告诉我们，不只是两个个体间杂交的本身对后代是有利的。这样产生的有利性是有赖于相结合的植株在有些方面有所不同，并且毋庸置疑地这是由于在体质上或性因素的性质上存在有差异。无论如何，可以肯定的是，差异不是在外表的特性上，因为彼此相似的两个植株正像同一物种内个体间一样的亲密，如果它们的祖先在若干世代里曾经遭遇过不同的条件，当它们个体间杂交时，还是极其明显有利的。对于后一问题我将在下一章里再次讨论。

**表 A**

现在我们来回顾一下表 A，在该表中论述到同品系的自花受精和异花受精植株。这些植物是由属于 30 个目的 54 个物种所组成的。表中列出经过测量的异花受精植株总数是 796，自花受精植株是 809，合计是 1605 株。有些物种是在若干世代中连续进行试验的；应当记住在这种情况下每个世代里异花受精的植株是用另一株异花受精植株的花粉进行杂交，而自花受精植株的花朵几乎经常是用它们自己的花粉受精，虽然有时也用同株上其他一些花朵的花粉受精。异花受精植株因此在后来世代里就变得或多或少地彼此有着亲缘关系了。两组植株在每一世代里都栽培在几乎相同的条件下,且在连续世代中也遭受到近乎相同的条件。如果在每一世代自花受精或个体间杂交植株的某些花朵上,经常采用没有亲缘关系而生长在不同条件下植株的花粉进行杂交,正如我在表C里的植株那样的做法,那么,从某些方面而言,这正是一种比较好的方案;因为从这种措施上我将知道在每个连续世代里植物是怎样受到连续自花受精而退化的。正如表A所见到的,自花受精植株在连续世代中是和个体间杂交植株相竞争和相比较的,那些个体间杂交植株由于相互间或多或少有着亲缘关系,而且生长在相似的条件之下,可能在某些程度上是退化了的。然而,如果我不是依照表C的方案去做,我将不会发现这个重要的事实:虽然有相当亲密亲缘关系的,并且曾经生长在极其相似条件下的植株,它们之间的杂交,在若干世代内能给予后代一些有利性,但经过一段时间后,个体间的杂交对后代就没有什么好处了。我也将不能了解到:自花受精植株在以后世代里可能和同品系个体间杂交植株进行杂交,而只有一点点利益或者完全没有利益;虽然它们在用新品系杂交时,会获得异乎寻常的利益。

关于表A里比较多数的植株,在这里没有什么值得特别需要说明的。详细的特点可以借助索引在每个物种的标题之下参阅到。表A中右边直行的数字是指自花受精植株的平均高度,而以其竞争的异花受精植株的平均高度作为100。这里没有注明,在有些试验里,异花受精和自花受精植株栽培在露地上,因而它们并没有竞争。我们可以看到,这个表包括了属于54个物种的植物,但是由于其中有些物种在几个连续世代里进行了测量,因而在83个事例中异花受精和自花受精的植株都已做了比较。因为在每个世代里测量的植株数(已列在表里)不是很多甚至有时很少,在右边列里,异花受精和自花受精植株的平均高度的差异,不论什么时候总在5%以内,所以它们的高度可以认为实际上是相等的。属于这种情况的,也即自花受精植株的平均高度表现在95和105以内的,共有18个,其不是在某一个世代里、便是在所有的世代里均如此。有8个事例自花受精植株超过异花受精植株5%,也就是说表里右边列上的数字大于105。最后,有57个事例中的异花受精植株超过了自花受精植株100∶95的比,而在一般情况下有着更大的比例。

如果异花受精植株和自花受精植株相对的高度只是由于机遇所造成,那么在高度上自花受精植株超过异花受精植株5%的一些事例,也将像异花受精植株超过自花受精植株的事例一样的多,但是我们可以看到属于前者的有57个事例,而属于后者的只有8个;所以在高度上异花受精植株超过自花受精植株的事例,要比自花受精植株以相同的比例超过异花受精植株的事例多出7倍以上。为了比较异花受精和自花受精植株生长势的特殊目的,在57个事例中异花受精植株超过了自花受精植株5%,而在26个事例中(18+8),它们没有超过自花受精植株。但是我们要指出,在26个事例中有几个,虽然在高度上没有优势,但是在其他方面,异花受精植株比较自花受精植株具有决定性的优势;在另一些事例中,平均高度是不可靠的,由于被测量的植株数太少了,或者由于它们不健康而生长得不一致,或者由于二者综合的原因。然而,因为这些事例是和我的一般结论相对立的,所以我认为应当把它们提出来。最后还有一些事例中异花受精植株不比自花受精植株具有优势,这是可以解释的。这样一来,就我的试验所提供的材料而言,自花受精植株表示出真正等于或优于异花受精植株的事件只剩下极少的一部分了。

现在我们将略为详细地来讨论:有18个事例,自花受精植株在平均高度上和异花受精植株近相等,在5%的范围以内;而有8个事例,自花受精植株在平均高度上超过异花受精植株5%;合计是26个事例,其中异花受精植株没有在任何显著程度上超过自花受精植株。

**(1)香石竹(第三代)**

这种植物曾在4个世代里进行试验,其中在3个世代里异花受精植株的高度超过自花受精植株,一般是远大于5%。在表C里我们可以看到第三代自花受精植株用新品系杂交所产生的后代,其在高度上和结实力均表现出了异常程度的有利性。但是在这第三代里同品系的异花受精植株对其自花受精植株在高度上之比为100∶99,也就是说,它们实际上是相等的。但是当8棵异花受精和8棵自花受精植株被刈割而称记质量时,前者对后者的质量之比却是100∶49!所以这里没有丝毫的怀疑,就是说该物种的异花受精植株在生命力上和发育的繁茂上是大大地优越于自花受精植株;至于第三代自花受精植株虽然如此轻细和瘦弱,但为什么还能够生长到和异花受精植株一样的高度,我还无法解释清楚。

**(2)*Lobelia fulgens*(第一代)**

在这一代的异花受精植株的高度是远低于自花受精植株,两者之比为100∶127。虽然只测量了两对植株,以这个数目作为可靠依据显然是远远太少了,但是从列在这个物种的标题下的其他的证据,可以肯定自花受精植株远比异花受精植株更为健壮。因为我用成熟度不相等的花粉为亲本植株进行异花受精和自花受精,后代生长上的巨大差异可能就是由于这一原因。在第二代里避免了这种错误的来源,并且栽培了更多的植株,于是 23 棵异花受精植株的平均高度对 23 棵自花受精植株的平均高度之比为 100∶91。所以我们实难怀疑,对于这一物种而言,异花受精是有利的。

**(3) 矮牵牛(第三代)**

第三代 8 棵异花受精植株对 8 棵自花受精植株平均高度之比为 100∶131;并且在幼年的时候异花受精植株的劣势甚至于还要更严重些。但有一个值得注意的事实,在一个盆里两组植株极其稠密地生长在一起,异花受精植株有自花受精植株 3 倍的高度。因为在它以往的两代和其以后的两代里,以及用新品系杂交所产生的许多植株,杂交植株在高度、质量及结实力上(当后面两点被注意到的时候)都远远超过自花受精植株,所以现有的事例必须视为是一种不影响一般法则的反常的情况。最可能的解说是,产生第三代异花受精植株的种子没有完全成熟,因为我在峰室花属中曾经看到类似的情况。后一种植物的自花受精幼苗,这些从没有完全成熟的种子产生的幼苗,在最初时比从完好成熟的种子培育出来的异花受精植株生长得快得多。由于它们最初即拥有很好的开始,因而就促使它们即使在后来也还能保持它们的有利性。将蜂室花属的一些同样种子播种在花盆的两对边,盆里装着胶泥和纯沙,并不包含任何有机质,于是异花受精植株的高度在短促的生活史中却比自花受精植株长高了 1 倍,发生了和上述两组矮牵牛属幼苗相同的情况,它们的幼苗也是生长得很稠密,并且遭受到非常不良的条件。在牵牛花属的第八代里我们也看到由不健康的亲本所产生的自花受精幼苗最初生长就比异花受精幼苗快得多,所以在一段长时间内它们是比较高的,虽然最终还是被异花受精植株所击败了。

**(4)(5)(6) 花菱草**

有 4 组测量的结果已列于表 A。其中有一组异花受精植株平均高度超过了自花受精植株。在其他两组中,异花受精植株高度等于自花受精植株,其差异在 5%限度以内,在第四组中自花受精植株高于异花受精植株,超出了 5%的限度。我们在表 C 里曾经看到,用新品系杂交所有的有利性只限于产生的种子数,所以在同品系内个体间杂交植株和自花受精植株的比较也是这样,因在结实力上,前者对后者为 100∶89。可见,个体间杂交植株至少比自花受精植株有一种重要的有利性。当亲本上的花朵用同品系另一个体的花粉受精时,这比自花受精时产生更多的种子;在后一种情况下花朵时常是完全不孕的。所以我们可以断言,杂交虽然不能使异花受精幼苗增加生命力,但是杂交毕竟可以得到一些好处。

**(7) *Viscaria oculata***

15 棵个体间杂交植株对 15 棵自花受精植株在平均高度上之比是 100∶97;但前

者比后者产生多得多的蒴果，其比为 100∶77。此外，亲本植株上的花朵当进行异花受精或自花受精所生产的种子，在第一次试验里的比为 100∶38，而在第二次试验里的比为 100∶58。所以，对杂交有利性的作用是不可能有所怀疑了，尽管异花受精植株的平均高度只比自花受精植株高出 3%。

**(8) 欧洲桔梗**

只对栽培在 4 盆里 4 个最高的异花受精和自花受精植株进行了测量；前者对后者在高度上之比为 100∶98。在所有 4 盆里均有一个异花受精植株比任何一个自花受精植株开花都要早，这点时常可以作为异花受精植株某些真实优越性的可靠指标。亲本植株上花朵用另一个植株的花粉杂交所产生的种子数和自花受精花朵的相比较，其比为 100∶72。因此我们可以做出与上述相同的关于杂交具有绝对有利性的结语。

**(9) 琉璃苣**

只栽培和测量了 4 个异花受精和自花受精植株，前者对后者在高度上的比是 100∶102。这样少数的测量应该是不可信的；而且在现有的事例里，自花受精植株对异花受精植株的有利性完全由于有一株自花受精植株生长得异乎寻常的高。所有 4 个异花受精植株都比其对手自花受精植株先开花。在亲本植株上异花受精的花朵和自花受精的花朵相比较，其产生种子数的比为 100∶60。所以这里我们可以再次得出和以上两个事例相同的结语。

**(10) 留香莲**

只种植了 2 棵异花受精和自花受精植株；前者对后者在高度上之比为 100∶104。在亲本植株上异花受精花朵所结的种子数和自花受精花朵所结种子数相比较，其比为 100∶85。

**(11) 红花菜豆**

5 个异花受精植株对 5 棵自花受精植株高度之比为 100∶96。虽然异花受精植株只高于自花受精植株 4%，但是它们在 2 盆里都比自花受精植株先开花。所以它们大概比自花受精植株具有某些真实的有利性。

**(12) 一点红**

4 棵异花受精植株的高度几乎恰恰和 4 棵自花受精植株相等，但是因为进行测量的植株数是这样的少，而且因为这些植株又都是“瘦弱得可怜”，因而对于它们的相对高度不可能做出可靠的结语。

**(13) *Bartonia aurea***

8 棵异花受精植株对 8 棵自花受精植株高度之比是 100∶107。考虑到我花费了如此多的精力来栽培和比较这样一些数量的植株，本应该可以得出可靠的结果。但由于某些不知的原因，它们竟生长得非常不整齐，而且还变得如此不健康，以致只有3棵异花受精的和3棵自花受精的植株结了种子，但种子数又很少。在这种情况下，两组的平均高度都不可靠，试验是没有价值的。亲本植株上异花受精的花朵比自花受精的花朵产生略多的种子。

**(14) 山牵牛**

6棵异花受精植株对6棵自花受精植株在高度上的比是100∶108。这里自花受精植株似乎有决定性的优势；但是两组植株生长都不整齐，两组里有些植株比他组的植株高出2倍。亲本植株也是处在一种奇特的、半不孕的状态。在这些情况下，自花受精植株的优势是不完全可信的。

**(15) 假茄**

5棵异花受精植株对5棵自花受精植株在高度上的比是100∶105；所以在这里后者似乎有一种虽小，但具有决定性的优势。另一方面，在亲本植株上异花受精的花朵比自花受精花朵产生有大量的更多的蒴果，其比为100∶21。前者蒴果中所含的种子比同样数目的自花受精的蒴果所含的种子更重些，其比为100∶82。

**(16) 野西瓜苗**

只栽培了4对植株，异花受精植株对自花受精植株在高度上的比为100∶109。除了测量的植株数目太少以外，我想不到还有其他任何不足以相信这一结果的原因了。亲本植株上异花受精的花朵显然比较自花受精的花朵具有更大的生产力。

**(17) 芹菜**

认为由昆虫进行异花受精所产生的少数植株(数目未记载)和少数的自花受精植株都被栽培在4个盆的两对边。它们达到几乎相等的高度，异花受精植株有极其微细的优势。

**(18) *Vandellia nummularifolia***

20个由完全花的种子所长成的异花受精植株对20个完全花种子所长成的自花受精植株在高度上的比率为100∶99。该试验曾重复进行，唯一不同的就是让植株生长得更稠密些。结果24棵最高的异花受精植株对24个自花受精植株在高度上之比为100∶94，而在质量上为100∶97。而且，有较多数的异花受精植株比自花受精植株都生长到中等高度。上述20个异花受精植株也曾和20个闭合花朵或闭花受精花朵所产生的自花受精植株栽培在一起，最终它们的高度比是100∶94。假如没有第一个试验，异花受精植株对自花受精植株在高度上之比为100∶99，那么这个物种就很可能被列入异花受精植株超过自花受精植株的高度5%这一类中去了。另一方面，在第二个试验里，异花受精植株比自花受精植株结的蒴果少，且蒴果含有的种子也较少，而这所有的蒴果都全部是由闭花受精花朵产生的。所以全部的资料应该是值得怀疑的。

**(19) 豌豆(普通豌豆)**

同一品种个体间杂交的4棵植株对同品种4棵自花受精植株在高度上的比为100∶115。虽然这种杂交没有好处，但是我们从表C里可看到，不同品种间的杂交大大提高了后代的高度和生命力；在那里我们已经阐述，同品种个体间杂交没有好处的事实，几乎可以肯定的是由于它们曾经自花受精了许多世代，而且在每代里又都生长在几乎相同的条件下。

**(20)(21)(22) 紫叶美人蕉**

属于3个世代的植株进行了观察，并且在所有的3代里，异花受精植株与自花受精植株的高度接近相等；34个异花受精植株对等数的自花受精植株的平均高度之比为100∶101。所以异花受精植株并没有比自花受精植株有利；用在豌豆的解释在这里可能也很合适。这种昙华属的花朵是完全自花能孕的，在暖房里从未看到昆虫来访问它们，所以不会由于昆虫而引起杂交。并且，这种植物曾经在几个世代里栽培在温室的花盆里，所以它们是在几乎一致的条件下。上述34个异花受精植株上杂交花朵所产生的蒴果比自花受精植株上自花受精花朵所产生的蒴果含有较多的种子，其比为100∶85；所以在这方面杂交是有利的。

**(23) 中国樱草**

这种植物的后代，有些是用异株花粉进行合法地受精，而另一些则是进行不合法地受精，它们几乎完全是和自花受精植株同样的高度；但是前者除了少数的例外，都比后者先开花。我在《同种植物的不同花型》中曾经指出，在英国这个物种一般是由自花受精的种子栽培起来的，而这些植株栽培在盆里曾经遭受到近乎一致的条件。而且，其中有许多正在变异和改变着它们的特性，以致改变为在某些程度上是等长花柱了，因而具有高度的自交能孕性。所以我相信，异花受精植株的高度不能超过自花受精的原因，是和上述的豌豆和昙花属的两种情况相同的。

**(24)(25)(26) 烟草**

曾经测量了4组植株；其中一组自花受精植株的高度大大地超过异花受精植株，在另外两组里它们近乎相等于异花受精植株，而在第四组里它们被异花受精植株所击败。但是最后一种情况我们不在这里讨论。个别植株因其体质不同，所以有些植株的后代由于它们亲代进行个体间杂交而有好处，但是其他植株则不是这样。把 3 个世代联系起来看，27 棵异花受精植株在高度上对 27 棵自花受精植株之比是 100 ∶ 96。异花受精植株高度的超出量，比之于同一母本植株用略有的不同的品种杂交所产生的后代所表现的超出量，是如此的微细。我们可以猜想（如在表 C 里所说明的）在我的试验里作为母本植株的这个品种的大多数个体曾获得近乎相同的体质，因而个体间杂交并没有好处。

我重复研究了这 26 个事例，其中异花受精植株在高度上没有超出自花受精植株，不是在 5%以上便是比它们还低。可以断言，绝大多数的事例并不能成为这个规律的例外事件。这规律就是：两个植株间的杂交可能对其后代形成某种形式的巨大利益，除非它们在许多世代里进行了自花受精而又处在近乎相同的条件下。在 26 个事例中，至少有 2 个，即侧金盏花属（*Adonis*）和巴通尼属（*Bartonia*），可以完全删除掉，因为这些试验由于植株极不健康而是没有价值的。在 12 个其他事例里[这里包括花菱草属（*Eschscholtzia*）的 3 个试验]，异花受精植株，在高度上除了讨论到的一个世代以外，在其他所有世代里都优于自花受精植株，或者是它们在一些不同的形式上表现其优势，例如在质量上，在结实力上，在先开花上；或者是在母本植株上异花受精的花朵比自花受精的花朵有更大的种子生产力。

删去上述 14 个事例以后，还有 12 个事例，而其中异花受精植株并没有表现超越于自花受精植株很显著的有利性。另一方面，我们已经知道有 57 个事例，异花受精植株在高度上超越于自花受精植株至少有 5%，并且一般具有更高的程度。但是即使在刚才讨论到的 12 个事例中，异花受精植株方面缺乏任何优势的现象还是远远不能肯定的。在山牵牛属（*Thunbergia*）里，亲本植株是处在一种令人惊异的、半不孕的情况下，而其后代生长得极不整齐。在木槿属（*Hibiscus*）和芹菜属（*Apium*）里，栽培起来并能测量的植株太少了，因而测量的结果很难让人相信；而木槿属异花受精的花朵却比自花受精花朵产生更多的种子。在母草属（*Vandellia*），异花受精植株稍比自花受精植株高些和重些，但是它们的结实力较低，所以这个事例还有疑问。最后，在豌豆属、樱草属、3 个世代的昙花属以及 3 个世代的烟草属（合并起来计 12 个事例）中，它们两个植株间的杂交对后代并没有好处或很少有好处。但是我们有理由相信：这是由于那些植株在许多世代里进行了自花受精和栽培在近于一致条件下的结果。在牵牛花属和沟酸浆属的试验植株里以及在某些程度上其他一些物种里，得到了相同的结果，而这些材料我是有意识地用这种方式进行处理的。我们知道这些物种在它们正常的条件下，由于个体间杂交而可以获得巨大的利益。所以，在表 A 里没有一个事例能够提出作为推翻这个规律的有力证据，而这个规律就是：生存在不同条件下的亲代植株间的杂交对其后代是有利的。这是一个令人惊异的结论，因为根据家畜的相似性结论，是不可能预期到杂交的有利效果或自花受精的不良效果；一直到这些植株已经这样处理了几个世代还可能被察觉到。

表A的结果可以用另一种观点来看待它。现在可以把每一世代作为独立的事例，这样计有83个事例。无疑，这是比计算异花受精和自花受精植株更正确的方法。

但是同一物种的那些植株在几个世代里都进行观察的情况下，它们所有各代的高度的总平均数可以综合地求出来；并且该平均数已列于表A。例如，在牵牛花属10个世代植株高度的总平均数，异花受精植株作为100时，则自花受精植株为77。在栽培一个世代以上的各个事例中都这样做了，很容易计算出表A里全部物种异花受精和自花受精植株平均高度的平均数。但是应该注意到有些物种只对其少数的植株进行测量，而另一些物种则有相当大的数量。因此，一些物种平均高度的意义并不相同。尽管有引起这种误差的原因，把表A里的54个物种的平均高度的平均数列出来还是有价值的。其结果是，在异花受精植株的平均高度的平均数作为100时，则自花受精植株平均高度的平均数为87。但是更好的方式是把54个物种划分成3组，就像在上面所列的83个事例里所做的那样。第一组所包括物种的自花受精植株平均高度是在百分之五的范围以内，所以异花受精植株和自花受精植株接近于相等；这样的物种有12个，对于这些，我没有什么需要说明的。它们自花受精植株平均高度的平均数当然是非常近于100，或者准确地说是99.58。第二组所包括的物种有37个，其中异花受精植株的平均高度的平均数超出自花受精植株百分之五；异花受精植株平均高度的平均数对自花受精植株之比为100∶78。第三组所包括的物种只有5个，其中自花受精植株的平均高度的平均数超出异花受精植株5%，而这里异花受精植株平均高度的平均数对自花受精植株之比为100∶109。所以如果我们删除了近乎相等的物种，就有37个物种中异花受精植株平均高度的平均数超过自花受精植株22%；而只有5个物种中自花受精植株平均高度的平均数超过异花受精植株，超过量只有9%。

**结论的真实性**

杂交的有利作用是由于植株间曾遭受到不同的条件或者它们是属于不同的品种，在这两种情况下，植株之间在体质上几乎肯定地有某些程度上的不同——已由表A和表C结果的比较获得了证实。表C列出用新品系或用不同品种杂交产生的植株的结果，这里，异花受精植株超过自花受精植株的优势比表A里更加普遍，也更加强烈而显明。在表A里是同一品系的植株进行杂交的。我们看到,表A里所有54个物种的异花受精植株的平均高度的平均数对自花受精植株之比为100∶87;而在表C里用新品系杂交的植株平均高度的平均数对自花受精植株却为100∶74。所以,在表A里异花受精植株以13%的差额击败了自花受精植株;而在表C里,包含着以新品系杂交的结果,其差额却是26%。也就是说,异花受精植株以一倍的差额击败了自花受精植株。

**表B**

应当补充几句关于同品系的异花受精植株和自花受精植株在质量上的比较。在表B列出了11个有关于8个物种的事例。称记质量的植株数列在左边两行里,而它们的相对质量列在右边的行里,并以异花受精植株作为100。关于用新品系杂交所产生的其他少数的事例已经记载在表C里了。我懊悔没有多做这类试验,因为利用这种方法所得到异花受精植株超越于自花受精植株的优势的证据,要比用相对高度更有结论性的意义。但是这一方法直到试验较晚的期间才被想到,并且这种方法有困难,因为种子要在成熟时才收集,而在这时植株往往已经开始枯萎了。在表B中,11个事例中只有1个,就是花菱草属(*Eschscholtzia*)的自花受精植株在质量上超过异花受精植株。我们已经知道它们的高度也有优势,尽管结实力是劣势,在这里异花受精的唯一优势是局限在生殖系统上。母草属(*Vandellia*)的异花受精植株略重于自花受精植株,也正像它们略高于自花受精植株一样;但是,自花受精植株上闭花受精花朵比异花受精植株上那些花朵产生有更多的蒴果,这个事例正如在表A上所提到的,应当一并作为疑问。从木樨草(*Reseda odorata*)部分自交不孕的植株上所产生的异花受精植株和自花受精植株的后代在质量上是几乎相等,虽然在高度上不是这样。在其余8个事例中异花受精植株比自花受精植株有惊人的优势,质量超出一倍以上。其中只有一个例外的事例,其比是100∶67。从植株质量上所推论的结果,显然证实了上述同品系两个植株间杂交有利作用的事实;并且在少数用新品系杂交产生的植株称记质量的事例中,其结果是相似的,甚至于会更加显著些。

# 第八章　异花和自花受精植株之间在生命力上以及其他方面的差异

*· Difference Between Crossed and Self-Fertilised Plants in Constitutional Vigour and in Other Respects ·*

异花受精植株具有较大的生命力——大量密植的效果——与他种植物的竞争——自花受精植株较易于早期死亡——异花受精植株一般比自花受精植株先开花——同株上花朵间杂交的无效——事例的叙述——异花受精的有利效果对后代的传递——亲缘很近的亲系植株间杂交的效果——在几个世代里进行自花受精和栽培，在相似的条件下，植株上花朵颜色的一致性

XVI, 3.
106. Leguminosae.
1
2
3
4
5
6
7
A
B
424.
Sarothamnus scoparius Koch.
Pfriemen.

**异花受精植株具有较大的生命力**

因为几乎在我的全部试验中，相同数目的异花受精和自花受精的种子或更普遍地是正在开始生长的幼苗，都被播种在同一盆的两对边，所以它们必然进行相互竞争。异花受精植株具有较大的高度、质量和结实力，可能是由于它们有较大的天赋的生命力。两组植株在极幼龄时一般是等高的，但往后异花受精植株逐渐战胜了它们的对手，这就表示它们占有某些遗传的优势，虽然在生命的初期并没有表现出来。但是，对于两组植株在初期高度相等的规律性依然有着某些显明的例外。例如，金雀花(*Sarothamnus scoparius*)的异花受精幼苗当高度还在3英寸以下时，就已经比自花受精植株高出2倍以上了。

在异花受精植株或自花受精植株一旦决定性地高出了它的对手以后，就必然继续发生更加递增的优势，因为比较强壮的植株掠夺了瘦弱植株的营养，并且对其进行了遮阴。三色堇(*Viola tricolor*)的异花受精植株显然就是这样的，它们到后来完全掩蔽了自花受精的植株。但是异花受精植株不论竞争如何，它们是具有遗传上的优势的，当两组植株分别种植在相互间距离不远的露天而肥沃的土壤里，这种遗传的优势有时就会很明显地表现出来。即使在严酷的竞争下，有一段时间自花受精植株超过了它的对手异花受精植株，后者在初期受到偶然的损伤或病害，但是最后还是被异花受精植株所战胜。牵牛花属第八代的植株是从不健康亲本所产生的小种子培育出来的，自花受精植株在初期生长极快，所以当两组植株的高度在3英尺左右的时候，异花受精植株的平均高度对自花受精植株的平均高度之比为100∶122；当它们生长到6英尺左右的高度时，两组植株是几乎相等；但是到8～9英尺的高度时，异花受精植株显现了它们固有的优势，在高度上它们对自花受精植株为100∶85。

异花受精植株超越自花受精植株的优势，在沟酸浆属第三代里采用另一种方法也得到了证明。这种方法先把自花受精种子种在盆的一边，而在间隔一定时间以后再把异花受精种子种在它的对边。这样自花受精幼苗(因为我肯定这些种子是在同时发芽的)在竞赛开始时就比杂交幼苗具有显明的优越性。然而，在异花受精种子迟于自花受精种子两天后才播种的情况下，它们却很容易地被击败了(这可在沟酸浆属的标题下看到)。但是当间隔到4天时，这两组植株在整个生活史中便

---

◀**金雀花(*Sarothamnus scoparius*)**

---

近于相等。即使在后一事例中,异花受精植株依然占有一种遗传优势。在两组植株长到最高时,把它们刈割掉,并且不使它们受到损伤而移植到大盆里去,当它们次年又生长到最高时再度测量,最高的异花受精植株对最高的自花受精植株在高度上之比为100∶75,而在结实力上(也就是两组植株等数的蒴果所产生的种子量)为100∶34。

通常我所用的方法,就是把同等发芽程度的几对异花受精和自花受精种子播种在同一盆的两对边,让植株受到略为严重的相互竞争。我认为这是所有采用的方法中最好的一个,而且是在自然条件下所进行的公允的测量。因为在自然界中生长的植物通常都长得很稠密,并且几乎经常是彼此间或者与其他植物种进行很严酷的竞争。出于后一种考虑,我进行了一些试验,主要用牵牛花属和沟酸浆属,但并不只用它们,把异花受精和自花受精种子播种在许多大盆的两对边,而在这些盆里曾经长期生长有其他植物,或者把它们播种在露地其他植物的中间。这样幼苗会受到其他植物的极其严酷的竞争。在全部这些事例中,异花受精植株在它们的生长能力上比自花受精植株表现出了巨大的优势。

把发芽的幼苗成对地种植在几个花盆的两对边以后,剩余的种子不论其是否已经发芽,在大多数情况下都密植在另外一个大盆的两对边,所以长出来的幼苗非常拥挤,并且遭受到极其严酷的竞争和不良的条件。在这种情况下,异花受精植株对自花受精植株的优势几乎一律比植株成对地种在盆里时表现得更明显。

有时异花受精和自花受精种子分行播种在露地里,这里杂草是除净的,所以幼苗不受到其他植物的任何竞争。但是在同一行里的植株与其相邻的植株依然存在竞争。当完成生长时,选拔、测量和比较了每行里几株最高的植株。在有些事例中(但是不如所想象的那样一致),其结果是异花受精植株在高度上超出自花受精植株的程度没有像成对地种在盆里那样大。例如,毛地黄属的植株,在盆里竞争的情况下,异花受精植株对自花受精植株在高度上之比为100∶70,而在分开生长时只有100∶85。在芸苔属里也得到几乎相同的结果。至于烟草属,异花受精植株对自花受精植株在高度方面,当生长在极其稠密时为100∶54,当生长在盆里较不稠密的情况下为100∶66,当生长在露地而只受到微小的竞争时为100∶72。当玉米生长在露地里,其异花受精植株对自花受精植株在高度上的差异比成对地种在暖房的盆里更大一些。这可能是由于自花受精植株比较细弱,所以当两组植株暴露在低温多湿的夏季里,自花受精植株遭受损伤比异花受精植株更厉害些。在木樨草两组试验中,有一组成行地栽培在露地里。同样,在甜菜里,异花受精植株在高度上也没有超过自花受精植株。

异花受精植株对不良条件的天然抵抗力远大于自花受精植株，这在两个事例里表现得奇怪。那就是在蜂室花属和矮牵牛属的第三代里，当两组植株生长在极其不良的条件下，异花受精幼苗对自花受精幼苗在高度上表现了巨大的优势；但是由于特殊的环境，在用同样的种子成对播种在盆里所长成的植株却发生了恰恰相反的情况。一个极为相似的事例在烟草第一代植株里曾被观察到两次。

异花受精植株经常比自花受精植株能更好地忍受因突然从培养的温室移到露地里去所引起的伤害作用。在有些事例中，它们也能更好地抗低温和剧烈变化的气候。某些牵牛花属的异花受精和自花受精植株，当它们突然地从暖房里移到未加温的温室最冷处的时候，显然会出现这种情况。沟酸浆属自花受精第八代用新品系杂交所产生的后代在霜后仍能生存，而这次霜却冻死了每一个自花受精植株和原先同品系的个体间杂交的植株。三色堇有一些异花受精和自花受精植株得到几乎相同的结果。甚至金雀花的异花受精植株的分枝顶梢也没有受到极寒冬季的损害；而全部自花受精植株的上半部却完全冻死，以致在第二年夏季不能开花。烟草异花受精的幼苗能比自花受精的幼苗更好地忍受低温多湿的夏季。关于异花受精植株比自花受精植株更坚实的规律，我只遇到过一次例外：三长行的花菱草属植株，其中包括用新品系杂交的幼苗、同品系个体间杂交的幼苗以及自花受精的幼苗，在严冬时被留在未加保护的露地里，结果是全部冻死，只剩下两株自花受精的植株。但是这一事例并没有像初见时那样的新奇，因为我们应当记住花菱草属的自花受精植株经常是比异花受精植株生长得高些和种子也更重些。在这个物种里异花受精的全部有利性局限于提高结实力。

这与任何可能察觉的外在因素无关，自花受精植株总是比异花受精植株容易早期死亡；这对我似乎是一件很惊奇的事情。当幼苗在很幼嫩的时候，如果有一株幼苗死亡，它的对手也就被拔起来丢掉了，我相信自花受精植株比异花受精植株有更多植株在早期就死亡了；但是我疏忽了，没有对此进行任何的记载。然而在甜菜里，有大量的自花受精种子在地下发芽时就死亡了，而异花受精种子在同时播种却没有受到这样的损害。当植株在稍大的年龄时死亡，这一事实被记载下来；并且在我的记录簿里发现，几百个植株中只有 7 个异花受精植株死亡，而至少有 29 株自花受精植株是这样损失了的，那就是说多了 4 倍以上。高尔顿先生在检查我的一部分表格后指出：“这是很明显的，自花受精植株的纵行里包含有较多数非常小的植株”；并且时常出现这样瘦弱的植株，无疑是与它们早期容易死亡有着密切的关系。矮牵牛属的自花受精植株结束它们的生长和开始枯萎要比个体间杂交植株较早些；而后者又显著地比用新品系杂交的后代早些。

**开花期**

在有些事例中，例如毛地黄属、石竹属和木樨草属，异花受精植株比自花受精植株有更多数的植株抽出花茎，但这或许只是由于它们有更强的生长能力的结果。因为在 *Lobelia fulgens* 的第一代里，自花受精植株的高度大大超过异花受精植株，后者的一些植株没有能够抽出花茎。在大多数的物种里，异花受精植株表现出一种明显的趋势，它比生长在同一盆里的自花受精植株先开花。但是应该指出，许多物种未曾进行开花记载；而当进行记载时，只记载了每盆里第一株植株的开花，虽然在同一盆里种植有两对或两对以上的植株。

现在，我列出 3 个表：第一个表所包括的物种，其第一株开花的是异花受精植株；第二个表所包括的物种，其第一株开花的是自花受精植株；而第三个表所包括的是那些同时开花的物种。

**第一个开花植株是由异花受精亲系所产生的物种**

牵牛花——在我的记录簿里我记载着，全部 10 个世代中多数的异花受精植株比自花受精植株先开花，但是没有详细记载。

沟酸浆(第一代)——在自花受精植株有一朵花开放以前，异花受精植株上已有 10 朵花完全开放了。

沟酸浆(第二和第三代)——这两个世代里所有 3 盆的异花受精植株都比任何一个自花受精植株先开花。

沟酸浆(第五代)——所有 3 个盆里异花受精植株都先开花，但是属于高大新品种的自花受精植株对异花受精植株在高度上之比为 126：100。

沟酸浆——用新品系杂交所产生的植株以及老品系个体间杂交所产生的植株，在 10 盆中就有 9 盆比自花受精植株先开花。

红花鼠尾草——所有 3 个盆里异花受精植株都比任何一棵自花受精植株先开花。

牛至——在两个连续的季节里，有几株异花受精植株比自花受精植株先开花。

甘蓝(第一代)——栽培在盆里和在露地里的全部异花受精植株都先开花。

甘蓝(第二代)——4 盆中有 3 盆异花受精植株比任何自花受精植株都先开花。

蜂室花——两盆里都是异花受精植株先开花。

花菱草——巴西品系用英国品系杂交所产生的植株，9 盆中有 5 盆先开花；其中有 4 盆自花受精植株先开花；而没有一盆是在老品系内个体间杂交植株先开花。

三色堇——6盆中有5盆异花受精植株比自花受精植株先开花。

香石竹(第一代)——在两大区的植株中,有4棵异花受精植株比任何自花受精植株都先开花。

香石竹(第二代)——两盆里都是异花受精植株先开花。

香石竹(第三代)——4盆中有3盆异花受精植株先开花;虽然异花受精植株对自花受精植株在高度上之比仅为100∶99,但在质量上为100∶49。

香石竹——用新品系杂交产生的植株和老品系个体间杂交的植株,在10盆中有9盆二者都比自花受精植株先开花。

野西瓜苗——4盆中有3盆异花受精植株比任何自花受精植株先开花,但是后者对异花受精植株在高度上之比为109∶100。

小旱金莲——4盆中有3盆异花受精植株比任何自花受精植株先开花,而在第四盆里它们同时开花。

*Limnanthes douglasii*——5盆中有4盆异花受精植株比任何自花受精植株先开花。

红花菜豆——两盆里都是异花受精植株先开花。

欧洲桔梗——所有4盆里都是异花受精植株先开花。

*Lobelia ramosa*(第一代)——所有4盆里异花受精植株比任何自花受精植株先开花。

*Lobelia ramosa*(第二代)——所有4盆里异花受精植株都比任何自花受精植株先开花几天。

粉蝶花——5盆中有4盆异花受精植株先开花。

琉璃苣——两盆里都是异花受精植株先开花。

矮牵牛(第二代)——所有3盆里都是异花受精植株先开花。

烟草——16盆中有15盆用新品系杂交产生的植株比任何第四代自花受精植株先开花。

仙客来——在连续两个季节中,所有4盆里异花受精植株都比任何自花受精植株先开花几个星期。

立金花(等长花柱的变种)——在所有3盆里都是异花受精植株先开花。

中国樱草——在所有4盆里,由植株间不合法杂交所产生的植株比任何自花受精植株先开花。

中国樱草——8盆中有7盆合法杂交的植株比任何自花受精植株先开花。

荞麦——在所有 3 盆里，合法杂交的植株比自花受精植株先开花一两天。

玉米——在所有 4 盆里都是异花受精植株先开花。

草芦——在露地里异花受精植株比自花受精植株先开花，但在盆里它们同时开花。

**第一个开花植株是由自花受精亲系所产生的物种**

花菱草（第一代）——异花受精植株最初都比自花受精植株高些，但是在第二年它们再度生长时自花受精植株的高度却超出了异花受精植株，于是它们在 4 盆中有 3 盆先开花。

黄羽扇豆——虽然异花受精植株对自花受精植株在高度上之比为 100：82，但是在所有 3 盆里都是自花受精植株先开花。

丁字草——虽然异花受精植株也和上述事例相同，其对自花受精植株在高度上之比为 100：82，但是在两盆里自花受精植株先开花。

*Lobelia fulgens*（第一代）——异花受精植株对自花受精植株在高度上之比只是 100：127，并且后者比异花受精植株开花早多了。

矮牵牛（第三代）——异花受精植株对自花受精植株在高度上之比为 100：131，4 盆中有 3 盆自花受精植株先开花；而在第四盆里它们同时开花。

矮牵牛（第四代）——虽然异花受精植株对自花受精植株在高度上之比为 100：69，但是 5 盆中有 3 盆自花受精植株先开花；在第四盆里它们同时开花，只有第五盆里异花受精植株先开花。

烟草（第一代）——异花受精植株对自花受精植株在高度上之比为 100：178，并且在所有 4 盆里都是自花受精植株先开花。

烟草（第三代）——异花受精植株对自花受精植株在高度上之比为 100：101，而在 5 盆中有 4 盆自花受精植株先开花。

紫叶美人蕉——把三代的材料合并起来，异花受精植株对自花受精植株在高度上之比为 100：101；在第一代里自花受精植株表现了一些先开花的趋向，而在第三代里 12 盆中有 9 盆自花受精植株先开花。

**异花受精和自花受精植株几乎同时开花的物种**

沟酸浆（第六代）——异花受精植株在高度上和生活力上比自花受精植株较低，而这些自花受精植株都是属于新的、高的白花品种，但是只有在半数的盆里自花受精植株先开花，在其他一半的盆里异花受精植株先开花。

*Viscaria oculata*——异花受精植株只稍微高于自花受精植株（相比为 100：97），但具有显著较高的结实力，然而两组植株几乎同时开花。

香豌豆(第二代)——虽然异花受精植株对自花受精植株在高度上之比为100∶88,但是它们在开花期上没有显明的差异。

*Lobelia fulgens*(第二代)——虽然异花受精植株对自花受精植株在高度上之比为100∶91,但是它们在同时开花。

烟草(第三代)——虽然异花受精植株对自花受精植株在高度上之比为100∶83,但是在半数的盆里自花受精植株先开花,而在另外半数的盆里则异花受精植株先开花。

以上包括了58个事例,其中记载了异花受精和自花受精植株的开花期。其中有44棵异花受精植株在大多数盆里或所有的盆里先开花,有9个事例中自花受精植株先开花,有5个事例中是两组植株同时开花。仙客来属是其中最显著的事例之一,在两个季节中这种植物于所有4盆里异花受精植株都比自花受精植株早几个星期开花。*Lobelia ramosa* 的第二代在所有4盆中异花受精植株都比任何自花受精植株早几天开花。用新品系杂交所产生的植株通常都表现一种非常强烈而显著的趋向,那就是它们要比自花受精植株和老品系内个体间杂交植株先开花,而所有这三组植株都是生长在同一盆里的。在沟酸浆属和石竹属10盆中只有1盆,而在烟草16盆中只有1盆,是自花受精植株比两组异花受精植株先开花——这后两组异花受精植株几乎是同时开花的。

考虑前面两个表,特别是第二个表,都显示出先开花的趋向一般是和较强的生长能力有关的,那就是说和较高的高度有关的。但是对这个规律,这里有几个明显的例外,证明还有其他的因素参与其中。例如,黄羽扇豆和丁字草的异花受精植株对自花受精植株在高度上之比都是100∶82,但是自花受精植株先开花。在烟草属的第三代以及昙花属的全部3个世代中,异花受精植株和自花受精植株几乎是相等的高度,但是自花受精植株趋向于先开花。另一方面,中国樱草两个植株间杂交所产生的植株,不论是合法的或不合法的杂交,都比不合法的自花受精植株先开花,虽然在两个事例中所有植株的高度是几乎相等的。至于菜豆属(*Specularia*)和琉璃苣属(*Borago*)的高度和开花期的关系也是这样的。木槿属异花受精植株的高度比自花受精植株的低,其比为100∶109,但是它们在4盆中有3盆比自花受精植株先开花。总的来说,这是没有疑问的,异花受精植株比自花受精植株表现出早开花的趋向,尽管它没有像生长得更高、更重和具有更大结实力那样非常显著的表现。

其他没有包括在上面的少数事例应该值得注意。在所有3盆里的三色堇,异花受精植株所产生的自然杂交后代都比自花受精植株所产生的自然杂交后代先开花。

在沟酸浆第六代的两个自花受精亲系植株上的一些花朵进行个体间杂交，而在同株上其他一些花朵则以自己的花粉受精；这样就培育出个体间杂交的幼苗和自花受精第七代的植株，而后者在5盆中有3盆比个体间杂交植株先开花。沟酸浆和牵牛花二者单一植株上的花朵都用同株上其他花朵的花粉受精，而另一些花朵用自己的花粉受精。这样就培育出来这种特殊类型的相互杂交的幼苗，以及另一些严格自花受精的幼苗。在沟酸浆属的事例里，8盆中有7盆自花受精植株先开花；而在牵牛花属的事例中，10盆中有8盆先开花。所以，在开花期方面，同一植株上花朵间相互杂交所产生的后代，与严格自花受精植株相比，并没有显示出任何的优势。

## 同一植株上花朵间杂交的效果

在第七章讨论表C所列的用新品系杂交的结果时，曾经指出异花受精这一行动的本身并没有好处。但是，所获得的有利性却有赖于进行异花受精的植株，它们或者是属于不同的品种，因而几乎肯定在体质上有某些差异，或者是被杂交植株的祖先由于曾经受到某些不同条件的作用，虽然在每个外部特性上是相同的，但在体质上却获得了一些微细的差异。由同一植株上所产生的全部花朵都是从一粒种子发育而来；所有在同一时间开放的花朵都遭受到严格相同的气候的影响；并且全部茎秆是由同一根系所滋养的。因此依据刚刚所提到的结论，从同株上花朵间的杂交应该得不到好处。[①] 与这结论相反的有：一个芽在某种意义说是一个单独的个体，而它能够偶然地，甚至能够经常地获得一些新的外部性状，以及一些新的体质特征。从这样变异了的芽所长成的植株可以在很长的时间内用嫁接、扦插等方式进行繁殖，有时甚至可以用种子繁殖。[②] 也还有着许多物种，其中同一植株上的花朵是相互不同的，例如雌雄同株植物和杂性花植物(Polygamous plant)的生殖器官，菊科和伞形科等植物的外围

① 但是，很可能同一花朵的雄蕊在长度上或结构上有所不同，它们所产生的花粉在特性上存在着差异，因而在这种情况下同株上一些花朵间的异花受精可能是有作用的。麦克纳布先生(Mr. Macnab)(在给M. 伐罗特的通信中(*La Production des varietis*，1865年，42页)说：杜鹃花属(*Rhododendron*)由较短的和较长的雄蕊所产生的幼苗，它们在性状上有所不同；但是较短的雄蕊显然是退化了，并且幼苗是矮生的，所以这种结果可能单纯地由于花粉缺乏受精能力，正和诺丁所栽培的紫茉莉属由于用了太少的花粉粒而引起矮生的事例相似。关于天竺葵属的雄蕊就曾提出有类似的报告。有一些野牡丹科(Melastomaceae)里，由我用较短雄蕊上的花粉受精而培育出来的幼苗，肯定地和用较长的雄蕊具有不同颜色花药，所产生的幼苗在外表上有所不同。但在这里也有理由相信，这种短雄蕊是趋向于不孕的。在极其不同的三型异长花柱的植物的事例里，同一花朵的两组雄蕊具有极其不同的受精能力。

② 我曾经列出许多这样芽变的事例，载在我的著作《动物和植物在家养下的变异》第11章，第二版，第1卷，448页。

花朵的结构,有些植物的中间花朵的结构,由闭花受精植物所产生的两种花朵,以及其他一些事例。这些事例显著地证明了:同一植株上的花朵时常在许多重要特性上会发生相互独立无关的变异,这样的变异被固定下来了,有如物种发展过程中不同植株所发生的变异一样。

所以必须利用试验来验证,同一植株上花朵间的杂交将发生什么效果,用以比较用它们自己花粉受精或者用不同植株的花粉进行杂交的效果。该试验曾在属于 4 个科的 5 个属里缜密地进行。只在一个事例中,那就是,毛地黄属的同一植株上花朵间的杂交得到一些好处,而在这里所得的好处,比由异株间杂交所得的好处小很多。在第九章里,当我们讨论异花受精和自花受精对亲本植株生产力的影响时,我们将会获得几乎相同的结果,那就是说,同一植株上花朵间的杂交一点也不会增加种子数或者只是偶然地得到微小程度的增加。

下面,是我的 5 个试验结果的摘要。

**(1) 毛地黄**

由同一植株上花朵间杂交所长成的幼苗,和另一些用自己花粉受精的花朵所长成的幼苗,一齐用普通的方法种植在相互竞争情况下的 10 个花盆的两对边。这个事例以及其他的 4 个事例的详细内容可以在每个物种的标题下找到。在 8 个盆里植株生长得并不很稠密,16 棵相互杂交植株*的花茎对 16 棵自花受精植株的花茎在高度上之比为 100∶94。在其他 2 盆里植株长得很稠密,9 棵相互杂交植株的花茎对自花受精植株在高度上之比为 100∶90。在后面两个事例中,相互杂交植株比自花受精植株具有真实的有利性。当刈割后,这种有利性很明显地表现在它们相对的质量上,其相对质量之比为 100∶78。把 10 盆 25 棵相互杂交植株的花茎合并起来测量,其平均高度对 25 棵自花受精植株的平均高度之比为 100∶92。所以相互杂交植株在某种程度上肯定是优于自花受精植株;但是它们的优势,与那些由不同植株间杂交产生的后代超过自花受精的后代相比较,则是很小的,这里在高度上之比为100∶70。后一比率还不能充分地表现出植株间杂交超越于自花受精的巨大优势,因为前者比后者产生两倍以上的花茎数,而且前者又不容易遭受到早期的死亡。

**(2) 牵牛花**

由同一植株上花朵间杂交而产生的 31 棵相互杂交的植株和等数的自花受精植株都种植在相互竞争情况之下的 10 个盆里,前者对后者在高度上之比为 100∶105。

---

* 此处所指的是同株上花朵间杂交的植株。——译者注

所以自花受精植株略高于相互杂交植株；而且在10盆中有8盆自花受精植株在同一盆里比任何一株杂交植株先开花。把9盆里不很稠密的植株(这些植株提供出最公允的比较标准)刈割下来并称记其质量。27棵相互杂交植株的质量对27棵自花受精植株的质量之比为100∶124。由这个试验看来，自花受精植株的优势是极其明显的。在某些事例中自花受精植株的优越性，我将在下一章里讨论。如果我们现在回顾不同的植株间杂交产生的后代，而把它们放在和自花受精植株相竞争的状态下，我们会发现，73棵这样杂交的植株的平均高度在10个世代的过程中对等数的自花受精植株的平均高度之比为100∶77，而在第十代的植株质量之比为100∶44。所以，同一植株上花朵间杂交的效果和不同植株花朵间杂交的效果的对比是异常巨大的。

**(3) 沟酸浆**

22棵由同一株花朵间杂交而长成的植株和等数的自花受精植株都生长在相互竞争的条件之下；前者对后者在高度上之比为100∶95，如果删掉4棵矮小植株，则为100∶101；在质量上之比为100∶103。而且8盆中有7盆的自花受精植株比任何相互杂交植株先开花。在这里，自花受精植株再一次表现对相互杂交植株轻微的优势。为了进行比较，我补充一点，由不同植株间杂交所长成的植株在3个世代里对自花受精植株在高度上之比为100∶65。

**(4) *Pelargonium zonale***

由同一植株上用扦插的方法繁殖的2棵，分别种植在2盆里。所以，事实上它们是同一个体的两个部分，它们之间进行相互杂交，同时在这些植株中用一株上的其他花朵进行自花受精；但是由这两种操作所获得的幼苗在高度上并没有差异。当把上述一个植株的花朵用取自另一植株的花粉进行杂交，而其他花朵进行自花受精，则这样获得异花受精植株对自花受精植株在高度上之比为100∶74。

**(5) 牛至**

长期栽培在我的菜圃里的一株，由于其地下茎的蔓延而形成了一大片或一大丛。严格地说，这些植株是属于同一植株，由这些植株上花朵间相互杂交所长成的幼苗和其他自花受精的幼苗，从它们最幼小一直到成熟的时候，就进行了仔细地比较；而它们在高度上和生命力上却一点差异也没有。这些幼苗上的一些花朵用异株的花粉进行杂交，而其他的花朵进行自花受精；这样培育出两组新的幼苗，它们生长在我的菜圃里，由于地下茎的蔓延而形成一大丛植株的孙辈。这些植株在高度上差异很大，异花受精植株对自花受精植株之比为100∶86。它们在生命力上也有惊人的差异。异花受精植株先开花，并且产生了恰恰多出两倍的花茎数；往后它们用地下茎增殖到这样的程度，以致完全遮蔽了自花受精植株。

回顾这5个事例，我们可以看到其中有4个在同一植株上（甚至于像在天竺葵属和牛至属分别生长在不同根系上的同一植株的短匐枝上）花朵间杂交的效果和最严格自花受精的并没有区别。事实上，在两个事例中，自花受精植株是比这样相互杂交的植株稍微占优势。在毛地黄属里，同一植株上花朵间的杂交肯定是有好处的，但是要和不同植株间的杂交相比较，则其好处是很微细的。

总之，如果我们记住花芽在某种程度上就是单独的个体，并且偶然会相互独立地发生变异，那么我们这里所得的结果和我们总的结论是非常相符的。这个结论就是：杂交的有利性有赖于杂交植株的亲本具有某些体质上的差异，这些差异或者是由于它们遭受到不同的条件，或者是由于未知的原因所发生的变异，而由于我们的无知，不得不把这种未知原因的变异说成是自然发生的。

后面当我们在第十一章中讨论到昆虫对花朵的异花受精的作用时，我将再回到同一植株上花朵间杂交无效这一课题上来。

**异花受精的有利效果和自花受精的有害效果的传递**

我们已经知道不同植株间杂交所产生的幼苗在高度、质量和生命力上几乎经常超过自花受精的对手，并且在结实力上也经常如此，这正如以后将要指出的。为了要断定这种优势是否会传递到第一代以后去，异花受精和自花受精植株有3次都用相同的受精方式来产生后代的幼苗，因而它们是和第七章的表A、表B和表C所列的许多事例并不相同，在那些表里，异花受精植株是再次异花受精的，而自花受精植株是再次自花受精的。

第一，在网罩下由粉蝶花（*Nemophila insignis*）异花受精和自花受精植株所产生的自花受精种子，萌发并长成幼苗；而后者对前者在高度上之比为133∶100。但是这些幼苗在生活的早期长得极不健康，并且生长得这样的不整齐，以致两组里的某些植株比另一组的植株高出5倍之多。所以这个试验是没有什么价值的；但是我认为应该列出其结果，因为它和我的总的结论相违背。我应该指出在这个试验以及以后两个试验里，两组植株栽种在同一盆的两对边，且在各方面的处理方式是相似的。这个试验的详细结果可以在每个物种的标题下找到。

第二，一株异花受精的三色堇和一株自花受精的三色堇生长在露地里，靠近在一起，同时也和其他三色堇植株相近；并且由于两株都结了大量的优良蒴果，所以二者的花朵肯定是由昆虫异花受精的。从两株上收集种子并培育出幼苗。在所有3盆里，那些由异花受精植株所产生的植株都比自花受精植株所产生的植株先开花；并且当生长完成时，前者对后者在高度上之比为100∶82。因为两组植株都是异花受精的产物，它们在生长量及开花期上的差别，显然是由于它们的亲代各属于异花受精或自花受精的谱系。同样，它们把不同的体质活力传递给它们的后代，也就是说传递给这些原先为异花受精和自花受精的孙辈了。

第三，香豌豆在英国是习惯于自花受精的。我获得许多亲代和祖代是曾经人工异花受精的植株，也获得许多其他来自同样亲本而在前几世代曾经自花受精的植株，这两组植株在网罩下让它们自己受精，并把它们的自花受精种子保留下来。这样培育出来的植株生长在一般相互竞争的条件下，它们在生长势上有所不同。由前两代经过异花受精所产生的自花受精植株对前一些世代进行自花受精植株所产生的自花受精植株，在高度上的比为100∶90。这两组种子也被播种在土壤肥力极其不良的条件下进行试验，它们的祖代和曾祖代进行了异花受精的植株毫无差误地显示出它们在体质活力上的优势。在这个事例里，正如在三色堇一样，再也不能怀疑两个植株异花受精所产生的有利性并不局限于第一代这个后代了。由杂交亲系所引起的体质活力可以传递到许多代，这一事实也可以从安德鲁·奈特(Andrew Knight)的豌豆品种里推论出它有着很大的可能，这些豌豆品种是由许多不同品种间杂交所产生的，但此后它们在连续的各个世代里无疑是进行自花受精的。这些品种延续到60年以上，“但是它们的光荣现在是消失了”。[①] 另一方面，豌豆的大多数品种是没有理由可以假定它们的起源是杂交产生的，它们的生存期明显更短些。拉克斯登(Laxton)先生的一些由人工杂交所产生的品种，也在相当的代数里保持着它们惊人的活力和繁茂性；但是正如拉克斯登先生告诉我的，他的观察没有超过12个世代，在这一段时期内他没有看到他的植株表现任何活力的减退。

一个有关联的论点在这里必须注意到。因为植物的遗传力是很强的(在这方面可以提出大量的证据)，这点是几乎肯定的，由同一蒴果或由同一植株所产生的幼苗将倾向于遗传近乎相同的体质；因为杂交的有利性是有赖于杂交的植株在体质上略有不同。可以推论，在可能相似的情况下，极其近缘的个体间杂交对后代的有利性未必像没有亲缘关系的个体间杂交那样大。在证实这个结论上，我们具有许多例证。正像弗里茨·米勒在他有价值的苘麻属(*Abutilon*)杂交试验中所指出的，兄弟与姊妹、亲代和子女以及其他的近亲结合对后代的结实力是极其有害的。此外，在一个事例中，由这样近亲所产生的幼苗体质非常羸弱。[②] 同一观察家也曾发现3株生长在一

① 关于这一标题的证据，可参阅我的著作《动物和植物在家养下的变异》第9章，第1卷，第二版，397页。

② *Jenaische Zeitschrift für Naturw*，第7卷，22页及45页，1872年及1873年，441—450页。

起的紫葳属(*Bignonia*)植物。[①] 他把其中一个植株上的29朵花用它自己的花粉受精,而它们没有结成一个蒴果。30朵花用生长在一起的3株中的异株花粉进行受精,它们只结了两个蒴果。5朵花用生长在一段距离以外的第四株植株花粉受精,全数花朵都结出了蒴果。正如弗里茨·米勒所建议,似乎很可能,这三株生长在一起的植株是由共同亲本产生的幼苗,由于它们具有密切的亲缘关系,所以它们相互受精的能力很小。[②]

最后,第七章的表A里个体间杂交植株的高度在以后的世代里,其超出自花受精植株的程度未能逐渐扩大的事实,或许是由于它们的相互关系变得更趋接近了。

**若干世代以来自花受精而生长在相似条件下的植株上的花朵颜色的一致性**

在我的试验开始的时候,沟酸浆、牵牛花、香石竹以及矮牵牛的亲本都是从市场上买来的种子培植出来的,它们的花朵在颜色上变异很大。这种情况发生在许多植物里,它们都是已经长期栽培在花圃里作为观赏的植物,并且它们都是用种子繁殖的。最初我对花朵颜色方面一点也没有注意,我也没进行任何的选择。但是,上述4个物种当它们若干世代生长在极其相似的条件下以后,由自花受精植株所产生的花朵在颜色上遂变得绝对一致,或者接近一致。个体间杂交植株在以后的世代里彼此之间的亲缘关系是或多或少地密切接近了,而它们又长时期地栽培在相似的条件之下,于是它们的花朵在颜色上比原先亲本的颜色更为一致,但是远不及自花受精植株的一致。当后来有一个世代的自花受精植株曾用新品系杂交,从而产生了幼苗,这些幼苗在它们的花朵颜色变异上和自花受精幼苗相比较,显现出一种惊人的对比。这些花朵颜色没有进行任何的选择而变成一致的事例,对我说来似乎很为新奇。

下面是我所观察的详细摘要。

**(1) 沟酸浆**

在第三代和第四代的个体间杂交和自花受精的植株中出现一个高的,开着大的、近乎白色、带有深红色斑点花朵的变种。这个变种增殖得这样快,以致在自花受精第六代里每个植株都是这个变种了。所栽培的全部植株到最后世代,也就是第九代时也都成这样了。虽然这个变种第一次出现在个体间杂交植株之中,但是它们的后代在每个连续世代里是相互杂交的,它从来没有在它们中间获得优势;而且在第九代的一些个体间杂交植株的花朵颜色差异很大。另一方面,在全部自花受精的后来世代

① 植物学杂志,1868年,626页。

② 一些显明的事例已列述在我的著作《动物和植物在家养下的变异》(第17章,第二版,第2卷,121页),关于唐菖蒲属(*Gladiolus*)和*Cistus*的杂交品种中,其中一个杂交品种的花朵可用任何其他的花粉受精,但不能用它自己的花粉受精。

的植株上花朵颜色的一致性是十分奇特的。不注意观察时,可以说它们是十分相像的,但是深红色斑点的形状不是完全相同,或者是恰巧在相同的位置。我和我的园丁都相信,这个变种在由市场购来的种子所长成的亲代植株里并没有出现;但是同时出现在个体间杂交和自花受精植株的第三代和第四代里。由于我在别的情况下已经观察到这个物种的变异,所以很可能这个变种在任何情况下就会偶然地出现。但是我们知道,从我的植株遭受特殊条件的这个事例中,这个特殊变种有下列几点值得注意:它的颜色、花冠的硕大程度、整个植株的高度,在第六代以及所有连续自花受精的世代里占有优势,以至于完全排除了所有其他的变种。

**(2) 牵牛花**

我最初对本课题的注意,是由于观察到第七代自花受精的全部植株的花朵有一致的、极浓的深紫色所引起。所有的植株在此后连续三代中,一直到最后的第十代,都完全产生相同颜色的花朵。它们的颜色绝对一致,相似于生存在自然界里一个稳定的物种。正如我的园丁所说的,可以肯定地、不需借助于标签,就把自花受精植株从个体间杂交植株中区分出来。但是这些植株[①]比从买来种子所培育的植株有着更为一致颜色的花朵。就我和我的园丁所能记忆的,这个深紫色的变种在自花受精第五或第六代以前未曾出现过。无论如何,通过连续的自花受精和栽培在一致的条件下,这个变种变成完全稳定,以至于排除了任何其他的变种。

**(3) 香石竹**

自花受精第三代植株全部开着完全相同的淡玫瑰色的花朵;在这方面它们显然不同于购自同一苗圃的种子所培育出来的、生长在临近大田上的植株。这一事例中,在一些第一次进行自花受精的亲代植株上,也会开出这样颜色的花朵,这并非不可能;因为在第一代有些植株进行自花受精,绝不可能全部植株都和自花受精第三代植株开着完全相同颜色的花朵。第三代个体间杂交植株也产生和自花受精植株几乎完全一致的颜色。

**(4) 矮牵牛**

在这一事例里,我恰巧在我的记录簿上记载着第一次自花受精的亲代植株的花朵是“暗紫色”。自花受精第五代栽植在盆里的 20 棵自花受精植株中的每一棵,以及栽培在露地长行里所有的许多植株,都产生完全相同颜色的花朵,那就是暗淡的、相当特别而难看的肉色;它们显然不同于亲代植株上的花色。我相信这种改变是逐渐

---

① 指个体间杂交植株。——译者注

增进的。但是我没有保存记录，因为一直到第五代自花受精植株花朵颜色趋于一致性以前，这一点并没有引起我的兴趣。在相应的世代里个体间杂交植株的花朵大多数是属于同样的暗淡的肉色，但是它们没有像自花受精植株那样近乎一致，有一些颜色是非常淡，几乎是白色了。种植在露地长行里的自花受精植株，在高度上它们的一致性也很突出。正像个体间杂交植株会比较差些，这两组植株都是和第四代自花受精植株用新品系杂交所产生的而在同一时间内、同一条件下种植的多数植株相比较的。我懊悔没有注意到其他物种自花受精植株往后世代里高度的一致性。

我对这些少数的事例似乎有着很大的兴趣。我们从而知道，新的和浅淡的颜色不要依靠任何的选择，假使许多条件尽可能地被保持在相同的情况下，同时不让它们发生个体间的杂交，就可以迅速而牢固地稳定下来。在沟酸浆属中不仅有奇特的颜色被这样固定下来，而且较大的花冠以及整个植株增加的高度也被这样固定下来了。但是多数长期栽培在花园里的植物，大致上除了高度以外，没有一种性状会比颜色的变异更大些。根据这些事例考虑，我们可以推论，栽培植株关于上述方面的变异是由于：第一，它们曾遭受到某些不同的条件；第二，由于昆虫的自由来访而它们必然时常发生个体间的杂交。我不能理解怎样才能避免这个推论，因为当上述那些植株在若干世代里栽培于极其相似的条件之下，而在每个世代里进行个体间杂交，它们的花朵的颜色在颇大的程度上趋向于改变并且变得一致。当同品系内植株间相互杂交不发生时——那就是说在每个世代里花朵都是以它们自己的花粉进行受精时——在以后世代里植株花朵的颜色变得和生长在自然条件下的植株同样的一致，而且至少有一种情况下，这种颜色的改变会相应地引起植株在高度上非常的一致。但是在提到种植在一般情况下的栽培植物，其花朵颜色的变异，是由于它们所接受的土壤、气候等条件的差异所引起时，我并不希望隐喻着由这些因素（如感冒、肺炎、肋膜炎、风湿病等）所引起的变异，说成是由于受到寒冷所引起的变异，具有更加直接的方式。在这两种情况下，遭受影响的生物的体质起着极其重要的作用。

粉蝶花(*Nemophila insignis*)

# 第九章 异花受精和自花受精对产生种子的效果

· *The Effects of Cross-Fertilisation and Self-Fertilisationon the Production of Seeds* ·

异花受精和自花受精亲本的植株的结实力，这两组植株都是在同样情况下受精的——第一次异花受精和自花受精的亲本植株的结实力，以及它们异花受精和自花受精的后代再度杂交和自花受精时的结实力——花朵用它们自己花粉受精时和用同株异花的花粉受精时，它们结实力的比较——自交不孕的植株——自交不孕的原因——高度自花受精能孕变种的出现——自花受精除了确保产生种子外，在某些方面显然是有利的——由异花受精和自花受精的花朵产生的种子的相对质量和发芽率

XIV, 1.
124. Labiatae.
1
2
3
4
5
6
7
8
A
515. Origanum vulgare L.
Gemeiner Dost.

本章专门讨论异花受精和自花受精对植株结实力的效果。这个课题可以分为两个不同的部分。第一,花朵用来自一个不同植株的花粉受精时和用它们自己花粉受精时的相对生产力或结实力,这是以它们产生的相对的蒴果数以及所含的种子数来表示的。第二,由异花受精和自花受精种子所培育出来的幼苗固有的能孕的或不孕的程度;这些幼苗都是同一年龄,生长在同样条件下,同时在同样情况下受精的。这个课题的两个部分是每一个处理杂交品种植株的人所要考虑到的。换句话说:一是,一个物种在用一个不同物种的花粉受精时和用它自己花粉受精时的相对生产力;二是,它的杂交品种后代的结实力。这两组情况并不是常常平行的。正像卡特纳所指出,有些植物很容易杂交,可产生的是极度不孕的杂交品种;而另一些植物非常难以杂交,可产生的是相当能孕的杂交品种。

按照惯例,在这一章里,先要探讨亲本植株间杂交以及用它们自己花粉受精对其结实力的影响;但是因为在前两章中我们已讨论过异花受精和自花受精植株——就是从杂交或自交种子培育出来的植株——的相对高度、质量和生命力,所以在这里先探讨它们的相对结实力较为方便。

我把所观察到的一些事例列入下面的表 D,其中异花受精亲系和自花受精亲系的植株让它们自行受精,它们不是由于昆虫而杂交,便是天然的自花受精。应当注意到这些结果不能认为完全可靠,因为一棵植物的结实力是一种变化最多的因素,依它的年龄、健康程度、土壤性质、供水量以及它所受到的温度而变化。产生的蒴果数和包含的种子数应当用同一年龄和各方面处理相同的大量异花受精和自花受精植株来确定。关于后面两方面,我的观察是可信的,不过仅在少数事例里计数了大量的蒴果数。一棵植株的结实力,或更恰当地称为生产力,是依靠所生产的蒴果数和蒴果中所包含的种子数来决定的。不过由于很多原因,主要是时间不够,我常常不得不单单依赖于蒴果的数目。尽管如此,在一些比较有兴趣的事例中,种子还是加以计数和称重的。比起所产的蒴果数,每个蒴果中的种子平均数是一个比结实力更有价值的标准。这个蒴果数的情况,部分决定于植株的大小;我们知道,异花受精植株一般比自花受精植株高些和重些;不过这一方面的差别不足以说明所产蒴果数的差别。不必要再补充说明,在下面的表中总是用等数的异花受精和自花受精植株来比较的。考虑到

◀ 牛至(***Origanum valgare***)

上面的一些疑问，我现在愿意列出一个表，其中说明了所试验的植株的亲系以及测定它们结实力的方法。详细情况可以在本书的前面部分和在每一个物种的标题下找到。

**表 D　异花受精和自花受精亲系的植株的相对结实力（两组植株都是在同样情况下受精的，结实力是由各种标准来判断的，异花受精植株的结实力作为 100）**

| | |
|---|---|
| 牵牛花——第一代：异花受精和自花受精植株生长得并不非常稠密，在一个网罩下天然地自花受精，它们每个蒴果中的种子数是 | 100∶99 |
| 牵牛花——异花受精和自花受精植株像上一事例一样，来自同样的亲本，但生长得非常稠密，在一个网罩下天然地自花受精，它们每一个蒴果中的种子数是 | 100∶93 |
| 牵牛花——同样的一些植株的生产力，这是根据产生的蒴果数和每一蒴果的种子平均数来判断的，其比数是 | 100∶45 |
| 牵牛花——第三代：异花受精和自花受精植株在一个网罩下天然地自花受精，它们每一个蒴果中的种子数是 | 100∶94 |
| 牵牛花——同样的一些植物的生产力，这是根据产生的蒴果数和每一个蒴果的种子平均数来判断的，其比数是 | 100∶35 |
| 牵牛花——第五代：异花受精和自花受精植株在温室中未加网罩，天然地自花受精，它们每个蒴果的种子数是 | 100∶89 |
| 牵牛花——第九代：在一个网罩下天然地自花受精，异花受精植株与自花受精植株的蒴果数之比是 | 100∶26 |
| 沟酸浆——由第八代自花受精植株用一个新品系杂交所繁衍下来的植株，以及第九代自花受精植株，这两群植株都没有加网罩，天地受精，它们等数的蒴果中所含的种子质量是 | 100∶30 |
| 沟酸浆——同样的一些植株的生产力，这是根据产生的蒴果数和每一个蒴果中种子的平均质量来判断的，其比数是 | 100∶3 |
| *Vandellia nummularifolia*——从异花受精和自花受精植株上闭花受精的花朵来的每一个蒴果中的种子数是 | 100∶106 |
| 红花鼠尾草——异花受精植株和自花受精植株相比较，其所产花朵数是 | 100∶57 |
| 蜂室花——植株未加网罩地放在温室中，第三代个体间杂交的植株和第三代自花受精的植株相比较，所结种子数是 | 100∶75 |
| 蜂室花——由两个变种间杂交产生的植株和第三代自花受精植株相比较，所结种子的质量是 | 100∶75 |
| 罂粟花——异花受精和自花受精植株，未加网罩，其所产蒴果数是 | 100∶99 |
| 花菱草——巴西品系；植株未加网罩，由蜂群进行异花受精；第二代个体间杂交植株上的蒴果和第二代自花受精植株上的蒴果相比较，其所含的种子数是 | 100∶78 |
| 花菱草——同样的一些植株的生产力，这是根据产生的蒴果数和每个蒴果中的种子平均数来判断的，其比数是 | 100∶89 |
| 花菱草——植株未加网罩并由蜂群进行异花受精：由巴西品系第二代个体间杂交的植株用英国品系杂交所产生的植株上的蒴果，和第二代自花受精植株上蒴果相比较，所含种子数是 | 100∶63 |
| 花菱草——同样的一些植株的生产力，这是根据产生的蒴果数和每个蒴果中的种子平均数来判断的，其比数是 | 100∶40 |

续表

| | |
|---|---|
| 木樨草——异花受精和自花受精植株未加网罩，由蜂群进行异花受精；所产蒴果数(约数)是 | 100∶100 |
| 三色堇——异花受精和自花受精植株未加网罩，由蜂群进行异花受精，所产蒴果数是 | 100∶10 |
| 飞燕草——异花受精和自花受精植株在温室中未加网罩，所产蒴果数是 | 100∶56 |
| *Viscaria oculata*——异花受精和自花受精植株在温室中未加网罩，所产蒴果数是 | 100∶77 |
| 香石竹——植株在网罩下天然地自花受精；第三代个体间杂交和自花受精植株上蒴果中所含的种子数是 | 100∶125 |
| 香石竹——植株未加网罩并由昆虫进行异花受精：由自花受精三代，然后用同样品系的一棵个体间杂交植株来杂交，由这些植株所产生的后代和第四代自花受精植株相比较，所产种子质量是 | 100∶73 |
| 香石竹——植株未加网罩，由昆虫进行异花受精：自花受精三代，然后用一个新品系与之杂交，由这些植株所产生的后代和第四代自花受精的植株相比较，所产种子质量是 | 100∶33 |
| 小旱金莲——异花受精和自花受精植株在温室中未加网罩，所产种子数是 | 100∶64 |
| *Limnanthes douglasii*——异花受精和自花受精植株在温室中未加网罩，所产蒴果数(约数)是 | 100∶100 |
| 黄羽扇豆——第二代异花受精和自花受精植株在温室中未加网罩，所产生的种子数(仅由少数荚果来判断)是 | 100∶88 |
| 红花菜豆——异花受精和自花受精植株在温室中未加网罩，所产种子数(约数)是 | 100∶100 |
| 香豌豆——第二代异花受精和自花受精植株在温室中未加网罩，不过一定是自花受精的，所产豆荚数是 | 100∶91 |
| 丁字草——异花受精和自花受精植株，在温室中未加网罩，所产蒴果数是 | 100∶60 |
| 粉蝶花——异花受精和自花受精植株，在温室中由一个网罩覆盖着，且天然地自花受精，所产蒴果数是 | 100∶29 |
| 矮牵牛——未加网罩，由昆虫进行异花受精：第五代个体间杂交和自花受精的植株，这是根据等数的蒴果质量来判断的，所产种子数是 | 100∶86 |
| 矮牵牛——和上面一样未加网罩：自花受精四代的植株，再用一个新品系与之杂交，由此而得的后代和第五代自花受精植株相比较，用等数的蒴果质量来判断，所产种子数是 | 100∶46 |
| 仙客来——异花受精和自花受精植株，在温室中未加网罩，所产蒴果数是 | 100∶12 |
| *Anagallis collina*——异花受精和自花受精植株，在温室中未加网罩，所产蒴果数是 | 100∶8 |
| 立金花——在露地上未加网罩，由昆虫进行异花受精：第三代不合法的植株用一个新品系与之杂交，由此所得的后代与第四代不合法的而自花受精的植株相比较，所产蒴果数是 | 100∶5 |
| 同样一些植株在下一年是 | 100∶3.5 |
| 立金花——(等长花柱变种)：露地上未加网罩，由昆虫进行异花受精：自花受精第二代的植株再用另一变种杂交，由此所得的后代和第三代自花受精植株相比较，所产蒴果数是 | 100∶15 |
| 立金花——(等长花柱变种)同样一些植株；每个蒴果中的种子平均数是 | 100∶71 |
| 立金花——(等长花柱变种)同样一些植株的生产力，这是根据所产的蒴果数和每一蒴果中平均种子数来判断的，其比数是 | 100∶11 |

这个表包括有关23个物种的33个事例，并且显示出异花受精亲系植株和自花受精亲系植株相比较时固有的结实力的程度；这两组植株都是在同样情况下受精的。

有几个物种，如花菱草属、木樨草属、堇菜属、石竹属、矮牵牛属和樱草属，两组植株一定都是由昆虫进行异花受精的，其他几个物种可能也是这样的；不过在有些物种，如在粉蝶花属以及牵牛花属和石竹属的几个试验中，植株都是网罩起来的，所以两组植株都是天然自花受精的。至于母草属植物的闭花受精的花朵所产的蒴果，当然一定也是如此的。

在表 D 中异花受精植株的结实力用 100 表示，而自花受精植株的结实力用其他数字表示。在 5 个事例中，自花受精植株的结实力差不多和异花受精植株相等；尽管如此，其中有 4 个事例，异花受精植物显然地较高，而在第五个事例中，异花受精植株多少比自花受精植株高些。不过我应当声明，在这 5 个事例中，两组植株的结实力并没有严格地测定，因为实际上蒴果并未加以点数，不过看起来数目相等，而且显然地都含有饱满的种子。在表 D 中只有 2 个事例，就是万带兰属，还有石竹属的第三代，自花受精植株上的蒴果比异花受精植株上的蒴果含有更多的种子。在石竹属自花受精和异花受精的蒴果中所含种子数的比是 125∶100，两组植株都放置在一个网罩下让它们自己受精。几乎可以肯定，自花受精植株具有较高的结实力：在这里是由于它们已经有了变异，并且变成不是严格的雌雄蕊异熟了，所以比起该物种固有的性质来，它们花药和柱头是更加接近同时成熟了。除了现在所提到的 7 个事例以外，还有 26 个事例中的异花受精植株，比生长在和它们竞争中的自花受精植株显然是能孕得多，有时可以达到惊人的程度。最显著的事例是用一棵由新品系杂交所产生的植株和一棵较晚自花受精世代的植株相比较。然而有几个惊人的事例，例如堇菜属，竟表现在同一品系个体间杂交植株和自花受精植株之间，甚至表现在第一代里。植株的生产力如用等数植株所产的蒴果数来鉴定，同时还用每个蒴果中实际或平均的种子数来推断，这些结果该是最可信任的。这样的事例在表中有 12 个，如异花受精植株的平均结实力的总平均数为 100，那么自花受精植株的平均结实力的总平均数则为 59。樱草科的结实力显然很容易受到自花受精的损害。

下面的表 E 包括 4 个事例，它们的一部分已列入上面的表 D 中。这些事例告诉我们，植物自花受精或个体间杂交数代后，再用一个新的品系与之杂交，由此所得的幼苗和由老品系个体间杂交或自花受精同样代数而来的幼苗相比较，其固有的结实力要优越得多。每个事例中的 3 组植株都尽量让昆虫来访，所以它们的花朵无疑地是由昆虫进行异花受精的。

这个表还告诉我们，在所有 4 个事例中，同一品系的个体间杂交植株在结实力方面与自花受精植株比较依然具有微小的优势。

**表 E　用一个新品系杂交产生的植株和同样品系个体间杂交植株，以及和自花受精植株相比较它们固有的结实力，包括所有相对应的世代（所有这些组群都是在同样情况下受精的，结实力是由等数植株所产的种子数或种子质量来判断的）**

| | 用一个新品系杂交所产生的植株 | 同一品系个体间杂交的植株 | 自花受精植株 |
|---|---|---|---|
| 沟酸浆——是由第八代自花受精的两个植株间杂交繁衍而来的个体间杂交的植株。自交植株属于第九代 | 100 | 4 | 3 |
| 花菱草——个体间杂交植株和自花受精植株属于第二代 | 100 | 45 | 40 |
| 香石竹——个体间杂交植株是由第三代自花受精植株用第三代个体间杂交植株杂交繁衍而来的。自花受精植株属于第四代 | 100 | 45 | 33 |
| 矮牵牛——个体间杂交植株和自花受精植株属于第五代 | 100 | 54 | 46 |

注意：在上面的事例中，除花菱草属外，用一个新品系杂交产生的植株，在母本方面都是和个体间杂交以及自花受精植株一样，属于同一品系，而且属于相应的世代。

关于上面 2 个表中自花受精植株的生殖器官的状况，我只进行了少数的观察。在牵牛花属的第七和第八代，自花受精植株花朵中的花药显然比个体间杂交植株花朵中的花药为小。同样一些植株上不孕的趋势也表现在最初形成的花朵上，当这些花朵经过授粉以后，时常就脱落了，这正像杂交品种时常发生的情况一样。花朵也容易成为奇形怪状。在矮牵牛属的第四代，曾把自花受精植株和个体间杂交植株所产生的花粉加以比较，则前者的花粉粒有着更多的空粒和皱缩的现象。

**用异株花粉杂交和用它们自己花粉杂交时，花朵的相对结实力**

这个标题包括亲本植物上的花朵以及第一代或以后各代异花受精和自花受精幼苗上的花朵。我首先要谈到亲本植株，它们或由购自苗圃的种子所培育出来，或由我自己花园中生长着的植物取得，或由野生而来。无论哪一种情况，都有同一物种的很多个体围在一起。在这种情况下的植株常常由昆虫进行个体间杂交；所以最初试验的一些幼苗大都是异花受精的产物。因而它们的花朵在杂交或自花受精时，结实力的任何差异都起因于所用花粉的性质。也就是说，这些花粉或采自一个不同的植株，或采自同一的花朵。结实力的程度列于下面的表 F 里。这里所有事例都是由每一蒴果中种子平均数来判断的，检定时或用计数，或用称重。

**表 F　在我试验中所用的亲本植株上，花朵用异株的花粉受精和用它们自己花粉受精时，它们的相对结实力。结实力是以每一个蒴果中平均种子数来判断的。异花受精花朵的结实力作为 100**

| | |
|---|---|
| 牵牛花——异花受精和自花受精花朵所产种子的比例（约数）是 | 100∶100 |
| 沟酸浆——异花受精和自花受精花朵所产种子的比例（根据质量）是 | 100∶79 |

续表

| | |
|---|---|
| 柳穿鱼——异花受精和自花受精花朵所产种子的比例是 | 100∶14 |
| *Vandellia nummularifolia*——异花受精和自花受精花朵所产种子的比例是 | 100∶677 |
| 苦苣苔——异花受精和自花受精花朵所产种子的比例(根据质量)是 | 100∶100 |
| 红花鼠尾草——异花受精和自花受精花朵所产种子的比例(约数)是 | 100∶100 |
| 甘蓝——异花受精和自花受精花朵所产种子的比例是 | 100∶25 |
| 花菱草——(英国品系)异花受精和自花受精花朵所产种子的比例(根据质量)是 | 100∶71 |
| 花菱草——(生长在英国的巴西品系)异花受精和自花受精花朵所产种子的比例(根据质量,约数)是 | 100∶15 |
| 飞燕草——异花受精和自花受精花朵(自花受精的蒴果是天然产生的,不过结果是由其他证据所证实的)所产种子的比例是 | 100∶59 |
| *Viscaria oculata*——异花受精和自花受精花朵所产种子的比例(根据质量)是 | 100∶38 |
| *Viscaria oculata*——异花受精和自花受精花朵(异花受精的蒴果在下一年和天然自花受精的蒴果比较)所产种了的比例是 | 100∶58 |
| 香石竹——异花受精和自花受精花朵所产种子的比例是 | 100∶92 |
| 小旱金莲——异花受精和自花受精花朵所产种子的比例是 | 100∶92 |
| 三色旱金莲(*Tropaeolum tricolorum*)①——异花受精和自花受精花朵所产种子的比例是 | 100∶115 |
| *Limnanthes douglasii*——异花受精和自花受精花朵所产种子的比例(大约)是 | 100∶100 |
| 金雀花——异花受精和自花受精花朵所产种子的比例是 | 100∶41 |
| 芒柄花——异花受精和自花受精花朵所产种子的比例是 | 100∶65 |
| *Cuphea purpurea*——异花受精和自花受精花朵所产种子的比例是 | 100∶113 |
| 留香莲——异花受精和自花受精花朵所产种子的比例是 | 100∶85 |
| 欧洲桔梗——异花受精和自花受精花朵所产种子的比例是 | 100∶72 |
| *Lobelia fulgens*——异花受精和自花受精花朵所产种子的比例(约数)是 | 100∶100 |
| 粉蝶花——异花受精和自花受精花朵所产种子的比例(根据质量)是 | 100∶69 |
| 琉璃苣——异花受精和自花受精花朵所产种子的比例是 | 100∶60 |
| 假茄——异花受精和自花受精花朵所产种子的比例是 | 100∶100 |
| 矮牵牛——异花受精和自花受精花朵所产种子的比例(根据质量)是 | 100∶67 |
| 烟草——异花受精和自花受精花朵所产种子的比例(根据质量)是 | 100∶150 |
| 仙客来——异花受精和自花受精花朵所产种子的比例是 | 100∶38 |
| *Anagallis collina*——异花受精和自花受精花朵所产种子的比例是 | 100∶96 |
| 紫叶美人蕉——异花受精和自花受精花朵(异花受精和自花受精植株上3个世代的花朵都加在一起)所产种子的比例是 | 100∶85 |

① 三色旱金莲和*Cuphea pupurea*也引列在这个表中,尽管这些幼苗并不是从它们培育出来的;不过对于*Cuphea*,只有6个异花受精的蒴果和6个自花受精的蒴果加以比较,而对于旱金莲属(*Tropaeolum*),只有6个异花受精的蒴果和11个自花受精的蒴果加以比较。旱金莲属的自花受精花朵产生果实的比例比异花受精花朵为大。

另外一个因素也应当适当地加以考虑,那就是在花朵杂交或自花受精时,它们产生蒴果的比例。杂交后，花朵产生蒴果的比例较大，如把这个因素估计在内，它们结实力的优越性可以比表 F 中所表示的更加显明地被识别出来。不过假使我这样做了，很可能陷入错误，因为花粉在不适当的时候添加到柱头上，不论它的潜力（potency）较大或较小，都不能产生任何效果。假茄提供了一个很好的例子，如产生的蒴果数对受精的花朵数的比例也包括在计算之内，有时所得的结果可有很大的差异。在这个物种的某些植株上有 30 朵花经过杂交后，产生 27 个蒴果，每个蒴果含有 5 粒种子；同样一些植株上有 32 朵花是自花受精的，只产生 6 个蒴果，每个蒴果含有 5 粒种子。在这里每个蒴果中的种子数是一样的，所以列在表 F 中的异花受精和自花受精花朵的结实力是相等的，即 100∶100。假使把不能产生蒴果的花朵也包括在内，那么异花受精花朵平均产生 4.50 种子，而自花受精花朵只产生 0.94 种子，所以它们的相对结实力就要成为 100∶21。我应当在这里声明，关于花朵用它们自己花粉受精经常十分不孕的事例，留待另外讨论，较为方便。

表 G 则说明了：异花受精植株上的花朵再度杂交时的相对结实力，以及自花受精植株上的花朵在第一代或较晚世代中再度自花受精时的相对结实力。这里有两个原因结合起来降低了自花受精花朵的结实力：由于同一花朵的花粉较小的效用，以及由于自花受精种子长成的植株所固有降退了的结实力。后者正像我们在上面表 D 中所看到的一样，很鲜明地显示出来。结实力用和表 F 同样的方法来测定，就是用每个蒴果中的种子平均数来测定；花朵异花受精和自花受精时，结成蒴果的比例不同，关于这一点上述的注解是一样可以应用的。

**表 G　第一代或几个连续世代的异花受精和自花受精植株上花朵的相对结实力；前者再度用来自一个不同植株的花粉受精，而后者再度用它们自己的花粉受精。**

**（结实力是根据每个蒴果中的种子平均数来判断的，异花受精花朵的结实力作为 100）**

| | |
|---|---|
| 牵牛花——第一代的异花受精和自花受精植株上，异花受精和自花受精花朵所产种子的比例是 | 100∶93 |
| 牵牛花——第三代的异花受精和自花受精植株上，异花受精和自花受精花朵所产种子的比例是 | 100∶94 |
| 牵牛花——第四代的异花受精和自花受精植株上，异花受精和自花受精花朵所产种子的比例是 | 100∶94 |
| 牵牛花——第五代的异花受精和自花受精植株上，异花受精和自花受精花朵所产种子的比例是 | 100∶107 |
| 沟酸浆——第三代的异花受精和自花受精植株上，异花受精和自花受精花朵所产种子的比例（根据质量）是 | 100∶65 |
| 沟酸浆——同样一些植株用同样方法处理，下一年所产种子的比例（根据质量）是 | 100∶34 |

续表

| | |
|---|---|
| 三色堇——第一代的异花受精和自花受精植株上,异花受精和自花受精花朵所产种子的比例是 | 100∶69 |
| 沟酸浆——第四代的异花受精和自花受精植株上,异花受精和自花受精花朵所产种子的比例(根据质量)是 | 100∶40 |
| 香石竹——第一代的异花受精和自花受精植株上,异花受精和自花受精花朵所产种子的比例是 | 100∶65 |
| 香石竹——第三代自花受精植株上的花朵用个体间杂交植株进行杂交,而其他花朵再度自花受精,所产种子的比例是 | 100∶97 |
| 香石竹——第三代自花受精植株上的花朵用一个新品系进行杂交,而其他花朵再度自花受精,所产种子的比例是 | 100∶127 |
| 香豌豆——第一代的异花受精和自花受精的植株上,异花受精和自花受精花朵所产种子的比例是 | 100∶65 |
| *Lobelia ramosa*——第一代的异花受精和自花受精植株上,异花受精和自花受精花朵所产种子的比例(根据质量)是 | 100∶60 |
| 矮牵牛——第一代的异花受精和自花受精植株上,异花受精和自花受精花朵所产种子的比例(根据质量)是 | 100∶68 |
| 矮牵牛——第四代的异花受精和自花受精植株上,异花受精和自花受精花朵所产种子的比例(根据质量)是 | 100∶72 |
| 矮牵牛——第四代自花受精植株上的花朵用一个新品系进行杂交,而其他花朵再度自花受精,所产种子的比例(根据质量)是 | 100∶48 |
| 烟草——第一代的异花受精和自花受精植株上,异花受精和自花受精花朵所产种子的比例(根据质量)是 | 100∶97 |
| 烟草——第二代自花受精植株上的花朵用个体间杂交植株进行杂交,而其他花朵再度自花受精,所产种子的比例(估计)是 | 100∶110 |
| 烟草——第三代自花受精植株上的花朵用一个新品系进行杂交,而其他花朵再度自花受精,所产种子的比例(估计)是 | 100∶110 |
| *Anagallis collina*——红色变种上的花朵用一蓝色变种进行杂交,而红色变种上的其他花朵进行自花受精,所产种子的比例是 | 100∶48 |
| 紫叶美人蕉——在3个世代异花受精和自花受精植株上,异花受精和自花受精花朵所产的种子汇总起来的比例是 | 100∶85 |

因为表F和表G两个表都涉及花朵用另一植株的花粉和用它们自己的花粉受精时的结实力,所以它们可以放在一起讨论。它们之间的差别在于表G中的自花受精花朵是由自花受精亲本产生的,而杂交花朵是由异花受精亲本产生的,这些异花受精亲本在较后的世代中相互间已经有些密切关系,而且整个的时期都是处在近乎相同的条件下。这两个表包括50个事例,涉及32个物种。很多其他物种的花朵也进行了杂交和自花受精,不过只有少数的花朵进行处理,就结实力而言,结果不能信任,所以这里也就不提出来了。另外一些事例已被摈弃,因为这些植株不健康。假使我们审视两个表中的一些表示异花受精和自花受精花朵的平均相对结实力间的比例,那么我们看到在多数事例下(即50个事例中有35个),花朵用来自不同植株的花粉

受精比花朵用它们自己的花粉受精，可以产生较多的种子，有时要多得多；而且它们通常结成蒴果的比例较大。自花受精花朵的不孕程度在不同物种中差别极大，而且正如我们将在自交不孕植物一节中所要看到的一样，甚至在同一物种的个体间，以及在略微变动的生活条件下。它们的结实力从零一直到等同于异花受精花朵的结实力；而关于这一个事实尚不能提出解释。在这两个表中有 15 个事例，自花受精花朵所产的每个蒴果中的种子数等于或者大于异花受精花朵所产生的。我相信这些事例中的某些少数是偶然的，那就是说，第二次试验时将不再发生这种情况。牵牛花属的第五代植株和石竹属试验中有一次显然就是这样的。其中烟草属提供了一个最不正常的事例，因为亲本植株上的自花受精花朵以及它们的第二代和第三代的后裔植株上的自花受精花朵，比异花受精花朵生产了更多的种子；不过在我们讨论高度自交不孕的变种时，我们将还要回顾到这一事例的。

这或许是我们所期待的，表 G 中异花受精和自花受精花朵间结实力的差异应当比表 F 中要更强烈地显示出来。因为表 G 中，一群植株是由自花受精亲本而来的，而表 F 中，亲本植株上花朵都还是第一次进行自花受精。但是如果按我的少量材料做出的判断的话，那就并非如此。所以对于植株的结实力在连续自花受精世代中继续降低，现在还没有证据，虽然有一些比较脆弱的证据，关于它们的高度和结实力确实是降低的。但是我们应当牢记，在较后的世代中，异花受精植株相互间已经多少有些密切的关系了，而且在所有时间中差不多都处在一致的条件下。

不论在亲本植株或在以后的世代里，异花受精和自花受精花朵所产的相对种子数与从这类种子培育出来的幼苗的相对生长力，其间没有密切的关联，这一点是很显然的。所以牵牛花属、苦苣苔属、鼠尾草属、荇菜属、*Lobelia fulgens* 和假茄属的亲本植株上的异花受精和自花受精花朵所产的种子数差不多相等，可是由异花受精种子培育出来的植株在高度上大大地超过了从自花受精种子培育出来的植株。柳穿鱼属和 *Viscaria* 的异花受精花朵所产的种子要比自花受精花朵多得多；虽然由前者培育出来的植株是比由后者而来的高些，可是它们谈不到什么关联的程度。关于烟草属，花朵用它们自己花粉受精时比用来自一个稍稍不同品种的花粉杂交时，生产力要高些；不过由后者种子所培育出来的植株比起由自花受精种子培育出来的植株是格外高些、重些和更坚实些。花菱草属的异花受精幼苗既不比自花受精幼苗高，也不比自花受精幼苗重，虽然异花受精花朵的生产力要比自花受精花朵高得多。异花受精和自花受精花朵所产的种子数和从它们所培育出来的后代的生命力之间缺乏相关性。关于这一点最好的例证，已由花菱草属的巴西品系和欧洲品系的植株提供出来，也由木樨草(*Reseda odorata*)的某些个别植株显示出来。或许可以期望,从有着极度自交不孕花朵的植物而来的幼苗进行一次杂交,应当可以比从中度或完全自交能孕的植物而来的幼苗获得较大的利益,因而这些中度或完全自交能孕的植物就显然没有进行杂交的必要了。但是不论在哪一种情况都没有得到如下这样的结果:由木樨草的一个高度自交能孕植株而来的异花受精和自花受精的后代,平均高度的相互比例是100∶82;而由极度自交不孕植株而来的同样后代,平均高度的比例却是100∶92。

关于列在前面表D中的异花受精和自花受精亲系植株固有的结实力——当两组植株的花朵在同样情况下受精时,它们所结的种子数——就像在表F和表G中刚刚讨论过的一些植物的事例一样,对于它们结实力和生长势间缺乏任何密切相关性这一点,差不多同样的一些评语仍可应用。所以牵牛花属、罂粟属、木樨草和荇菜属的异花受精和自花受精植株几乎是同等结实的,可是前者在高度上却大大地超过了后者。另一方面,沟酸浆属和樱草属的异花受精和自花受精植株在原有的结实力上相差很远,可是在高度或活力上全然没有相应的程度。

包括在表E、表F和表G中的所有自花受精花朵的事例,都是用它们自己的花粉受精的;可是还有另一种自花受精的方式,那就是用同株上其他花朵的花粉受精;不过后面一个方法和前面一个方法比较起来,在所产的种子数上没有区别,或者只有细微的差异。不论是毛地黄属或石竹属,用一个方法所产的种子都没有比用另一个方法多到可以信任的程度。在牵牛花属,同一植株上花朵间的杂交比严格自花受精的花朵稍稍多产些种子,其比例是100∶91。我有理由怀疑,这个结果是偶然的。然而在牛至(*Origanum valgare*),由同一品系用匍匐茎繁殖的植株上花朵间的杂交却肯定稍稍增加了它们的结实力。正像我们将在下一节中看到的,这个情况同样地发生在花菱草属中,或许也发生在*Corydalis cava*和*Oncidium*中;但是在紫葳属(Bignonia)、茼麻属、马蹄花属(*Tabernaemontana*)和千里光属(*Senecio*)中,却并不如此,而在木樨草则明确不是这样。

## 自交不孕的植物

这里要叙述的事例或许已在表F中介绍过,该表载明了花朵用它们自己花粉受精和用来自不同植株的花粉受精的相对结实力;但是把它们分开讨论比较方便。现在的一些事例切不可和下一章中将要叙述的有关昆虫隔绝时不孕的花朵的事例混淆起来；因为这样的不孕并不是单单由于花朵不能用它们自己的花粉受精，而是由于客观的原因，它们的花粉被阻而不能到达柱头，或同一花朵中花粉和柱头的成熟时期不同。

在我的《动物和植物在家养下的变异》的第17章中，我已有机会全面地探讨这个课题，所以在这里我只把那里叙述过的事例简明扼要地说一说。不过其他与本书有重要关系的事项必须加以补充。科鲁特尔在很早以前就谈到紫毛蕊花(*Verbascum phoeniceum*)的植株在两年之间用它们自己的花粉受精，结果是不孕的，但是用4个其他物种的花粉受精却很容易受孕；然而过后这些植株在一种奇异的变动情况下，变得或多或少地自交能孕了。斯库特先生也发现这个物种，以及它的变种中有两个都是自交不孕的，这正像卡特纳(*Gätner*)在黑毛蕊花(*Verbasecum nigrum*)的事例中所发现的一样。根据卡特纳的观察，*Lobelia fulgens* 的两个植株也是如此，虽然这两个植株的花粉和胚珠对其他物种是有效的。西番莲属(*Passiflora*)的5个种和第六个种的某些个体对它们自己花粉是不孕的；但是稍稍改变它们的条件，例如嫁接在另一个砧木上，或改变一下温度，就能使它们自交能孕。*Passiflora alata* 有一个植株是完全自交不孕的，而这个植株的花朵用来自它自己的自交不孕幼苗的花粉受精，就相当能孕。斯库特先生和后来的芒罗先生(Mr. Munro)都发现，*Oncidium* 和 *Maxillaria* 的某些物种栽培在爱丁堡的温室中，用它们自己的花粉受精是相当不孕的。弗里茨·米勒发现很多兰科的属生长在它们巴西南部[①]的原产地也是这样的。他又发现某些兰科植物的花粉团在它们自己的柱头上的作用像一种毒物；似乎卡特纳以前在某些其他植物的事例中，就已观察到这种奇特现象。

弗里茨·米勒又指出，紫葳属的某一物种以及 *Tabernaemontana echinata* 在它们巴西的原产地用它们自己的花粉受精，二者都是不孕的。[②] 有些石蒜科和百合科的植物也有同样的情况。希尔德布兰德仔细地观察 *Corydalis cava*，发现它是完全自交不孕的；[③]但是根据卡斯柏雷(Caspary)的报告，偶尔也产生少许自交能孕的种子：*Corydalis halleri* 只有轻度的自交不孕，而 *C. intermedia* 全然不是如此的。[④] 在另一个紫堇科(Fumariaceae)的角茴香属(*Hypecoum*)中，希尔德布兰德观察到 *H. grandiflorum* 是高度的自交不孕，[⑤]而 *H. procumbens* 却是相当自交能孕的。我把山牵牛

① 《植物学杂志》，1868年，114页。

② 《植物学杂志》，1868年，626页和1870年，274页。

③ *Report of International Hort. Congress.*，1866年。

④ 《植物学杂志》，1873年6月27日。

⑤ *Jahrb. für Wiss. Botanik*，第7卷，464页。

放在温暖的温室中，在早期是自交不孕的，但是在较晚的时期中产生很多天然自交能孕的果实。罂粟花也是这样的：H. 霍夫曼教授发现另一个物种高山罂粟(*Papaver alpinum*)也是相当自交不孕的，除了一个场合以外；[①]而我所观察的罂粟(*P. somniferum*)总是完全自交能孕的。

**花菱草**

这个物种值得比较详细地讨论。弗里茨·米勒在巴西南部所栽的一个植株比其他植株早开花一个月，而且它连一个蒴果也没有结。这使他进一步观察了以后6个世代，他发现所有他的植株都是完全不孕的，除非它们由昆虫进行杂交，或用不同植株的花粉进行人工受精，这样它们就完全能孕了。[②] 我对这个事实表示很诧异，因为我发现用一个网罩把英国系统的植株覆盖起来时，还结了很多的蒴果；而且这些蒴果所含的种子和由蜂群进行个体间杂交的植株上的蒴果中种子相比较，其质量之比是71∶100。然而希尔德布兰德教授发现，这个物种在德国比在我这里自花受精时要不孕得多，因为自花受精花朵所产的蒴果和由个体间杂交花朵所产的蒴果比较起来，所含种子的比例只有11∶100。由于我的请求，弗里茨·米勒从巴西把他的自交不孕植物的种子寄给我，我就由这些种子培育出许多幼苗来。其中2株幼苗用网罩覆盖起来，1株天然的只结了1个蒴果，并不含有良好的种子；但是用它自己的花粉人工受精时，产生少许蒴果。另外一株在网罩下天然地产生了8个蒴果，其中一个含有不下于30粒种子，平均大约每个蒴果中10粒种子。这2株上8朵花经过人工自花受精，结成7个蒴果，平均含有12粒种子；其他8朵花用从巴西品系的一个不同植株来的花粉受精，结成8个蒴果，平均大约含有80粒种子。所形成自花受精蒴果对异花受精蒴果的种子比例为15∶100。在同一季节的较晚时期中，对这两个植株上其他12朵花也进行了人工自花受精；但是它们只结成两个蒴果，含有3粒和6粒种子。所以比巴西的气温较低时，似乎有利于这个植物的自交能孕性；可是温度若再低，则减低自交能孕性。用网罩覆盖起来的2株一旦揭去网罩后，很多蜜蜂立即来访问它们。有趣的是，它们甚至比不孕的两个植株更为迅速地被幼嫩的蒴果所遮满。在下一年，巴西品系的自花受精亲系植株(就是在巴西生长的植株的孙子)上的8朵花再度自花受精，结了5个蒴果，平均含有27.4粒种子，最多的一个有42粒种子。所以，在英国栽培二代后，它们自交能孕性显然大大地增强。大体上我们可以下结论说，巴西品系的植株在英国里比在巴西自交能孕得多，而比当地的英国品系的植株差些；所以巴西亲

① 关于物种问题，1875年，47页。

② 《植物学杂志》，1868年，115页和1869年，223页。

系的植株在遗传上也保留着某些它们以前的生殖体系(sexual coilstitution)。反之,有些由我送给弗里茨·米勒的英国植株,由他种在巴西,从而产生的种子比他栽培在那里已经几代的植物自交能孕性多得多;但是他告诉我说,有一株英国亲系的植株在第一年没有开花,因而经受了两个季节的巴西气候,它被证明像一株巴西植株一样,是相当自交不孕的。这说明气候多么迅速地影响了它的生殖体系!

***Abutilon darwinii***

这株植物的种子是由弗里茨·米勒送给我的,他发现这株植物以及同一属的某些其他物种,在巴西南部的原产地是相当不孕的,除非用来自一个不同植株的花粉进行人工受精,或由蜂鸟(humming-bird)而行天然受精。[1] 有几个植株从这些种子培育出来,放置在温室中。它们在春季很早就开了花,其中 20 朵花受了精,其中某些用同一朵花的花粉受精,而另一些用同株异花的花粉受精;虽然添加花粉后 27 小时,柱头已为花粉管所侵入,可是一个蒴果也没有因此而结成。同时 19 朵花用不同植株的花粉杂交,这些花朵产生 13 个蒴果,而且都结满了良好的种子。要不是 19 朵花中的某些花朵着生在一个植株上,而该植株后来证明因为某些未知的原因,不论用何种花粉都是完全不孕的,那么由于杂交或能产生更多的蒴果数。到现在为止,这些植株的反应全然和在巴西的那些植株一样;不过在季节较晚的时期中,在 5 月末和 6 月它们在一个网罩下开始结成少许天然自花受精的蒴果。这种情况发生以后,16 朵花立即用它们自己的花粉受精,这些花结成 5 个蒴果,平均含有 3.4 粒种子。同时我由生长在近旁而没有网罩的植物上随机地选择了 4 个蒴果,我看到产生这些蒴果的花朵曾被土蜂访问过,这些蒴果平均含有 21.5 粒种子;所以在天然个体间杂交蒴果中和在自花受精蒴果中的种子比例是 100∶16。有趣的是,在这个事例中,这些生长在温室盆钵中的植株经过了不自然的处理,即在南半球上有着完全相反的季节,这样就成为轻度的自交能孕;而在它们的原产地,似乎总是完全自交不孕的。

**瓜叶菊 *Senecio cruentus*[温室中一些变种,一般叫作 Cinerarias,可能起源于几个曾经个体间杂交的灌木或草本的物种[2]]**

把两个紫花变种放在温室中的一个网罩下,每个变种上的 4 个伞房花序都重复地用另一植株的花朵轻擦,所以它们的柱头上都布满了别株的花粉。这样处理过的 8 个伞房花序中,有 2 个结成很少数的种子,可是其他 6 个伞房花序平均每朵结成 41.3

---

① *Jenaische Zeitschr. für Naturwiss.* 第 7 卷,1872 年,22 页和 1873 年,441 页。

② 我很感激穆尔先生(Mr. Moore)和希赛尔登·戴尔先生(Mr. Thiselton Dyer),他们告诉我关于我所试验的变种的情形。穆尔先生相信 *Senecio cruentus*、*S. tussiaginis*,或者还有 *S. heritieri*、*S. maàeremsos* 和 *S. populifolius* 都或多或少地混淆在我们的瓜叶菊中。

粒种子，而且这些种子发芽良好。这两个植株上其他 4 个伞房花序的柱头，用它们自己伞房花序中花朵的花粉充分涂抹；这 8 个伞房花一共结了 10 粒非常不良的种子，这些种子证明是不能发芽的。我检查了这两植株上很多的花朵，发现柱头上天然地布满了花粉；可是它们没有产生一粒种子。以后把这些植株的网罩拿走，而其他很多瓜叶菊正在同一温室中开花；并且这些植株的花朵上时常有蜂群来访问。这样它们结了很多种子，但是两株中有一株比另一株结得少，因为这个物种显示有一些雌雄异株的倾向。

我在另一个白花瓣而先端红色的变种上重复了这个试验。两个伞房花序上的许多柱头布满了上述紫花品种的花粉，这些花结成 11 粒和 22 粒种子，它们发芽良好。另外几个伞房花序上很多柱头都重复地用它们自己伞房花序的花粉涂抹；但是它们只产生 5 个很干瘪的种子，它们不能发芽。上述属于两个变种的 3 棵植株，虽然它们生长旺盛，而且用其他两个植株中任何一株的花粉都能结实，但是用同株上其他花朵的花粉却是完全不孕的。

**木樨草**

我观察到某些个体是自交不孕的，所以我在 1868 年夏天把 7 棵植株覆盖在各自的网罩下，这些植株依次称之为 A、B、C、D、E、F、G。它们用它们自己花粉受精似乎都是相当不孕的，可是用任何其他植株的花粉受精却是能够结实的。

A 上的 14 朵花用 B 或 C 的花粉杂交，结成 13 个良好的蒴果。16 朵花用同株异花的花粉受精，但是却没有结成 1 个蒴果。

B 上的 14 朵花用 A、B 或 D 的花粉杂交，都结成了蒴果；其中几个并不很好，不过它们含有很多种子。18 朵花用同株异花的花粉受精，没有结成 1 个蒴果。

C 上的 10 朵花用 A、B、D 或 E 的花粉受精，结成 9 个良好蒴果。19 朵花用同株异花的花粉受精，没有结成蒴果。

D 上的 10 朵花用 A、B、C 或 E 的花粉杂交，结成 9 个良好蒴果。18 朵花用同株异花的花粉受精，没有结成蒴果。

E 上的 7 朵花用 A、C 或 D 的花粉杂交，都结成良好蒴果。8 朵花用同株异花的花粉受精，没有结成蒴果。

在植株 F 和 G 上的花朵没有经过杂交，但是很多花朵(数目没有记下来)用同株异花的花粉受精，而这些花没有结一个果。

所以我们看到，上述植株中 5 个植株上的 55 朵花经过各种方式的相互杂交；这些植株中每一植株上的若干花朵都是用某些其他植株的花粉受精。这 55 朵花结成

52个蒴果，它们差不多都是蒴果丰满，并且含有充足的种子。另一方面，79朵花（除了很多其他没有记载下来的花）用同株异花的花粉受精，可是它们连一个蒴果也没有结成。其中一个事例里，我检视一些用它们自己花粉受精的花朵的柱头，这些柱头已为很多花粉管所穿透，可是这种穿透没有效果。我相信花粉一般总是从花药散落到同一花朵的柱头上，可是上述7棵网罩着的植株中只有3棵天然地产生几个蒴果，而这些蒴果或许可以认为一定是自花受精的。这些蒴果一共有7个，但是因为它们的位置都和人工杂交的花朵靠近，我无须怀疑，少许的外来花粉粒曾偶然地落在它们柱头上。除了上面7棵植株以外，其他4株覆盖在同一个的大网罩下；这些植株的某些植株在这里和那里很不规则地结成了小群的蒴果。这使我相信，在网外停憩的很多蜜蜂中有一只蜜蜂为香气所引诱，在某一机会中找到了入口，致使少数花朵进行了相互杂交。

在1869年春天，由新种子培育出来的4棵植株被小心地保护在各自的网罩下；而现在的结果与前面的结果有着很大的不同。这些保护着的植株中有3株实实在在地结满了蒴果，尤其是在初夏的时候，这个事实说明，温度发生了若干影响，但是下一节中所提到的试验表明，植株原有的体质是一个更重要的因素。第四株只结成少许蒴果，它们多数体积很小；然而它比起上一年所试验的7个植株中任何一株的自交结实都要多。这个半自交不孕植株的4个小枝上的花朵用其他植株中一株的花粉涂抹，它们都结成了很好的蒴果。

因为我对过去两年中所做试验结果的差异很为惊奇，所以在1870年把6株新的植株保护在各自的网罩下。这些植株中有2株证明几乎是完全自交不孕的，因为经过仔细的搜寻，我只找到3个很小的蒴果，每个蒴果含有1粒或2粒体积很小的种子，然而它们都能发芽。这二棵植株上的少许花朵用另一株的花粉相互受精，还有少许花朵用下述自交能孕植株中1株的花粉相互受精，所有这些花朵都结出良好的蒴果。其他4株仍旧保护在网罩下，却呈现出显明的对照（虽然它们中间有一株比其他植株在程度上要稍稍差些），因为实际上它们结满了天然自交能孕的蒴果，这些蒴果和栽种在旁边未加保护的植株上的蒴果一样多，或者很相似，而且一样的良好。

上述3个天然自花受精的蒴果是由两个几乎全然自交不孕植株所产生的，它们总共含有5粒种子。第二年（1871）我从这些种子培育出5个植株，都保护在各自的网罩下。它们长成的体积特别大，在8月29日把它们加以检验。骤然一看，它们似乎完全没有蒴果；但是仔细寻找它们很多的分枝，这些植株中有3株上可以找到2个或3个蒴果，第四株上可以找到半打，而在第五株上大约可以找到18个。但是所有这些蒴果都很细小，有些是空粒的；大多数只含有一粒种子，而且很少有超过一粒的。检验以后将网罩拿去，蜂群立刻把花粉由这些几乎全然自交不孕植物中的一株带到另一株，因为近旁没有其他植物生长。几个星期后，所有 5 个植株的分枝顶端都结满了蒴果，和一些相同长度的分枝的较下部分和裸露部分形成鲜明的对比。所以这 5 棵植株几乎像它们的亲本一样，继承了同样的生殖体系；而且毫无疑义地，木樨草(Mignonette)的一个自交不孕的种族(race)可能已经轻易地建立起来了。

**黄木樨草**(*Reseda lutea*)

这个物种的植株是由生长在离开我花园不远地方的一群野生植物上所采种子培育出来的。在偶然观察到这些植株中的某些自交不孕的后，就随便地采集两棵植株保护在各自的网罩下。这些植株中有一株立即结满了天然自花受精的蒴果，和周围没有保护的植株上的蒴果一样多；所以它显然是相当自交能孕的。另一个植株是部分的自交不孕，结成很少数的蒴果，它们的蒴果多数是很小的。然而当这一植株长到很高大，最上端的分枝触及网罩而生长弯曲的时候，在这个部位上，蜂群可以通过网眼来吮吸花朵，且从邻近植株上把花粉带给它们。于是这些分枝结满了蒴果；而其他的和下部的分枝几乎仍然是没有的。所以这个物种的生殖体系与木樨草(*Reseda odorata*)相似。

## 对自交不孕植物的总结

为了在可能范围内有利于某些上述植物的自花受精，所有木樨草上的花朵和苘麻属上的某些花朵用同株异花的花粉受精，而不用它们自己的花粉受精。在千里光属(*Senecio*)的事例中，则用同一伞房花序中不同花朵的花粉受精；但是这并没有使结果不同。弗里茨·米勒曾在紫葳属(*Bignonia*)、马蹄花属(*Tabernaemontana*)和苘麻属上试用这两种自花受精的方法，同样在结果上没有差异。然而他发现对于花菱草属，同株异花的花粉比同一花朵的花粉稍为有效些。希尔德布兰德在德国也发现如此。[①] 如花菱草属经过这样受精的 14 朵花中有 13 朵结成蒴果，它们平均含有 9.5 粒种子；而用它们自己花粉受精的 21 朵花中，只有 14 朵花结成蒴果，它们平均含有 9.0 粒种子。希尔德布兰德在 *Corydalis cava* 中发现一个类似差异的迹象，这正像弗里

① *Pringsheim's Jahrbuch. für Wiss. Botanik*，第 7 卷，467 页。

茨·米勒在一种 *Oncidium* 中所发现的一样。[①]

在研讨上述完全或几乎完全自交不孕的若干事例中，我们首先为它们在植物界中的广泛存在而惊异。现在看到的数目并不大，因为要发现它们，只有先得把植物和昆虫隔离，然后用同一物种的异株花粉和它们自己的花粉进行受精才能发现；而且一定要用其他方法证明花粉是处于有效状态。除非所有这些都做了，否则不可能知道它们的自交不孕性是由于生活条件的改变，而影响了生殖器官。在我的试验过程中，我已找到 3 个新的事例，还有弗里茨·米勒也在其他几个事例中看到征兆。所以将来或许可以证明，自交不孕并不在少数。[②]

在同一物种和同一亲系的植物中某些个体自交不孕，而另一些个体自交能孕。关于这个事实，木樨草提供了一个最突出的例子。所以，同一属中的物种表现同样的差异，那是一点不足为奇了。因而就我试验所知，紫毛蕊花（*Verbascum phoeniceum*）和黑毛蕊花（*V. nigrum*）都是自交不孕，而毛蕊花（*V. thapsus*）和 *V. lychnitis* 则是相当自交能孕的。在罂粟属、*Corydalis* 和其他属中的某些物种间，也有同样的差别。尽管如此，自交不孕的倾向在许多组群（group）中肯定地可以达到某种范围，像我们在西番莲属以及在兰花中的万带兰族（Vandeae）里所看到的。

自交不孕的程度在不同的植物中大不相同。在那些极端的事例中，同花的花粉在柱头上的作用像一种毒物，这几乎是一定的，这些植物绝不会产生一粒自交能孕的种子。另一些植物，像 *Corydalis cava*，尽管很稀少，偶然也产生少许自花受精的种子。正如我们在表 F 中所看到的那样，大多数的物种用它们自己的花粉的能孕性要比用另一植株的花粉差些；而且最后，有些物种是完全自交能孕的。像我们刚刚提到过，即使在同一物种的个体间，某些是完全自交不孕的，另一些是中度自交不孕的，而有些则是完全自交能孕的。很多植物用它们自己的花粉时，也就是当它们自花受精时，或多或少是不孕的。使它们如此的原因不论是什么，都至少在某个范围内，必然和决定由自花受精和异花受精种子培育出来的幼苗的高度、活力和结实力的差异的原因是不同的。因为我们已经看到，这两组事例无论如何不是平行的。假使自交不孕单是在于花粉管不能侵入同花的柱头而深入胚珠，那么这种平行的缺乏是可以理解的；而幼苗较大或较小的生长优势无疑是依靠花粉粒和胚珠的结构和功能特征。现在这已肯定，某些植物的柱头的分泌物并不适宜于刺激花粉粒。所以，如花粉采自

---

① 《动物和植物在家养下的变异》，第 7 章，第二版，第 2 卷，113～115 页。

② 美国的一个园艺学杂志的编者怀尔德先生（Mr. Wlder）（引用在《园艺者记录》，1868 年，1286 页）说，*Lilium auraium*，*Impatiens pallida* 和 *I. fulva* 不能用它们自己的花粉受精。里本（Rimpan）表示，黑麦用它自己的花粉受精可能是不孕的。

同一花朵，花粉管不能适当发育。根据弗里茨·米勒的说法，花菱草就是这样的。因为他发现花粉管并没有深入柱头；[①]至于在兰科的 *Notylia* 属，则全然不能侵入。

在二型花和三型花的物种中，同一类型植株间的不合法的结合表现得与自花受精极为相似，而一个合法的结合与异花受精极为相似。在这里，因一个不合法的结合使结实力减弱或完全不孕，至少一部分也是由于花粉粒和柱头间的不能相互作用。所以在 *Linum grandiflorum* 中，正像我在其他地方所证明的，[②]不论长花柱或短花柱的类型，数百粒花粉放在它们自己类型的柱头上时，长出花粉管的不会多过 2 粒或 3 粒，而且它们并不深入；柱头本身也不像它在合法地受精时所发生的那样改变色泽。

另一方面，固有结实力的差异，由异花受精和自花受精种子所培育出来的植株间生长的差异，以及二型花和三型花植物合法的和不合法的后代间生长的差异，一定是由于含在花粉粒和胚珠内性因素间的某些不亲和性(incompatibility)，因为通过它们的结合，新的有机体才能发展出来。

假使我们现在回到自交不孕比较直接的原因上来，那么我们将清楚地看到，在多数情况下，它是由植物曾经遭受到的条件所决定的。所以花菱草属在巴西的酷热气候中是完全自交不孕的，可是在那里用任何其他个体的花粉受精是全然能孕的。巴西植株的后代在英国的一代已经部分自交能孕，而在第二代尤其如此。反之，英国植株的后代在巴西生长两季后，在第一代就相当自交不孕。还有 *Abutilon darwinii* 在它的巴西原产地是自交不孕的，在英国的一个温室中只用一代，就中度地自交能孕了。某些其他植物在一年的早期是自交不孕的，而在季节的晚期就变得自交能孕了。*Passiflora alata* 嫁接在其他的物种上时，就失去它的自交不孕性。然而至于木樨草属，其中同一亲系有些个体是自交不孕，而另一些个体是自交能孕。由于我们的无知，我们就勉强把它的原因归于自发的变异性(spontaneous variability)；但是我们应当记住，这些植物的祖先，不论在雄的方面或雌的方面，可能曾经遭受到某些不同的条件。环境影响生殖器官的效果是这样的容易，情况又是这样的特殊，这是有着很多重大的意义的。我认为，上述的详细情形值得提出来。例如很多动植物的不孕性，在生活条件下变动后，如在拘禁中，显然要遵守着同一的普遍原则，生殖系统是很容易为环境所影响的。已经证明了，植物一直培育在极相类似的环境下，过去几代曾经自花受精或个体间杂交的植株间虽然进行杂交，对其后代并没有什么好处。另一方面，

---

① 《植物学杂志》，1868 年，114、115 页。

② *The Different Forms of Flowers*，87 页。

植物曾经处在不同的条件下，它们之间的杂交对后代有意想不到的好处。所以我们可以这样下结论说，生殖系统中某些程度的分化对亲本植株充分的能孕以及对它们后代健旺的活力是必不可少的。在那些可以完全自花受精的植物，这似乎也是可能的，雌雄性因素和器官间已有一定程度的差异，足以引起它们彼此间的相互作用。不过，当这些植物搬移到另一个国土上，成为自交不孕的，它们的性因素和器官遭受到如此影响，致使它们对于这种相互作用过于一致，宛若长期栽培在同一环境下的自花受精植物的那些性因素和器官一样。反之，我们可以进一步推论，一些在原产地自交不孕的植物，在条件改变后却成为自交能孕，就因为它们的性因素已受到如此的影响，致使它们充分分化到足以引起彼此间的相互作用。

我们知道，自花受精的幼苗在很多方面是逊色于来自异花受精的幼苗的。可是植物在自然情况下，同花的花粉势必常由昆虫或风而留在柱头上。所以乍一看来，自交不孕性似乎很可能是在自然选择中逐渐获得的，用以防止自花受精。有些花朵的结构以及很多其他花朵雌雄异熟的情况，已经足以防止花粉到达同花的柱头。反驳这一信念是不确切的。因为我们应当记住，在大多数物种中，很多花朵是在同时开放的，而且同株的花粉和同花的花粉是一样的有害或几乎一样有害的。尽管如此，自交不孕是一种逐渐获得的特性，它用来防止自花受精的看法，我相信还是必须摒弃的。首先，亲本植株自交时的不孕性和它们后代的活力在这个过程中所受到损害的范围，二者之间在程度上没有密切的相关；而且这样一些相关是可以预期的，假使自交不孕性是因为自花受精所引起的损害而获得的。其次，同一亲系的个体在它们自交不孕性的程度上大不相同，这一事实也是对抗这一看法的。实际上，除非我们假定某些个体使之成为自交不孕，以便个体间杂交，而其他个体使之成为自交能孕，用以保证物种的繁衍。自交不孕的个体只有偶然的出现，像在半边莲属(*Lobelia*)的例子，这个事实就并不有助于刚才的见解。但是反对自交不孕是被获得用来防止自花受精的看法的最有说服力的论点，乃是由于改变了的环境直接而有力的影响，它们或引起自交不孕，或消除自交不孕。所以我们没有理由相信，这个生殖系统的特殊情况是通过自然选择而逐渐获得的；但是我们必须把这件事情看作偶然的结果，它是依赖着植物已经遭受到的条件，正像在动物方面由于圈养以及在植物方面由于多肥、高温等所引起的普通不孕性一样。然而我并不希望，坚持认为自交不孕性在某些时候不能使植物用来防止自花受精；不过还有很多方法可以防止这个结果或使这个结果不易实现，这些方法包括在下一章我们将要谈到的花粉优势(pollen prepotency)，那就是一个不同植株的花粉优于植株自己的花粉。所以在这个目的上，自交不孕性好像是一个近乎多余的获得性。

最后,关于自交不孕植物方面最有兴趣的一点,就是它们所提供的一个证据,即为了可以结合和产生新个体,性因素在某种程度或性质上的分化是有利的,或者不如说是必要的。这已经是肯定了的,随机选出来的5株木樨草植株,可以用它们中间任何一株的花粉完全受精,但是不能用它们自己的花粉;我用某些其他个体另外又做了几个试验,不过我想不值得记下来。所以,正像希尔德布兰德和弗里茨·米勒屡次谈到的,自交不孕植物用任何其他个体的花粉都是能孕的。假使这个法则有什么例外的话,那是不可能逃过他们的观察和我自己的观察的。所以我们可以有信心地断言,一个自交不孕植物可以用同一物种的千千万万个体中的任何一个的花粉受精,就是不能用它们自己的花粉。至于每一个体的性器官和性因素对任何一个其他的个体都是有了特化,那显然是不可能的。但是我们可以不难相信,每个个体的性因素正像它们外部的特征一样;在各种形式上稍有不同,这也是我们常说的,没有两个个体是绝对一样的。所以我们不可避免地得出下面的结论:生殖系统中类似而无限的差异是足以引起性因素的相互作用,而且假使没有这种分化,能孕性是不可能的。

**高度自交能孕变种的出现**

我们刚刚已经看到,花朵能够为它们自己花粉受精的程度相差很远,这不论是同属的物种,或有时是同物种的个体。我们现在要探讨几个变种出现的有关事例,这些变种在自花受精时,比它们的自花受精亲本,或者比相应世代的个体间杂交的植株结出更多的种子,并产生长得更高的后代。

第一,在沟酸浆的第三代和第四代,在个体间杂交和自花受精的植物中,出现一种经常提到而具有深红色斑点大白花的高变种。它在所有的较晚的自花受精世代中都占着优势,以致排斥了所有其他的变种,并把它的性状丝毫不爽地传递下去,但是在个体间杂交植株上就消失了,无疑地由于它们的性状已在杂交中再三地融合了。属于这个变种的自花受精植株不仅比个体间杂交植株较高,而且结实力更强;虽然个体间杂交植株在较早的世代中比自花受精植株高得多,而且结实力较强。因而第五代自花受精植株和个体间杂交植物在高度上的比例是126∶100。第六代自花受精植株同样还是一些更高和较好的植株,不过没有实际测量过;它们所产的蒴果和个体间杂交植株上的蒴果相比较,数目上的比例是147∶100;而且自花受精蒴果含有较多数目的种子。第七代自花受精植株和异花受精植株在高度上的比例是137∶100。而这些自花受精植株上的20朵花用它们自己花粉受精,结成19个很好的蒴果——一种我在其他任何事例中前所未见的自交能孕的程度。这个变种似乎已经有一种特殊的适应，可以在各方面得到自花受精的好处，虽然这个过程在最初四代中对亲本植株是这样的有害。然而这一点应当提醒，从这个变种培育出来的幼苗，用一个新品系杂交时，在高度和结实力上都不可思议地优越于相应世代自花受精的植株。

第二，牵牛花属自花受精第六代，出现了一个命名为“英雄”的单株，它的高度稍稍超过个体间杂交的对手——一个在任何以前世代中都没有发生过的事例。“英雄”把它的花朵特殊的颜色，以及它增加了的高度和一个高度的自交能孕性，传递给它的子女、孙辈和曾孙。“英雄”自花受精的子女和同一品系其他自花受精的植株在高度上的比例是 100∶85。孙辈所结的 10 个自花受精蒴果平均含有 5.2 粒种子；与任何其他世代中由自花受精花朵所结的蒴果相比较，这是一个较高的平均数。“英雄”的曾孙是由和一个新品系杂交而来的，它们曾经生长在一个不良的季节中，很不健康，所以它们的平均高度和自花受精植株相比较便不能做出任何可靠的判断；而且甚至于通过这样的一种杂交，也不能看到它们得到了好处。

第三，我所试验过的烟草属植物似乎可以放在这一类事例中。因为它们在生殖体系上有所不同，并且是或多或少地高度的自交能孕。它们可能是在英国种于温室中天然自花受精几代植株的后代。亲本植株上的花朵最初由我用它们自己的花粉予以受精，所产生的种子大约是杂交花朵所产生的一半；而从这些自花受精种子所培育出来的幼苗在高度上大大地超过由异花受精种子所培育出来的幼苗。在第二代和第三代中，自花受精植株的高度虽然没有超过异花受精植株，不过它们的自花受精花朵所产的种子，有两个事例中比杂交花朵所产的种子多得多，甚至比用一个不同品系或变种的花粉杂交的花朵所产的种子多得多。

第四，因为木樨草和黄木樨草的某些植株都比其他个体要自交能孕多得多，所以这些植株可以包括在有这个新的和高度自交能孕变种的出现的标题下。但在这个场合，我们应当把两个物种视为正常的自交不孕。依我的经验判断，这个见解似乎是正确的。

所以，我们现在可以由上面所列举的事实下结论说，有时某些变种出现，而当这些变种在自花受精时比相应世代的个体间杂交或自花受精植株在产生种子方面具有较大的优势，并且生长得高些——当然所有这些植株都是处在同一条件下的。这类变种的出现是饶有兴味的，因为它关系到自然界一些照例是自花受精的植物的存在，像 *Ophrys apifera* 和一些其他的兰花，或者像 *Leersia oryzoides*，它着生很多闭花受精的花朵，但是只有极少数的花朵是能够异花受精的。[①]

① 关于李氏禾属（*Lersia*），见《同种植物的不同花型》等，335 页。

在其他植物上所做的某些观察，使我猜想自花受精在某些方面是有利的；虽然从这样得来的好处和从用一个不同植株杂交而来的好处相比较，通常是很小的。我们在前一章已经看到牵牛花属和沟酸浆属的花朵以自花受精最严格的可能方式，即用它们自己的花粉受精，所培育出来的幼苗在高度和质量上以及在早期开花上，都是优于用同株异花花粉杂交的花朵所培育出来的幼苗；而且这种优势强烈地表现出来，显然不是偶然的。再者，普通豌豆的栽培品种是高度自交能孕的，尽管它们已经自花受精很多代数；它们的高度超过属于同一品种的两株之间杂交而来的幼苗，其比例是 115∶100；不过那时测量和比较的植株只有 4 对而已。立金花经过不合法的受精若干代以后，提高了自交能孕性，这种不合法的受精类似一种自交受精的过程，不过只有当这些植株栽培在同一的有利条件下才是如此的。我已经在别的地方表明[①]在樱草属的几个物种中，偶尔出现一些等长花柱的变种，它们把具有两种类型的性器官合并在同一花朵中。结果它们以合法的方式自己进行受精，而且是高度自交能孕的；但是值得注意的事实是，它们比同一物种用一个不同个体的花粉合法受精所产生的一般植株还要稍稍能孕些。起初在我看来，这些异长花柱植物的较高能孕性可能是因为柱头紧靠着花药，所以它在最有利的年龄和一天最有利的时间受了精。但是这个说明不适用于上述的一些事例，因为这些花朵是用它们自己的花粉人工受精的。

探讨了现在提出的一些事实，包括那些比它们亲本以及比相应世代个体间杂交植株更加能孕而且较高的变种的出现，这就难以避免地猜疑自花受精在某些方面是有利的(虽然假定这是真实的)事例，[②]任何这样的好处和从用一个不同植株杂交而来的好处，尤其是和从用一个新品系植株杂交而来的好处相比较，照例是完全不显著的。假使这个猜测以后被证实了，正像我们将在下一章所要看到的，那么它将有助于理解，着生小的和不显著花朵的植物的存在。此类花很少有昆虫来访问，所以很少发生相互杂交。

**由异花受精和自花受精花朵而来的种子的相对质量和发芽时期**

用另一植株的花粉受精的花朵和用它们自己花粉受精的花朵而来的等数种子加以称重；不过只有 16 个事例。它们的相对质量列于下表；由异花受精而来的种子质量作为 100。

---

① 《同种植物的不同花型》等，272 页。

② M. 厄拉拉(M. Errara)想发表关于现在这个题目，他很客气地把他的原稿送给我阅读。他深信自花受精绝不会比和另一花朵杂交更加有利些。我希望这个见解以后可以证明是正确的，因为这样异花受精和自花受精的课题可以简单很多了。

| | |
|---|---|
| 牵牛花(亲本植株) | 100∶127 |
| 牵牛花(第三代) | 100∶87 |
| 红花鼠尾草 | 100∶100 |
| 甘蓝 | 100∶103 |
| 蜂室花(第二代) | 100∶136 |
| 飞燕草 | 100∶45 |
| 野西瓜苗 | 100∶105 |
| 小旱金莲 | 100∶115 |
| 香豌豆(约数) | 100∶100 |
| 金雀花 | 100∶88 |
| 欧洲桔梗 | 100∶86 |
| 粉蝶花 | 100∶105 |
| 琉璃苣 | 100∶111 |
| 仙客来(约数) | 100∶50 |
| 荞麦 | 100∶82 |
| 紫叶美人蕉(3个世代) | 100∶102 |

这是很明显的,在这16个事例中却有10个事例,自花受精种子的质量不是优于,便是等于异花受精种子。尽管如此,在10个事例中有6个事例(即牵牛花属、鼠尾草属、芸苔属、旱金莲属、山黧豆属和粉蝶花属),由这些自花受精种子所培育出来的植株在高度和其他方面都大大地不如由异花受精种子所培育出来的植株。10个事例中至少有6个,即芸苔属、木槿属、旱金莲属、粉蝶花属、琉璃苣属和昙花属,质量上的优势一部分可能是由于自花受精蒴果中含有较少的种子;因为一个蒴果只含有少数种子时,它们就要比同一蒴果中含有很多种子时,容易得到较好的营养,因而也就重些。然而,应当注意到在上面异花受精种子是最重的一些事例中,像金雀花属和仙客来,异花受精蒴果就含有较多数目的种子。不论怎样,说明自花受精种子常常是最重的。值得注意的是在芸苔属、旱金莲属、粉蝶花属(*Nemophila*),以及牵牛花属第一代的事例中,由它们所培育出来的幼苗,在高度上和其他方面都比由异花受精种子所培育出来的幼苗为差。这个事实表明,异花受精种子在生命力上一定是优越得多。无疑,重而好的种子易于产生最优良的植株。高尔顿先生已经指出,这是很符合于香豌豆的;同样,A. J. 威尔逊先生(Mr. A. J. Wilson)在瑞典芜菁(*Brassica campestris ruta baga*)中也证明了这一点。威尔逊先生把瑞典芜菁最大的和最小的种子区

分开来,这两组的质量比例是 100∶59。他发现幼苗“来自较大种子者在茎的高度和厚度上领先,而且维持它们的优越性到底”。[①] 芜菁幼苗在生长量上的这种差异也不能归结为较重种子有着异花受精的起源,而较轻种子有着自花受精的起源。因为大家知道,属于这一属的植物习惯于通过昆虫而进行相互杂交。

关于异花受精和自花受精种子的相对发芽时间,只有 21 个事例记载下来;而且结果是很复杂。除了 1 个事例中两组同时发芽外,有 10 个事例或恰好一半都是很多自花受精种子比异花受精种子先发芽。还有其他一半,很多异花受精种子比自花受精种子先发芽。在这 20 个事例中有 4 个事例,曾用一个新品杂交而来的种子与由一个较晚世代自花受精而来的自花受精种子加以比较。结果又是一半事例异花受精种子先发芽,另一半事例自花受精种子先发芽。可是由这样自花受精种子培育出来的沟酸浆属植株在各方面都不及异花受精植株。而在花菱草属的事例中,它们在结实力方面较差。可惜的是,两组种子的相对质量只在观察它们发芽的少许事例中加以鉴定。在牵牛花属以及我相信在其他几个物种中,自花受精种子相对的较轻显然决定了它们的早发芽,这或许因为较小的体积是有利于发芽时所必需的化学和形态学变化的加速完成。[②] 另一方面,高尔顿先生给我一些香豌豆种子(无疑地都是自花受精的),它们被分为较重的和较轻的两组,结果一些较重的种子先发芽。显然要对异花受精和自花受精种子的相对发芽时期下任何结语以前,需要进行更多的观察。

---

① 《园艺者记录》,1867 年,107 页。路易来尔·德朗尚(Loiseleur-Deslongchamp)*Les Céréales*,1842 年,208—219 页。根据他的观察得出一个很特殊的结论:禾谷类较小的种子产生和大种子一样优良的植株。不过这个结论已为哈利特少校(Major Hallet)由选择最优良种子而改变小麦的伟大成就所否定了。这是有可能的,由于长时期继续的选择,人类可能已经使禾谷类种子得到较大数量的淀粉和其他物质,多于幼苗在它们生长量上所可利用的。这已很少可以怀疑,像洪堡(Humboldt)很早以前说过,禾谷类种子对鸟类的引诱已经达到对物种是非常有害的程度。

② J. 斯库特先生说(*Manual of Opium Husbandry*,1877 年,131 页),罂粟较小的种子首先发芽。他又说,较大的种子生产较好的植株收获量。关于后面这个课题,可参看 *Burbidges' Cultivated Plant*,1877 年,33 页的一个摘要,有关马克博士(Dr. Marck)和莱曼教授(Prof. Lehmann)所做的一些重要试验,这些试验也得出同样的一些结果。

# 第十章　受精的方法

## · *Means of Fertilisation* ·

昆虫被隔离时植物的不孕性和结实力——花朵异花受精的方法——有利于自花受精的结构——花朵的结构和展示之间的关系，昆虫的来访和异花受精利益之间的关系——花朵用一个不同植株的花粉受精的方法——这种花粉的较大受精力——风媒的物种——由风媒物种转变为虫媒物种——蜜腺的起源——风媒植物的性别一般是分开的——由雌雄异花转变为雌雄同花——树木的性别常常是分开的

PASSIFLORA QUADRANGULARIS DECAISNEANA Gontier.

♄ *Montrouge lez Paris.—Serre chaude.*

在本书绪论一章里，我简略地列举了便利或保证异花受精的各种方法，即性别的分开——雌雄性因素成熟时期的不同——某些植物的异长花柱或二型花以及三型花的状态——很多的机械设计——花朵自己的花粉在柱头上或多或少地完全无效——以及来自任何其他个体的花粉优于来自同一个体的。这些项目中的某些需要进一步地探讨；但是为了充分地了解，我请读者参阅绪论中所提到的一些优秀著作。

首先我要列举两个名录：第一个名录，当昆虫被隔离时，植物或是相当不孕，或是结成大约少于足量一半的种子；第二个名录，当植物这样地处理时，是全部结实，或结成至少为足量一半的种子。这些名录是由以前几个表编纂起来的，再加上一些我自己观察的和他人观察的事例。物种的排列大致上依据林德利（Lindley）在他的《植物界》（*Vegetable Kingdom*）中所采用的次序。读者应当注意到，在这两个名录中，植物的不孕性或结实力是基于两个完全不同的原因，即花粉用以施加到柱头上去的适当工具的有无，以及当花粉到达柱头时其效能的大小。因为显而易见地，在性别分开的植物中，花粉必须利用某些方法使之在花朵之间相互传递，所以这类物种就不列在这些名录内；正像一些异长花柱的植物，同样需要在某种限度上也存在这种传递。经验告诉我，植物开花时覆盖在一个由架子支持着的薄网下，它的种子生产力并不减少，这和昆虫被隔离没有关系。这个结论可以由下列两个名录的研讨上推论出来，因为它们包括大量的、属于同一属的物种，当这些物种保护在网罩下而不使昆虫接近时，某些是相当不孕的，而其他的是相当能孕的。

**昆虫被隔离时，植物或相当不孕，或在我可以判断的范围内，植物产生的种子数少于未被保护的植物所产种子数的一半，这类植物的名录**

*Passiflora alata*、*P. racemosa*、*P. coerulea*、*P. edulis*、*P. laurifolia*，以及大果西番莲（*P. quadrangularis*）（西番莲科）的某些个体在这些条件下都是十分不孕的：参见《动物和植物在家养下的变异》第 17 章。

*Viola canina*（堇菜科）——完全花十分不孕，除非由蜜蜂进行受精或人工受精。

三色堇——结了很少数不良的蒴果。

木樨草（木樨草科）——某些个体十分不孕。

◀大果西番莲（***Passiflora quadrangularis* L.**）

黄木樨草——某些个体产生很少数不良的蒴果。

*Abutilon darwinii*（锦葵科）——在巴西十分不孕。参见以前关于自交不孕植物的讨论。

睡莲属（*Nymphaea*）[睡莲科（Nymphaeaceae）]——卡斯柏雷教授告诉我，假使昆虫被隔离，那么这个物种的某些个体是十分不孕的。

*Euryale amazonica*（睡莲科）——邱园的史密斯先生（Mr. J. Smith）告诉我说，花朵听它们自便，而且可能没有蜜蜂来访问，由此所结的蒴果含有 8～15 粒种子；花朵用同株异花花粉人工受精，由此所结的蒴果含有 15～30 粒种子；而两朵花用采自查特斯沃思（Chatsworth）的另一植株的花粉受精的，则各含有 60 粒和 75 粒种子。我所以给出这些叙述，就是因为卡斯柏雷教授提出这种植物作为一个例子来反对异花受精的必需或有利的学说。[①]

飞燕草（毛茛科）——产生很多蒴果，不过和由蜜蜂进行天然受精的花朵而来的蒴果相比较，这些蒴果大约只含有半数的种子。

花菱草（罂粟科）——巴西的植株十分不孕；英国的植株产生少数蒴果。

罂粟花（罂粟科）——初夏的时候，产生很少数蒴果，这些蒴果含有很少种子。

高山罂粟——H. 霍夫曼说：这个物种只有在一个场合下结成能够发芽的种子。[②]

*Corydalis cava*（紫堇科）——不孕。参看以前关于自交不孕植物的讨论。

*C. solida*——在我的花园（1863 年）仅有一株植物，我看到很多蜜蜂在吮吸花朵，但是没有结成一粒种子。我对于这个事实非常诧异，因为那时希尔德布兰德教授还没有发现 *C. cava* 用它自己的花粉是不孕的。他根据对本物种所做的几个试验做出结论说，这是自交不孕的。这两个例子是饶有兴味的，因为植物学家从前认为紫堇科中所有物种都是特别适于自花受精的。[③]

*C. lutea*——一个网罩起来的植株所产（1861 年）的蒴果数恰好是和种在近旁同样大小的一个未网罩植株的一半。当土蜂访问花朵时（我反复地看到它们这样工作），下面花瓣立即扭向下方，而雄蕊扭向上方；这是由于花器部分的弹性，当花瓣联合着的边缘因昆虫的进入而分离时，它就发生作用了。除非昆虫访问花朵，这些花器是不移动的。尽管如此，我所网罩着的植株上很多花朵结了蒴果，虽然它们的花瓣和

---

① 参看 *Sitzungsberichte der Phys-ökon. Gesell. zu Königsberg*，第 6 卷，20 页。

② *Speciesfrage*，1875 年，47 页。

③ 参看列沙克的《生殖力和杂交》（'*De la Fécondation et de l'Hybridation*，1845 年，61 页和林德利的《植物界》（*Vegetable Kingdom*，1853 年，436 页。

雄蕊仍旧维持它们原来的位置；同时我很诧异地发现这些蒴果比那些由花瓣人工分离使之弹开的花朵而产的蒴果含有更多的种子。这样 9 个未被干扰的花朵所产生的蒴果含有 53 粒种子；而 9 个花瓣曾经人工分离的花朵而产的蒴果只含有 32 粒种子。但是，我们应当记住，假使蜂群被允许去访问这些花朵，那么它们定将在最适于受精的时候前去访问它们。花瓣曾经被人工分离的花朵比那些在网罩下未受干扰的花朵早结蒴果。要表明花朵被蜜蜂访问过究竟有多少确实性，我可以补充几句：有一次，几个未经保护的植株上的所有花朵都经过检验，每一朵花的花瓣都是分离的；而另一次，43 朵花中有 41 朵是呈这种状态的。希尔德布兰德说，这个物种的花器结构几乎和他曾经详细叙述过的 *C. ochroleuca* 一样。[①]

*Hypecoum grandiflorum*（紫堇科）——高度的自交不孕（希尔德布兰德，同上）。

山月桂（*Kalmia latifolia*）（Ericaceae 杜鹃花科）——比尔先生（Mr. W. J. Beal）说，被保护而与昆虫隔离的花朵发生枯萎并且脱落，而“多数花药仍残留在袋中”。[②]

马蹄纹天竺葵（牻牛儿苗科）——几乎不孕；一株植物结了两个果实。不同变种可能在这方面不同，因为某些变种只是略微的雌雄异熟的。

香石竹（石竹科）——结成很少数含有良好种子的蒴果。

红花菜豆（豆科）——被保护而与昆虫隔离的植株，在两个场合中结成大约为足数的 1/3 和 1/8 的种子[③]。奥格尔博士发现，有一株网罩起来时完全不孕。[④] 在尼加拉瓜花朵并不为昆虫所访问，所以根据贝尔特先生的报告，在那里这个物种是完全不孕的。[⑤]

蚕豆（豆科）——17 个网罩起来的植株结成 40 粒豆子，而 17 个未经网罩、生长在近旁的植株结成 135 粒豆子；所以后一组植株比保护着的植株能孕性增加到三到四倍。[⑥]

刺桐属（*Erythrina*）（豆科）——麦克阿瑟爵士（Sir W. MacArthur）告诉我说，在新南威尔士（New South Wales）花朵并不结实，除非像昆虫所做的那样把花瓣移动。

*Lathyrus grandiflorus*（豆科）——在这个国度里或多或少的不孕。它绝不结成

---

① *Pring. Jahr. fur Wiss. Botanik*，第 7 卷，450 页。

② *American Naturalist*，1867。

③ 参看我的著作，在《园艺者记录》，1857 年，225 页和 1858 年，828 页；又参看《博物学年刊》，第三集，第 2 卷，1858 年，462 页。

④ 《通俗科学文摘》，1870 年，168 页。

⑤ 《尼加拉瓜的博物学家》（*The Naturalist in Nicaragua*），70 页。

⑥ 欲知端详，参看《园艺者记录》，1858 年，828 页。

豆荚，除非花朵被土蜂访问（可是这很少发生），或除非对它们进行人工受精[1]。

金雀花（豆科）——当花朵既未被蜜蜂访问，又未被风吹倒在周围的网罩上引起扰动的时候，却极度不孕。

*Melilotus officinalis*（豆科）——一棵未经保护而被蜜蜂访问的植株，至少比一个保护着的植株多产生30倍种子。在这个被保护着的植株上，好几十个总状花序并没有结成一个豆荚；若干总状花序往往只结成1个或2个豆荚；5个花序结成3个豆荚；6个花序结成4个；还有1个花序结成6个。在未加保护的植株上，好几个总状花序每个结成15个豆荚；9个花序结成16到22个豆荚，而有1个花序结成30个豆荚。

牛角花（豆科）——网罩起来的几棵植株只结成两个空壳的豆荚，并没有一个好的种子。

白三叶草（*Trifolium repens*）（豆科）——若干植株与昆虫隔离，由这些植株上10个花簇而来的种子，和由生长在网罩外面的其他植株（我看到蜜蜂访问它们）上10个花簇而来的种子加以计数；后面一些植株产生的种子几乎有保护着的植株产生的种子的10倍之多。试验又在第二年重复：20个被保护的花簇只结了一个瘪小的种子，而在网外的植株（我看到蜜蜂访问它们）上的20个花簇总计结成2290粒种子。这是根据所有种子的称重，并就2格令重的种子计数而予以计算的。

红三叶草（*Trifolium pratense*）——在网罩保护的植株上100个花簇并未产生一粒种子，而生长在外面、被蜜蜂访问过的植株上100个花簇结了68格令重的种子。因为80粒种子重2格令，所以100个花簇就产生了2720粒种子。我时常注视这个植株，可是从未看到蜜蜂吮吸这些花朵，除了由外面通过土蜂所咬的洞，或深入花朵之间。它们似乎要从花萼中寻找某些分泌，这几乎是和法勒先生所描述的小冠花属（*Coronilla*）的事例一样。[2] 然而，我必须除去一个例外场合，即当邻近一块田上的红豆草（*Hedysarum onobrychis*）刚巧被割下来时，蜜蜂似乎陷于绝望之境。在这个场合中，三叶草的多数花朵有些凋萎，并且含有极多量的花蜜，蜜蜂可得而吮吸之。一位有经验的养蜂专家迈因纳先生（Mr. Miner）说，在美国，蜜蜂从不吮吸红三叶草；而卡尔盖特先生（Mr. R. Colgate）告诉我说，自从蜜蜂引入新西兰后，他在那个岛上看到同样的事实。另一方面，赫尔曼·米勒在德国常常看到蜜蜂为了花粉和花蜜而访问这种植物，花蜜是它们在破开花瓣后才能得到的。[3] 土蜂是普通红三叶草的主要传粉

① 参看我在《园艺者记录》中的文章，1858年，828页。

② *Nature*，1874年7月2日，169页。

③ 《受精》，第224页。

者，至少这一点是确实的。

肉色三叶草(*T. incarnatum*)——在某些网罩的和未被网罩的植株上，花簇都含有成熟的种子，似乎同样地良好，但是这是一个不正确的印象；未网罩的植株上60个花簇结有349格令重的种子；而网罩的植株上60个花簇只结有63格令，且后一组中的很多种子不良而瘪缩。所以蜜蜂访问过的花朵所产种子数多于保护着的花朵5～6倍。网罩起来的植株并未因结子而十分枯萎，且第二次产生了相当大的花茎收获量，而未网罩的植株并未如此。

*Cytisus laburnum*(豆科)——即将开放的7个总状花序被封闭在用网罩做成的一个大袋中，而它们似乎未因这样处理而有丝毫损坏。它们之间只有3个结成少量荚果，每个总状花序结成1个；而这三个荚果含有1粒、4粒和5粒种子。所以7个总状花序中只有1个荚果含有相当足量的种子。

*Cuphea purpurea*(千屈菜科，Lythraceae)——没有结种子。同一植株上的其他花朵在网罩下人工受精却结了种子。

*Vinca major*(夹竹桃科，Apocynaeeae)——通常十分不孕，不过有时人工杂交时结成种子。①

长春花(*V. rosea*)——动态状况和上一个物种一样。②

*Tabernaemontana echinata*(夹竹桃科)——十分不孕。

矮牵牛(茄科)——就我所观察到的，十分不孕。

马铃薯(*Solanum tuberosum*)(茄科)——丁兹曼(Tinzmann)说，某些变种十分不孕，除非用另一变种的花粉受精。③

*Primula scotica*(樱草科)——一个非二型花的(non-dimorphic)物种，它用自己的花粉是能孕的，但是如把昆虫隔离，则极度不孕。④

假报春(*Cortusa matthiolia*)(樱草科)——保护着的植株完全不孕；人工自交的花朵完全可孕。⑤

仙客来(樱草科)——在一个季节中，一些网罩起来的植株并未产生一粒种子。

琉璃苣(紫草科)——保护着的植株所产的种子数约为未保护的植株的一半。

*Salvia tenori*(唇形科)——十分不孕。不过，3个花簇的顶端上的2朵或3朵花

① 参看我的报告，《园艺者记录》，1861年，552页。

② 《园艺者记录》，1861年，699、736、831页。

③ 《园艺者记录》，1846年，183页。

④ J.斯库特，《林奈植物学会杂志》，第8卷，1864年，119页。

⑤ J.斯库特，同上，84页。

在风吹动时碰到了网罩,结成少许种子。这种不孕性并不是由于网罩的有害影响,因为我用邻近植株的花粉使5朵花受精,这些花都结成良好的种子。当一个小枝上还着生有少许没有完全凋萎的花朵时,我除去网罩,这些花就因被蜜蜂访问过而结了种子。

红花鼠尾草——一些网罩起来的植株结成多数果实,但是我估计还不到未网罩的植株所结果实的一半。网罩着的植株自然产生的28个果实平均只含有1.45粒种子,而同一植株上若干人工自花受精的果实含有两倍以上的种子,即3.3粒种子。

紫葳属(种名未定)(紫葳科,Bigrloniaceae)——十分不孕。参看我对自交不孕植物的说明。

毛地黄(玄参科)——极端不孕,只产生少数瘪瘦的蒴果。

柳穿鱼(玄参科)——极端不孕。

金鱼草,(*Antirrhinum majus*)红色变种(玄参科)——由网罩下一个大的植株采集了50个荚果,含有9.8格令重的种子;但是50个荚果中的多数(可惜未曾计数)并不含有种子。全然裸露给土蜂访问的一株植物上的50个荚果,含有23.1格令重的种子,即质量超过2倍以上。不过,在这个例子中,50个荚果里也有若干不含种子的。

金鱼草(白色变种,花冠上有一个淡红点)——在一个被网罩的植株上的50个荚果,它们只有极少数是空瘪的,含有20格令重的种子;所以这个变种自花受精时似乎比前一个变种格外能孕些。W.奥格尔博士的一株本种植物在保护而隔离昆虫时,比我的一株更加不孕,因为它仅结了两个小蒴果。[①] 为了表示蜜蜂的效率,我可以补充几句,克罗克先生(Mr. Cocker)把若干幼嫩花朵去雄,但未加网罩;这些花朵产生的种子和未被损伤的花朵一样多。

金鱼草(Peloric var. 放射对称的变种)——这个变种用它自己花粉人工受精时是很能结实的,但是如果听其自然而不加网罩是全然不孕的,因为土蜂不能爬入狭窄的管状花朵。

紫毛蕊花(玄参科)——十分不孕 }
黑毛蕊花——十分不孕………… } 参看我对自交不孕植物的说明。

*Campanula carpathica*(Lobeliaceae,半边莲科)——十分不孕。

*Lobelia ramosa*(半边莲科)——十分不孕。

*L. fulgens*——这植株在我的花园中一直没有被蜜蜂访问过,它是十分不孕的。

① 《通俗科学文摘》,1870年1月,52页。

不过，在数英里之遥的一个苗圃中，我看到土蜂访问花朵，它们结成了若干蒴果。

同瓣草属(*Isotoma*)(一个白花变种)(半边莲科)——在我的温室中，5棵未加保护的植株结成24个良好的蒴果，总共含有12.2格令重的种子，另外又结成13个很不良好的蒴果，它们已被丢弃。5棵被保护而隔离昆虫的植株，同样生活在和上述植物一样的环境里，它们结成16个良好的蒴果，以及另外20个极为不良而遭丢弃的蒴果。根据16个良好蒴果所含种子的质量，24个蒴果在比例上应产4.66格令重的种子。所以未经保护的植株所产种子的质量几乎有保护着植株3倍之多。

*Leschenaultia formosa*(Goodeniaceae，草海桐科)——十分不孕。我对这个植物的试验，证明它需要昆虫的协助。[①]

瓜叶菊(*Senecio cruentus*)(菊科)——十分不孕。参看我对自交不孕植物的说明。

*Heterocentron mexicanum*(野牡丹科)——十分不孕。但是这个物种以及本组以下的各种植物，在人工自花受精时产生有大量的种子。

*Rhexia glandulosa*(野牡丹科)——只自发地结成2个或3个蒴果。

*Centradenia floribunda*(野牡丹科)——在若干年中自发地结成2个或3个蒴果，有时没有。

*Pieroma*(种名未定，来自邱园)(野牡丹科)——在若干年中自发地结成2个或3个蒴果，有时没有。

*Monochoetum ersiferum*(野牡丹科)——在若干年中自发地结成2个或3个蒴果，有时没有。

姜花属(*Hedychium*)(种名未定)(Marantaceae，竹芋科)——没有协助时几乎自交不孕。

兰科——假使昆虫被隔离，不孕的物种占的比例很大。

**植物被保护而隔离昆虫时，或十分能孕，或结成多于未被保护的植物所产种子数的一半，有关这些植物的名录**

留香莲(西番莲科)——产生很多果实，但是比由相互杂交花朵而来的果实含有较少的种子。

甘蓝(十字花科)——产生很多蒴果，但是这些蒴果中的种子一般没有像未经网

① 载在《园艺者记录》，1871年，1166页。

罩的植株上的丰富。

萝卜(十字花科)——一个多分枝的植株一半用网罩覆盖,这和未网罩的另一半一样,结满了蒴果。但是未网罩的那一半上的20个蒴果平均含有3.5粒种子,而被网罩的20个蒴果只含有1.85粒种子,也就是说,比半数稍稍多些。把这植株放在前面一个名录中或许是更合适些。

蜂室花(十字花科)——高度能孕。

*Iberis amara*——高度能孕。

木樨草和黄木樨草(木樨草科)——某些个体完全自交能孕。

芡(*Euryale ferox*)(睡莲科)——卡斯柏雷教授告诉我,这个植物在与昆虫隔离时是高度自交能孕的。他在以前引述的论文中指出,他的一些植株[以及王莲(*Victoria regia*)的某些植株]有时候只开一朵花;而且因为这个物种是一年生的,又是1809年引入的,所以它在过去的56个世代里一定是自花受精的。不过,胡克博士向我保证,就他所知,这植物曾被重复引入,而且在邱园中,不论芡属(*Euryale*)或王莲属(*Victoria*),同一植物在同一时候着生有许多花朵。

睡莲属(睡莲科)——卡斯柏雷教授告诉我,某些物种当昆虫被隔离时是相当自交能孕的。

一点红(毛茛科)——根据H.霍夫曼教授的观察,与隔离昆虫时,可以结成很多的种子。[1]

*Ranunculus acris*(毛茛科)——在网罩下结成很多种子。

罂粟(罂粟科)——未网罩的植株的30个蒴果结成15.6格令重的种子,生在同一花圃内用网罩起来的植株的30个蒴果结成16.5格令重的种子。所以,后一组植株比未网罩的植株具有较高的生产力。H.霍夫曼教授也发现,这个物种在隔离昆虫时是自交能孕的。[2]

罂粟花——在晚夏结成大量的种子,它们发芽良好。

*Papaver argemonoides*…………………
*Glaucium luteum*(罂粟科)……
*Argemone ochroleuca*(罂粟科)…
——根据希尔德布兰德,天然自花受精的花朵绝不是不孕的。[3]

*Adlumia cirrhosa*(紫堇科)——结成很多蒴果。

---

① 《物种问题》,11页。

② 《物种问题》,1875年,53页。

③ 《植物学年报》第7卷,466页。

*Hypecoum procumbens*(紫堇科)——至于被保护的花朵,希尔德布兰德说,“开始形成一个良好的果实”。[①]

*Fumaria officinalis*(紫堇科)——网罩起来和没有保护的植株显然结成相同数目的蒴果,而且前者的种子看来似乎同样的好。我经常注视这个植物,希尔德布兰德也一样,我们从未看到过一个昆虫访问过这些花朵。赫尔曼·米勒同样地也为昆虫的不常访问它而诧异,虽然他有时看到蜜蜂在工作。小型蛾类或许访问过这些花朵,因为对下述的物种可能是这样的。

*F. capreolata*——在很多日子里我观察生长在野外里、若干大块田地的这种植物,发现这些花朵从未被任何昆虫访问过,虽然有一次看到一只土蜂在紧密地检视着它们。尽管如此,因为蜜腺含有很多花蜜,尤其是在晚上,我相信它们是被访问过的,有可能是被蛾类访问过。花瓣在自然情况下,一点也不分开或开放。不过,在有一部分花朵中,由于某种原因而使它们开放,正像一根粗厚刚毛刺入蜜腺时所发生的一样。在这方面它们类似于 *Corydalis lutea* 的花朵。我检查了 34 个花簇,每个花簇含有很多花朵,其中 20 个花簇有 1～4 个花朵开放,而 14 个花簇中没有一个花朵是这样开放的。这就很清楚了,某些花朵曾为昆虫所访问,而大多数没有;最后几乎都结成蒴果。

亚麻(亚麻科,Linaceae)——十分能孕。[②]

*Impatiens barbigera*(凤仙花科,Balsaminaceae)——花朵在网罩下结大量的果实,虽然它们绝妙地适应于自由访问它们的蜂群而行异花受精。

*I. noli-me-tangere*(凤仙花科)——这个物种着生有闭花受精的完全花。有一植株覆盖在网罩下,几个用线做记号的完全花结成 11 个天然自花受精的蒴果,它们平均含有 3.45 粒种子。我疏忽而不曾鉴定让昆虫访问的完全花所产生的种子数,但是我相信,这并没有大大地超过上面的平均数。贝内特先生(Mr. A. W. Bennett)详细地描述了 *I. fulva* 花朵的构造。[③] 这后面一个物种,据说用它自己的花粉是不孕的[④],假使是这样的,那么它和 *I. barbigeram* 以及 *I. noli-me-tangere* 形成一个鲜明的对照。

*Limnanthes douglasii*(牻牛儿苗科)——高度能孕。

*Viscaria oculata*(石竹科)——产生有良好种子的很多蒴果。

---

① 《植物学年报》第 7 卷,466 页。

② H. 霍夫曼,《植物学杂志》,1876 年,566 页。

③ *Journal Linn. Soc.* (第 13 卷,植物学,1872 年,147 页。

④ 《园艺者记录》,1868 年,1286 页。

繁缕(*Stellaria media*)(石竹科)——网罩起来和未网罩的植株产生等数的蒴果,而且两者的种子似乎一样的多,一样的好。

甜菜(藜科)——高度自交能孕。

巢菜(*Vicia sativa*)(豆科)——保护的和未保护的植株产生等数的豆荚,产生一样良好的种子。假使两组之间有任何的差异,网罩起来的植株是最多产的。

*V. hirsuta*——本物种所着生的花朵是英国豆科植物中最小的。网罩起来的植株的结果与上面一个物种完全一样。

豌豆(豆科)——充分能孕。

香豌豆(豆科)——充分能孕。

*Lathyrus nissolia*——充分能孕。

黄羽扇豆(豆科)——相当多产。

丝状羽扇豆——结成很多豆荚。

芒柄花(豆科)——在网罩下1棵植株上有12朵完全花用线做记号,它们结成8个豆荚,平均含有2.38粒种子。昆虫访问过的花朵所产的豆荚,由人工杂交的效果来衡量,平均可能含有3.66粒种子。

菜豆(豆科)——十分能孕。

*Trifolium arvense*(豆科)——蜜蜂和土蜂不断地访问这些非常小的花朵。当昆虫被隔离时,这些花簇似乎产生和裸露的花簇一样多且一样好的种子。

*T. procumbens*——有一次,网罩起来的植株似乎和未网罩植株产生一样多的种子。另一次,60个未网罩的花簇生产9.1格令重的种子,而网罩起来的植株上的60个花簇产生不少于17.7格令重的种子。可见后面一些植株要丰产得多。但是我猜测,这个结果是偶然的。我经常注视这株植物,从未看到昆虫访问过其花朵。我怀疑这个物种的花朵,尤其是小三叶草(*Trifolium minus*)的花朵,常常被一些夜间活动的小蛾所访问。我听邦德先生(Mr. Bond)说,这些蛾类出没于较小的三叶草中。

天蓝苜蓿(*Medicago lupulina*)(豆科)——因为种子有散失的危险,所以我不得不在豆荚充分成熟前把它们收集起来。植株上被蜂类访问过的150个花簇结成101格令重的豆荚,而被保护的植株上150个花簇生产77格令重的豆荚。假使成熟的种子都可以安全地收集和比较,这个不相等的状况可能还要大些。厄本(Ig. Urban)叙述了这一属的受精方法,[①]这正像僧侣亨斯洛(Rev. G. Henslow)所叙述的一样。[②]

---

① Keimung, Bluthen. etc., bei Medicago, 1873年。

② 《林奈学会杂志,植物学》第9卷,1866年,327和355页。

烟草(茄科)——充分自交能孕。

牵牛花(旋花科)——高度自交能孕。

*Leptosiphon androsaceus*(花荵科,Polemoniaceae)——网罩下植株结成很多的蒴果。

*Primula mollis*(Primulaceae)——一个非两型花的物种(homomorphic sp.),自交能孕。[①]

假茄(假茄科)——在温室中,网罩起来的植株和那些花朵被很多蜂群访问过的未网罩植株相比较,所产种子质量的比例是 100∶61。

*Aiuga reptans*(唇形科)——结了很多种子。不过没有一个茎秆在网罩下所产的种子像若干生长在近旁、没有网罩的茎秆那样的多。

*Euphrasia officinalis*(玄参科)——网罩起来的植株产生很多种子;是否比裸露的植株少,我不能说。我看到两个小的双翅目昆虫(*Dolichopus nigripennis* 和 *Empis chioptera*)重复地吮吸这些花朵;当它们爬进花朵里面,它们对着由花药突起的刺毛摩擦,因而撒满了花粉。

婆婆纳(*Veronica agrestis*)(玄参科)——网罩起来的植株产生很多的种子。我不知道是否有什么昆虫访问过这些花朵,但我曾看到正在访问 *V. hederoefolia* 和 *V. chamoedrys* 花朵的食蚜蝇科(Syrphidae)昆虫屡屡沾满了花粉。

沟酸浆(玄参科)——高度自交能孕。

荷包花属(温室变种)(玄参科)——高度自交能孕。

毛蕊花(玄参科)——高度自交能孕。

*Verbascum lychnitis*——高度自交能孕。

*Vandellia nummulartfolia*(玄参科)——完全花产生很多蒴果。

*Bartsia odontites*(玄参科)——网罩起来的植株生产很多种子;不过其中有些是萎缩的,而且它们也没有像经常被蜜蜂和土蜂所访问的未保护植株所生产的种子那样多。

欧洲桔梗(半边莲科)——网罩植株生产的蒴果几乎和未网罩的植株一样多。

莴苣(菊科)——被网罩的植株产生若干种子,不过夏天是潮湿和不适宜的。

猪殃殃(*Galium aparine*)(茜草科)——网罩植株所产的种子确实像未网罩植株一样多。

---

① J. 斯库特,在《林奈学会杂志·植物学》第 8 卷,1864 年,120 页。

*Apium petroselinum*（伞形科）——被网罩的植株显然像未网罩植株一样的丰产。

玉米（禾本科）——在温室中，单一植株生产很多的谷粒。

紫叶美人蕉（竹芋科）——高度自交能孕。

兰科——在欧洲，*Ophrys apifera* 像任何闭花受精的花朵一样，照例是自花受精的。在美国、澳大利亚和非洲南部地区，有少数物种是完全自花受精的。这些事例已提供在我的著作《兰科植物的受精》（*Fertilization of Orchids*）的第二版中。

洋葱（*Allium cepa*）[血红品种（blood red var.）]（百合科）——4 个花簇覆盖在一个网罩下，它们所产的蒴果比未网罩的花簇上的蒴果约略少些和小些。对一个未网罩的花簇上的蒴果加以计数，它们的数目是 289 个；而在网罩下的一个良好花簇上的蒴果只有 199 个。

这两个名录刚巧都含有同等数目的属，即 49 属。[①] 第一个名录中的属包括 65 个种，第二个名录中包括 60 个种。在两个名录中，兰科都不在内。假使兰科的属，以及萝藦科（Asclepiadae[②]）和夹竹桃科的属都包括在内，那么昆虫被隔离时不孕的物种数目要大大地增加；但是这两个名录只限于实际上试验过的物种。这些结果只能认为大致上正确，因为能孕性是一个变化多端的性状，每个物种应当试验很多次数才行。上述的物种数目，即 125 个，和大群的现存植物比较，是小巫之见大巫。不过，当昆虫被隔离时，其中半数以上在特定范围内是不孕的，这个简单的事实是显而易见的。不论什么时候，假使花粉要由花药带到柱头，以保证充分受精，至少是一个异花受精的好机会。不过我并不相信，假使把所有已知的植物都照这个样子试验，一半将被发现在特定限度内是不孕的；因为很多选来用作试验的花朵呈现有某些特殊的结构，而这样的花朵时常需要昆虫的协助。所以，在第一个名录的 49 属中，大约 32 属有着不对称的花朵或花朵呈现某些显明的特征；而在第二个名录中，包括当昆虫被隔离时充分

① 这两个名录中的植物都是虫媒的（entomophilous），或适于昆虫进行受精。玉米和甜菜是例外，它们是风媒的（anemophilous），或由于风进行受精。所以，我在这里或可重复说，根据里本（Landwirt. Jahrbuch，第 2 卷，1877 年，192—233 页，和 1073 页），黑麦（rye）当其他植株的花粉不使接近时是不孕的；而小麦和大麦在那些情形下是充分能孕的。里本说（199 页），小麦的不同品种对自花受精和异花受精的反应是不同的。他在早期把一个小麦品种的小花上的所有花药除去，尽管如此，它为周围的植株受精后，能生产充足数目的麦粒。我之所以重复这个事实，是因为威尔逊先生（Mr. A. S. Wilson）根据他的优秀试验（《园艺者记录》，1874 年 3 月 21 日，375 页）而下结论说，小麦总是自花受精的。威尔逊先生相信，伸出来的花药所散落的全部花粉是绝对没有用的。这个结论还需要非常严格的证明，才可以让我接受。

② 萝藦科应为 Asclepiadaceae，但达尔文原文用 Asclepiadae，有错。——译者注

能孕或中度能孕的物种，49 属中只有 21 属的花朵是不对称的或呈现一些显明的特征。

**异花受精的方法**

在把花粉由花药带至同花的柱头上，或从一花到另一花的所有途径中，最重要的是属于膜翅目（Hymenoptera）、鳞翅目（Lepidoptera）和双翅目（Diptera）的昆虫；还有在世界某些地方的鸟类。[①] 它们的重要性还在其次，处于十分从属地位的是风；还有根据德尔皮诺的报告，[②]对于某些水生植物而言，是水流。花粉的传送在很多场合下需要外来的帮助这一简单事实以及为了这个目的而存在的很多结构，使我们深信，植物由此可以获得若干巨大的利益。这个结论现在由于异花受精亲系的植物，在生长、生活力和结实力上对自花受精亲系植物的优越性的证明，而已牢靠地确立下来了。但是我们应当始终记在心上，两个有些相对的目标必须达到：第一个也是比较重要的目标，是应用任何的方法来生产种子；第二个目标是异花受精。

由异花受精带来的利益使我们大大地明白了大多数花朵的主要特征。我们可以了解它们大型的体积和鲜艳的色彩，也可以了解在某些场合，相邻部分，如叶柄、苞片甚至像猩猩木（*Poinsettia*）的真叶等呈现鲜明的色泽，以便吸引昆虫；根据同一原理，差不多每一个被鸟类所吞食的果实，在色彩上都和绿叶形成一个鲜明的对比，使它可以被看到，因而它的种子可以广泛地传播。在某些花朵，显著性的获得甚至于牺牲了生殖器官，例如很多菊科植物的放射小花（ray-florets）、八仙花属（*Hydrangea*）的外面花朵，以及羽毛风信子（Feather-hyacinth）或壶花属（*Muscari*）的端部花朵。斯普伦介尔的意见也有理由可以相信，那就是花朵的颜色随着和它们往来的昆虫种类而不同的。

---

① 我在这里想把我所知道的所有由鸟类使花朵受精的例子都列举出来。在巴西南部，蜂鸟（humining-bird）肯定会使一些植物受精，而这些物种在没有它们帮助下都是不孕的。[弗里茨·米勒《植物学杂志》（1870 年，274～275 页），和《耶那自然科学杂志》（*Jen. Zeit. fur Naturwiss*，第 7 卷，1872 年，24 页）]。长喙蜂鸟访问曼陀罗木属（*Brugmansia*）的花朵，而某些短喙的物种为了以一种不合法的方式来获得花蜜，时常钻入它的大花冠，正像全世界各地蜂类所做的一样。的确，蜂鸟的喙似乎特别适应于它们所访问的各种花朵：在美洲山系（Cordillera），它们吮吸鼠尾草属（*Salvia*），扯碎 *Tacsoniae* 的花朵；在尼加拉瓜，贝尔特先生看到它们吮吸 *Marcgravia* 和刺桐属（*Erythrina*）的花朵，所以它们把花粉由一花带到另一花。据说在美洲北部，它们往来于凤仙花属（*Impatiens*）的花朵。[古尔德（Gould），（*Introduction to the Trochilidae*，1861 年，15、120 页）]；《园艺者记录》，1869 年，389 页；《尼加拉瓜的博物学者》，第 129 页；《林奈学会杂志》植物学，第 13 卷，1872 年，151 页）我可以补充几句，在智利我时常看到一只 *Mimus*，它的头因花粉而呈黄色，我相信这花粉是由山扁豆属（*Cassia*）来的。有人向我保证说，在好望角旅人蕉属（*Strelitzia*）是由 Nectarinidae 进行受精的。毫无疑义地，很多澳大利亚的花朵是由在那个国家里的很多吸蜜鸟类进行受精的。华莱士（Wallace）先生说（对不列颠协会生物学组的演说，1876 年）他曾"经常看到墨鲁加（Moluccas）有着刷状舌头的猩猩鹦鹉的喙和面部沾满了花粉"。在新西兰，*Anthornis melanura* 很多标本的头部是由吊金钟属（*Fuchsia*）的一个本地种的花朵而来的花粉所着色的，[波茨（Potts），*Transact. New Zealand Institute*，第 3 卷，1870 年，72 页。]

② 同时请看阿谢森博士（Dr. Ascherson）在《植物学杂志》，1871 年 444 页上饶有兴味的论文。

不仅花朵的鲜艳色彩可以用来吸引昆虫，而且斯普伦介尔早就主张，黑色的条纹和斑点也时常存在，用以导向花蜜。这些斑点循着花瓣的脉理或位于脉理的中间。它们可以只发生在一个花瓣上，或发生在除了一个或几个上下花瓣以外的全部花瓣上；或者它们可以环绕花冠的管状部形成一个暗黑色的圆圈，或局限于不规则花朵的唇片上。在很多白色变种的花朵中，例如在毛地黄、金鱼草中以及在石竹属、福禄考属（*Phlox*）、勿忘草属、杜鹃花属（*Rhododendron*）、天竺葵属、樱草属和矮牵牛属的若干物种中，普遍都存在有斑点，而花冠的其余部分都已变为纯白色；不过这可能仅仅是由于它们的颜色较浓，所以比较不容易消失而已。斯普伦介尔关于这些斑点可以作为向导的见解，在很长一段时期内，我觉得是不可思议的；因为没有这种帮助昆虫也很容易找到蜜腺，并从外面咬成通道的小洞。它们也能发现某些植物的托叶和叶片上微小花蜜分泌的腺体。此外，有少数植物，例如某些罂粟，它们是不分泌花蜜的，也有导向的斑点；但是我们或者可以想象到，少数植物一定保存有以前分泌蜜腺的痕迹。另一方面，这些斑点在不对称的花朵上比在整齐的花朵上要普遍得多，而进入这种不对称花朵的入口是很容易迷惑昆虫的。J. 勒鲍克爵士也证实，蜂类很容易分辨色泽，假使把它们访问过一次的花蜜的位置更换一点点，那么它们就要花费很多的时间才能再次找到。[①] 我想下面的一个事例提供了最好的证据，这些斑点的确是和蜜腺相应发展的。在普通天竺葵属的两个上端花瓣上，在靠近它们基部的地方就生有斑点；而我曾重复地观察到，当花朵变异成放射对称花或整齐花时，它们便丧失了自己的蜜腺，同时也丧失了暗黑色的斑点。当蜜腺只有部分萎缩时，则只有上端花瓣中的一个丧失了它的斑点。所以蜜腺和这些斑点显然彼此有着某种密切的相关性；最简单的观点就是，它们是共同为着一个特殊的目的而发展起来的；而唯一可以置信的目的，就是斑点用以导向蜜腺。不过，从已经谈到的事实可以明了，昆虫没有导向斑点的协助也可发现蜜腺。它们对植物有用处，只不过协助昆虫在一限定时间内访问和吮吸较多数目的花朵，这在其他情况下是不可能的。这样将有一个较多的、用来自不同植株的花粉进行受精的机会。我们知道，这一点是非常重要的。

花朵所散发的气味可以吸引昆虫，正如我在罩有纱布的植物上所观察到的。奈盖里（Nägeli）把人造花粘在枝条上，某些花朵撒以香精油，而另一些不撒；结果昆虫可以毫无错误地被引向前者。[②] 似乎可以看到，它们一定是由于视觉和嗅觉的同时作

---

① *British Wild Flowers in Relation to Insects*，1875 年，44 页。

② *Enstehung & c.，der Naturhist Art*，1865 年，23 页。

用所引导的，因为 M. 普拉托(M. *Plateau*)[①]发现，精巧制作的但没有撒香精油的人造花绝不能愚弄它们。在第十一章中将说明，某些植物的花朵，它们维持完全开放能达数天或数星期之久，而未能吸引任何昆虫；这可能因为它们未分泌任何花蜜或发散香气，于是被忽视了。或者可以这样说，“自然”偶然也大规模地试行像 M. 普拉托所做的一样的试验。明显突出而又散发芳香的花朵不在少数。在所有的颜色中，白色是很普遍的；白色花中气味芳郁的比例比其他任何颜色的花都要大得多，即 14.6%；而红花只有 8.2%是散发香气的。[②] 这一事实，可能部分是由于那些花朵的受精是由蛾类来进行的，而蛾类在薄暮中需要显著的色泽以及香气双重的帮助。由在薄暮或夜里活动的昆虫进行受精的大多数花朵，主要是或全然是在晚间散发芳香的，这样它们就不大可能被不适应白昼活动的昆虫所访问，以窃取它们的花蜜。有些香气高度馥郁的花朵是全然依靠这个性质使它们受精的，例如晚间开花的品系，海水星属，*Hesperis* 和瑞香属(*Daphne*)的某些物种；这些植物就是花朵通过昆虫进行受精但色泽并不明显的少数例证。

花蜜的供应贮藏在一个保护着的地方，这显然是和昆虫的访问相联系的。雄蕊和雌蕊所据的不变位置或在适当时期通过它们自己的运动所据的位置就是这样的，在成熟时，它们一定是处在引向蜜腺的通道上。蜜腺和邻近部分的形状也和习惯于采访花朵的特种昆虫相联系的；这已为赫尔曼·米勒所充分地证实，他比较了主要由蜂类访问的低地种和由蝶类访问的属于同一属的高山种。[③] 花朵也可以分泌对某类昆虫特别有吸引力，而对其他种类没有吸引力的花蜜，以此来适应某类昆虫。关于这个事实，就我所知，宽叶火烧兰(*Epipactis latifolia*)提供了一个最值得重视的例证，因为它完全是被胡蜂访问的。也存在有一些结构，如毛地黄属花冠中的毛，它们显然用来排斥不很适于把花粉由一花传至另一花的昆虫。[④] 在这里我无需把无尽止的结构都说出来，例如兰科和萝藦科的花粉团上所附着的黏液腺，或很多植物花粉粒的黏质或粗糙的状态，或它们的雄蕊为昆虫所接触时引起行动的激动性等——所有这些结构显然都有利于或保证了异花受精。

---

① *Proceedings of the French Assoc. for the Advancement of Science*，1876 年。

② 兰格雷布(Landgrabe)、舒伯勒(Schtübler)和科勒(Köhler)曾把 4200 个物种的花的颜色和气味列成表格。我没有看到他们的原文，不过伦敦的 *Gardener's Mag*.(第 13 卷，1873 年，367 页)上载有一个很完备的摘要。

③ 《自然》，1874 年，110 页；1875 年，190 页；1876 年，210、289 页。

④ 贝尔特，《尼加拉瓜的博物学者》1874 年，132 页。克纳(Kerner)在他 1826 年值得赞许的论文(*Die Schutzmittel der Blüthen gegen unberufene Gäste*)中表明，很多结构，如茸毛、黏液腺，花器的位置等，用来保护花朵而不使爬行或无翅昆虫接近，这些昆虫想要偷窃花蜜；但是它们通常并不把花粉由一花传带至另一花，而只在同一植株上花花相传，对物种是没有好处的。

所有普通花朵都是这样开放着，昆虫可以强制地进入它们中间，尽管有些像金鱼草属，各种蝶形花科和紫堇科的花朵外观上是关闭的。不能坚持说花朵的开放是能孕性所必需的，因为永远关闭着的闭花受精的花朵也生产了足量的种子。花粉含有很多氮和磷——这是植物生长所需的全部元素中最可贵的两种——可是在大多数开放花朵的事例中，大量花粉被食花粉的昆虫所消耗，还有大量花粉在雨天遭受了破坏。很多植物为了防卫后一灾害，花药在可能范围内是仅在干燥气候下开放的①——利用某些或全部花瓣的位置和形状——由于毛的存在等，还有像克纳在他有趣的论文中②所说明的，利用一些花瓣或整个花朵在冷湿的气候下的运动。为了补偿这许多方面的花粉损失，花药所产生的花粉量要比同一花朵受精时所必需的大得多。我在绪论中已述及，从我自己牵牛花属的试验中可以了解到这种情况。一点不损失花粉的闭花受精花朵，它们和着生在同样一些植物上的开放花朵所产生的花粉比较起来，只有令人惊异的少量花粉，这一点是更加明白地显露出来了；可是这少量花粉已足以供应它们很多种子的受精。哈索尔先生（Mr. Hassall）辛苦地估计了狮齿菊属（Leontodon）植物一朵花所产的花粉粒数，发现它的数目是 243600，而一朵芍药花（paeony）是 3654000。③ 单是香蒲属（*Typha*）一个植株产生的花粉重是 144 格令，因为这种植物是风媒的，花粉粒很小，在上述质量中它们的数目一定是惊人的。这一点我们或可根据下列事实来判断：布莱克利博士（Dr. Blackley）用一个巧妙的方法来测定，④在下面 3 个风媒植物中：黑麦草（*Lolium perenne*）花粉 1 格令重含有 6032000 粒，长叶车前（*Plantago lanceolata*）花粉的同一质量含有 10124000 粒，而水葱（*Scirpus lacustris*）花粉含有 27302050 粒。还有 A. S. 威尔逊先生用微测方法⑤（micro-measurement）估计，单是黑麦一个小花产生花粉 60000 粒，而春小麦的一个小花只产生 6864 粒。《植物名录》（*The Botanical Register*）的编写者计数紫藤（*Wistaria sinensis*）花朵中的胚珠，同时仔细地估计花粉粒的数目，他发现每一个胚珠有 7000 粒花粉。⑥ 对于紫茉莉属，3 个或 4 个很大的花粉粒已足使一个胚珠受精；但是我不知道

---

① 布莱克利先生（Mr. Blackley）观察到，把黑麦的成熟花药放置在钟形玻璃罩下的湿润空气中并不开裂，而其他花药暴露在大气中经受同一温度就完全开裂了。他又发现在湿润气候后第一个晴朗干燥的日子里比在其他任何时候，有着更多的花粉附着在曾经连接在风筝上而送到高空中去过的黏性玻片上：*Experimental Researches on Hay Fever*，1873 年，127 页。

② *Die Schutzmittel des Pollens*，1873 页。

③ 《博物学年鉴》，第 8 卷，1842 年，108 页。

④ *New Observations on Hay Fever*，1877 年，14 页。

⑤ 《园艺者记录》1874 年 3 月，376 页。

⑥ 引用在《园艺者记录》，1846 年，771 页。

一朵花产生多少花粉粒。科鲁特尔发现，在木槿属里，60 粒花粉已足以使一朵花的所有胚珠受精，而他的计算中，单是一朵花就产生 4863 粒，或超过必需的数量 81 倍多。不过根据卡特纳的报告，水杨梅（*Geum urbanum*）的花粉只超过 10 倍。[①] 这样一来我们看到，所有正常花朵的开放状态以及以后很多花粉的丧失，使这个宝贵物质的发育必须如此大量的过剩。那么，为什么花朵总是任之开放呢？因为存在于整个植物界的很多植物着生有闭花受精花朵，所以毫无疑义地，所有开放的花朵可以很容易地转变为关闭的花朵。通过渐进的步骤这个过程是能够实现的。目前这可以在 *Lathyrus nissolia*，感应草（*Biophytum sensitivum*）和若干其他植物中看到。上面所提问题的答案显然是，永久关闭的花朵就没有异花受精的可能。

昆虫几乎有规律地时常把花粉经过一个相当大的距离，由一花携带到另一花，那种频繁程度是很值得注意的。[②] 这种情况表现得很明显，在很多事例中，假使同一物种中的两个变种的确生长得相互接近，那么就不能保持纯粹；不过对于这一个论题我在下面还要讲的；还有很多事例，在花园中和自然下都自发地出现杂交品种，也表明了这一点。说到花粉通常可以携带的距离，那么稍具经验的人就没有一个会希望得到纯粹的甘蓝种子。举个例来说，假使另一变种的一个植株是生长在二三百码以内的。一位敏锐的观察家、坎特伯雷（Canterbury）地方的已故的马斯特斯先生向我申诉，有一次他所保有的全部种子都“严重地混有紫色的杂交品种”，因为若干紫色甘蓝植株远在半英里之外的农家园地中开过花；而在任何比较邻近的地方并没有栽培这个变种的植株。[③] 但是记载下来的最突出的例子是 M. 戈德朗（M. Godron）的一个例子，他根据所产的杂交品种的性质，证明大花樱草（*Primula grandiflora*）一定是由蜂类从栽培在 2 千米或大约 1.25 英里的距离以外的药用樱草（*P. officinalis*）所带来的花粉而杂交的。[④]

所有曾经长时期注意杂交的人们，都信心百倍地认为去雄后的花朵很容易为来

---

① 科鲁特尔 *Vorläufige Nachricbt*，1761 年，9 页。卡特纳 *Beitrage zur Kenntniss*，346 页。

② 科鲁特尔（*Fortsetsung*，1763 年，69 页）所做的一个试验提供了关于这个论题的好例证。*Hibiscus tesicarius* 同花中的雌雄蕊成熟时期是非常不相同的，它的花粉在柱头成熟前就散布了。科鲁特尔把 310 朵花做了记号，每天把他花的花粉放在它们的柱头上，所以它们是彻底地受精了；同时他把同数的其他花朵委之于昆虫的媒介。以后他计数这两组的种子：他这样非常小心地使之受精的花朵结成 11237 粒种子，而那些委之于昆虫的花朵结成 10886 粒种子；那就是说数目上只少 351 粒；而这个轻微的劣势完全可以用昆虫在有几天中，当气候因绵绵长雨而寒冷时，没有进行工作来说明。

③ W. C. 马歇尔先生（Mr. W. C. Marshall）采到一种蛾子（*Cucullia umbratica*）7 个以上的标本，它们的眼上粘有蝶（*Habenaria chlorantha*）的花粉团，所以在德温华特（Derwentwater）的一个岛上，在离开这个植物生长的半英里之遥的任何地方，都是可以使这个物种的花朵受精的适宜地点：《自然》1872 年，339 页。

④ *Revue des Sc. Nat.*，1875 年，331 页。

自同一物种的不同植株的花粉所受精。[①] 下面的事例把这一点以最明白的形式表示出来：卡特纳在还没有获得很多经验以前，他把在不同物种上的520朵花去雄，用其他属或其他种的花粉受精，不过并未把它们加以保护；因为他认为这是一个可笑的想法。花粉能由同一物种的花朵携带而来，而它们没有一株是生长在近于500码和600码之间的。[②] 结果这520朵花中，289朵没有结成种子，或者没有一粒发芽；29朵花的种子产生杂交品种，这是可以由所用花粉的性质预期得到的；其余202朵花的种子产生完全纯种植物，所以这些花朵一定是由昆虫从500码和600码之间的距离所携带过来的花粉所受精的。[③] 当然也有可能，这202朵花中的某些可能是由当它们被去雄时偶然遗留在它们之中的花粉所受精。不过，要证明这一点是如何的不可能，我可以补充几句，卡特纳在以后的18年中，把不少于8042朵花去雄，然后把它们在一个密闭室内杂交；其中只有70朵花结了种子，那就是显著低于1%的花朵产生了纯粹的或非杂交的后代。[④]

根据现在所提供的各种事实，很显然，大多数花朵对异花受精的适应，真是叹为观止。尽管如此，相当多数的花朵还是呈现有显然适应于自花受精的结构，虽然不是那么令人惊异。这些结构中主要的是雌雄同花的情况；那就是它们在同一花冠中同时包有雄的和雌的生殖器官。这些器官时常紧密地靠在一起，在同一时期成熟；所以同花的花粉势必在适当的时期被添加在柱头上。还有各种精细的结构也适应于自花受精。[⑤] 这样的结构在赫尔曼·米勒所发现的那些奇异事例中表现得最好，其中有一个物种存在有两个类型——一个类型着生显著的花朵适于异花受精，而另一类型着生较小的花朵适于自花受精，后者的很多部分已经稍有改变以利于这个特殊的目的。[⑥]

因为在很多场合必须达成两个非常抵触的目标，即异花受精和自花受精，所以我们可以了解在许多花中同时存在一些结构，骤然视之，这些结构好像是具有不必要的

---

① 例如，参阅赫伯特(Herbert)的评语，《石蒜科》，1873年，349页。又参阅卡特纳在他的《杂交》(*Bastarderzeugung*)，1849年，670页中，以及在《受精的知识》(*Kenntniss der Befruchtung*)1844年510、573页中，对于这个课题进行了有力的说明。还有参阅列沙克的《生殖力》(*De la Fécondation*)，1845年，27页。在过去数年间关于杂交品种植物回复到它们亲本类型的异常趋势，曾有若干论著发表；但是因为没有谈到花朵如何被保护以避免昆虫，所以或可臆测它们时常是由远距离的亲本物种所携带过来的花粉而受精的。

② 《受精的知识》，539、550、575、576页。

③ 亨舍尔(Henschel)的实验[由卡特纳引用在《知识》(*Kenntniss*)，574页]在其他各方面都是没有价值的，同样也表明花朵如何大多数为昆虫而行相互杂交。他把属于22个属的37个物种的很多花朵去雄，在它们的柱头上或不授花粉，或授予来自不同属的花粉，然而它们都结了种子，而由这些种子培育出来的幼苗当然都是纯种的。

④ 《知识》，555，576页。

⑤ 赫尔曼·米勒，《受精》等，448页。

⑥ 《自然》1873年，44、433页。

复杂和相互抵触的性质。这样我们可以了解闭花受精的花朵和着生在同一植株上的普通花朵之间的构造上的鲜明对比。其中闭花受精花朵的结构专门适应于自花受精，而普通花朵的结构至少用来适应于偶然的异花受精。[①] 闭花受精的花朵总是很小，完全闭着，它们的花瓣或多或少的退化，而且从来没有鲜艳的色泽；它们从来不分泌花蜜，也从来不散发芳香，有着很小的花药，只产生少数花粉粒，而且它们的柱头也发育不良。时刻记着，某些花朵由于风而行杂交（德尔皮诺称之为风媒的），而其他的花朵由昆虫而行杂交（称之为虫媒的），于是我们可以进一步了解这两群花在外观上的鲜明对比，像我在几年前所指出的那样。[②] 风媒花在很多方面类似于闭花受精的花朵，不过显然不同的是不闭着的，产生大量的而始终不粘的花粉，而且柱头大大地发育或呈羽毛状。花朵的美丽和芳香以及大量花蜜供应的贮藏，我们一定得感激昆虫的存在。

## 花朵的结构和展示的关系；昆虫的访问和异花受精的利益之间的关系

已经表明，异花受精和自花受精时花朵所产生的种子数以及由这两个过程对它们后代所产生的影响程度之间并没有密切的关系。我也已经提出理由来相信，在很多场合中植物自己花粉的无效是偶然的结果，或者不是经过特别地获得，借以防止自花受精。另一方面，毫无疑问，根据希尔德布兰德[③]的报告，雌雄异熟在大多数的物种中占有优势——像某些植物的异长花柱的情况——很多机械的结构——都是经过特别的获得，用来防止自花受精，同时有利异花受精的。利于异花受精的方法的获得一定是在防止自花受精的方法的获得以前；因为这对植物显然是有害的，倘使它的柱头不能接受自己的花粉，除非它已经很适应于接受来自另一个体的花粉。应当注意到，很多植物仍然具有自花受精的高度能力，虽然它们的花朵已有利于异花受精的精巧构造。例如，很多蝶形花的物种。

这可以认为几乎是肯定的，即很多结构，如狭而长的蜜腺，或一个长的筒状花冠，

---

① 弗里茨·米勒在动物界（《耶拿杂志》*Jenaische Zeitschr.*，第4卷，451页）中发现一个例子，这和那些着生有闭花受精和完全花的植物的例子很相雷同。在巴西，他在白蚁（*Termites*）的巢穴中找到有不完全翅膀的雄蚁和雌蚁，它们并不离开巢穴。像闭花受精一样繁殖它的种族，除非一个完全发育的蚁后在分群后不再进入老的巢穴。发育完全的雄蚁和雌蚁是有翅膀的，由不同巢穴而来的个体时常相互杂交。在分群的动作中，它们为许多敌人所杀害，其数难以确计。所以，一个蚁后可能经常不再进入老的巢穴，于是发育不完全的雄蚁和雌蚁再进行繁殖，维持种系。

② *Journal of Linn. Soc.*，第7卷，植物学，1863年，77页。

③ *Die Geschlechter Verteilung*，32页。

都是发育过来，以便只有某类昆虫将可获得花蜜。因而这些昆虫可以找到一个花蜜的储藏地，它保存在那里而不致受到其他昆虫的侵袭；所以可以使它们经常访问这些花朵，并把花粉由一花带到另一花。[①] 或许要这样期望，当植物的花朵如此特殊地构成以后，在杂交时应当比普通的或简单的花朵获得更大的利益；不过这似乎并不很正确。因而小旱金莲有一个长的蜜腺和一个不整齐的花冠，而*Limnanthes douglasii*有一个整齐的花，没有适当的蜜腺，可是这两个物种的异花受精幼苗对自花受精幼苗在高度上的比例是100∶79。红花鼠尾草有一个不整齐花冠，而且还有一个精巧的装置，借使昆虫压低雄蕊，而牵牛花属的花朵是整齐的。前者的异花受精幼苗对自花受精幼苗在高度上比例是100∶76，而牵牛花属的比例是100∶77。荞麦属（*Fagopyrum*）是异长花柱的，而*Anagallis collina*是等长花柱的，两者的异花受精幼苗对自花受精幼苗在高度上的比例是100∶69。

所有的欧洲植物，除了比较少数的风媒种类以外，不同个体的相互杂交的可能性有赖于昆虫的访问而定；赫尔曼·米勒以他的有价值的观察证明，大而显著的花朵比小而不显著的花朵更加频繁地为昆虫所访问，而且为更多种类的昆虫所访问。他又进一步说，不常被访问的花朵一定可以自花受精，否则它们很快就会绝灭。[②] 不过要确定在白昼很少或未曾被访问的花朵（像在上面谈到的*Fumaria capreolata*的例子），是否不被数目很多而且已知强烈地为糖蜜所吸引的、夜里活动的、小的鳞翅目昆虫所访问，是极度困难的。所以要对这一个课题下一判断，是很容易陷于错误的。[③] 这一章前面一部分所列举的两个名录支持米勒的结论，即小而不显著的花朵是完全自交能孕的；因为在这两个名录的125个物种中只有8个或9个可以放在这一类群里，而所有这些物种在昆虫被隔离时，证明都是高度能孕的，像我在别的地方所证明，蝇眉兰（Fly ophrys）（*Ophrys muscifera*）极不显著的花朵很少为昆虫所访问。有一个与上面的规律相抵触的不完备奇异事例，这些花朵不是自交能孕的，所以它们很大的一部分并不产生种子。生有小而不显著花朵的植物是自交能孕的，它的一个逆法则，即生有大而显著花朵的植物是自交不孕的，这是很不正确的，我们可以在天然自交能孕的物种的第二个名录中看到。这个名录包括这些物种：牵牛花、一点红、豌豆、香豌豆、罂粟属和睡莲属的某些物种以及其他。

---

① 参照赫尔曼·米勒在《受精》等，431页，讨论这个题目。

② 《受精》，426页。《自然》，1873年，433页。

③ 一个昆虫学杂志的编者在回答我所提的一个问题时写道："Depressariae对每一个地蚕蛾属（*Noctuae*）的采集者而言是很有名的，它们经常地飞近糖蜜，无疑也自然地访问花朵"：见*Entomologists' Weekly Intelligencer*，1860年，103页。

昆虫对小花朵访问稀少，并不是全然由于小花朵的不显著，而是由于缺乏足够的吸引条件。*Trifolium arvense* 的花朵是非常小的，却不断地为蜜蜂和土蜂所访问，正像天门冬属（*Asparagus*）小而暗褐色的花朵一样。*Linaria cymbalaria* 的花朵小而不很显著，可是在适当时节它们频频地被蜜蜂访问。我或可再多说几句，根据贝内特先生[①]的报告，还有另一类很特异的植物，它们不可能有昆虫频繁地往来，因为它们全然或多数在冬季开花。这些植物似乎适应于自花受精，因为它们在花朵开放前花粉就已散落了。

为了把昆虫导向花朵，很多花朵已成为显著状态，这是非常有可能的，或者几乎已成定论的。但是试问，是否其他花朵使自己不显著，以致不常受到昆虫访问？或者它们只是保持了以前原始的情况呢？假使一个植物的体积减缩很多，花朵在生长过程可能也要相应减缩，这或可说明某些事例；不过像我已在《同种植物的不同花型》[②]所指出的，花冠通过不利气候的直接作用也容易大大地缩小。大小和颜色都是变化多端的性状，这是毫无疑问的，假使大型和着色鲜艳的花朵对什么物种是有利的，那么这些可能就是在一个相当长的时期内通过自然选择而获得的。蝶形花科植物的花朵是显然相应于昆虫的访问而构成的，根据这一类群的通常性状看来，巢菜属（*Vicia*）和三叶草属（*Trifolium*）的祖先似乎可能像 *V. hirsuta* 和 *T. procumbens* 的花朵一样，生有小而不惹人注意的花朵。因而我们可以推论，某些植物的花朵或者没有增加体积，或者实际上已经缩减以及有目的地使之不显著，因而它们现在被昆虫访问的只有少数。不论哪一种情况，它们也一定获得或保持了一个很高程度的自交能孕性。

假使不论哪种原因，自花受精能力的增加对一个物种总是有利的，那么不难相信，这是很容易实现的；因为在我少数的试验过程中，就出现 3 个植物发生如此变异的事例，以致这些植物用它们自己花粉受精时比它们本来还要能孕些，此 3 个事例即：沟酸浆属、牵牛花属、烟草属。也没有什么理由可以怀疑，很多种植物在良好环境下可以用自花受精来繁殖很多世代。在英国栽培的豌豆和香豌豆的一些品种就是这样的，还有在自然状态下的 *Ophrys apifera* 和某些其他植物也是这样的。尽管如此，这些植物的多数或全部还是有效地保存了一些结构，它们除了便于异花受精外，别无其他用处。同时我们也有理由推测，自花受精在一些特殊情况下对某些植物是有利的。假使真正是如此，那么由此而来的利益，不仅平衡了而且超过了用一个新品系或一个稍稍不同的变种杂交而来的利益。

---

① 《自然》1869 年，11 页。

② 1877 年，143 页。

不管刚才提出的若干思考，在我看来，生有小而不显著花朵的植物曾经或将继续在一长列的世代中进行自花受精，那是非常不可能的。我这样的想法，并不是由于自花受精显然带来的害处。这种害处在很多事例中，甚至在第一代，像三色堇、金雀花属、粉蝶花属、仙客来属等就出现了。也不是由于若干世代以后害处有增加的可能性。因为限于我试验所进行的情况，对后面这个说法还没有充分的证据。但是倘使生有小而不显著花朵的植物没有偶然相互杂交，而且也没有在个过程中得到好处，那么它们所有的花朵可能都已成为闭花受精的，因为它们这样只需产生少量安全保护着的花粉，就可以大大地得到好处。在做出这个结论的时候，我是受着许多属于不同目(Order)的植物已经成为闭花受精的频率所引导的。不过我并未曾听到一个物种所有花朵都永远是闭花受精的例子。李氏禾属算是最接近于这个情况；但是正如已经讲到的，已知它在德国的一部分地方产生完全花。另外一些闭花受精类型的植物，例如 *Aspicarpa*，几年来在一个温室中并未产生过完全花。不过这并不能就认为，它们在其原产地上也是如此的。它们的情况不会比母草属和堇菜属的更好，这两类植物在我处只有在某些年份中才产生闭花受精的花朵。[①] 属于这一类的植物一般每一季节中生有两种花，而 *Viola canina* 的完全花可结成良好蒴果，不过只有当蜂群来访时。我们也看到，芒柄花的幼苗是由异株花粉受精的完全花而培育出来的，它比由自花受精花朵培育出来的长势更好；而在某种范围内母草属也是如此的。因此没有一个物种在一个时候生有完全、但小而不显著的花朵，使它们所有的花朵都变为闭花受精的。我一定要相信，现在仍生有小而不显著的花朵的植物，它们的花朵仍然维持开放是可以得到好处的，因为这样可通过昆虫的来访而偶然地相互杂交。这是我工作中的最大的一个疏忽，由于难以让它们受精，同时由于并没有看到这个问题的重要性，因而我没有对这类花朵进行试验。[②]

记得在我的试验植物中出现了两个高度自花受精能孕的变种的例子，即在沟酸浆属和烟草属中，这样的变种用一个新品系或用一个稍稍不同的变种与之杂交可以大大地得到好处；用自花受精繁殖长久的豌豆和香豌豆的栽培品种也是这样的。除

① 这些事例列举在我的《同种植物的不同花型》第 8 章中。

② 茄属(*Solanum*)的某些物种应当是做这试验的好材料，因为赫尔曼・米勒(《受精》第 434 页)说它们由于不分泌花蜜而对昆虫没有引诱力，不产生很多花粉，而且也不是很显著的。所以这是可能的，根据伐罗特(*Production des Varie'tés*，1865 年，72 页)报告《茄子和番茄》(*les aubergines et les tomates*)(茄属的物种)的变种靠近而种在一起的时候，并不相互杂交；不过我们应当记住，这两种植物都不是本地种。另一方面，虽然普通马铃薯不分泌花蜜(*Kurr*，*Bedeutung der Nektarien*，1833 年，40 页)，可是并不能认为是不显著的；它们有时为双翅目昆虫所访问(赫尔曼・米勒)，同时就我所看到的，也为土蜂所访问。丁兹曼(《园艺者记录》，1846 年，183 页)发现，某些变种用由同一变种而来的花粉受精时，并不结成种子；可是用由另一变种而来的花粉受精时却是能孕的。

非相反的意见明明白白地被证实了，我一定要相信，通常小而不显著的花朵偶然也由昆虫进行相互杂交；而且，经过长时期连续的自花受精后，假使它们用由一个生长在稍稍不同条件下的植株而来的花粉杂交，或用起源于一个这样生长着的植株而来的花粉杂交，它们的后代都将受益匪浅。在我们现有的知识范围内，还不能肯定，在很多连续的世代中持续自花受精是否一直是最有利的繁殖方法。

**便利和保证花朵用由一个不同植株而来的花粉受精的方法**

我们已经在 4 个事例中看到，由在同一植株上花朵间的杂交所培育出来的幼苗，甚至在用匍匐茎或插枝来繁殖的外观不同的植株间的杂交所培育出来的幼苗，并不优于由自花受精花朵而来的幼苗；而在第五个事例（毛地黄属）中，超过的程度也极有限。所以我们或可猜想，生长在自然状态下的植物，通常或时常由某些方法来实现的杂交是在不同个体的花朵间，而不是单单在同一植株上的花朵间。蜂类和某些双翅目昆虫在它们可能的情况下一直访问同一物种的花朵，而不是杂乱地访问各个物种，这个事实有利于不同植株的相互杂交。另一方面，昆虫常常在它们飞往另一植株前，搜寻了同一植株上的大量花朵，而这是与杂交相抵触的。蜂类在一个很短的时间内可以访问非常多的花朵，正如第十一章中所要表明的，这就增加了杂交的机会。它们不进入一个花朵，就不能探知其他蜂类是否已把花蜜采完，这个事实也增加了杂交的机会。例如赫尔曼·米勒发现，[①]野芝麻（*Lamium album*）经过一个土蜂访问后，它们的花蜜在五分之四的花朵中已被采完。为了不同植株可以相互杂交，两个或更多的个体自然一定要相互生长在一起，而一般确实如此。A. 德坎多（A. de Candolle）说，上山的时候，同一物种的个体一般不是在接近它的高限时逐渐不见的，而是突然不见的。这个事实不能用自然条件来说明，因为那是在不知不觉之间逐渐不见的。这个情况可能大部分依赖于健壮的幼苗，而它们只有在山的高处有很多个体能够一起存在时才会产生。

至于雌雄异株的植物，不同个体总是必须相互受精。雌雄同株的植物，花粉必须由一花带至另一花，所以总要有一个很好机会把花粉由一植株带至另一植株。德尔皮诺也观察到这样的奇怪事实，雌雄同株的胡桃（*Juglans regia*）的某些个体是雄蕊先熟的，而其他的个体是雌蕊先熟的，所以这些植物将能彼此相互受精。[②] 榛（*Corylus avellana*）也是这样的，[③]而更加令人诧异的是赫尔曼·米勒所观察到的某些少数

① 《受精》等，311 页。

② *Ult. Osservazioni*，第 2 部分，第 2 卷，337 页。

③ 《自然》，1875 年，26 页。

雌雄同花植物。[①] 这些雌雄同花植物不可能不相互作用,正像二型花或三型花的异长花柱的物种一样,为了充分而正常受精,它们两个个体的结合乃是必需的。普通的雌雄同花植物,只有少数花朵同时开放,这是有利于不同个体相互杂交最简单的方法;不过这将使植物对昆虫不够显目,除非花朵很大,像若干鳞茎植物的情况一样。克纳认为澳大利亚的 *Villarsia parnassifolia* 每天只开放一朵花,就是为了这个目的。[②] 奇斯曼先生(Mr. Chelsenlen)也说,在新西兰因为需要昆虫协助它们受精的某些兰科植物只是着生一个花朵,所以不同植株不可能不相互杂交。[③] 茅膏菜属(*Drosera*)[④]的一些美国种也是如此,而我听卡斯柏雷教授说,睡莲(Waterlily)就是这种情况。

雌雄蕊成熟时期的不同在整个植物界中是这样的普遍,因而这大大地增加了不同个体相互杂交的机会。雄蕊先熟的物种要比雌蕊先熟的物种普遍得多,它们幼嫩的花朵在机能上统统是雄的,而较老的花朵统统是雌的。因为蜂类习惯降落在花穗的下方,以便向上爬行,所以它们把粘附着上端花朵的花粉,带到它们所访问的另一花穗较靠下的和较老的花朵的柱头上。这样不同的植株可以相互杂交了,而它的程度要由同一植株上同时完全开放的花穗数而定。至于雌蕊先熟的花朵和下垂的总状花序(raceme),昆虫访问花朵的情况应当是反其道而行之,这样不同植株才可以相互杂交。但是这个课题需要进一步地研究,因为不同个体间的杂交,其重要性远远大于那些仅仅不同花朵间的杂交,这一点,我们以前几乎不曾认识到。

在少数事例中,某些器官的特殊运动几乎保证了花粉由一植株带至另一植株。所以在很多兰花植物,花粉团粘着在一个昆虫的头部或吸管以后,非等到足够的时间已经过去而昆虫飞到另一植株上时,它们是不移动到可以碰上柱头的适当位置的。秋花绶草(*Spiranthes autumnalis*)的花粉团不能应用在柱头上,除非唇瓣和蕊喙(rostellum)已经分离开来,而这个运动是很缓慢的。[⑤] 在 *Posoqueria fragrans*(茜草科的一种)方面,像弗里茨·米勒所描述的,同一目标是由一种有着特殊构造的雄蕊的运动而获得的。

我们现在要讨论到不同植株实行相互受精更普遍并因而更重要的方法,那就是由另一变种或个体而来的花粉的受精力比植株用自己的花粉的受精力来得大。最简

---

① 《受精》等,285、339 页。

② *Die Schutzmittel*,23 页。

③ 《新西兰研究所会报》第 5 卷,1873 年,356 页。

④ 阿萨·格雷对这个工作的一个综述。载于 *American Journal of Science*(第 13 卷,1877 年 2 月,135 页)。

⑤ *The Various Contrivances by Which British and Foreign Orchids are Fertilized*,第一版,第 128 页;第二版,1877 年,110 页。

单且众所周知的花粉优势作用的事例,就是植株自己的花粉比来自不同物种的花粉优越,虽然这和我们现在这个课题并不直接有关。假使一个不同物种的花粉放在一个去雄后花朵的柱头上,于是间隔几小时以后,把同一物种的花粉放在柱头上,那么只除了某些少数的事例以外,前者的作用便完全消失。两个变种经过同样的处理,结果是类似的,虽然在性质上是刚巧相反的;因为任何其他变种的花粉时常或一般优越于同花的花粉。我将提出几个例子:沟酸浆的花粉经常地落在它自己花朵的柱头上,因为当昆虫被隔离时,这种植物是高度能孕的。现在,在一个非常稳定的白色变种上的若干花朵未经去雄,就用一个黄色变种的花粉受精;这样培育得来的28株幼苗中,每一株都生有黄色花朵,所以黄色变种的花粉完全压倒了母株的花粉。还有蜂室花是天然自交能孕的,我看到由它们自己花朵而来的大量花粉落在柱头上。尽管如此,一个深红色变种的一些未去雄花朵用一个粉红色变种的花粉杂交,在由此培育出来的30株幼苗中有24株生有粉红色花朵,正像雄性亲本或着生花粉的亲本的花朵一样。

在这两个事例中,花朵都用来自一个不同变种的花粉受精,根据它们后代的性状,这些花粉显示出优势。当两个或两个以上自交能孕的变种彼此邻近地生长,而且让昆虫来访时,时常可以得到几乎相似的结果。普通甘蓝在同一花梗上着生有很多花朵,当昆虫被隔离时,这些花朵结了很多蒴果,适度地充满着种子。我把一株白色球茎甘蓝(Kohl rabi)、一株紫色球茎甘蓝,一株朴次茅斯甘蓝(Portsmouth broceoli)、一株布鲁塞尔甘蓝(Brussels sprout)和一株甜块甘蓝(sugar-loaf cabbage)相近地种在一起,并且没有加以网罩。从每一种甘蓝所收集的种子播种在各自的苗床上;在所有5个苗床上,多数的幼苗混淆得杂乱无章,其中一些比较像某一品种,而另一些像别的品种。球茎甘蓝的影响在很多幼苗茎秆的扩大上表现得特别清楚。总共培育了233棵植株,其中155棵植株显而易见的是杂交品种植株,其余78棵植株中全然纯粹的还不到半数。我重复了这个试验,把有着紫绿和白绿裂叶的两个甘蓝品种相近地栽植在一起;从紫绿品种所培育出来的325株幼苗中,165株有着白绿叶片,而160株有着紫绿叶片。从白绿品种所培育出来的466株幼苗中,220株有着紫绿叶片,而246株有着白绿叶片。这些事例表明一个邻近甘蓝品种的花粉如何大大地凌驾于植株自己花粉的作用。我们应当记在心上,在同一个大的分枝上花粉被蜂类由一花携带到另一花,一定要比由一植株带到另一植株频繁得多;而当植物花朵的雌雄蕊成熟时期在某些程度上不同时,同一茎上的花朵年龄也就不同,因而假使另一品种的花粉没有优势的作用，它们就将像不同植株上的花朵一样轻易地相互受精。①

关于萝卜的试验中，当昆虫被隔离时，是中度自交能孕的，它的若干品种在我的花园中同时开花。由它们中间的一株采集种子，由这样培育出来的 22 株幼苗中，只有 12 株是真的像它们的原种。②

洋葱着生很多花朵，都密集在一个大的球形头状花序中，每个花有 6 个雄蕊；所以柱头接受了由它们自己花药和由邻近花药而来的大量花粉。因而当植株被保护而隔离昆虫时，是相当自交能孕的。一个血红色的、一个银色的、一个球形的和一个西班牙的洋葱都邻近地种植在一起；每一种类的幼苗培育在 4 个各自的苗床中。在所有的苗床中，各个种类混杂，除了由血红色洋葱而来的 10 株幼苗中仅有 2 株是混杂的。总共培育了 46 株幼苗，其中 31 株明显是曾经杂交了的。

很多其他植物的变种如允许在一起邻近地开花，可知也会发生相似的结果：我在这里仅指可以自己受精的物种，因为假使不是这样的，那么它们自然很容易被生长在邻近的任何其他变种所杂交。园艺学家通常并不区分变异和相互杂交的效果；我已在郁金香、风信子、白头翁属、毛茛、草莓、*Leptosiphon androsaceus*、柑橘、杜鹃花属和大黄(Rhubarb)的变种的天然杂交中收集到证据，所有这些植物我相信都是自交能孕的。③ 关于同一物种的变种间天然相互杂交的程度，还可以举出其他很多间接的证据。

培育种子出售的园丁们接受了高价买来的教训，被迫更加注意，以防止相互杂交。因而夏普诸先生(Messrs Sharp)“从事种子生产的田地无异于 8 个教区之大”。属于同一变种的大量植株栽植在一起，这个简单事实就是一个重要的保护，因为有利于同一变种植株的相互杂交的机会大为增加；主要由于这个情况，某些村落乃以产生

---

① 《园艺者记录》(1855 年，730 页)上的一个作者说，他把芜菁(*Brassica rapa*)和欧洲油菜(*B. napus*)种在一个苗床上，相互紧靠在一起，而后把芜菁的种子播种。结果很少有一株幼苗是全然像它的原种的，而有些幼苗倒很像芸苔。

② 杜哈美(Duhamel)，正像戈德朗在 *De l'Espèce*(第 1 卷，50 页)中所引述的一样，对于这个植物也做了一个类似的说明。

③ 关于郁金香和某些其他花卉，参看戈德朗 *De l'Espece* 第 1 卷，252 页。至于白头翁草，看《园艺者记录》1859 年，98 页。关于草莓，参阅赫伯特的文章，在 *Transact of Hort. Soc.* 第 4 卷，17 页。同一观察家在其他地方谈到杜鹃的天然杂交。加勒索(Gallesio)对柑橘做了同样的说明。我自己知道大量的杂交发生在普通大黄中。至于 *Leptosiphon*，见伐罗特的《论变种》，1865 年，20 页。我并没有把石竹属、粉蝶花属或金鱼草属包括在我的名录中，它们的变种已知可以自由杂交，因为这些植物不是始终自交能孕的，我对金莲花属(*Trallius*)(列沙克，《生殖力》，1862 年，93 页)、十大功劳属(*Mahonia*)和文殊兰属(*Crinum*)的自交能孕性一无所知，而在这些属中，种间广泛地进行相互杂交。关于十大功劳属，现在在英国很不容易得到 *M. aquifoliun* 或 *M. repens* 的纯正标本；而赫伯特(石蒜科，Amaryllidaceae，32 页)送到加尔各答文殊兰属的各个物种在那里自由杂交，所以不能得到纯合的种子。

特定变种的纯粹种子而出名。[1] 我只进行了两个试验想来决定过了多长的时间以后，不同变种的花粉可以或多或少地完全消除植株自己花粉的作用。在一个叫做“褴褛的杰克”(Ragged Jack)的甘蓝品种上，两个新近开放的花朵的柱头上充分地布满了来自同一植株的花粉。在23小时的间隔以后，把生长在远处的早熟巴尔尼斯(early Barrles)甘蓝的花粉添置在这两个柱头上。因为植株没有加网罩，在以后2天或3天中，“褴褛的杰克”上的其他花朵的花粉一定可以由蜂类而留在这同样的两个柱头上。在这种情况下，巴尔尼斯甘蓝的花粉似乎很不见得一定会产生任何的效果；可是由这样所产生的两个蒴果所培育出来的15株植株中，却有3株显然是杂交品种：而且我毫不怀疑，其他12株也受到影响，因为它们的生长比起由栽培在同一时候和同一环境下的“褴褛的杰克”而来的自花受精幼苗来，要健壮得多。其次，我在一个长花柱的立金花的若干柱头上放置了很多来自同一植株的花粉，在24小时以后，添加一个立金花变种短花柱的暗红色西洋樱草(Polyanthus)的一些花粉。从这样处理过的花朵培育出30株幼苗，而所有这些幼苗都毫无例外地着生红色花朵；所以植株自己的花粉虽然在24小时以前已经放在柱头上，可是它的效果全然被红色变种充分摧毁了。但是，应当注意到这些植物是异长花柱的，第二种结合是合法的方式，而第一种结合是不合法的；不过当花朵用它们自己的花粉不合法地受精时，产生中度数量的种子。

到现在为止，我们只讨论到一个不同变种的花粉超过植株自己花粉受精力的优越性——这两种花粉都是放在同一柱头上的。有一个更加引人注意的事实，即同一变种的另一个体的花粉优越于植株自己的花粉。例如，由这样一个杂交而培育出来的幼苗对由自花受精花朵而来的幼苗的优越性就表现出这一点。所以在表A、表B、和表C中，至少有15个物种[2]在昆虫被隔离时是自花能孕的；这就是显示着，它们的柱头一定能接受它们自己的花粉；尽管如此，把这15个物种的未去雄花朵用另一植株的花粉受精，由此所培育出来的多数幼苗在高度、质量和结实力上都大大地超过了自花受精的后代。例如，在牵牛花，每一个相互杂交植株一直到第六代为止，其在高度上都超过它的自花受精的对手；在沟酸浆中也是一样的，一直到第四代为止。在6对异花受精和自花受精的甘蓝中，前者的每一个体都比后者要重得多。在罂粟花中，15对异花受精植株中除了2对以外都比它们的自花受精对手来得高。在8对黄羽扇豆中，异花受精的除了2棵植株以外都是较高；在18对甜菜中，除了1个个体以外都

---

① 关于夏普诸先生，请看《园艺者记录》，1856年，823页；林德利的 *Theory of Horticulture*，319页。

② 这15个物种包括：甘蓝、木樨草、黄木樨草、*Limnanthes douglasii*、罂粟花、*Viscaria oculata*、甜菜、黄羽扇豆、牵牛花、沟酸浆、荷包花属、毛蕊花、*Vandellia numularifolia*、莴苣和玉米。

是较高，在15对玉米中，除了2个个体以外，所有的个体都是较高。在15对的 *Limnanthes douglasii* 和7对莴苣中，异花受精的每一植株都比它的自花受精对手高。应当注意到，在这些试验中，并没有特别费心地在花朵开放以后立即进行异花授粉；所以在这些事例中的多数，同一花朵的一些花粉已经落在柱头上而且起了作用，这几乎是肯定的了。

毫无疑义地，像在第七章的表A、表B和表C中所表示的，在异花受精幼苗比自花受精幼苗更为健壮的若干其他物种中，除了上面15个物种以外，它们一定差不多同时接受了自己的花粉和由另一植株而来的花粉；假使情况确实如此，那么刚刚所给予的一些评语也同样可以应用于它们。从我试验所得来的任何结果中，很少使我惊异到这样厉害，即来自不同植株的花粉会优越于每一植株自己的花粉，这正像由杂交幼苗具有较大生命力所证明的那样。在这里，优越性的证据是由比较两组幼苗的生长推论出来的；不过我们也由下述很多事例中得到类似的证据，即在母本植株上未去雄的花朵同时接受它们自己的花粉和一个不同植株的花粉时，比起仅仅接受它们自己花粉的花朵来，结实力要大得多。

从现在所提供的各种不同的事实中，即关于相邻种植的许多变种的天然相互杂交，以及关于自花受精能孕而未曾去雄的花朵的异花受精的效果，我们可以下结论说：借助昆虫或风力从不同植株带来的花粉，一般可以防止同一花朵的花粉的作用，即同株花粉已在若干时间以前被用上了。所以在自然情况下，植株的相互杂交将大大地受到偏爱和保证。

一株大树长满了无数的雌雄同花的花朵，骤然一看，这个情况似乎和不同个体间相互杂交很频繁的信念刚巧相反。生长在这样一株大树的相对方向上的花朵或将遭受稍为不同的条件，而它们之间的杂交可能得到某种程度的好处；但是这种好处不可能像不同树木上花朵间杂交那么大。我们可以由此推想，由同一母株繁育出来的植株，虽然它们生长在不同的根上，从它们所采得的花粉，效果也是很差的。当某种树木的花朵盛放时，往来于它们之间的蜂类数目是很多的，而且可以看到蜂类由一株树飞到另一株树，可能比我们所想象的更加频繁。尽管如此，假使我们考虑到一株大树上的花是如何的多，一个无可比拟的大数目的花朵一定是由同株异花所带来的花粉受精的，而不是从不同树木上的花朵而来的花粉受精的。不过我们应当记在心上，有许多物种，在同一花梗上只有少数花朵仅产生了一粒种子；而这些种子常常是同一子房内若干胚珠中仅有的一个产物。现在我们由赫伯特及其他作者所做的试验[①]知道，倘使一个花朵用比添加在同一花梗上其他花朵的花粉更为有效的花粉受精，那么后面一种花朵时常脱落；而这很可能发生在一株大树上自花受精花朵的许多花朵上，假使其他邻近的花朵是杂交的。一株大树每年所生的花朵中，几乎肯定地有一个很大的数目是自花受精的。倘使树木只产生500朵花，同时假定要维持这个品系同样数目的种子，这样以后至少有一株幼苗一定能坚持到成熟才成，那么大部分的幼苗必须要由自花受精种子得来。可是倘使树木每年生50000朵花，其中自花受精的花朵脱落而没有结成种子，那么异花受精花朵可以结成足量种子来维持这个品系，而且因为大多数种子是不同个体间杂交的产物，必将健壮旺盛。这样，大量花朵的产生，除了用来引诱很多昆虫和补偿因晚霜或其他原因的很多花朵的偶然损伤以外，对于物种是有很大利益的；春天的时候，我们眼看到果树披上了一层白色的花毯，却在秋天只结成比较少量的果实，我们也不应当抱怨自然界做了无益的浪费。

**风媒植物(anemophilous plant)**

借风而行受精的植物，它们的本质和关系已由德尔皮诺和赫尔曼·米勒很好地讨论过；[②]对于它们花朵的构造，我也已对照着虫媒物种的花朵，做了一些说明。有很好的理由可以相信，出现在地球上的第一批植物是隐花的；而由现在所发生的情形来判断，雄性的受精因素一定是这样的，或者具有自发的运动能力，可以通过水或循着湿的表面以到达雌性器官，或者为水流所携带以到达雌性器官。毋庸置疑，某些最古老的植物，例如羊齿植物(fern)，就已有了真正的性器官。正如希尔德布兰德所指出，[③]这表示在很早的一个时期，性别已经分开了。植物变为显花的和生长在于地上以后，假使它们曾经相互杂交，那么由某种工具在空间上传递雄性受精因素就成为必不可少的了；于是，风便成为最简单的传递工具。同时一定有一个时期，有翅膀的昆虫并不存在，因而那时的植物也不可能是虫媒的。甚而在稍后的一个时期，现在主要与花粉携带有关的、比较特化了的膜翅目、鳞翅目和双翅目也并不存在。所以我们所知的最早的陆上植物，即松柏类(Coniferae)和苏铁类(Cycadeae)，无疑是风媒的，像这些类群现存的物种一样。这种早期的遗迹同样也表现在若干其他类群的风媒植物

---

① *Variation under Domestication*，第17章，第二版，第2卷，120页。

② 德尔皮诺，*Ult. Osservazioni sulla Dicogamia*，第2部，第1卷，1870年，和*Studi Sopra un Lignaggio anemofilo*，1871年。赫尔曼·米勒，《受精作用》等，412，442页。这两位作者说，植物在它们是虫媒以前，必定是风媒的。赫尔曼·米勒进一步饶有兴味地讨论到虫媒花通过连续有利的改变，成为含蜜的，而且逐渐获得了它们现在的构造的步骤。

③ 《性的分化》，1867年，84—90页。

上，因为在进化的阶梯上，这些植物往往站在比虫媒物种更低的阶梯上。

要了解一个风媒植物如何成为虫媒的，这并无多大困难。花粉是一种富于营养的物质，所以不久必然为昆虫所发现和吞食。假使有什么花粉粘在它们的身上，花粉就将由花药带至同花的柱头，或由一花带至另一花。风媒植物花粉的主要特征之一，就是它的相互不粘着；不过这种状态的花粉可以附着在昆虫有毛的躯体上，正像我们在某些豆科、杜鹃花科和野牡丹科中所看到的。在某些植物中，部分由风受精，部分由昆虫受精。这种转变的可能性，我们已有了较好证据。普通大黄（*Rheum rhaponticum*）迄今还是这样的中间状态，我曾经看到很多双翅目昆虫在吮吸它的花朵时，很多花粉附着到它们的身上；可是花粉并不粘着，所以假使在一个有太阳的日子里，把植物轻轻地摇动，就有花粉像云雾那样散发出来，其中某些绝不会不落在邻近花朵的很大的柱头上。根据德尔皮诺和赫尔曼·米勒的报告，[①]车前属（*Plantago*）的某些物种也是在同样的中间状态。

虽然对昆虫而言，花粉可能是唯一的诱惑，同时虽然现在也存有很多植物的花朵仅由食花粉的昆虫为其受精，但是，绝大多数植物则以分泌花蜜作为主要的诱惑。很多年以前，我曾提出，花蜜中的糖质本来是当作汁液中化学变化的一种废弃产物而排泄的；[②]当排泄恰好发生在一朵花的花被内，它就被用作异花受精的重要目标了，此后在量上增加很多，并且以各种方法储藏着。这种见解从下列事实可能得到证实：某些树木的叶子在一定的气候条件下，没有特别腺体的帮助，却排泄一种时常叫作蜜露（honey-dew）的糖质液体。菩提树的叶子就是这样的。这个事实曾引起很多作者争辩，一个最能干的审判员马克斯韦尔·马斯特斯博士（Dr. Maxwell Masters）告诉我说，在园艺学会里听了关于这个问题的讨论以后，他毫不怀疑我的见解。H. 霍夫曼教授最近（1876 年）描述了一个事例：一株幼龄的山茶的叶片没有蚜虫干预的可能，但却分泌很多蜜露。甘露蜜树（*Fraxinus ornus*）的叶片以及截断的茎同样地分泌糖质。[③] 根据特里维拉涅斯（Treviranus）的报告，在热的气候中，*Carduus arctioides* 的叶片的上表面也分泌糖质。很多类似的事实可以枚举。[④] 然而有相当数量的植物，它们或在叶、叶柄、假叶（Phyllodium）、托叶、苞叶或花梗上，或在它们的萼片的外侧，生

① 《受精作用》等，342 页。

② 德坎多和杜那（Dunal）认为花蜜是一种分泌，正如马蒂内（Martinet）在 *Annal. des Se. Nat.*，1872 年，第 14 卷，211 页中所说明的。

③ 《园艺者记录》，242 页。

④ 库尔（Kurr）*Untersuchungen über die Bedeutung der Nektarien*，1833 年，115 页。

有小型腺体,[①]这些腺体分泌一种甜液,呈小滴状,它们正是爱糖的昆虫所热烈找寻的,这些昆虫包括蚂蚁、蜜蜂和胡蜂。巢菜的托叶上的腺体,分泌过程显然依赖着汁液的变化,结果依赖着明朗的阳光的照射。因为我重复地看到,太阳一躲在云彩的后面,分泌就停止,蜜蜂也就离开了田间;可是太阳一破云而出,蜜蜂就又回到它们的宴席上来了。[②] 我在分泌真正花蜜的山梗菜(*Lobelia erinus*)的花朵中也观察到类似的事实。

不过德尔皮诺坚持,任何花外器官分泌甜液的能力在每一事例中都是特别获得的,它们为了引诱蚂蚁和胡蜂以作植物的防卫者,来抵御它们的敌人;但是我所观察过的 3 个物种,即桂樱(*Prunus laurocerasus*)、巢菜和蚕豆,我找不出任何理由可以相信这是如此的。在英国,没有一种植物能像普通羊齿[common bracken-fern(*Pteris aquilina*)]这样少受任何种类敌人的攻击。我的儿子弗朗西斯发现,羊齿叶(foond)基部的大型腺体只有在幼龄的时候分泌很多的甜液,这种甜液为无数的、主要属于 *Myrmica* 的蚂蚁热烈找寻;而这些蚂蚁在这里肯定不能作为一种保护来对抗任何敌人。根据弗里茨·米勒[③]的报告,在巴西南部蚂蚁被分泌物引向这种植物,保护它,以抵御其他食叶的和具高度破坏性的蚂蚁。假使这种羊齿是起源于南美洲热带地区,那么分泌的能力可能是为了这个特别的目的而获得的。德尔皮诺争论说,分泌糖质的腺体绝不应当仅仅认为是作为分泌的,因为假使它们是如此,那么它们就将存在于每一个物种中。不过,我并不认为这个论点有很大的力量,因为有些植物的叶片仅在某种气候状况下才分泌糖质的。依据德尔皮诺的观察,而尤其是依据贝尔特先生对 *Acacia sphaerocephala*,以及对西番莲的观察,我一点也不怀疑,在某些事例中,分泌是用来引诱昆虫用以作为植物的保护者,而且为了这个特殊目的也可以高度地发展

---

① 德尔皮诺在 *Bulletino Entomologico* 附注 6,1874 年,列举了很多例子。除了这些以外,我可以补充更多的例子。还有鸢尾属(*Iris*)的两个物种的萼片和某些兰科植物的苞片分泌糖质;见库尔《蜜腺的意义》,1833 年,25,28 页。贝尔特也说到(《尼加拉瓜》224 页)很多附生的兰科植物(epiphytal orchids)和西番莲(passion)有同样的分泌。罗杰斯先生(Mr. Rodgers)曾经看到,香荚兰属(*Vanilla*)的花梗基部分泌很多花蜜。林克(Link)说,他所知道的下花瓣蜜腺(hypopetalous nectary)的唯一例子是在 *Chiromia decussata* 花朵基部的外方;参阅 *Reports on Botany*, *Royal Society*,1846 年,355 页。最近赖开(Reinke)发表了一篇关于这个课题的重要研究论文(*Göttingen Nachrichten*,1873 年,825 页),他证明,很多植物的芽里和叶上锯齿的顶端生有腺体,它们在很幼龄期分泌,有着像真正分泌花蜜的腺体一样的形态学上的构造。他又进一步表明,在欧洲甜樱桃(*Prunus avium*)的叶柄上分泌花蜜的腺体在幼龄期并不发育,而在老叶上则枯萎凋谢。由它们的结构和过渡的类型看来,它们是和在同一叶片的锯齿上分泌花蜜的腺体同源的;因为在多数叶片上的最下方锯齿,它们分泌花蜜,而不分泌树脂(harz)。

② 我在《园艺者记录》,1855 年 7 月 21 日,487 页上发表了一个关于这个事例的短评,后来又做了进一步的观察。除了蜜蜂以外,蜂类的另一物种、一种蝶、蚂蚁和两种蝇也吮吸着托叶上的液汁小滴。较大的点滴是甜味的。蜜蜂甚至并未注视同时开放着的花朵;但有两种土蜂却忽视托叶,而仅仅访问花朵。

③ 参照我儿子弗朗西斯在《自然》1877 年,6 月 100 页上的一个通讯,内有弗里茨·米勒一信的摘要。

的。这种金合欢属(*Acacia*)植物也产生含有很多油和原生质的一些小体,作为对蚂蚁的另一个诱惑,而像弗里茨·米勒[①]所描述的,一种蚁栖树属(*Cecropia*)为了同一的目的,也产生一些类似的小体。

位于花外的腺体所分泌的甜液很少是用来作为一种工具,借以通过昆虫的帮助而达到异花受精的;不过在大戟属(*Euphorbia*)的若干物种中,以及在 Marcgraviaceae 的苞片上,却是这样发生的。正像已故的克鲁格博士(Dr. Crüger)根据在西印度群岛的实际观察而告诉我的,以及像德尔皮诺根据它们花朵各部分的相对位置而至为精确推论的。[②] 法勒先生也证明,[③]小冠花属(*Coronilla*)的花朵经过巧妙的改变,所以当蜂类吮吸萼片外部所分泌的液体时,可以使它们受精。在金虎尾科(Malpighiaceae)的一种植物,蜂类啮食萼片上的腺体,而在这样做着的时候,它们的腹部沾满了花粉,就把这些花粉携带到其他花朵上去。[④] 又根据僧侣 W. A. 莱登的观察,在澳大利亚的 *Acacia magnifica* 上,着生在花朵附近的假叶上的腺体,分泌了这样多的液体,这种液体似乎可能是和它们的受精作用有关联的。[⑤]

风媒植物所产的花粉量,以及花粉时常为风所传送的距离,二者都大得令人咋舌。像上面所谈到过的,哈索尔先生(Mr. Hassall)发现,单是蒲菜[bulrush,香蒲属(*Typha*)]的一个植株所产的花粉质量就有 144 格令。满筐满箩的花粉,主要是松柏类(Coniferae)和禾本科的花粉,掠过北美洲海岸附近的船舶的甲板上;赖利先生(Mr. Riley)曾经看到密苏里州(Missouri)的圣·路易斯(St. Louis)附近的田地上盖满了花粉,正像撒过硫黄一样;而且我们有很好的理由相信,它们至少是从 400 英里以外的松林那里吹送过来的。克纳曾经看到较高的阿尔卑斯山(Alps)上的雪地上同样地散布着花粉;而布莱克利先生把有黏性的玻片利用风筝送到 500～1000 英尺的高度,之后用一种特殊的器具把花粉取下来,发现有很多花粉在器具上面,有一次有 1200 粒之多。这是很可注目的,在这些试验中,空气中的花粉在较高水平时的平均

---

① 贝尔特先生曾对蚂蚁作为上述金合欢属(*Acacia*)的防卫者的极大重要性给予一个最有兴味的说明(《尼加拉瓜的博物学者》,1874 年,218 页)。关于蚁栖树属请看《自然》,1876 年,304 页。我的儿子弗朗西斯曾在林奈学会宣读的一篇论文中,描述了这些奇异的食物小体的显微构造和发展(《林奈学会杂志》植物学,第 15 卷,398 页)。

② 《自然》,1874 年,169 页。

③ *Ult. Osservaz. Dicogamia*,1868—1869 年,188 页。

④ 像弗里茨·米勒在《自然》,1877 年,11 月,28 页中所描述的。

⑤ 《博物学年鉴》,第 16 卷,1865 年,14 页。在我的《兰科植物的受精》的著作中,以及在以后发表于《博物学年鉴》上的一篇论文中,曾经证明,虽然某些种类的兰科植物具有一个蜜腺,它实际上并不分泌花蜜;可是昆虫穿入它的内壁,并吮吸细胞间隙中所含有的液汁。我进一步倡议,在某些其他并不分泌花蜜的兰科植物的事例中,昆虫啮食它们的唇瓣;而这个说法后来证明是正确的。赫尔曼·米勒和德尔皮诺现在证明,某些其他植物有着肥厚的花瓣为昆虫所吮吸和啮食,因而有助于它们的受精。所有关于这个标题的已知事实都被德尔皮诺收集在他的 *Ult. Osserv.* 第 2 部,第 2 卷,1875 年,59～63 页中。

数为在较低水平时的19倍之多。[①] 考虑了这些事实以后，风媒植物的全部或几乎全部的柱头都可以承受到仅仅偶然地由风带给它们的花粉，这就不再像起初看来那样令人惊异了。在初夏的时候，每一个物件上都撒有花粉。例如，我为了另外的目的，检查了蝇兰(flyophrys，它是很少被昆虫访问的)的大量花朵的唇瓣，发现所有唇瓣的上面都有着被其柔软表面所截获的其他植物的花粉粒。

风媒植物花粉的庞大数量和轻微质量两者无疑都是不可或缺的，因为它们的花粉通常被带到遥远的其他花朵的柱头上；正像我们立刻就可以看到的，大多数风媒植物的性别是分开的。这些植物的受精作用一般借助于柱头很大或呈羽毛状。而在松柏类的事例中，像德尔皮诺所证明的，乃借助于裸露的胚珠分泌有一滴液汁。虽然像刚才提到过的作者所说明的，风媒植物的物种数目是小的，可是它的个体数和虫媒物种的个体数相比较，却是很大的。在寒带和温带，这种关系尤其确切。在那里，昆虫没有像温暖气候中这样多，因而虫媒植物所处地位比较不利。我们在松柏类及其他树木，如栎(oak)、山毛榉(beech)、桦(birch)和梣(ash)等森林里就会看到这种情景；在覆盖我们的草原和湿地的禾本科、莎草科(Cyperaceae)和灯心草科(Juncaceae)植物中也会看到这种情景。所有这些树木和植物都是由风而受精的。因为风媒植物浪费了大量的花粉，所以在世界的各个地方仍能存在这种拥有很多花粉的植物；倘若使它们成为虫媒的，那么它们的花粉可以由昆虫的协助而得到传输，就要比用风输送安全得多了。由最近所提到的中间类型的存在的说明来看，这样的一个转变的可能是无可置疑的；而且显而易见的，这已在柳(willow)这类植物中实现了，正像我们可以从它们最近缘者的本质上所推论的。[②]

植物一旦成为虫媒以后，倘使又变为风媒，这乍看起来，似乎更令人惊讶了。这个事实虽然很少，但偶然也有发生。例如，在普通的*Poterim sanguisorba*中就存在这种情况，这可以从它属于蔷薇科(Rosaceae)加以推论出来。不过这样的事例是可以了解的，因为几乎所有植物都必定偶然地相互杂交。假使任何虫媒植物完全不被昆虫所访问，那么它可能要自趋毁灭，除非它变为风媒的，或完全获得了自花受精的能力。不过在后面一种情况下，我们可以推测，它很容易显现出长期且连续缺乏异花受

---

① 关于哈索尔先生的观察，参看《博物学年刊》，第8卷，1842年，108页。在*North American Journal of Science*，1842年1月中，有一个关于花粉掠过一只船的甲板的说明。赖利(Riley)，*Fifth Report on the Noxious Insects of Missouri*，1873年，86页。凯纳尔，*Die Schutzmittel des Pollens*，1873年，6页。这个作者看到蒂罗尔(Tyrol)的一个湖上铺满了花粉，所以看过去不再是绿的。布莱克利先生，*Experimental Researches on Hay Fever*，1873年，132，141～152页。

② 赫尔曼·米勒，《受精》等，149页。

精的弊端。假使一个植物不能分泌花蜜,除非它确实存在着大量有诱惑力的花粉,不然它就被昆虫忽视了。我们已知在有些事例中,叶片和腺体的糖液分泌大部分受气候的影响;还有少数花朵,它们现在并不分泌花蜜,可是仍旧保有彩色的导引标志。由此看来,分泌的停止不能认为是一个很不可能的事情。假使在某个区域,有翅的昆虫不再存在,或者非常稀少,那么同样的结果势必随之而来。在十字花科的大目中,只有一种植物,即 *Pringlea*,是风媒的。该植物生长在凯尔盖朗·兰德[①](Kerguelen Land),在那里没有任何有翅的昆虫,这像我在马德拉(Madeira)的事例中所提出的,可能由于它们身历险境,被吹向海中,因而消灭了。

关于风媒植物的一个值得注意的事实是:它们时常是雌雄异花的,也就是说,它们若非性别分别在同一植株上(雌雄同株),便是性别分别在不同植株上(雌雄异株)。德尔皮诺说明,在林奈的雌雄同株纲(Class Monoecia)中,有 28 属的物种是风媒的,17 属的物种是虫媒的。在雌雄异株纲(Class Dioecia)中,有 10 属的物种是风媒的,19 属的物种是虫媒的。[②] 在这后面的一个纲中,虫媒的属的比例较大,这可能是由于昆虫有着比风更安全地把花粉带到另一植株,且有时带到很远的植株上的能力的间接结果。把上面两纲放在一起来看,有 38 属是风媒的,36 属是虫媒的。可是在很多雌雄同株的植物中,风媒的属对虫媒的属的比例是极小的。这个显著差异的原因,可以归于风媒植物比虫媒植物保留了较高程度的原始性状,即性别是分开的,它们相互受精是借助于风而实现的。植物界中最早和最低的成员,性别是分开的,而大体上现在仍然如此,这是一个权威学者奈盖里[③]的意见。要避开这个结论实非易事,假使我们承认这个似乎非常可能的见解,即藻类(algae)以及某些最简单动物的接合(conjugation)是趋向有性生殖的第一步;同时假使我们进一步牢记,接合的细胞间的分化程度越来越大是可以追溯的,那么显然要导向于两性类型的发生。[④] 我们也已看到,植物变得更加高度发展并且固定在陆地上,以致成为显花的,它们遂将被迫成为风媒的,以便相互杂交。此后没有经过很大改变的植物,仍然是保持着雌雄异花和风媒的。

---

① 僧侣 A. E. 伊顿(Rev A. E. Eaton)在 *Proc. Roy. Soc.*(第 23 卷,1875 年,351 页)。

② *Studi sopra un Lignaggic anemofilo delle Compositae*,1871 年。

③ Entstehung und Begriff der Naturhist. *Art*,1865 年,22 页。

④ 参阅 O. 布希利(O. Bütschli)*Studien über die ersten Entwickelungsvorgange der Eizelle*(1876 年,207—219 页)。此外,A. 多岱尔博士(Dr. A. Dodel)的 Die Kraushaar-Alge,在 Pringshelms;*Jahrb. f. Wiss. Bot*。同时,恩格尔曼(Engelmann)(Über Entwickelung von Infusorien Morphol. *Jahhrbuch* 第 1 卷,573 页)。这个重要论文的一个摘要曾登载在 *Archives de Zoolog. expérimentale*(第 5 卷,1876 年,33 页)。恩格尔曼下结论说,各种滴虫的接合,不论是永久的或暂时的(在后一场合,他称之为交配),并未导向真核生物的产生,不过使个体重新构成或返老还童而已。这样的结果似乎和不同植株的雌雄性因素的结合的结果很相类似,因为这样培育出来的幼苗,在它们大大增加了的生命力上,也可以说显示了再生作用或返老还童。

由此我们可以了解这两种状态的相互联系；虽然初看起来，它们似乎是很不相关的。假使这个见解是正确的，那么植物变为雌雄同花的时期虽然较晚，而变为虫媒的时期还要更迟些，即在有翅的昆虫发生以后。由此可见，雌雄同花和利用昆虫受精之间的关系也有几分可以理解了。

本来是雌雄异株的植物，由于时常和其他个体的相互杂交，可以得到好处。然而它们的后代，为什么转变为雌雄同花呢？或许可以这样解说，因为它们有着不能始终受精最终导致不能留下后代的危机，尤其在它们还是风媒的时候。不能留下后代这个害处，对任何生命都是最为严重的，但它们变为雌雄同花后就可大大地减轻，虽然有着时常自花受精附带的缺点。雌雄同花的状态是通过怎样的逐渐步骤而获得的，我们不知道。不过我们可以理解，假使一个结构简单的类型，两个性别是由两个稍为不同的个体所代表，它们由出芽生殖而增殖的，或在接合前，或在接合后，那么两个初现的性别可以因芽体而出现在同一亲体上，像现在以各种不同性状而偶然出现一样。这个有机体于是就成为雌雄同体的状态，而这可能就是趋向雌雄同花的第一步。倘使很简单的雄花和雌花都在同一亲体上，每朵花包括一个雄蕊或雌蕊，它们靠拢在一起，由一个共同的花被包围，差不多和菊科植物的小花一样，那么我们就得到了一个雌雄同花的花朵。[①]

有机体在变动着的生活条件下，它们所经受的变化似乎是没有止境的；正是我所不能不相信的，本来由雌雄异花植物而来的某些雌雄同花植物，又把它们性别分开了。例如在 *Lychnis dioica* 中某些个体的花朵中存在有退化的雄蕊，而另一些个体的花朵中存在有退化的雌蕊。我们可以由此推论，上面的这种情况是曾经发生过的。但是这种相反的情况是不会发生的，除非一般由昆虫媒介的异花受精已经有了保障。然而，为什么雄花和雌花生在不同的植株上，何以对杂交本来已有保障的物种是有利的呢？这可并不是显而易见的。一种植物在新的或变动后的生活条件下，产生的种子确实可以多到为维持它的数目所必需的两倍之多；假使它的改变并不是着生较少的花朵，而是改变它的生殖器官的状态（像时常在栽培下所发生的），那么花朵成为雌雄异花后，种子和花粉的无益消耗就可免除了。

一个有关的观点是值得注意的。我在我的《物种起源》中强调说，在不列颠的乔木和灌木中，它们的性别分开的比例要比草本植物大得多；而根据阿萨·格雷和胡克

① W. 希赛尔登·戴尔先生在对这个著作的一个中肯的评论（*Nature*，1877 年 2 月，329 页）中，采取了恰巧相反的见解，而且提出有分量的论证，他认为所有植物本来都是雌雄同花的。单要说明一点，我所想到的有机体，在程度上比羊齿植物或 *Selaginella* 要低得多了。戴尔先生又说，我关于很简单的雌雄花靠拢在一起而由一个共同的花被所包围的意见，在形态学上构成了一些很大的难点。

的报告，在北美洲和新西兰也是这样的。[1] 但是这个规律可以正确到什么程度是很值得怀疑的，而这在澳大利亚肯定不是如此。不过我被保证说，普通的澳大利亚树木，即桃金娘科(Myrtaceae)的花朵上群聚着昆虫，假使它们的雌雄蕊的成熟时期不同，那么它们就是雌雄异花的。[2] 我们知道，风媒植物的性别是趋向分开的，而且，如它们花朵的着生接近地面，对它们将是一个很不利的情况，因为花粉是很容易吹向空中的高处的；[3]可是因为禾本科植物的茎秆达到了足够的高度，我们还不能说明这许多乔木和灌木是雌雄异花的原因。我们可以根据以前的讨论来推论，一株树木着生很多雌雄同花的花朵就很少能和其他树木相互杂交，除非利用不同个体的花粉优越于植株本身的花粉。现在，不论植物是风媒的或虫媒的，性别的分开将会最有效地防止自花受精，这或可说明许多树木或灌木是雌雄异花的原因。这种情形或者可用另一种方法来说明，假定一株植物的性别是分开的，它将比一株雌雄同花的植物更适于发展成为一株树木。因为在前一种情况下，它的很多花朵将比较不容易继续进行自花受精。不过我们也应当注意到，树木或灌木的寿命长，当它们性别分开后，由于偶尔不能受胎和不能结实的损害危险要比短命植物的情况少得多。所以，列沙克指出一年生植物很少是雌雄异株，这是很可能的。

最后，我们已经明白了理由，可以相信高等植物是由很低等的接合类型繁衍下来的，而且接合中的个体相互间稍有不同——一个代表雄性，另一个代表雌性——所以植物本来是雌雄异株的。在一个很早的时期中，这种结构低下的雌雄异株植物可能通过出芽生殖产生了雌雄同株植物，其两个性别都着生在同一个体上；由于两性更紧密联合，产生了雌雄同花植物，这种植物现在是最普通的类型。[4] 植物固着在陆地上以后，它们的花粉必须通过某些方法在花朵间传送。起初几乎一定是由风传送，之后

---

① 我在 *London Catalogue of British Plants* 中找到，在大不列颠有 32 种原产的乔木和灌木，分别在 9 个科中。但为了减少错误，我只计算了 6 个柳树的物种。在这 32 种树木和乔木中，有 19 种或过半数物种的性别是分开的；这和其他不列颠的植物比较起来，是巨大的比例。新西兰富有雌雄异花的植物和树木。胡克博士计算，生长于岛屿上的大约 756 种显花植物中，不少于 108 种是树木，分属于 35 科。在这 108 种树木中，有 52 种或很接近于半数的种，它们的性别或多或少地是分开的。灌木有 149 种，其中 61 种的性别也是分开的；而在其余的 500 种草本植物中，只有 121 种或少于 1/4 的种的性别是分开的。最后，阿萨·格雷教授告诉我，在美国有 132 种本地树木(分属于 25 科)，其中 95 种(分属于 17 科)的“性别是或多或少分开的，而较大部分的性别是肯定分开的”。

② 关于澳大利亚的山龙眼科(Proteaceae)，本瑟姆先生说明了(《林奈学会杂志》植物学·第 8 卷，1871 年，58，64 页)若干属中隐蔽着柱头不受同花花粉作用的各种方法。例如在 *Synaphea* 中，“柱头由不稔雄蕊(即一种不孕的雄蕊)安全地护卫着，以免为她兄弟的花药所污染，因而她被完整地保存着，以待任何可能由昆虫或其他媒介物所带入的花粉”。

③ 克纳，*Schutznlittel des Pollens*，1873 年，4 页。

④ 有着充分的证据，证明所有较高等的动物都是雌雄同体动物的后裔。这是一个很奇妙的问题，这种雌雄同体是否就是代表两个原始性别的两个稍稍不同个体的结合的结果？根据这个见解，由于它们所有的器官在很早的胚胎期的加倍，较高等的动物现在具有左右对称的结构，可能归功于两个原始个体的融合或接合。

由食花粉的昆虫传送，再往后才由找寻花蜜的昆虫传送。后来，某些少数虫媒植物再度变为风媒植物，而某些雌雄同花植物再度把它们的性别分开。我们可以笼统地看到，这种在特定条件下重复转变的一些好处。

雌雄异株植物不论怎样受精，比起其他植物在保证异花受精方面有着一个很大的好处。不过在许多风媒的物种里，这种好处是以产生巨量过剩花粉为代价而获得的，它们和许多虫媒的物种一样还有偶尔不能受精的某些危险。而且，半数的个体，即雄性个体，不产生种子，这可能也是一个不利性。德尔皮诺指出，雌雄异株植物不能像雌雄同株和雌雄同花的物种这样容易传播，因为单是一个个体偶尔到达某些新的地区，它并不可能成功繁衍；这是否是一个严重的缺点，是值得怀疑的。雌雄同株的风媒植物在机能上大多数未必不是雌雄异株的，因为它们的花粉很轻，而且风是从侧面吹来的，它们还有偶尔或时常产生一些自花受精种子的额外好处。当它们雌雄蕊的成熟时期也不同时，它们在机能上一定是雌雄异株的。最后，雌雄同花植物一般可以产生一些自花受精的种子，而且它们通过本章所指出的各种方法，同时可以异花受精。当它们的构造绝对防止了自花受精的时候，它们彼此之间所处的相对位置很像雌雄同株或雌雄异株的植物，这种情况可能有一种好处，那就是每一朵花都可以产生种子。

**Epipactis latifolia, All.**

*Epipactis à larges feuilles.* *Broad Epipactis.*

*Wilde Niesswurz.*

Régions boisées de toute l'Europe.
Juin-juillet.

**宽叶火烧兰(*Epipactis latifolia*)**

# 第十一章　昆虫习性和花朵受精的关系

· *The Habits of Insects in Relation to the Fertilisation of Flowers* ·

昆虫在它们可能的时候，一直访问同一物种的花朵——这种习性的原因——蜂类辨认同一物种花朵的方法——花蜜的突然分泌——某些花朵的花蜜对某些昆虫没有诱惑力——蜂类的勤勉，以及短时间内访问的花朵数——由蜂类引起的花冠穿孔——工作中所显示的技巧——蜜蜂受到土蜂所穿的小孔的利益——习性的影响——把花朵穿孔的动机在于节省时间——着生密集的花朵首先被穿孔

TREFLE FRAISIER
TREFLE INCARNAT

蜂和其他各种昆虫一定受着本能的引导去寻找花朵中的花蜜和花粉，因为它们由蛹的状态羽化后，没有经过训练就可这样行动。但是它们的本能并不是一种特化了的天性，因为它们访问很多外来的花朵，正和访问本地种类一样的容易，而且它们时常向并不分泌任何花蜜的花朵找寻花蜜；还可以看到它们企图在它们所不能达到的那样长度的蜜腺中吮吸花蜜。[①] 如有可能，蜂的所有种类和某些其他昆虫时常在飞向其他物种以前，一直访问同一物种的花朵。关于蜜蜂的这个事实，亚里士多德(Aristotle)在2000多年以前就已观察到，多布斯(Dobbs)在1736年发表在《哲学汇报》的一篇论文中也曾注意到。人们常常在花园里看到蜜蜂和土蜂，但并不总能看到它们遵循着这个习惯。贝内特先生观察了野芝麻(*Lamium album*)，*L. purpureum* 和其他唇形科植物 *Nepeta glechoma* 的很多植株长达几个小时，[②]所有这些植物都杂生在一条靠近某些蜂窝的堤岸上。他发现，每一种蜂都只访问同一物种。这三种植物的花粉颜色是不同的，所以他通过检查捕获的蜂类身体上所粘着的花粉，来验证自己的观察，而他在每一蜂上只找到一种花粉。

土蜂和蜜蜂都是优秀的植物学家，因为它们知道变种在花色上可以有很大的不同，但还是属于同一物种的。我曾经重复地看到土蜂由普通红色的 *Dictamnus fraxinella* 的一个植株飞到一个白色变种；由飞燕草和立金花的一个变种飞到另一个颜色很不相同的变种；由三色堇的一个暗紫色变种飞到一个鲜黄色变种；还有在罂粟属中的两个物种，由一个变种飞到另一色泽相差很大的变种。可是在后面的这个事例中，某些蜂尽管飞越其他属的植物，却毫无区分地飞向两个物种中的任何一种，所以好像这两个物种都仅仅是变种而已。赫尔曼·米勒也看到，蜜蜂在 *Ranunculus bulbosus* 和 *R. arvensis* 的花朵间飞来飞去，还在草莓三叶草(*Trifolium fragiferum*)和白三叶草(*T. repens*)的花朵间飞来飞去，甚至由蓝色的风信子飞到蓝色的堇菜。[③]

双翅目的某些物种或蝇类，也守住同一物种的花朵，几乎和蜂一样非常有规律；而且当捕获的时候，发现它们沾满了花粉。我曾经看到花蝇同样地在 *Lychnis dioi-*

---

**◀草莓三叶草(*Trifolium fragiferum*)**

---

① 关于这个课题，参看赫尔曼·米勒的《受精》，427页，和J. 勒鲍克爵士的《不列颠的野生花朵》，20页。赫尔曼·米勒列举了很好的理由(*Bienen Zeitung*，1876年6月，119页)来支持他的学说，蜂类和其他膜翅目昆虫由某些早期的吸蜜祖先所遗传下来的窃取花朵的技能，较之属于其他目的昆虫所表演的技能来得更精巧。

② 《自然》，1874年6月4日，92页。

③ 《蜜蜂杂志》，1876年7月，183页。

*ca*、*Aiuga reptans* 和野豌豆(*Vicia sepium*)的花上行动。鳖甲花虻(*Volucella plumosa*)和舞虻由勿忘草(*Myosotis sylvatica*)的一花直飞另一花。*Dolichopus nigripennis* 在 *Potentilla tormentilla* 上具有同样的行动。其他双翅目昆虫在 *Stellaria holostea*、*Helianthemum vulgare*、雏菊(*Bellis perennis*)、*Veronica hederoefolia* 和 *V. chamoedrys* 上也有同样的行动;不过某些蝇类不加区别地访问后两个物种。我曾经不止一次地看到一种很小的蓟马,它们的身上粘有花粉,由一花飞至同类的另一花。我看到有一只蓟马在一种旋花属(*Convolvulus*)植物的花中缓慢地爬动,它头上粘有4粒花粉,这些花粉遂被放置在柱头上。

法布里修斯(Fabricius)和斯普伦介尔说,蝇类一旦进入马兜铃属(*Aristolochia*)的花朵后,它们就不再逃脱——这个说法我不能相信,因为在这种情况下,昆虫不能帮助植物的异花受精。这个说法现在已被希尔德布兰德证明是错误的。因为 *Arum maculatum* 的花序长着一些细丝,这种细丝显然是适用于防止昆虫的退出,所以它们在这方面很像马兜铃属的花朵;检查了若干花序,在其中一些花朵中找到了分属于3个物种的30到60的小型双翅目昆虫;而且这些昆虫中很多死在底部,似乎它们已被永远陷入牢笼了。为了验证活的昆虫是否可以逃出,并把花粉带到其他的植物,我在1842年的春天环绕一个花序紧紧地扎了一个纤细的纱布袋;一小时后回来,若干小的飞蝇爬在袋子里面。我采得一个花序,用力把空气吹进去;若干飞蝇立刻爬出来,没有一个例外,身上都散有疆南星属(*Arum*)的花粉。这些飞蝇很快地飞去,我清楚地看到其中3个飞向约一码远的另一植株上;它们停落在花序的内面或凹面,突然飞下来进入花朵中。我掰开这朵花,虽然一个花药也没有开裂,可是若干粒花粉已遗落在底部,这些花粉一定是被这些飞蝇中的一个或被某些其他昆虫从其他植物携带过来的。在另一朵花中,一些小蝇在爬动着,我看到它们把花粉遗留在柱头上。

我并不知道,鳞翅目昆虫是否通常守住同一物种的花朵;但是有一次我看到很多小蛾[我相信是 *Lampronia*(Tinea)*calthella*]显然在吃着 *Mercurialis annua* 的花粉,它们身体的整个前部都撒满了花粉。于是我走到远离若干码的一个雌性植株那里,在15分钟内看到这些蛾中有3只落在柱头上。鳞翅目昆虫可能常常被引诱而往来于同一物种的花朵间,假使这些花朵生有长而狭的蜜腺,因为在这个场合下,其他昆虫不能吮吸花蜜,因而这些花蜜就留待那些有着长吻的昆虫。毫无疑问,丝兰蛾[①]

---

① 赖利先生叙述在《美国博物学家》第7卷,1873年10月。

(*Yucca* moth)只访问其名称所由来植物的花朵，因为一个最奇特的本能引导这种蛾把花粉放在柱头上，因而胚珠可以发育，幼虫即以此为食。关于鞘翅目(Coleoptara)昆虫，我曾看到露尾甲虫属(*Meligethes*)昆虫沾满了花粉，由同一物种的一朵花飞至另一朵花；而这种情况一定是时常发生的，因为根据M.布里苏特(M. Brisout)，“这个种的很多个体只偏爱一类植物”。[①]

绝不可根据这些说明就假定昆虫都严格地限制它们只访问同一物种。当只有少许同类植物生长靠近在一起的时候，它们经常访问其他的物种。在一个含有花粉很容易识别的月见草属(*Oenothera*)这类植物的花园中，我在沟酸浆属、毛地黄属、金鱼草属和柳穿鱼属的花朵中，不仅找到它的单粒花粉，而且也找到花粉团。其他种类的花粉也可在这些植物同一的花朵中检查出来。百里香(Thýme)的花药都是完全萎缩的；对一株上的大多数柱头进行检验，虽然这些柱头仅仅比细针粗一些，可是不仅覆盖有蜂类从其他植物带来的百里香花粉，而且也覆盖有若干其他种类的花粉。

昆虫在它们可能的时候，总是访问同一物种的花朵，这对植物是非常重要的，因为它有利于同一物种的不同个体间的异花受精。但是，没有一个人会假定，昆虫如此行动是为了植物的利益。其原因可能是，昆虫这样可以工作得快些；它们已经学会了如何正确地站在花上最好的位置，以及把它们的吸管(proboscides)插入多远和什么方向。[②] 它们的动作所根据的原理正和工匠的工作的原理一样，比如要制造半打机器，为了节省时间，工匠把所有全数机器的每一轮子或每一零件都连续地制造。昆虫，或至少蜂类，在它们所有的多种多样的动作中，似乎受到某习惯的明显影响。我们立刻就将看到，这在它们把花冠穿孔的盗窃动作中是有效的。

蜂类如何识别同一物种的花朵，这是一个非同寻常的问题。毋庸置疑，花冠的颜色是一个主要的引导。晴天里，当蜜蜂不断地访问山梗菜(*Lobelia erinus*)的小蓝花时，我把一些花朵的所有花瓣都除去，而只把其他花朵下面的有条纹的花瓣除去，这些花朵就不再为蜂类所吮吸，虽然某些蜂实际上还在它们上面爬行。单是除去两个上面小花瓣对于它们的访问并没有影响。J.安德森先生(Mr. J. Anderson)也说，当

---

① 引用在《美国博物学家》，1873年5月，270页。

② 当这些论点写好了以后，我发现赫尔曼·米勒几乎得到完全相同的结论：关于昆虫如它们可能一直往来于同一物种的花朵的原因，《蜜蜂杂志》，1876年7月，182页。

他把荷包花属的花冠除去，蜂就不再访问这些花朵了。[①] 另一方面，在由一个花园中散播出去的某些大群的 *Geranium phaeum* 里面，我观察到一个很不寻常的事实：当所有花瓣已经脱落以后，这些花朵仍然继续分泌丰富的花蜜；而在这种情况下的花朵仍为土蜂所访问。但是蜂类可能熟知花朵的所有花瓣落后，在它们那里还可以找到花蜜，其中仅仅一两个花朵没有而已，所以仍然值得访问。单是花冠的颜色，只可作为一个大概的向导，所以我观察了土蜂一段时间，发现它们只访问开白花的秋花绶草（*Spiranthes autunnalis*）的植株，这些植物生长在隔着相当距离的矮小的草地上；这些土蜂飞到其他几个开白花植物上，然而并不做进一步窥视，就飞越向前去寻找绶草属（*Spiranthes*）植物去了。还有，很多蜜蜂的访问仅限于烟斗木（*Caliuna vulgaris*）。它们也屡屡飞向轮生叶欧石南（*Erica tetralix*），显然为这些很相近似的花朵色调所引诱，然后立即越过，而去寻找烟斗木。

花的颜色不是唯一的向导，这已由上述蜂类的 6 个事例明显地表示出来。这些蜂类重复地由一个变种直线地飞往同一物种的另一变种，虽然这些变种生着颜色很不相同的花朵。我也观察到蜂类由一丛开黄花的月见草属直线地飞向花园中任何其他一丛的相同植物，并不离开它们趋向花菱草属或其他有黄花的植物的路线哪怕 1 英寸，尽管这些黄花在路线的两边只有 1 英寸或 2 英寸。在这些事例中，我们可以从它们的直线飞行推知，蜂类非常清楚地知道花园中每一植物的位置。它们是受经验和记忆所引导的。然而最初它们如何发现有着不同颜色的花朵的上述变种是属于同一物种呢？尽管这似乎是不可能的，至少在某些时候，蜂类似乎可以从一定距离以外根据植物的一般外形来识别它们，这正像我们所做的一样。在三种场合下，我看到土蜂从一株花朵正在盛开的、高的翠雀[larkspur（翠雀属）]完全直线地飞向 15 码之遥的同一物种的植株，而这株植物尚无一花开放，它的芽苞也只显示浅蓝的色泽。这里既非气味，也非以前访问的记忆在起着作用，而蓝色又如此之浅淡，所以也很难作为一种向导。[②]

---

① 《园艺者记录》1853 年，534 页。库尔把若干物种的大量花朵中的蜜腺除去，而发现较大数目的花朵是结种子的；不过昆虫大约察觉不到蜜腺的失去，直到它们的长吻已插入这些小孔时，它们已使花朵受精了。他也从很大数目的花朵中把整个花冠除去，而这些花朵也结成种子。自交能孕的花朵在这种情况下可以天然地结成种子，但是，我非常惊异，飞燕草以及翠雀花属（*Delphinium*）其他物种，还有三色堇经过这样处理以后，也产生相当数量的种子；但是他似乎并没有把这样所产生的种子数和不损伤花朵而听凭昆虫自由接近所产的种子数相比较。《蜜腺的意义》，1883 年，123—135 页。

② 赫尔曼·米勒（《受精》，347 页）所提到的一个事实，证明蜂类具有锐利的视力和识别力；因为那些由 *Primula elatior* 采集花粉的蜂类，总是越过长花柱类型的花朵，花药在这些花朵中是位于管状花冠的下方的。可是长花柱类型和短花柱类型在外形上的差异是非常微细的。

显著的花冠并不足以引诱昆虫重复来访，除非同时分泌花蜜，或许再加上发出的一些芳香。在两个星期里，我每天数次注视遮盖墙壁的、花朵正在怒放着的 *Linaria cymbalaria*，可是从未看到一只蜂甚至睨视它一下。后来在一个很热的日子里，却突然有很多的蜂群孜孜不倦地在花上工作。似乎某种程度的热对花蜜的分泌是必要的；因为我观察了山梗菜，假使太阳只停止照射半小时，那么蜂群的访问就零零落落，不久即告停止。关于从巢菜托叶分泌甜质的类似事实已在上面提到过。像在柳穿鱼属的情形一样，在 *Pedicularis sylvatica*、*Polygala vulgaris*、三色堇以及三叶草属的某些种也是如此的。我一天一天地注视花朵，开始时没有看到一只蜂在工作，后来突然地所有的花都为很多的蜂访问着。现在这许多蜂怎么会立刻发现这些花朵是在分泌花蜜呢？我猜想，这一定是由于它们的香味；当少数的蜂开始吮吸花朵时，其他同类或异类的蜂立即观察到这个事实，而且从中受益。当我们讨论花冠的穿孔时，我们将明了，蜂类是全然能够接受其他物种的工作的好处的。记忆也起着作用，因为像刚才所说明的，蜂类知道花园中每一丛花朵的位置。我反复看到它们环绕着一个角落，由白藓(*Fraxinella*)以及由柳穿鱼属的一个植株飞到同一物种而在远处的另一植株上；这两个植株之间有其他植物间隔着，相互看不见。

某些花朵的花蜜的滋味或气味，对蜜蜂或土蜂或两者似乎是没有吸引力的；因为似乎没有其他的理由能够解答这一问题，为什么某些分泌花蜜的、开放着的花朵不为它们所访问呢？这些花朵的某些只分泌了少量的花蜜，这很难作为它们被忽视的原因；因为蜜蜂热衷搜寻桂樱(*Prunus laurocerasus*)的叶片的腺体上的微细小滴。甚至由不同蜂窝而来的蜜蜂有时访问不同种类的花朵，像格兰特先生(Mr. Grant)所说，关于西洋樱草和三色堇就是这样的。[①] 我已知道土蜂访问一个花园中的 *Lobelia fulgens*，可是在只有数英里之遥的另一花园中就不是如此。在宽叶火烧兰(*Epipactis latifolia*)的唇瓣中的足量花蜜从未被蜜蜂或土蜂所触及，虽然我看到它们就在近处飞过；可是这种花蜜却有着悦人的滋味，它经常被普通的胡蜂吞食。就我所看到的而言，在英国，胡蜂仅在这种火烧兰属(*Epipactis*)、*Scrophularia aquatica*、洋常春藤(*Hedera helix*)、*Symphoricarpus racemosa*[②] 和 *Tritoma* 的花朵中寻觅花蜜；其中前3种植物是本地的，而后2种是外来的。胡蜂如此地喜欢糖类和任何甜味液体，它们并不轻视桂樱腺体上微细的小滴。这是一个很奇怪的事实。它们并不吮吸很多开放

---

① 《园艺者记录》，1844年，374页。

② 同一事实在意大利显然也是正确的；因为德尔皮诺说，只有这三种植物的花朵为胡蜂所访问(*Nettarii Estranuziali*，*Bulletino Entomologico*，年刊Ⅵ)。

着花朵的花蜜,而这些花朵它们不需要借助于吸管就可以吮吸到。蜜蜂访问 *Symphoricarpus* 和 *Tritoma* 的花朵,这使得上述事实更为奇怪,即它们并不访问火烧兰属的花朵,或就我所看到而言,并不访问 *Scrophularia aquatica* 的花朵,虽然它们的确访问 *Scrophutaria nodosa* 的花朵,至少在北美洲是如此。[①]

蜂类异乎寻常的努力和在短时期内访问许多花朵的行为,使得每一朵花得以受到重复地访问,也必然大大地增加了每一朵花接受异株花粉的机会。当花蜜不论由哪一种方法被隐蔽起来时,蜂类若不把它们的吸管插入,就不知道花蜜是否在最近已被其他蜂类所吸完。正如我们在前一章中所说明的,这将迫使它们访问更多其他的花朵。但是它们尽可能不浪费一点点时间。当花中有若干个蜜腺,假使它们发现有一个蜜腺已经干燥,它们便不再尝试其他的蜜腺,而是像我所时常看见的,立即飞向其他的花朵。它们工作很努力而且有效果,所以即使在群居植物(social plant)的场合下,一些不同类别的荒地上,成千成万的植物生长在一起,其中每一朵花都受到访问。相关的证据我马上就要提到。它们绝不浪费时光,很迅速地由一植物飞到另一植物,但是我并不知道蜜蜂飞行的速率。可以确定的是,土蜂每小时飞行 10 英里,由于雄性个体奇特的习惯,它们总是访问某些固定的地点,所以由一处飞至另一处所需要的时间是很容易测定的。

至于蜂类在一固定时间内访问的花朵数,我观察到一只土蜂在恰巧一分钟内访问了 24 朵 *Linaria cymbalaria* 闭着的花朵;另一只蜂在同一时间内访问了 22 朵 *Symphoricarpus racemosa* 的花朵;而还有一只蜂访问翠雀属(*Delphinium*)的两棵植株上的 17 朵花。在 15 分钟的时间内,单是月见草属的一个植株顶端上的一朵花就被几个土蜂访问了 8 次,而我跟踪过这些蜂中最后的一只,它在另外的几分钟内,访问了一个大花园中同一物种的每一个植株。在 19 分钟内,粉蝶花的一个小植株上的每一朵花被访问 2 次。风铃草属(*Campanula*)上的 6 朵花在一分钟内被一个采花粉的蜜蜂所进入。可见当蜂类从事这种工作时,比吮吸花蜜时要慢些。1841 年 6 月 15 日,我在 10 分钟内观察了 *Dictamnus fraxinella* 的一个植株上的 7 个花梗;它们为 13 只土蜂所访问,每一只都进入很多花朵。6 月 22 日,同样一些花梗在同一时间内被 11 只土蜂所访问。这株植物共着生 280 朵花,根据上述资料,再考虑了土蜂在晚间工作到多晚,每一朵花每天至少被访问 30 次;而同一朵花可以继续开放好几天。蜂类访问的频率之高低,有时也可以从花瓣被它们有钩的跗节所搔伤的程度来表示。

---

① *Silliman's Americail Journal of Science*,1871 年 8 月。

我曾经看到沟酸浆属、水苏属(*Stachys*)和山黧豆属的大花圃中,它们花朵的美艳因而被凄惨地毁损了。

**由蜂类引起的花冠穿孔**

我已经间接地谈到蜂类为了取得花蜜在花朵上咬出小孔。在本地种和外来种上,在欧洲的很多区域、在美国还有在喜马拉雅山区域,蜂类都时常这样地工作着;所以很可能在世界各处都是如此。实际上那些有赖于昆虫进入花朵才能受精的植物,当它们的花蜜这样地由外面被偷窃时,它们将不能产生种子;即使是那些没有任何帮助也能够自己受精的物种,也不可能有异花受精的情况。就我们所知的,这在大多数场合是一个严重的弊害。土蜂所进行的穿孔手术的范围是令人惊骇的。我在伯恩茅斯(Bournemouth)附近看到一个颇堪注目的例子。那里从前是一望无际的荒野。我散步经过了一段长路,时常隔一小段路就采摘一条轮生叶欧石南(*Erica tetralix*)的小枝。最后我获得了一把,就通过一个放大镜来检视所有的花朵。这样的操作重复了很多次;虽然我检验了数以百计的花朵,可是我并没能发现一朵花是未曾穿孔的。土蜂就是在那时通过这些小孔来吮吸花朵的。第二天,经过检视另一荒野上的很多花朵,我得到同样的结果。不过在这里,蜜蜂正是通过这些小孔而吮吸的。这个事例更令人注目,因为无数的小孔是在2周内完成的,而在那个时期以前,我无论在何处看到的蜂类都是在花冠的口部吮吸的。在一个很大的花园中,几个大花圃上的 *Salvia grahami*、*Stachys coccinea* 和 *Pentstemon argutus*(?)的每一朵花都是穿孔的。我曾看到整块地的红三叶草的情况就是如此。奥格尔博士发现,*Salvia glutinosa* 的90%的花朵曾被咬过。美国的贝利先生(Mr. Bailey)说,"要找到一朵没有穿孔的本地的 *Gerardia pedicularia* 的花,是很困难的";而金特里先生(Mr. Gentry)在讲到引种的紫藤时说,"几乎每一朵花都是穿了孔的"。[①]

就我所看到的,把花朵咬出小孔的总是土蜂,它们有着强有力的咀嚼口器(mandible),很适合于这种工作;而蜜蜂就享受这些小孔带来的好处。然而赫尔曼·米勒博士写信给我说,蜜蜂有时咬穿轮生叶欧石南的花朵。据我观察,除了蜜蜂和单是在对 *Tritoma* 有关的胡蜂以外,没有其他昆虫能有充分的意识来享受这些小孔带来的好处。甚至连土蜂也不一定能察觉某些花朵的穿孔对它们是有利的。三色旱金莲的蜜腺中有着充足的花蜜,可是我在不止一个花园中发现这种植物竟未被昆虫触动过,而其他植物的花朵已被广泛地穿孔了。不过,几年前,J. 勒包克爵士的园丁向我有信

① 奥格尔博士,《通俗科学文摘》1869年7月,267页。贝利(*American Nat*,1873年11月,690页)。金特里(同上,1875年5月,264页)。

心地说，他曾看到土蜂穿通这种旱金莲属的蜜腺。我在贝雷先生处听说，在美国普通的庭园旱金莲属是常被穿孔的。米勒曾经观察到，土蜂想在 *Primula elatior* 和一种耧斗菜属(*Aquilegia*)植物的花朵的开口处吮吸，它们吸不到花蜜，就在花冠上打孔。不过，它们时常咬出小孔就放弃了，如果它们再用一点力就可以由花冠的开口处获得花蜜。

W. 奥格尔博士曾写信告诉我一件奇特的事例。他在瑞士采集了乌头(*Aconitum napellus*)普通蓝色变种的100个花茎，发现没有一朵花是穿孔的。于是，他又采集生长在近旁的一个白色变种的10个花茎，每一朵开放着的花朵都被穿了孔。这种花朵状况的惊人差异很可能是由于蓝色变种中存在有辛辣的物质，对这种物质蜜蜂是不喜欢的。这种物质在毛茛科中很普遍，而在白色变种中随着蓝色的丧失，它就不再存在了。根据斯普伦介尔的报告，[①]这种植物是显著地雄蕊先熟的；所以它将是或多或少地不孕的，除非蜂类把花粉由幼嫩的花朵携带到较老的花朵。因此白色变种的花朵常被蜂类咬孔，而不是正规地从花冠的开口处进入，导致不能产生足量的种子，而成为一种比较稀少的植物。奥格尔博士告诉我说的就是这样的情况。

蜂类在它们寻找花蜜的过程中显示出高超的技巧，因为它们从外面开始钻孔，却总能接近花冠内隐藏着花蜜所在的地方。在 *Stachys coccinea* 的一个大花圃上，所有的花朵都有一个或两个细长的孔，钻在花冠的上侧靠近基部的地方。紫茉莉属的一种和红花鼠尾草(*Salvia coccinea*)的花朵以同样的方式被穿了孔。花萼大大延长的 *Salvia grahami* 的花朵，其花萼和花冠都必然地被穿了孔。*Pentstemon argtus* 的花朵比上面所提到的植物的花朵更宽阔些，所以在其萼片以上总有两个并列小孔。在这些事例中，钻孔都是在花朵的上方；而在金鱼草中，一个或两个小孔是贯穿在下方，接近于出现蜜腺的小突起的地方，也就是直接在前面而靠近分泌花蜜的地方。

我所知道的最值得一提的技巧和判断的事例是关于 *Lathyrus sylvestris* 的花朵的穿孔，这正如我的儿子弗朗西斯所叙述的。[②] 这个植物中的花蜜是包藏在由联合雄蕊所形成的一个管中。这个管紧紧地包围着雌蕊，所以一个蜂势必由管的外侧插入它的吸管；但是在管上靠近基部的地方留有一个天然的圆形通道或小孔，使蜂类可以借此达到花蜜。我的儿子发现在这种植物上，其24朵花中有16朵花有穿孔，还有在栽培的四季豌豆上(即在这个物种的一个变种或在一个密切相关的物种上)，其16朵花中有11朵花的穿孔，但左面的小孔比右面的大。值得注意的是，土蜂在旗瓣上咬

---

① *Das Entdecke*，278页。

② 《自然》1874年1月8日，189页。

穿小孔，而它们总是在左侧的小孔上操作的，这个小孔一般就是二者之中的较大者。我的儿子说道：“这是很难说，蜂类是如何可以获得这个习性的。是否它们在以常规的方法吮吸花朵时，发现花蜜小孔的大小不等，于是利用这个知识来决定在哪里去咬孔，或者是在不同位点咬穿旗瓣时找到了一个最好的位置，以后在访问其他花朵时就记住它的位置？但是不论哪一种情况，它们都表现出一种令人注意的能力，那就是可以利用它们由经验中学得的知识”。这似乎是可能的，蜂类之所以获得咬穿所有各种花朵的小孔的技能，在于有着长期操作塑造蜂窝和蜂蜡的本能，或用蜡管扩大它们的子囊(cocoon)的本能；因为这时它们非在同一物体的里面和外面工作不可。

在1857年的初夏，当我做红花菜豆(*Phaseolus multiflorus*)的受精工作时，虽然不能不在数星期内观察若干行那么多植物，但也每天看到土蜂和蜜蜂在花朵的开口处吮吸。有一天，我发现几只土蜂在连续进行着打洞工作；第二天，无一例外地蜜蜂不再停在左侧翼瓣上按正规的方法吮吸花朵，而是毫不犹豫地直飞到花萼上，通过前一天土蜂刚打好的小孔来吮吸；它们在以后数天中保持着这个习惯。[①] 贝尔特先生在通信(1874年7月28日)中告知我一个类似的例子，唯一的不同就是被土蜂所穿孔的花朵还不到半数；尽管如此，所有蜜蜂放弃在花朵开口处进行吮吸，全都光顾咬有小孔的花朵。那么蜜蜂如何能这样迅速地发现孔已打好了呢？仅仅依靠本能似乎是说不通的，因为这种植物是外来的。当蜜蜂落在以前经常所停的翼瓣上时，它是看不到那小孔的。当山梗菜的花瓣被除去时，蜜蜂很容易被欺骗，所以很显然地，在这个场合它们不是因花蜜的芳香而导向花蜜的；而且这也很可疑，它们是否是由于菜豆的花朵的小孔所发散出来的芳香而被引向小洞的。当它们以常规方式吮吸花朵时，可以由它们吸管的触觉而知道有小孔的存在，因而理解到停在花朵的外面。利用这些小孔，可以节省它们的时间吗？这对于蜜蜂似乎是一种太复杂的思维行动；而比较可能的是它们看到土蜂在工作。当蜜蜂知道土蜂在做什么时，模仿它们并利用这个到达花蜜的捷径。即使对于高等动物，例如猴子，当我们听到一个物种的所有个体在24小时以内了解了一个不同物种所表演的动作，而且由此得到好处，也是相当惊叹不已的。

我曾在各类不同的花朵上重复地看到，所有通过小孔而吮吸的蜜蜂和土蜂都毫不犹豫地飞向它们，或在花冠的上侧，或在花冠的下侧。这表示在一个地区中的所有个体如何迅速地都获得了同一知识。不过习性也在某程度上起着作用，而这正像蜂

---

① 《园艺者记录》，1857年，725页。

类的很多其他动作一样。奥格尔博士、法勒先生和贝尔特先生曾在红花菜豆[①]的事例中看到，某些个体全然趋向穿孔的地方，而同一种的其他个体只访问花朵的开口处。1861年我在红三叶草中注意到完全相同的事实。习性的力量是非常强大的，所以当一只访问穿孔花朵的蜂碰到了一朵未经咬过的花朵，它并不趋向开口处，而立即飞去寻觅另一朵被咬过的花朵。尽管如此，有一次我看到一只土蜂访问 *Rhododendron azaloides* 的杂种，它进入某些花朵的开口处，并在其他花朵中钻了孔。赫尔曼·米勒博士告诉我说，他在同一地区看到 *Bombus mastrucatus* 的某些个体咬穿 *Rhinanthus alecterolophus* 的花萼和花冠，而其他的个体只是咬穿花冠。不过有时可以看到不同物种的蜂类可以在同一时间内同一植株上进行不同的工作。我曾经看到蜜蜂在普通菜豆的花朵的开口处吮吸；有一类土蜂通过咬在花萼上的小孔而吮吸，而另一类土蜂则吮吸托叶所分泌的小液滴。密歇根(Michigan)的比尔先生告诉我说，密苏里的穗状醋栗(*Ribes aureum*)富含花蜜，所以小孩们时常吮吸它们；他看到蜜蜂通过一种鸟——苇雀(*Oriole*)——所打的孔在吮吸着，而在同一时候，土蜂以正常的姿态在花朵开口处吮吸。[②] 这个关于苇雀的说明，使我想起我以前所讲过的蜂鸟，它们的某个物种在曼陀罗木属的花朵上咬穿小孔。而其他的物种则由此开口处进入。

促使蜂类在花冠上咬穿小孔的动机似乎是节省时间，因为它们爬进和爬出那些较大的花朵，以及强使它们的头部伸入闭着的花朵，都要损失很多的时光。就我所能判断的而言，在一种水苏属和一种吊钟柳属(*Pentstemon*)中，它们停在花冠的上侧面通过所穿小孔来吮吸，这样它们可以访问的花朵比用正常途径进入时所可访问的花朵几乎多了两倍。尽管如此，每只蜂在穿通新的小孔时，事先必须经过很多练习，一定要损失很多时间，而尤其在穿通花萼和花冠两者时更是如此。所以这个行为就意味着远见。关于这种性能，我们可以在它们的建筑活动中得到充分的证据。我们难道不可以进一步相信，它们的社会本能的某些痕迹，也就是为团队中其他成员的幸福而工作的某些痕迹，在这里也起到了一定作用吗？

一般而言，土蜂只对成片生长在一起的花朵穿孔，这个事实在多年以前就使我诧异。在一个花园中，有着 *Stachys coccinea* 和 *Pentstemon argutus* 的大花圃，其中紧邻的一片植株中每一朵花都被穿了孔，但是我发现前一物种的两个植株间距相当大，它们的花瓣多被弄伤，表示它们经常为蜂类所访问，可是没有一朵花是穿孔的。我也

---

① 奥格尔博士，《通俗科学文摘》，1870年4月，167页。法勒先生在 *Annals and Mag. of Nat. Hist*，(第4集，第2卷，1868年，258页)提到。贝尔特先生在写给我的一封信中提到。

② 然而茶藨子属(*Ribes*)的花有时为土蜂所穿孔，而且邦迪先生(Mr. Bundy)说，它们在1分钟内可以咬穿7朵花，同时窃取它们的花蜜。《美国博物学家》，1876年，238页。

找到吊钟柳属的一个独立生长的植株，看到蜂类进入其花冠的开口处，而没有一朵花是穿了孔的。在第二年(1842)，我访问同一花园若干次。在7月19日，土蜂以正常的姿态吮吸 *Stachys coccinea* 和 *Salvia grahami* 的花朵，没有一个花朵是穿孔的。在8月7日，所有的花朵都穿了孔，甚至生长在稍离大花圃的鼠尾草属的某些少数植株也是如此的。在8月21日，只有这两个物种的花穗顶部的少许花朵还保持着鲜艳，而其中没有一个是穿孔的。还有，在我自己的花园里，若干行的普通菜豆中，每个植株都有很多花是穿了孔的；不过我发现有3棵植株是在花园个别地方偶然地生长起来的，而这些植株就没有一朵花是穿孔的。斯特雷奇将军(General Strachey)以前在喜马拉雅的一个花园中看到很多穿孔的花朵，他写信给花园的主人，求证植物的密集生长和它们被蜂类穿孔之间的这种关系，在那里是否是正确的，得到回答是肯定的。贝利先生告诉我说，大多数穿了孔的 *Gerardia pedicularia* 以及 *Impatiens fulva*，两者都生有极多的小花。所以结果是，在田地上密集栽培着的红三叶草和普通菜豆——在原野上大量地生长着的轮生叶欧石南——在菜圃中成行的红花菜豆——在花园中的任何一个物种的大量个体显然都是容易被穿孔的。

要说明这个事实并不困难。大量地生长着的花朵给蜂类提供了丰富的猎物，并且在远距离下是很注目的。结果成群结队的昆虫就来访问它们，有一次，我数到有20～30个的蜂群飞翔在一个吊钟柳属的苗圃上。它们由于竞争而迅速地工作。而更加重要的，像我儿子[①]所指出的，是它们发现大部分花朵中的蜜腺已被吸干了。它们在寻觅空虚的花朵中浪费了很多时间，就不得不去咬穿小孔。它们要尽量迅速地发现是否还有花蜜存在，假使有，就设法获得它。

部分或全部不孕的花朵需要受到昆虫正常状态的来访，例如鼠尾草属的大多数物种，红三叶草和红花菜豆等的花朵。假使蜂类把它们的访问局限于穿孔的地方，那么这些花朵就要或多或少地不能产生种子了。在那些能够自我受精的物种中，穿了孔的花朵只能产生自交的种子，其幼苗将因而减低生命力。所以当蜂类以偷窃的姿态在花冠上咬穿小孔来获得它们的花蜜时，所有的植物都必然受到某种程度的损害；可以这样设想，很多的物种就因此而灭绝了。但是正像整个自然界所有的通则，在这里有一种倾向于恢复平衡的趋势。假使一种植物由于穿孔而受到损伤，培育出来的个体数将要较少；假使它的花蜜对于蜂类是非常重要，这些蜂类因而也受到损伤，数目减少。当这种植物成为比较稀少以后，就不是密集地生长着，蜂类也就不再受到刺

---

① 《自然》，1874年1月8日，189页。

激在花朵上咬孔，这时它们将以常规的方式进入花朵。于是产生了较多的种子，而且这些幼苗是异花受精的产物，将有比较强的生命力。此时这个物种就趋向于数目的增加；当植物再度密集地生长时，常规的访问方式又要受到抑制了。

# 第十二章　总的结果

· *General Results* ·

异花受精证明是有益的，而自花受精是有害的——有关的物种在利于异花受精和避免自花受精的方法上大不相同——这两个过程的利益或损害有赖于性因素分化的程度——不利的影响并不是由于亲本中病理趋向的综合——植物在自然或栽培状态下邻近生长在一起时所经受的条件的性质，以及这些条件的影响——关于分化了的性因素的相互作用的理论考察——实际的教训——两性的发生——和杂交品种的结合比较起来，异花受精和自花受精的效果之间，以及异长花柱植物的合法和不合法结合的效果之间的密切相关

Digitalis purpurea L.

从本书中所列举的观察中可以得到一些结果，其中首要的结果是，异花受精一般是有利的，而自花受精时常是有害的，至少在我所试验的植物中是如此。长时期连续自花受精是否对所有植物有害，这是另一个命题。这些结论的正确性表现在由异花受精和自花受精花朵所产生的子代的高度、质量、生命力和结实力上的不同，也表现在亲本植株所生产的种子数量上的不同。关于自花受精时常是有害的这个命题，我们有着丰富的证据。*Lobelia ramosa*、毛地黄等植物，由于花朵的构造已使它们的受精几乎必须借助于昆虫。如果来自一个不同个体的花粉比来自同一个体的花粉更有优势，则这些植株在很多或全部以前的世代里几乎一定是被异花受精的。由于外来花粉的优越性，所以在甘蓝和各种其他植物中，当它们的变种生长在一起时，几乎毫无例外地要相互杂交。在某些植物，例如木樨草属和花菱草属，用它们自己的花粉受精时是不孕的，而用来自任何其他个体的花粉时却是能孕的，这样就可以更有把握地得到同样的推论。所以这些植物在以前的一长列的世代里，一定是异花受精的，在我试验中所行的人工杂交，并不能增加后代的生命力而超越于它们的祖先。因而，我所培育出来的自花受精和异花受精植物的不同，不能归于杂交幼苗的优越，而应归于自花受精幼苗的低劣，因为它们受到自花受精的有害影响。

虽然很多植物的自花受精存在弊害，它们却可在其他条件适宜的情况下繁衍很多世代，这正像我的某些试验中所表现出来的那样。特别是在普通豌豆和香豌豆中，它们的同一些品种至少能存续半世纪。同一结论可能也适用于某些其他外来植物，它们在英国极少被杂交过。不过，就所有已被试验过的这些植物而言，用一个新品系予以杂交则受益匪浅。很多着生小而不显著花朵的物种，在白天几乎很少被昆虫所访问；所以赫尔曼·米勒推论，它们几乎总是自花受精的。但是在我看来证据似乎不足，除非可以证明这些花朵在晚间未受任何种类的小蛾所访问。从这些小花朵是展开着的这一事实，再根据它们的某些花朵分泌着花蜜，这似乎是可能的，它们至少偶然为夜间活动的昆虫所访问，因而相互杂交。有人把这些植物进行杂交和自花受精，

◀**毛地黄（*Digitalis purpurea* L.）**

并比较其后代的生长、高度和结实力。僧侣 G. 亨斯洛[1]说,通过人的媒介,植物被广泛地扩展到新的国度里,在那里生长得非常旺盛,这样的植物通常着生小而不显著的花朵。而且,因为 G. 亨斯洛假设这些植物始终是自花受精的,所以他推论,这个过程对植物不可能完全有害。他相信,"只要一株植物一直在自花受精,条件维持不变,并保有它的平均标准,就并不在任何方面退化。只要它一直生活在同一地方,它就不能得到好处,因为它并不能引入任何新的东西到它的系统中;所以它的结果是负的。然而,假使自花受精植物能够迁移,由崭新的环境中获得了新的特性,它们就可以得到惊人的活力,甚而把它们所侵入的国度里的本地植物取而代之了。"根据这个见解,雌雄性因素在这种场合下,通过新环境的作用,一定起了分化;而由苘麻属和花菱草属改变环境后其生殖系统的显著变化来判断,这似乎是可能的。

某些少数植物,例如 *Ophrys apifera*,由于它们花器的结构,在自然状态下繁衍数个世代却几乎一次也没有相互杂交过;如果用一新品系与之杂交,它们是否可以得到好处?这是不知道的。但是这样的例子不应当使我们怀疑;一般而言,杂交是有利的,而自花受精是有害的。与此类似,某些植物在自然状态下存在着无性繁殖,即完全用地下茎、匍匐茎等[2]繁殖(它们的花朵从不产生种子),但这些也不应当使我们怀疑:种子繁殖必然有某种巨大的优势,因为种子繁殖是自然界中普遍存在的规律。是否任何物种从远古时期开始,就已经无性繁殖了呢?那自然不能确定。在这个课题上可以构成我们判断的唯一方法,就是我们的果树品种曾长期应用接木或芽接的方式来繁殖。安东尼·奈特以前主张,在这种情况下它们总是变弱。但是这个结论引起其他学者的激烈争论。最近一个有能力的公断者阿萨·格雷教授[3]站在安东尼·奈特的一边。根据我所收集的那些证据看来,这一边的见解似乎是最可能的,虽然也有着很多相抵触的事实。

关于本章开头的两个命题中的第一个,即异花受精一般是有利的,我们有着卓越的例证。牵牛花属的植物曾在 7 个连续世代中相互杂交;然后它们再度相互杂交,同时用一个新品系,即用从另一花园拿来的一个植株与之杂交;而后一种杂交的后代与第十代相互杂交的植株在高度上的比是 100∶78,在结实力上的比是 100∶51。就结实力而言,

---

① G. 亨斯洛先生在《园艺者记录》自 1877 年 1 月 13 日到 5 月 5 日,还有在 *Science and Art*(1877 年 5 月 1 日,77 页)中,发表了一篇对于本著做的详尽文摘,这些引语就是由后面这个杂志摘录下来的。由于 G. 亨斯洛先生的批评,我已把这书中的某些语句修改,而努力使其他的语句清晰;不过我绝不能同意他的很多其他推论。我也由赫尔曼·米勒在 *Kosmos*(1877 年 4 月,57 页)中的一段有才能的文摘而得到益处。

② 我在我的《动物和植物在家养下的变异》,第 18 章,第二版,第 2 卷,152 页中,曾列举了一些事例。

③ Darwiniana: *Essays and Reviews Pertaining to Darwinism*,1876 年,338 页。

对花菱草属的一个类似试验也得出同样的结果。在这些事例中没有任何一棵植株是自花受精的产物。石竹属的植物自交3代，这无疑是有害的；可是当这些植物用一新品系以及用同一品系的相互杂交植物与之杂交时，这2组幼苗在结实力上大有差别，而在它们的高度上也有某些不同。矮牵牛属提供了一个几乎平行的例子。关于其他各种植物，用一个新品系杂交后意想不到的效果，可以从第七章的表C中看出来。关于由同一物种的2变种间杂交而来的幼苗的异常生长的记载已经发表[①]。我们知道其中某些变种是从未自花受精的。在这里，不论自花受精或亲缘关系，即使是一种很微细的程度，都没有能够发生作用。所以我们可以下结论，上面两个命题是正确的——即异花受精一般对后代是有益的，而自花受精时常对后代是有害的。

某些植物，例如三色堇、毛地黄、金雀花、仙客来等，在很多或所有以前世代中都是天然异花受精的，而仅仅一次自花受精的作用就会让它们受到极度损害，这是一个令人惊骇的事实。这种损害并不以任何相应的程度随着自花受精亲本植物的花粉对同花柱头作用无效的情况而转移的。在牵牛花属、沟酸浆属、毛地黄属和芸苔属等事例中，自花受精的亲本植株产生有足量收成的种子。尽管如此，由这些种子培育出来的植株在很多方面低劣于它们的异花受精的弟兄。在木樨草属和花菱草属中，自花受精比较不孕的个体获得异花受精的好处，要比自花受精比较能孕的个体所获得的好处要小些。在动物方面，最初数代的近亲繁殖中，看不到随之而来的明显的弊害。然而我们必须记住，动物最亲密的近亲繁殖可能是在兄妹之间，那不能认为是和同花的花粉和胚珠间的结合一样的亲密。在植物方面，从自花受精而来的害处是否在相继的世代中继续增加，我们还不知道；不过可以由我的试验推论，这个增加假使有的话，也是不快的。植物以自花受精繁殖数代以后，用一新品系与之杂交，即可恢复它们最初的健旺；在家畜方面，我们也得到极相类似的结果。[②] 异花受精的良好效果由植物传递到下一代；而且根据普通豌豆的一些品种来衡量，它可以传递到很多相继的世代。不过之所以如此，可能仅仅是由于异花受精植物的第一代都是非常有活力的，并且把它们的活力像其他性状一样传递给它们的继承者。

便利异花受精和阻碍自花受精的方法，或相反地，促进自花受精和限制异花受精的方法，都是千变万化的。值得注意的是，这些方法在亲缘关系密切的植物的个体间[③]——在同一属的物种间和有时在同一物种的个体间——都是大大的不同的。这

① 参看《动物和植物在家养下的变异》，第19章，第二版，第1卷，159页。

② 《动物和植物在家养下的变异》第19章，第二版，第2卷，159页。

③ 希尔德布兰德关于禾本科(Gramineae)植物受精的观察中，竭力坚持这种效果(*Monatsbericht K. Akad. Beflin*，1872年10月，763页)。

并不稀奇，在同一属内可以找到雌雄同花的植物，以及性别分开的植物；通常地也可以找到某些物种的雌雄蕊成熟时期不同，而另一些物种的性因素是同时成熟的。雌雄蕊成熟期不同的虎耳草属（*Saxifraga*）含有雄蕊先熟的物种和雌蕊先熟的物种。[①]某些属含有异长花柱的物种（二型花的和三型花的类型）和等长花柱的物种。眉兰属（*Ophrys*）提供了一个颇堪注目的例子，一个物种的构造显然是适应于自花受精的，而其他物种的构造是显然适应于异花受精的。属于同一属的某些物种，用它们自己的花粉进行受精是完全不孕的，而对其他一些物种如此却是完全能孕的。由于这种种的原因，当昆虫被隔离时，我们时常在同一属中发现，有些物种不产生种子，而其他的物种产生足量的种子。某些物种着生不能杂交的闭花受精的花朵以及完全花，而同一属的其他的物种从来不产生闭花受精的花朵。某些物种存在着两种类型，一种着生适于异花受精的显著花朵，另一种着生适于自花受精的不显著的花朵；而同一属中其他的物种只存在着一种类型。即使是在同一物种中，个体间自交不孕性的程度变化也很大，例如在木樨草属中。在杂性花植物中，同一物种的个体间的性别分配是不相同的。在天竺葵属的变种间，同一花中性因素成熟的相对时间是不同的。卡里尔（Carrière）列举出若干事例，证明这个时间是随植物所受到的温度而变迁的。[②]

在亲缘关系密切的类型中，促进或阻止异花受精和自花受精的方法千变万化，可能有赖于这两个过程的结果对物种有着很大的好处。不过，一个恰巧相反的情况，可能有赖于变化多端的条件。自花受精保证有大量种子的生产；大量种子的必要或利益将取决于植物的平均寿命；而平均寿命大部分又因种子和幼苗所遭受的损害量而定。导致这种损害的原因多种多样，例如若干种动物的存在，以及周围植物的生长情况等。异花受精的可能性主要有赖于某些昆虫的存在和数目，而这些昆虫时常属于特别的类群；也有赖于昆虫被引向任何特定物种的花朵而不到其他花朵去的程度——所有这些环境是很容易改变的。此外，由异花受精而来的利益的大小，在各种不同的植物中大相径庭，所以亲缘关系大的植物由异花受精所得到的利益也很可能大小不等。在这些极端复杂和变动的条件下，要获得两个略微相反的目标，即物种的安全繁衍以及异花受精的、健壮后代的产生，那么亲缘关系大的类型在促进达到任何一个目标的方法上呈现出极端的多样性，就不足为奇了。假使自花受精在某些方面是有利的，尽管超过于用一个新品系杂交而来的利益所可平衡的，则问题就变得更为复杂了。

---

① 恩格勒博士（Dr. Engler）《植物学杂志》，1868年，833页。

② 《论变种》，1865年，30页。

因为我只有两次在一个属中试验了一个以上的物种，所以我并不能确定，同一属内若干物种的异花受精的后代对它们的自花受精的兄弟的优越性，在程度上是否有所不同。但是根据半边莲属的两个物种以及烟草属的同一物种的一些个体所观察到的，我应该可以猜测，事实可能就是经常如此的。在同一科中属于不同属的物种在这方面一定是不同的。异花受精和自花受精的效果的差异可能仅体现在其后代的生命力或结实力方面，不过一般都归总到这两方面特性。一个物种的花朵适于异花受精的程度和它们的后代由这个过程所能得到利益的大小，其间似乎并不存有密切的关系；但是我们很容易在这个命题上犯错误，因为有两个外观上不易觉察的、有利于异花受精的方法，即自交不孕性和另一个体的花粉的优越受精效能。

最后，在第十一章中已经证明，异花受精和自花受精在亲本植株上所产生的效果并不总是和它们后代的高度、生命力和结实力上所产生的效果相对应。同样的说明也可应用在混杂了异花受精和自花受精的幼苗上，而当这些植物作为亲本植株的时候。这种关联性的缺乏，至少一部分是因为所产的种子数主要决定于到达胚珠的花粉管数。其实，后代的生命力不仅决定于到达胚珠的花粉管数，还决定于花粉粒与胚珠的组织间反应的性质。

*　　*　　*

还有两个其他的重要结论可以从我的观察中演绎出来。第一，异花受精的利益并不是仅仅在两个不同个体的结合中由某些神秘的效应而来的，但是来自这样的个体，它们在以前的世代中经受了不同的条件，或它们在自发状态下发生了变异，所以不论在哪一种情况，它们的性因素已起了某种程度的分化。第二，由于性因素中缺少这种分化，从而带来自花受精的损害。这两个命题都已由我的试验得到充分确认。当牵牛花属和沟酸浆属的植物在以前的 7 代中都经过自花受精，而且一直培植在同一条件下，这样的植物彼此相互杂交，它们的后代得不到杂交的一点好处。沟酸浆属提供了另一个富有启示的例子，证明杂交的利益有赖于祖先以前的处理：把以前 8 个世代中继续自花受精的植物和相互杂交同样代数的植物进行杂交，所有这些植物尽可能地培植在同一条件下；由这个杂交而来的幼苗被栽培起来，以之与同样自花受精母本用一个新品系与之杂交而来的其他幼苗相竞争；后者的幼苗与前者的幼苗在高度上之比是 100∶52，而在结实力上之比是 100∶4。在石竹属上进行了一个平行的试验，只有一点不同，植物只在以前 3 代中继续自花受精，但结果是相似的，只不过没有这样显著地显示出来。在早前两个关于牵牛花属和花菱草属的事例中，用一新品系杂交而来的植株优于老品系相互杂交的植株；正如后者优于自花受精的后代一样，因而坚定地支持着同一结论。用一个新品系或用另一个变种的杂交似乎总是非常有利的，不论母本植株已经相互杂交过，或在以前几个世代中自花受精过。同一植株上两个花朵间的杂交没有或很少有好处，这个事实同样对于我们的结论是一个有力的旁证。同一植株上花朵内的性因素很少会发生分化，在某种意义上讲，花蕾是不同的个体，有时在结构上或体质上发生变异而相互不同。异花受精的有利效果，有赖于用作杂交的植株在以前的世代中曾经获得的某些条件，或者它们已经获得这些条件而由某种尚未明确的原因发生了变异。这个命题已在各方面得到佐证了。

* * *

在进一步深入以前，必须重视许多生理学家所坚持的见解：由于动物过度近亲繁殖而来的一切弊害，还有由于植物自花受精而产生的一切弊害，是由于血缘很近的亲本或雌雄同花植物的两性所共有的某些体质上病理趋向或更加衰弱的结果。毫无疑问，损害常常就是这样形成的。但是要把这个见解扩展到我在第七章表中所列的很多事例中去，那将是徒劳无益的尝试。应当记住，同一棵母本植株既被自花受精又被异花受精，假使它是不健康的，那么它将会把一半的病理趋向传递给它的杂交后代。那些被选来作为试验的植物看上去是完全健康的，其中某些或是野生的，或是野生植物的直接后代，或是强健的普通庭院植物。假定在所有的事例中，母本植株不论哪一方面都无病态，但特别衰弱，其数以百计的自花受精后代在高度、质量、生命力和结实力上都低劣于它们的杂交后代。此外，就我的经验看来，这个结论也不能延伸到由同一变种或不同变种的个体间的相互杂交就必然获得明显突出的优势，即使这些变种在有些世代里曾经受到不同的条件。

显然，就杂交而言，把两群植物在若干世代中暴露在不同的条件下，不能获得有利的结果，除非它们的性因素因此受到了影响。毫无疑问，每一个有机体都要在某种程度上受到环境改变的影响。对于这个命题已无须再提供证据了。我们可以理会到同一物种的植株个体生长在阴暗或明亮的地方以及生长在干燥或潮湿的地方所发生的差异。在不同的气候下，或在一年内不同的季节中，植物在若干世代间繁育就会把不同的体质传递给它们的幼苗。在这些情况下，它们体液的化学组成和它们组织的性质便时常会变化。[①] 很多其他这样的事实可以列举出来。总之,一个部分在机能上的每一个转变,都可能与相应的、在结构或组织中很难察觉到的变化相联系的。

不论在哪一方面影响一个有机体,都会影响到它的性因素。这一点我们可以在新近获得的变异的遗传上看到。例如,由一个器官的多用或不用所引起的变异,而且甚至于由疾病所引起的变异[②]。至于生殖系统对于条件的改变是如何的敏感,我们有着丰富的证据。在很多例子中动物因笼饲而导致不孕,它们不再交配,或者即使交配却不产生后代,虽然笼饲与禁闭还相差很远。植物因人工栽培而导致不孕。生活条件的改变对性因素的作用多么的有力,最有说服力的证据是,植物在一个国家里是完全自交不孕的,而被带到另一个国家后,甚至在第一代就生产了相当数量的自花受精种子。

假定改变了的环境影响着性因素,那么两个或两个以上的植株紧密地生长在一起,不论在原产地或在一个花园中,这时它们处于全然相同的条件下,又怎么会所受作用不同呢?这个问题虽然已经被考虑过,不过还值得进一步展开来研讨。

在我关于毛地黄的试验中,一野生植株上的若干花朵进行自花受精,而其他花朵用生长在 2 英尺或 3 英尺远的另一植株上的花粉杂交。从这些种子培育出异花受精和自花受精的植株,它们所产生的花茎数之比是 100∶47,而平均高度之比是 100∶70。可见这两个植株间的杂交是非常有利的。但是它们的性因素是怎样被置之于不同的条件下而起分化呢?假使这两植株的祖先在过去 20 代中生活在同一地点,而且从未和数英尺以外的任何植株杂交,它们的后代非常可能变成和我试验中的那些植物同样的状况——例如牵牛花属的第九代的相互杂交植株,或沟酸浆属的第八代的自花受精植株,或由同一植株上一些花朵而来的后代——那么在这种情况下,毛地黄属两个植株间杂交不会产生好的效果的。但是种子时常由天然方法广泛地传播,上述两个植株中的一个或它们祖先中的某一个,可能来自远处——来自一个比较遮阴或向阳的地方,来自一个干燥或潮湿的地方,或来自一种含有其他有机和无机物质的不同种类的土壤。我们由劳斯先生和吉尔伯特先生[③](Messrs Lawes and Gilbert)优秀的研究中知道,不同的植物需要和消耗的无机物质数量大不相同。不过像我们起初所期待的那样,土壤中无机物质的数量对于任何特定物种的一些个体不会有如此巨大差

---

① 很多事例以及参考资料列举在我的《动物和植物在家养下的变异》第 23 章,第二版,第 2 卷,264 页中。关于动物,布雷肯里奇先生(Mr. Brackenridge)曾明白地证明(*A Contribution to the Theory of Diathesis*,Edinburgh,1869 年),由不同的气温和食物,引起动物的不同器官不同程度的活动,而且渐次或多或少地适应于它们。

② 《动物和植物在家养下的变异》第 12 章,第二版,第 1 卷,466 页。

③ *Journal of the Royal Agricultural Soc. of England*,第 24 卷,第 1 部。

异的；因为有着不同需要的周围物种，由于存在着的数目的消长，使每一物种对于土壤中所可获得的物质有维持一种平衡的倾向。甚至关于干燥季节中的湿度也是如此的；土壤中的湿度略高一些或略低一些是如何强烈地影响着植物的生长和分布的，这在还保持着传统埂垅和沟畦残迹的牧地上表现明显。尽管如此，因为在两个邻近地区中，周围植物的比例数很少是完全相同的，所以同一物种的个体对于它们可由土壤中摄取的物质也不同。这是很可惊异的，一群植物的自由生长如何影响了和其他混合生长的植物；我让几年来刈割频繁的一平方码[①]多些的草地上的植物自由生长，不再干涉。结果 20 种植物中有 9 种因而消失了；但这是否全然由于生长起来的种类掠夺了其他种类的养料，我不得而知。

种子时常以休眠状态埋在土中若干年，不论由什么方法，比如穴居动物把它们带到土表来时，就开始发芽了。园丁们相信，这个长期休眠的小环境可以影响重瓣花和果实的产生。此外，在不同季节成熟的种子，它们在整个发育期间受到的热度和湿度也不同。

在第十一章中已经谈到，花粉时常被昆虫由一植株带至另一植株，经过一段很远的距离。这里我们有毛地黄属的两个植株，其中一株的亲本或祖先可能已被生长在约略不同条件下的一个远距离的植株杂交过。这样杂交过的植株时常产生异乎寻常的大量种子。以前提到过的紫葳属（*Bignonia*）提供了一个关于这个事实的突出的事例，弗里茨·米勒用某些邻近植株给这种植物受精，几乎没有结出什么种子，可是当用一个远距离植株的花粉予以受精时，则高度能孕。由这一类杂交而来的幼苗生长得很健旺，而且把它们健旺的活力传递给它们的后代。因而在生存竞争上，这些幼苗通常将战胜和消灭长期邻近生长在同一条件下的其他植物幼苗，并且将趋向于扩展蔓延。

当两个具有显明差异的变种杂交时，其后裔于以后的世代中彼此在外部性状上大不相同；这是由于某些性状的增强或消失，而且也由于以前的一些性状通过返祖遗传而重现出来。我们认为，在它们性因素的构成上也必然有着细微的差异。无论如何，我的试验指出，长期生长在了几乎相同、虽然并不完全一样条件下的植株间杂交，是在性因素中保持某些程度上的分化最有力的方法，正如相互杂交幼苗在以后的世代中对于自花受精幼苗的优越性所显示出来的一样。尽管如此，把这样处理过的植株继续相互杂交，的确能逐渐消灭这种分化，因为由这些植株的相互杂交而来的利益

---

① 1 码＝0.9144 米。——编辑注

不及用一个新品系与之杂交的利益。我或可补充几句，似乎很可能种子曾经获得了对于广泛传播一连串奇特的适应，[①]这样不仅幼苗可以找到新而合适的地区，而且长期生长在同一条件下的个体也可偶然和一个新品系相互杂交。

从上面的若干讨论，我们可以得出结论说，在毛地黄属(*Digitalis*)事例中，正如那些分布范围很窄的物种中必定时常发生的、几千个世代生长在同一区域内的植物事例中，我们就很容易过高地估计个体都曾遭受全然相同条件的程度。至少不难相信，这种植物已经遭受到充分不同的条件，致使它们的性因素发生分化；因为我们知道，一株植物在同一区域的另一庭园中繁殖若干世代，即可用来作为一个新的品系，而它有着很高的受精力。假使这里所阐明的见解是正确的，即同一物种的个体在自然状态下相邻地生长在一起，在以前的若干世代中实际上并未经受全然相同的条件。那么，植物能够受精于和已经受精于同一物种的任何其他的个体，可是用它们自己的花粉则完全不孕，这样奇特的事例也就成为可以理解了。

某些博物学家推测，所有生物体都有一种使组织改变和进步的本能，与外界条件无关；我想他们因而可以说明区别同一物种的所有个体在外部性状和体质上的微细差异，也可以说明相接近的变种在这两方面的较大差异。没有任何两个个体可以认定是完全相似的；所以假使我们把同一个蒴果中的若干种子播种在尽可能相同的条件下，它们以不同速率萌芽，而且生长也有健壮与否之分。它们对寒冷和其他不良条件的抵抗力也不同。像我们在动物中所知道的，同一毒物或疾病作用于同一物种时，多少是稍有差异的，其特性传递给后代的能力[②]也有所不同。还有很多类似的事实可以列举。现在，倘使在自然状态下邻近生长在一起的植物，在以前很多世代中都曾经生长在绝对相同的条件下，那么刚才所指出的这些差异就很不容易说清楚；但是根据刚才提出的见解，它们在某种程度上也是可以理解的。

因为我所试验过的大多数植物都是种在我的花园中或玻璃温室里的盆钵中，所以，关于它们所处的条件以及栽培的影响必须补充说几句。当一个物种首次处于栽培状态下，它可能受到也可能不受到气候改变的影响，但总是种在疏松的土地中，并且或多或少地施了肥；也没有其他植物与它竞争。当它们免于竞争时，它们就能够从土壤中得到所需的任何物质，可能时常是过量的；这时它们受着条件上巨大改变的影响。可能主要就是这个原因，所有植物栽培数代后，除了少数例外，都发生变异。已经开始变异的个体借助于昆虫而彼此间相互杂交，这说明了为什么许多久经栽培的

---

① 参阅希尔德布兰德的优秀论文(*Verbreitungsmittel der Pflanzen*，1873年)。

② 维尔莫林(Vilmorin)，由伐罗特引用在《论变种》，32、38、39页。

植物所呈现的性状千变万化。但要注意，其结果大部分取决于它们变异的程度以及相互杂交的频率；假使一个植物很少变异，像在自然状态下的多数物种的那样，那么频繁的相互杂交却使该植物的性状趋于一致。

我曾经想设法证明，除了被具有某种吸收力的其他物种的同样比例数所完全包围的特殊场合以外，天然生长在同一区域中的每一植株都将遭受约略不同的条件。这一见解不能应用在同一物种的个体上，倘使它们是栽培在杂草除尽的同一花园中时。但是假使它们的花朵受昆虫访问，它们就将相互杂交；这将在很多世代间给它们的性因素以足量的分化，以期有利于杂交。此外，种子时常从有着不同种类的土壤的其他花园交换而来，同一栽培物种的个体就这样受到了环境改变的影响。倘使花朵不为本地昆虫所访问，或很少为本地昆虫所访问，如在普通豌豆和香豌豆的事例中，以及培植在温室中的烟草事例中，性因素中的任何分化将由于相互杂交而渐趋消失。这在刚才所提到的植物中似乎发生过，因为它们彼此间的杂交并未得到好处，虽然它们用一个新品系与之杂交时获益匪浅。

根据我的各种试验的结果，尤其是依据 4 个极不稳定的物种的事例，它们在若干世代间经过自花受精，并且种植在非常类似的条件下，产生了有着一致而固定色泽的花朵，因而我就形成了刚才所提出的关于性因素的分化和我们庭园植物的变异性的原因的见解。假使它们是在同一地点用自花受精的种子繁殖，这样的条件几乎和种在除了草的花园内的植物所处的条件一样。无论如何盆栽中的植物所受到气候激烈的变动要比露天植物来得少些；它们的条件在同一世代的所有个体间虽然是趋于一致的，可是在连续的世代中却稍有不同。在这样的情况下，如植物每一代都经过相互杂交，它们的性因素可在若干年间保持有充分的分化，使它们的后代得以优于自花受精的植株，不过这种优越性逐渐而显明地降低，这正像和一个相互杂交的植株杂交以及和一个新品系杂交，其显示出来的结果的差异一样。在少数事例中，这些相互杂交的植株在它们的某些外部性状上比它们最初的情况也更趋向于一致。至于每代都是自花受精的植物，它们的性因素显然在数年以后就丧失了所有的分化，因为它们之间的杂交并不比同一植株上花朵间的杂交的效果更好。但有一个更可注意的事实是，虽然最初培育出来的沟酸浆属、牵牛花属、石竹属和矮牵牛属的幼苗在它们花朵的颜色上变化极多，可是在若干代间进行自花受精并培植在一致的条件下以后，它们后代所生的花朵在色调上和一个野生物种的花朵几乎相同。在另一个事例中，植物本身在高度上也明显变得一致了。

杂交的利益全然依赖着性因素的分化，这个结论和生活条件上的一个偶然和稍许的变动对所有动植物都有好处的这个事实完全吻合。[①] 但是在曾经历不同生活条件的生物之间的杂交的后代中，它们所受到的好处，较之年幼或年老的生物在它们的环境中的单一的改变所受到的好处，毫无疑问地要高得多。在这后一种情况中，我们从未看到任何事例有如一般用另一个体与之杂交后而来的效果，尤其是从未看到任何事例有如用另一新品系与之杂交后而来的效果。或许这是意料之中的，因为两个分化了的生物的性因素混合在一起，在生活的很早时期就将影响到整个的体质，因而组织[②]是非常容易适应的。此外，我们有理由相信，改变的条件一般对同一个体的若干部分或器官起到同样的作用；[③]我们可以进一步相信，如果现在稍微分化了的部分相互地发生作用，那么起因于环境变化的有利效果和起因于性因素分化的相互作用的有利效果之间的协调性，就会更为密切了。

* * *

斯普伦介尔是一位异常敏锐的观察家，他在 *The Secret of Nature Displayed* 一书中首先证明，昆虫在花朵受精时起着如何重要的作用；然而，他仅仅看到，这许多奇妙而美丽的适应性的获得就是为了不同植株间异花受精的这个目标；而对于后代因而在生长、生活力和结实力上得到的利益，他还一无所知。这离揭开秘密的面纱还相差尚远；而且也不可能揭去，除非我们可以说明为什么性因素某种程度的分化是有利的，又为什么性因素的分化如再跨越一步，随之而来的就是损害。这是一个异乎寻常的事实，在很多的物种中，甚至当它们生长在自然状态下时，花朵用它们自己花粉受精时，结果是绝对不孕或某些程度上的不孕；假使用同株异花的花粉受精，虽然有时很少却相对比较能孕；假使用同一物种的另一变种或另一个体的花粉受精，它们就全都能孕；可是假使用一个不同物种的花粉受精，它们就呈现各种不同程度的不孕，直到完全不孕为止。所以我们有着两端绝对不孕中的一系列的情况：一端是因为性因素还没有充分分化，而在另一端是因为它们分化过甚，或分化得有些不同寻常。

高等植物的受精，首先有赖于其花粉粒和柱头分泌或柱头组织间的相互作用，然后有赖于花粉粒和胚珠的内含物的相互作用。根据亲本植株所增加的结实力及其后代生长势的增加看来，这两个作用是由于性因素某种程度的分化而有利于相互作用和结合，从而形成一个新的个体。这里面和化学亲和力或吸引力有着某种相似性，而

① 关于这个命题，我已提出充足的证据在我的《动物和植物在家养下的变异》，第 18 章，第 2 卷，第二版，127 页。

② 意指重新形成的有机体——译者注

③ 例如，参看布雷肯里奇，*Theory of Diathesis*，爱丁堡，1869 年。

这种亲和力或吸引力只有在不同性质的原子或分子间才发生作用的。正像米勒教授所说:“一般而言,两物体的本质间的差异愈大,它们起相互化学作用的趋向就愈加激烈……但在相似性质的物体间,结合的趋向是微弱的”。① 但是当我们看到一个物种的花粉在另一个不同物种上不良的或微弱的效果时,这个比喻就失败了。因为虽然某些极不相同的物质,例如碳和氯相互间只有很微弱的亲和力,然而在这样的事例中,却不能说这个亲和力的微弱是依赖着物质差异的程度。为什么某种程度的分化对两个物质的化学亲和力或结合是必需或有利呢?又为什么相似程度的分化对两个有机体的受精或结合是必需或有利呢?这还不清楚。

赫伯特·斯宾塞(Herbert Spencer)先生曾详细地讨论过这个问题,他在述说自然界的一切力量都趋向平衡以后,指出“精细胞和卵细胞这种结合的需要,是要打破这个平衡并在分离的胚芽(germ)中重新建立活跃的分子变化的需要——这一结果可能是受到不同个体中细微不同的生理单位的混合的影响”。② 不过我们不要让这个粗略的见解,或这个类似化学亲和力的见解,掩蔽了我们的无知。我们不知道什么是性因素中有利于结合的分化本质或程度,也不知道什么是对结合有害的,正像在不同物种中所发生的那样。我们不能说明,为什么某些物种的许多个体在杂交时获益匪浅,而其他的在杂交时却获益极小。某些少数的物种曾经自花受精很多代数,可是仍然很健壮,足以和周围的很多植物相竞争。高度自交能孕的变种有时会出现在过去若干世代间曾经自花受精而且生长在均一条件下的植物中。我们不能构成一种概念,为什么由杂交而来的好处有时单是表现在营养系统上,有时单是表现在生殖系统上,而通常则显露在两个系统上。这是同样的不可理解的,为什么同一物种的某些个体用它们自己花粉时是不孕的,而其他个体用它们自己花粉时则是完全能孕的?为什么气候的改变可以减低或增加自交不孕物种的不孕性?为什么某些物种的个体用一不同物种的花粉甚至比用它们自己的花粉更为能孕?而且还有其他很多这样梳理不清的事实,所以我们对生命之谜只好望而生畏。

* * *

就实践的观点上看,农艺学家和园艺学家可以从我们所已得到的结论里学得一

---

① *Elements of chemistry*,第四版,1867 年,第 1 篇,11 页。弗兰克兰德博士(Dr. Frankland)告诉我说,关于化学亲和力一些类似的见解,化学家们都是普遍接受的。

② *Principles of Biology*,第 1 卷,274 页,1864 年。我在 1859 年发表的《物种起源》中,谈到由生活条件的稍稍改变和由异花受精而来的良好效果,以及由生活条件的巨大改变和由大不相同的类型(即物种)的杂交而来的不良影响,“由某些共同而未知的,但实质上是与生命原理有关的锁链所连接起来的”。

些东西。第一,我们认识到,由动物的近亲繁殖以及由植物的自花受精而来的损害,并不一定有赖于有关亲本所共有的任何病理的趋向或体质的衰弱,而只是间接有赖于它们的亲缘关系,因为它们容易在各方面相互类似,其中也包括性的本质在内。第二,异花受精的好处有赖于亲本性因素的某种程度的分化,这种分化或源自它们的祖先遭受到不同的条件,或源自它们曾和受到不同条件的个体相互杂交过,而最后或源自所谓的自发的变异。所以如果谁想把血缘很近的动物配对,就应当尽可能地把它们养育在不同的条件下。少数育种家,由于他们敏锐的观察力的指引,已按这个原则工作,他们把同一动物的一些品系养育在两处以上遥远且不同的农场中。然后把从这些不同农场里来的个体配对,得到优良的结果。[①] 不论何时,当养在一个地方的雄体,租给其他地方的育种家用于繁育的时候,相同的规则也就在无意识中被遵守了。因为某些种类的植物由自花受精受到的害处比其他种类的植物大得多,所以在动物方面的过度近亲杂交,结果可能也是这样的。动物的近亲繁殖,如再度根据植物方面来衡量,则生活力和受孕力都将衰退,但不一定丧失类型的优良性;而这似乎是经常的结果。

这是园艺家的普遍操作,他们从另一个有着很不相同的土壤的地方获得种子,借以避免把植物在长久连续的世代中培育在同一的条件下。不过,在所有的物种中,凡是借助于昆虫或风而自由地相互杂交的,倘若获得所需要的品种的种子,是来自在若干世代间尽可能培育于不同条件下的植物,同时把它们和在旧的花园中成熟的种子隔行播种,这将是一个无可比拟的好计划。两品系相互杂交,把它们的整个组织彻底地混合,仍不失品种的纯度;而这将比仅仅交换种子可以产生更大的有利结果。由我的试验中我们已看到,由于这样杂交,后代如何奇异地在高度、质量、抗性(hardiness)和结实力上得到好处。例如,牵牛花属这样杂交过的植株和生长在竞争状态下的同一品系的相互杂交植株,在高度上之比是 100∶78,在结实力上之比是 100∶51;而花菱草属的植株同样地比较,它们在结实力上之比是 100∶45。如和自花受精植株相比较,结果更为显著:同时用一新品系杂交而来的甘蓝对其自花受精的甘蓝在质量上之比是 100∶22。

花卉专家或可由我曾经详尽地叙述过的事例中得知,假使他们把所需种类的花朵用它们自己的花粉受精 6 代左右,而且把幼苗栽培在同一条件下,他们有力量可以把每一个暂时出现的新色泽的品种固定下来。不过必须小心地防止和同一品种的任

① 《动物和植物在家养下的变异》,第 17 章,第二版,第 2 卷,98、105 页。

何其他个体杂交，因为每一个体都有它自己特殊的体质。自花受精约12代以后，新品种即使种植在稍稍不同的条件下，它们也有保持稳定的可能；因而再也没有任何必要来防止同一品种的个体间的相互杂交。

关于人类方面，我的儿子乔治（George）曾企图用统计调查①来研究，亲表兄妹间结婚到底是否有害，虽然这样一个程度的亲缘关系在家畜中是不拒绝的；而他依据自己的研究和米切尔博士（Dr. Mitchell）的研究，形成的弊害的证据是互相矛盾的。不过，由各方面看来，害处是很小的。根据本书所给出的事实，我们或可推论，当血缘很近的人们结婚时，如他们的某些亲代或祖先生活在很不相同的条件下，较之生活于同一条件下且有着同样生活习惯的，其害处要少得很多。我也想不出理由能够怀疑，在文明国家里，男女极不相同的生活习惯，尤其是在上层社会中，将足以弥补由于健康和血缘有些亲近的人们的结婚而导致的任何弊害。

* * *

从理论的观点来看，这在科学上是有某种好处的；知道在雌雄同花的植物中，可能也在雌雄同体的动物中，无数的构造都是用来获得两个体间的一种偶然杂交的一些特殊的适应；同时也知道由这样一个杂交而来的好处，全然有赖于结合的个体或它们的祖先的性因素有着某些分化，因而胚芽得到了好处，正像一个成熟植物或动物由于它们生活条件的轻微改变所得到的好处一样，虽然在好处的程度上要高得多。

从我的观察中，可以推论出另一个更重要的结果。卵和种子作为一种传播的工具是非常有效的。但我们现在知道，没有雄性的协助，受孕的卵子也是能产生的。还有很多其他的方法，比如有机体可以进行无性的繁殖。那么为什么有两性的发展呢？而且为什么有雄性存在而它们本身又不能产生后代呢？我认为这个问题的答案，毫无疑问是由两个稍稍分化了的个体的结合可以得到巨大的利益；除了最下等的有机体以外，这只有通过性因素才有可能，性因素由身体分离出来的细胞所组成，它含有各部分的胚芽，并且能够完善地结合在一起。

在本书中已经证明，由两不同个体结合而来的后代，尤其是当它们的祖先曾经受到很不相同的条件的影响，在高度、质量、生命力和结实力上都有着很大的优越性，这是由相同的一些亲本中单一个体而来的自花受精后代所不及的。并且这个事实足以充分说明性因素的发展，也就是说足以充分说明两个性别的起源（genesis）。

---

① *Journal of Statistical Soc.*，1875年6月，153页，以及*Fortnightly Review*，1875年6月。

为什么两性有时并合在同一个体上，而有时又分开？这是两个不同的问题。因为在很多最低等的动植物中，极相类似的或有某些不同的两个个体的接合是一个普遍的现象，正如我们在第十一章中所说明的：性别最初似乎可能是分开的。接受另一个体的内含物的个体，即可称之为雌性；而另一个时常小些且较能运动的个体，即可称之为雄性。虽然这些性别名称不应当这样用，倘使两种类型的全部内含物混合为一的时候。两性联合的雌雄同体的类型中，它们的目标可能是为了自体受精，这样可以保证物种的繁衍，尤其是些生活固定在同一地点的有生物更是如此。要理解这一现象并不难，由两个原始性别的个体的接合所形成的一个有机体，它可以先由出芽生殖形成一个雌雄同株的类型，然后再成为雌雄同花的类型。在动物中，甚至可以不经过出芽生殖即成为雌雄同体的类型。动物的左右对称的结构或许就表明了，它们本来是由两个个体的结合形成的。

为什么某些植物以及所有的高等动物成为雌雄同体后，他们的性别反而分开了？这是一个更难回答的问题。某些博物学家曾把这种分开归于由生理分工而来的利益。当同一器官需要同时执行各种各样的机能时，这个原理是可以理解的；但是不了解为什么雌雄性腺安置在同一复杂个体或单一个体的不同部分时，执行它们的机能就不能像安置在两个不同个体时那样的好。在某些事例中，性别可能是为了防止过于频繁的自花受精而重新分开的。不过这个解释似乎有点牵强，因为可由其他更简单的方法达成这个目的，例如同花中雌雄蕊成熟时期不同。有可能是这样的，如果一个个体拥有很复杂的组织，雌雄生殖因素的产生和胚珠的成熟不是单一个体所能担当的，因为这是生命力的一个太大的负担和消耗；另一方面，并不需要所有个体都去生育子女，因而性别分开后并无害处。相反地，它们的半数，或雄性不能生育子女，倒是有好处的。

还有由于本书所提供的事实，对另一个课题，即杂交，也会有了些理解。众所周知，当不同物种的植物杂交时，除了极少数例外，它们产生的种子总比正常数目少。这种无生产力的程度在不同的物种中各有差异，一直到完全不孕，甚至连一个空蒴果也不能形成。而所有研究者都发现，它是深受杂交的物种所遭遇的条件影响的。一个物种自己的花粉是显著地胜过任何其他物种的花粉的，因此当外来花粉添加在柱头上若干时间以后，再把它自己的花粉放置在柱头上，前者的任何效果都可一扫而光。这也是弊害昭著的，不仅亲本的物种，而且从它们所培育出来的杂交品种也是或多或少不孕的；它们的花粉时常或多或少地处于萎缩的状态。各种杂交品种的不孕程度并不总是和亲本类型结合的困难程度严格对应的。如杂交品种中有可以繁育的，它们的后裔或多或少都是不孕的，而它们在更后的世代里时常变得更加不孕。不过，在所有这些事例中一直是用近亲相互繁殖的。这些比较不孕的杂交品种有时在高度上低矮得多，而且体质羸弱。还可以提出其他的一些例子，不过上述这些对我们已经足够了。以前博物学家把所有这些结果都归之于物种间的差异，是基本上不相同于同一物种的变种间的差异；现在，某些博物学家依然持有这种意见。

在我的试验中，同一物种的个体或变种自花受精和异花受精的结果，和刚才所提供的那些事实是极相类似的，不过恰巧相反而已。在大多数的物种中，花朵用它们自己花粉受精比用由另一个体或变种而来的花粉受精，会产生较少的种子且有时产生极少的种子。某些自花受精的花朵是绝对不孕的；不过它们不孕的程度大部分取决于亲本植株所曾遭受的条件，比如，在花菱草属和茼麻属的事例中所明白地表示出来的。同一植株的花粉的效果要为另一个体或变种的花粉的优越影响所抹杀，虽然后者可能在若干小时以后才添加到柱头上；由自花受精花朵而来的后代，它们本身或多或少是不孕的，有时是高度不孕的，它们的花粉有时处于不完全的状态。但是，我在自花受精幼苗中并没有碰到任何完全不孕的事例，而这在杂种中是很普遍的。它们的不孕性和最初自花受精时的亲本植株的不孕性并不对应。自花受精植株的后代在高度、质量、和生命力上所受到的损害较之大多数杂交过物种的杂交品种后代所受到的损害更为普通，而且程度也较深。高度的降低被传递到下一代；但是我不能确定，这是否也可以应用到结实力的降低。

我曾在别的地方证明，把明确属于同一物种的二型花或三型花的异长花柱植物用各种方法加以结合，得到另外一系列完全平行于不同物种杂交而来的结果。[①] 与植株用属于同一类型的不同植株上花粉不合法地受精时，与用属于一个不同类型的植株上的花粉合法地受精相比较，前者产生较少的种子，而且时常产生极少的种子。它们有时不结种子，甚而连一个空瘪的蒴果也不产生，正像一个物种用一不同属的花粉受精时一样。不孕的程度是很受植物所经受的条件的影响的。来自不同类型的花粉大大地优越于来自同一类型的花粉，尽管前者可以在很多小时以后才添置在柱头上。由同一类型的植株间结合而来的后代像杂交品种一样，是或多或少不孕的。它们的花粉也或多或少处于萎缩的状态；而且某些幼苗像大多数不孕的杂交品种一样，既不孕且矮小。它们还在很多其他方面类似于杂交品种，这里无须专门详尽地谈了——例如它们的不孕性在程度上并不和亲本植株的不孕性相对应——当后者相反地结合

① 《同种植物的不同花型》，1877年，240页。

时，它们的不孕性是不等的；还有，由同一蒴果种子培育出来的幼苗的不孕性是有变化的。

所以我们有两大类的事例，由此所得结果和由所谓真正不同的物种杂交所得结果是非常明显对应的。关于由杂交和自花受精花朵所培育出来的幼苗间的差异，有着很好的证据可以说明，这全然依赖着亲本的性因素是否经过不同的条件或由于自发变异而已经充分地分化了。植物怎样成为异长花柱的类型是一个难解的课题，但是或许两个或三个类型最初适应于相互受精，就是通过它们的雄蕊和雌蕊在长度上的变异来适应于异花受精，此后它们的花粉和胚珠再相互适应；至于任何一个类型用同一类型的花粉受精时或多或少呈不孕性，那是一种偶然的结果。[①] 无论如何，异长花柱的物种的两个或三个类型是属于同一物种的，这就像任何一个种的两个性别属于同一物种一样。希望我们没有权利可以坚持说：最初杂交时物种的不孕性以及它们杂交品种后代的不孕性是由某种原因决定的，而这种原因和决定普通的植物以及异长花柱的植物以各种方式结合时的个体的不孕性的原因，在根本上是不同的。尽管如此，我觉得要扫除这个偏见，将需要很多年的时间。

自然界中再也没有比性因素对外界影响的敏感性以及它们的亲和力的微妙更为奇异的了。我们可以看到，生活条件略微的改变对亲本的结实力和生命力是有利的，某些其他并非巨大的改变却导致它们完全不孕，而对它们的健康并无任何显明的损害。我们可以了解那些植物的性因素必定是多么的敏感，当它们用自己的花粉受精时是完全不孕的，可是当它们用同一物种的任何其他个体的花粉受精时，却是能孕的。倘使这样的植物遭受了改变的条件，它们就会变得或多或少自交不孕，虽然这个条件的改变可能是不大的。一个异长花柱的三型植物的胚珠受到属于同一物种的三组雄蕊的花粉的影响是很不相同的。在普通的植物中，另一变种或仅仅同一变种的另一个体的花粉时常显著地优越于其自花的花粉，假使二者在同一时间添置在同一柱头上。在那些含有数千个有亲缘关系的物种的大科(family)中，每一物种的柱头可以丝毫无误地把它自己的花粉和每一其他物种的花粉区分开来。

毫无疑义地，不同物种最初杂交时的不孕性，以及它们成为杂交品种后的不孕性，是完全由它们性因素的本质或亲和力来决定的。在进行杂交的物种中，我们可看到不孕性的程度和外部差异的数量间并没有任何紧密的相关；而在同样的两物种的正反杂交的结果的巨大的差异中——即当 A 物种用 B 的花粉杂交时，以及当 B 物种

---

① 这个课题曾在我的《同种植物的不同花型》等，260—268 页中讨论过。

用 A 的花粉杂交时，可以更清楚地看到这一点。

我们知道，物种生活在同一条件下，保持了它们自己的固有性状，这个时期一般要比变种久远得多。

正如我曾在我的《动物和植物在家养下的变异》一书中所证明的，最近由自然状态采来的不同物种在相互杂交时几乎常常表现相互不孕的，而长时间的继续的家养可以把这种不孕性消除。所以我们可以了解这个事实，即大多数不同动物的家养种族(race)并都不是相互不孕的。不过这个规律是否也适用在植物的栽培品种上则不知道，虽然某些事实证明是可以的。通过长期的家养而使得不孕性的消除，大概可能是由于我们家养的动物曾经遭受到变化的条件；还有它们比野生物种更能抵抗生活条件巨大的和突然的改变，因而能孕性的丧失要少得多。根据这些探讨，我们有理由认为，不能相互依赖在一起繁育的不同物种在它们性因素的亲和力上的差异，乃是由于它们长时期已习惯了各自的条件，以及由于性因素因而获得了极为稳定的亲和力所使然。无论如何，倘使用了我们前面的两大类事例，即那些有关同一物种的个体的自花受精和异花受精的事例，以及那些有关异长花柱植物不合法的和合法的结合的事例，就来假定物种最初杂交时的不孕性，以及它们杂交后代的不孕性标志着它们和同一物种的变种或个体在某些基本情况上是不同的，将是极不正确的。

# 物种译名对照表

· *Comparison Table* ·

了解达尔文的植物学研究，不仅有助于加深理解他的生物演化论，也有助于进一步认识他敏锐的观察力和机巧的实验技能。可是，为什么长期以来生物学家与科学史家们并未把达尔文视为植物学家呢？与其说是达尔文的植物学研究被他的生物演化论盛誉遮蔽了的话，毋宁说是他的植物学研究太超前了。

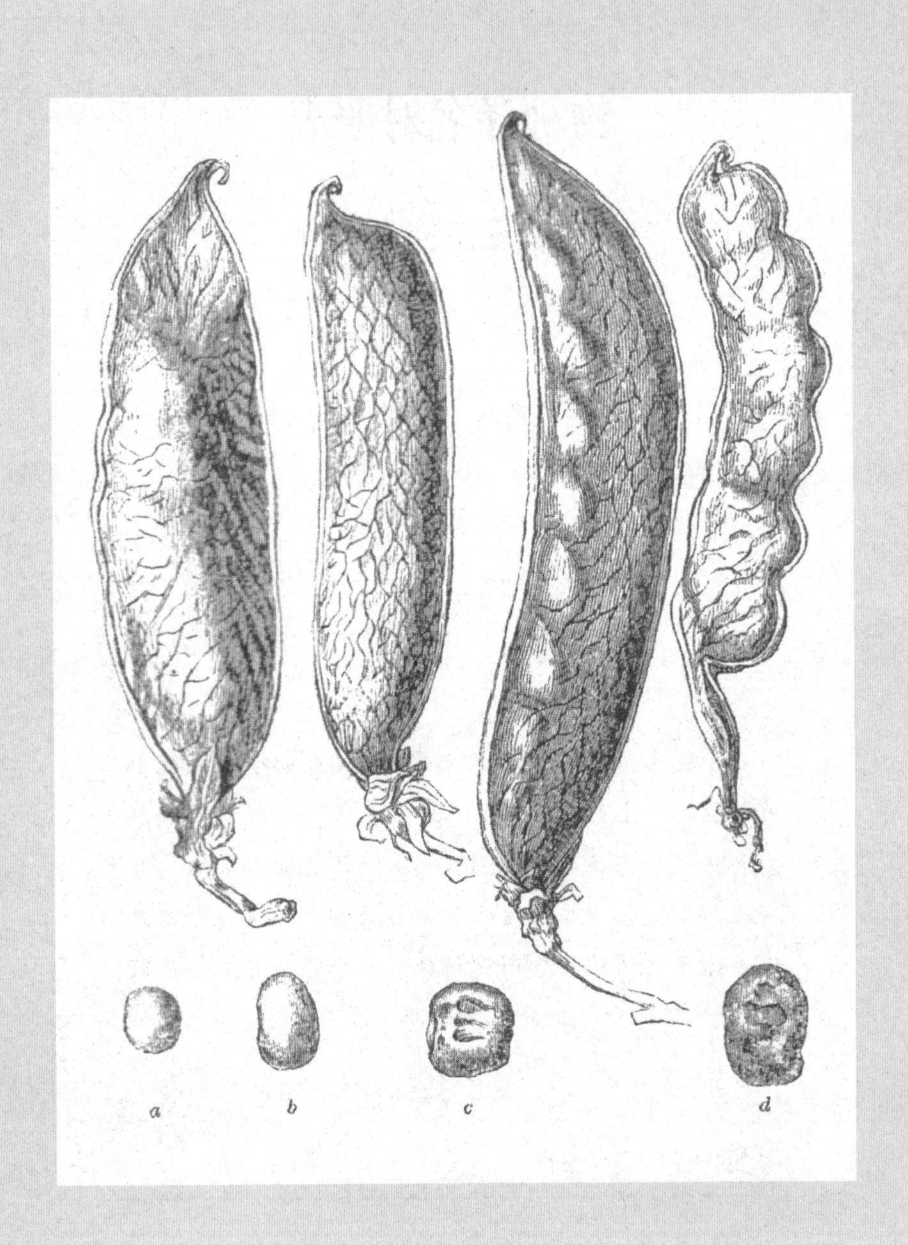
a
b
c
d

**A**

*Acacia* 金合欢属

*Aconitum nepellus* 乌头

*Adonis* 侧金盏花属

*Adonis aestivalis* 一点红

*Allium cepa* 洋葱

*Andrana* 地花蜂属

*Anagallis* 琉璃繁缕属

*Antirrhinum majus* 金鱼草

*Apium* 芹菜属

*Apium petroselinum* 芹菜

*Aguilegia* 耧斗菜属

*Aristolochia* 马兜铃属

*Arum* 疆南星属

*Asparagus* 天门冬属

**B**

*Bartonia* 巴通尼属

*Bellis perenis* 雏菊

*Beta vulgaris* 甜菜

*Bignonia* 紫葳属

*Biophyton sensitivum* 感应草

*Bombus lapidarius*（一种蜂）

*Bombus mastrucatus*（一种蜂）

*Bombus muscorum*（一种蜂）

*Borago* 琉璃苣属

*Borago officinalis* 琉璃苣

*Brassica* 芸苔属

*Brassica compestris* 瑞典芜菁

*Brassica napus* 欧洲油菜

*Brassica oleracea* 甘蓝

*Brassica rapa* 芜菁

*Brugmansia* 曼陀罗木属

**C**

*Calceolaria* 荷色花属

*Caliuna vulgaris* 烟斗木

*Campanula* 风铃草属

*Canna* 美人蕉属

*Canna warscewiczi* 紫叶美人蕉

*Cassia* 山扁豆属

*Cineraria* 瓜叶菊属

*Clarkia elegans* 丁字草

*Convolvulus* 旋花属

*Convolvulus major* 大旋花

*Coronilla* 小冠花属

*Cortusa matthiolia* 假报春

*Corylus avellana* 榛

*Crinum* 文殊兰属

*Cyclamen* 仙客来属

*Cyclamen persicum* 仙客来

**D**

*Daphne* 瑞香属

◀由达尔文培育的四种区别最明显的豆荚和豌豆。

*Lathyrus* 山黧豆属

*Lathyrus odorata* 香豌豆

*Leontodon* 狮齿菊属

*Lersia* 李氏禾属

*Limnanthes* 荅菜属

*Linaria* 柳穿鱼属

*Linaria vulgaris* 柳穿鱼

*Lobelia* 半边莲属

*Lobelia erinus* 山梗菜

*Lolium perenne* 黑麦草

*Lupinus* 羽扇豆属

*Lupinus luteus* 茨羽扇豆

*Lupinus pilosus* 丝状羽扇豆

**M**

*Mahonia* 十大功劳属

*Megachile willughbiella*（切叶蜂）

*Meligethes*（甲虫）

*Mimulus* 沟酸浆属

*Mimulus luteus* 沟酸浆

*Minus*（虫）

*Mirabilis* 紫茉莉属

*Muscari* 壶花属

*Myosotis* 勿忘草属

*Myosotis syivatica* 勿忘草

*Myrmica*（蛾）

**N**

*Nemophila* 粉蝶花属

*Nemophila insignis* 粉蝶花

*Nicotiana* 烟草属

*Nicotiana glutinosa* 粘毛烟草

*Nicotiana tabacum* 烟草

*Nolana* 假茄属

*Nolana prostrata* 假茄

*Nymphaea* 睡莲属

**O**

*Oenothera* 月见草属

*Ononis* 芒柄花属

*Ononis minutissima* 芒柄花

*Ophrys* 眉兰属

*Ophrys muscifera* 蝇眉兰

*Origanum* 牛至属

*Origanum vulgare* 牛至

*Oriole*（苇雀）

**P**

*Pagopyrum esculentum* 荞麦

*Papaver* 罂粟属

*Papaver alpinum* 高山罂粟

*Papaver rhoeas* 虞美人

*Papaver somniferum* 罂粟

*Papaver vagum* 罂粟花

*Passiflora* 西番莲属

*Passiflora gracilis* 留香莲

*Passiflora quadrangularis* 大果西番莲

*Pelagonium* 天竺葵属

*Pelagonium zonale* 马蹄纹天竺葵

**P**

*Pentstemon* 吊钟柳属

*Tropaeolum* 旱金莲属

*Tropaeolum minus* 小旱金莲

*Tropaeolum tricolorum* 三色旱金莲

*Typha* 香蒲属

**V**

*Vandellia* 母草属

*Vanilla* 香荚兰属

*Verbascum* 毛蕊花属

*Verbascum nigrum* 黑毛蕊花

*Verbascum pheniceum* 紫毛蕊花

*Verbascum thapsus* 毛蕊花

*Veronica agrestis* 婆婆纳

*Vicia* 巢菜属

*Vicia sativa* 巢菜

*Vicia sepium* 野豌豆

*Vinca rosea* 长春花

*Viola* 堇菜属

*Viola tricolor* 三色堇

*Volucella plumosa*（鳖甲花虻）

**W**

*Wistaria sinensis* 紫藤

**Y**

*Yucca* 丝兰

**Z**

*Zea* 玉米属

*Zea mays* 玉米

# 科学元典丛书

1 天体运行论 [波兰] 哥白尼
2 关于托勒密和哥白尼两大世界体系的对话 [意] 伽利略
3 心血运动论 [英] 威廉·哈维
4 薛定谔讲演录 [奥地利] 薛定谔
5 自然哲学之数学原理 [英] 牛顿
6 牛顿光学 [英] 牛顿
7 惠更斯光论（附《惠更斯评传》） [荷兰] 惠更斯
8 怀疑的化学家 [英] 波义耳
9 化学哲学新体系 [英] 道尔顿
10 控制论 [美] 维纳
11 海陆的起源 [德] 魏格纳
12 物种起源（增订版） [英] 达尔文
13 热的解析理论 [法] 傅立叶
14 化学基础论 [法] 拉瓦锡
15 笛卡儿几何 [法] 笛卡儿
16 狭义与广义相对论浅说 [美] 爱因斯坦
17 人类在自然界的位置（全译本） [英] 赫胥黎
18 基因论 [美] 摩尔根
19 进化论与伦理学(全译本)(附《天演论》) [英] 赫胥黎
20 从存在到演化 [比利时] 普里戈金
21 地质学原理 [英] 莱伊尔
22 人类的由来及性选择 [英] 达尔文
23 希尔伯特几何基础 [德] 希尔伯特
24 人类和动物的表情 [英] 达尔文
25 条件反射：动物高级神经活动 [俄] 巴甫洛夫
26 电磁通论 [英] 麦克斯韦
27 居里夫人文选 [法] 玛丽·居里
28 计算机与人脑 [美] 冯·诺伊曼
29 人有人的用处——控制论与社会 [美] 维纳
30 李比希文选 [德] 李比希
31 世界的和谐 [德] 开普勒
32 遗传学经典文选 [奥地利] 孟德尔 等
33 德布罗意文选 [法] 德布罗意
34 行为主义 [美] 华生
35 人类与动物心理学讲义 [德] 冯特
36 心理学原理 [美] 詹姆斯
37 大脑两半球机能讲义 [俄] 巴甫洛夫
38 相对论的意义：爱因斯坦在普林斯顿大学的演讲 [美] 爱因斯坦
39 关于两门新科学的对谈 [意] 伽利略
40 玻尔讲演录 [丹麦] 玻尔

41 动物和植物在家养下的变异　[英] 达尔文
42 攀援植物的运动和习性　[英] 达尔文
43 食虫植物　[英] 达尔文
44 宇宙发展史概论　[德] 康德
45 兰科植物的受精　[英] 达尔文
46 星云世界　[美] 哈勃
47 费米讲演录　[美] 费米
48 宇宙体系　[英] 牛顿
49 对称　[德] 外尔
50 植物的运动本领　[英] 达尔文
51 博弈论与经济行为（60 周年纪念版）　[美] 冯·诺伊曼 摩根斯坦
52 生命是什么（附《我的世界观》）　[奥地利] 薛定谔
53 同种植物的不同花型　[英] 达尔文
54 生命的奇迹　[德] 海克尔
55 阿基米德经典著作集　[古希腊] 阿基米德
56 性心理学　[英] 霭理士
57 宇宙之谜　[德] 海克尔
58 植物界异花和自花受精的效果　[英] 达尔文
化学键的本质　[美] 鲍林
九章算术（白话译讲）　(汉) 张苍 耿寿昌

**科学元典丛书（彩图珍藏版）**

自然哲学之数学原理（彩图珍藏版）　[英] 牛顿
物种起源（彩图珍藏版）（附《进化论的十大猜想》）　[英] 达尔文
狭义与广义相对论浅说（彩图珍藏版）　[美] 爱因斯坦
关于两门新科学的对话（彩图珍藏版）　[意] 伽利略

**科学元典丛书（学生版）**

1 天体运行论（学生版）　[波兰] 哥白尼
2 关于两门新科学的对话（学生版）　[意] 伽利略
3 笛卡儿几何（学生版）　[法] 笛卡儿
4 自然哲学之数学原理（学生版）　[英] 牛顿
5 化学基础论（学生版）　[法] 拉瓦锡
6 物种起源（学生版）　[英] 达尔文
7 基因论（学生版）　[美] 摩尔根
8 居里夫人文选（学生版）　[法] 玛丽·居里
9 狭义与广义相对论浅说（学生版）　[美] 爱因斯坦
10 海陆的起源（学生版）　[德] 魏格纳
11 生命是什么（学生版）　[奥地利] 薛定谔
12 化学键的本质（学生版）　[美] 鲍林
13 计算机与人脑（学生版）　[美] 冯·诺伊曼
14 从存在到演化（学生版）　[比利时] 普里戈金
15 九章算术（学生版）　(汉) 张苍 耿寿昌
16 几何原本（学生版）　[古希腊] 欧几里得

# 达尔文经典著作系列

**已出版：**

| 物种起源 | 〔英〕达尔文 著　舒德干 等译 |
|---|---|
| 人类的由来及性选择 | 〔英〕达尔文 著　叶笃庄 译 |
| 人类和动物的表情 | 〔英〕达尔文 著　周邦立 译 |
| 动物和植物在家养下的变异 | 〔英〕达尔文 著　叶笃庄、方宗熙 译 |
| 攀援植物的运动和习性 | 〔英〕达尔文 著　张肇骞 译 |
| 食虫植物 | 〔英〕达尔文 著　石声汉 译　祝宗岭 校 |
| 植物的运动本领 | 〔英〕达尔文 著　娄昌后、周邦立、祝宗岭 译祝宗岭 校 |
| 兰科植物的受精 | 〔英〕达尔文 著　唐　进、汪发缵、陈心启、胡昌序 译　叶笃庄 校，陈心启 重校 |
| 同种植物的不同花型 | 〔英〕达尔文 著　叶笃庄 译 |
| 植物界异花和自花受精的效果 | 〔英〕达尔文 著　萧辅、季道藩、刘祖洞 译　季道藩 一校，陈心启 二校 |

**即将出版：**

| 腐殖土的形成与蚯蚓的作用 | 〔英〕达尔文 著　舒立福 译 |
|---|---|

# 全新改版·华美精装·大字彩图·书房必藏

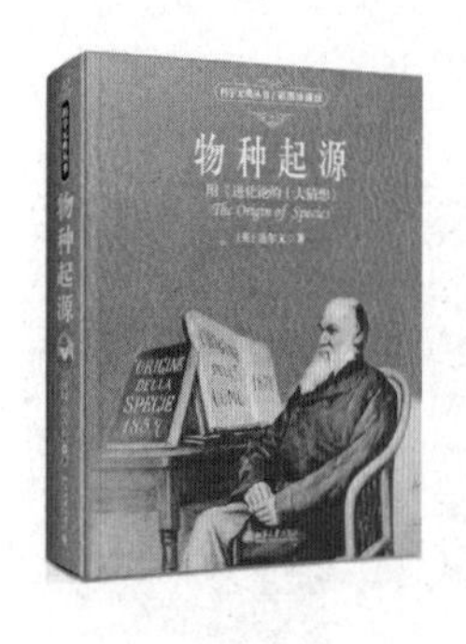

**科学元典丛书，销量超过*100*万册!**

——你收藏的不仅仅是“纸”的艺术品，更是两千年人类文明史!

科学元典丛书(彩图珍藏版)除了沿袭丛书之前的优势和特色之外，还新增了三大亮点：

①增加了数百幅插图。

②增加了专家的“音频+视频+图文”导读。

③装帧设计全面升级，更典雅、更值得收藏。

## 名作名译·名家导读

《物种起源》由舒德干领衔翻译，他是中国科学院院士，国家自然科学奖一等奖获得者，西北大学早期生命研究所所长，西北大学博物馆馆长。2015年，舒德干教授重走达尔文航路，以高级科学顾问身份前往加拉帕戈斯群岛考察，幸运地目睹了达尔文在《物种起源》中描述的部分生物和进化证据。本书也由他亲自“音频+视频+图文”导读。

《自然哲学之数学原理》译者王克迪，系北京大学博士，中共中央党校教授、现代科学技术与科技哲学教研室主任。在英伦访学期间，曾多次寻访牛顿生活、学习和工作过的圣迹，对牛顿的思想有深入的研究。本书亦由他亲自“音频+视频+图文”导读。

《狭义与广义相对论浅说》译者杨润殷先生是著名学者、翻译家。校译者胡刚复(1892—1966)是中国近代物理学奠基人之一，著名的物理学家、教育家。本书由中国科学院李醒民教授撰写导读，中国科学院自然科学史研究所方在庆研究员“音频+视频”导读。

《关于两门新科学的对话》译者北京大学物理学武际可教授，曾任中国力学学会副理事长、计算力学专业委员会副主任、《力学与实践》期刊主编、《固体力学学报》编委、吉林大学兼职教授。本书亦由他亲自导读。

**园丁手册：花园里的奇趣问答**

〔英〕盖伊 · 巴特 著；莫海波、阎勇 译

**中国：世界园林之母**

一位博物学家在华西的旅行笔记

〔英〕E. H. 威尔逊 著；胡启明 译

**植物学家的词汇手册：图解 1300 条常用植物学术语**

〔美〕苏珊 · 佩尔，波比 · 安吉尔 著；顾垒（顾有容）译